建筑工程设计编制深度实例范本
建筑智能化

孙成群　编著

中国建筑工业出版社

图书在版编目（CIP）数据

建筑工程设计编制深度实例范本　建筑智能化/孙成群编著. —北京：中国建筑工业出版社，2019.4
ISBN 978-7-112-23219-2

Ⅰ．①建…　Ⅱ．①孙…　Ⅲ．①建筑设计-范文②智能化建筑-建筑设计-范文　Ⅳ.①TU2②TU243

中国版本图书馆 CIP 数据核字（2019）第 016635 号

责任编辑：徐仲莉　张　磊　刘　江
责任校对：姜小莲

建筑工程设计编制深度实例范本
建 筑 智 能 化
孙成群　编著

*

中国建筑工业出版社出版、发行（北京海淀三里河路9号）
各地新华书店、建筑书店经销
霸州市顺浩图文科技发展有限公司制版
廊坊市海涛印刷有限公司印刷

*

开本：850×1168毫米　1/16　印张：22¾　字数：610千字
2019 年 3 月第一版　2019 年 3 月第一次印刷
定价：60.00 元
ISBN 978-7-112-23219-2
（33296）

简　介

　　孙成群 1963 年出生，1984 年毕业于哈尔滨建筑工程学院建筑工业电气自动化专业，2000 年取得教授级高级工程师任职资格，注册电气工程师，现任北京市建筑设计研究院有限公司设计总监、总工程师，住房和城乡建设部建筑电气标准化技术委员会副主任委员，中国建筑学会电气分会副理事长，中国勘察设计协会建筑电气工程设计分会副理事长，全国建筑标准设计委员会电气委员会副主任委员，中国消防协会电气防火委员会委员，中国建筑学会建筑防火综合技术分会建筑电气防火专业委员会副主任，中国工程建设标准化协会雷电防护委员会常务理事。

　　在从事民用建筑中的电气设计工作中，曾参加并完成多项工程项目，在这些工程中，既有高度超过 500m 高层建筑的单体公共建筑，也有数十万平方米的生活小区。这些项目主要包括：中国尊大厦；全国人大机关办公楼；全国人大常委会会议厅改扩建工程；凤凰国际传媒中心；深圳中州大厦；呼和浩特大唐国际喜来登大酒店，朝阳门 SOHO 项目Ⅲ期；中国天辰科技园天辰大厦；深圳联合广场；富凯大厦；首都博物馆新馆；金融街 B7 大厦；百朗园；富华金宝中心；泰利花园；福建省公安科学技术中心；珠海歌剧院；九方城市广场；天津泰达皇冠假日酒店；北京上地北区九号地块-IT 标准厂房；北京科技财富中心；新疆克拉玛依综合游泳馆；北京丽都国际学校；山东济南市舜玉花园 Y9 号综合楼；中国人民解放军总医院门诊楼；山东东营宾馆；李大钊纪念馆；北京葡萄苑小区；宁波天一家园；望都家园；西安紫薇山庄；山东辽河小区等。

　　主持编写：《建筑电气设计方法与实践》《建筑电气设计与施工资料集—技术数据》《建筑电气设计与施工资料集—设备选型》《建筑电气设计与施工资料集—设备安装》《建筑电气设计与施工资料集—常见问题解析》《简明建筑电气工程师数据手册》《建筑工程设计文件编制实例范本—建筑电气》《建筑电气设备施工安装技术问答》《建筑工程机电设备招投标文件编写范本》《建筑电气设计实例图册④》等书籍。参加编写：《全国民用建筑工程设计技术措施·电气》，现行国家规范《智能建筑设计标准》GB 50314、《火灾自动报警系统设计规范》GB 50116、《住宅建筑规范》GB 50368、《建筑物电子信息系统防雷设计规范》GB 50343、《智能建筑工程质量验收规范》GB 50339、《建筑机电工程抗震设计规范》GB 50981、《会展建筑电气设计规范》JGJ 333、《商店建筑电气设计规范》JGJ 392、《消防安全疏散标志设置标准》DB 11/1024 等标准。

The Author was born in 1963. After Graduated from the major of Industrial and Electrical Automation of Architecture of Harbin Institute of Architecture and Engineering in 1984, He has acquired the qualification of professor Senior Engineer in 2000. He is chief engineer of Beijing Institute of Architectural Design, Registered electric engineer, vice chairman of Housing and Urban and Rural Construction, Building Electrical Standardization Technical Committee, Executive director of the Lightning Protection Committee of the China Engineering Construction Standardization Association, vice chairman of National Building Standard Design Commission Electrical Commission now.

Engaging in architectural design for civil buildings in these years, he have fulfilled many projects situated at many provinces in China, which include high buildings and monomer public architectures which is more than 500m high, and also hundreds of thousands square meters living zone . They are ZhongGuoZun high-rise Building, the NPC organs office building, Phoenix International Media Center, The expansion project of the Great Hall of the People, Hohhot Datang International Sheraton Hotel, Chaoyangmen SOHO project Ⅲ, the Unite Plaza of ShenZhen; FuKai Mansion; BaiLang Garden; the New Museum of the Capital Museum; the B7 Building of Finance Street in Beijing; the FuHuaJinBao Center; the TAILI Garden; Fujian Provincial Public Security Science and Technology Center; Zhuhai Opera House; Nine side of City Square; Shenzhen Zhongzhou Building; Tianchen Building; Crowne Plaza Hotel in Tianjin TEDA; IT Standard Factory of Beijing ShangDi North Area No. 9 lot; The Wealth Center of science & technology in Beijing; Integrated Swimming Gymnasium of XinJiang KeLaMaYi; Beijing LiDu International School; Y9 Integrated Building of ShunYu Garden in ShanDong JiNan; the Clinic Building of the People's Liberation Army General Hospital; ShanDong DongYing Hotel; The memorial of LiDaZhao; Beijing Vineyard Living Zone; NingBo TianYi Homestead; WangDu Garden; XiAn ZiWei Mountain Villa; ShanDong LiaoHe Living Zone, and so on.

The author have published many papers and books in these years, which are awarded by the Architectural Electric Specialty Committee, a branch of The Architectural Society of China . He has charged many books such as "Method and Practice of Architecture Electrical Design", "Electrical Building Design and Construction data sets • Technical data Book", "Electrical Building Design and Construction data sets • Equipment Specifications", "Electrical Building Design and Construction data sets • Equipment Installation", "Electrical Building Design and Construction data sets • Analysis of Common Problems", "The Data Handbook for Architectural Electric Engineer", "The Model for Architectural Engineering Designing File Example—Architectural Electric ", "Answers and Questions for Construction Technology in Electrical Installation Building" , "Model Documents of Tendering for Mechanical and Electrical Equipments in Civil Building" and "Exemplified diagrams of Architecture Electrical Design". And he take part in the compilation of "The National Architectural Engineering Design Technology Measures • Electric ", "Standard for design of intelligent building GB 50314" , "Code for design of automatic fire alarm system GB 50116", "Residential building code GB 50368" , "Technical code for protection against lightning of building electronic information system GB 50343" and " Code for acceptance of quality of intelligent building systems GB 50339" , Code for seismic design of mechanical and electrical equipment GB 50981, Code for electrical design of conference & exhibition buildings JGJ 333, Standard for Fire Safety Evacuation Signs Installation DB 11/1024.

序

建筑电气作为现代建筑的重要标志，它以电能、电气设备、计算机技术和通信技术为手段来创造、维持和改善建筑物空间的声、光、电、热以及通信和管理环境，使其充分发挥建筑物的特点，实现其功能。从学术上讲，建筑电气是应用建筑工程领域内的一门新兴学科，它是基于物理、电磁学、光学、声学、电子学理论上的一门综合性学科。建筑电气是建筑物的神经系统，建筑物能否实现使用功能，电气是关键。换句话讲，建筑电气和智能化在维持建筑内环境稳态、保持建筑完整统一性及其与外环境的协调平衡中起着主导作用。强调电气系统的安全可靠、经济合理、技术先进、整体美观、维护管理方便，将是永久的话题。

《建筑工程设计编制深度实例范本　建筑智能化》就是遵循国家有关方针、政策，针对建筑电气设计的特点，突出电气系统设计的可靠性、安全性和灵活性进行编写的，本书的主题更加突出节能环保，并具有以下特点：

第一，取材广泛，涵盖面广。内容涉及写字楼、博物馆、酒店、体育馆、会议中心、美术馆、医院、剧院、航站楼、铁路客运站、图书馆、中学、居住小区等实际工程智能化设计实例。

第二，注重实用，富有权威性。实例源于实际工程，并进行理论上的研究和探索，设计者都是具有较高技术水平和丰富经验的设计师，这些实例对工程设计的高度概括和总结，体现理性和思维段落的功力。

第三，数据准确，代表方向。关注科学性，实例中的数据都是广大电气设计师在实际工程中的积累和总结，准确而实用，研究方向代表着中国建筑电气行业的发展，为新技术、新产品的使用和发展，提供一个展示平台，向世人说明建筑电气设计不缺乏理论创造和积淀。

第四，理论升华，指导实践。实例从设计理论上把握建设工程电气设计的方方面面，还极其关注国家政策等一系列的可持续发展的大问题，开阔设计者的视野，创造出精品设计。

希望读者在这些工程实例中获得收益，指导工程设计工作，提高建设工程质量、水平和效率，实现与国际同行业接轨，共同完善建筑电气设计理论。

北京市建筑设计研究院有限公司董事长　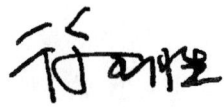

前　言

　　《建筑工程设计编制深度实例范本　建筑智能化》是为贯彻执行中华人民共和国住房和城乡建设部《建筑工程设计文件编制深度规定（2016年版）》（以下简称《深度规定》）进行编制的。它有针对性的列举了建筑智能化专项设计在方案、初步设计、施工图设计方面三个阶段的实际工程案例，并说明其设计文件编制深度。为了使本书更加具有可操作性、延续性、系统性和整体协调性，在编写此书时，从实际工程中提取十四个实际工程案例，既可作为设计文件编制深度规定的诠释，也方便用作年轻电气工程师学习和参考的工具书。

　　本书编写以"先进的设计理念、实用的工程实例、优化的设计系统、新颖的设计内容、典型的设计范例"为宗旨，列举写字楼、酒店、体育馆、会议中心、美术馆、博物馆、医院、剧院、航站楼、铁路客运站、图书馆、中学、居住小区等实际工程实例。在工程设计中积极采用可靠、实用、先进的设备，配备合理的建筑智能化，改变目前存在的盲目的集成、简单的集中、界面的堆砌大无法适应实际运营；各子系统孤岛设计、整合困难，难以实现真正的智慧化；软件临时定制，不可靠、不稳定；实施中反复变更，难以满足未来应用需要；综合造价高、运维成本高等缺点，使工程的安全性和实用性贯穿全生命周期。这些建筑智能化系统包括：信息化应用系统、智能化集成系统、信息设施系统、建筑设备管理系统、公共安全系统和机房工程等。

　　本书按建筑智能化方案设计、初步设计、施工图设计三个阶段，分为三章编写建筑智能化各阶段设计文件编制范本。各章第一节提出建筑智能化各阶段设计文件编制要点，各章第二节提出建筑智能化各阶段设计文件编制实例。在设计文件编制要点中，强调各阶段设计文件编制原则、编制内容、建筑智能化设计需收集的技术资料、建筑智能化专业设计各阶段与相关专业配合的内容、建筑智能化设计团队统一技术规定、建筑智能化施工技术交底主要内容，这些都是实现精品设计的必要资料，满足相关法律法规、技术标准，尤其是绿色节能技术的要求。在技术需求书中，列举了技术需求书编写模板，目的就是对建筑智能化设备选购建立公开、公平、公正的重要保障，是提高建筑智能化设备招标质量重要文本文件，是将设计文件更加具有法制化、工程化、标准化和国际化。

　　本书是为适应科技进步和满足基本建设的新形势下的产物，力求内容新颖，覆盖面广，可作为建筑智能化工程设计、施工人员实用参考书，也可供高等院校有关师生教学参考使用。由于建筑智能化技术的不断进步，书中若存在与国家现行标准不一致之处，应以国家现行标准为准。

　　吴威、申伟、郭芳、张青、孙海龙、吴秉刚、王建华、汤威等参加了编写工作，同时得到很多同行的热情支持和具体帮助，这里我们深怀感恩之心，品味成长历程，发现人生的真正收获。感恩父母的言传身教，是他们把我们带到了这个世界上，给了我们无私的爱和关怀。感恩老师的谆谆教诲，是他们给了我们知识和看世界的眼睛。感恩同事的热心帮助，是他们给了我们平淡中蕴含着亲切，微笑中透着温馨。感恩朋友的鼓励支持，是他们给了我们走向成功的睿智。感恩对手的激励，是他们给了我们重新认识自己的机会和再次拼搏的勇气，在不断的较量中汲取能量，慢慢走向成功。

　　限于编者水平，对书中谬误之处，真诚地希望广大读者批评指正。

北京市建筑设计研究院有限公司设计总监、总工程师　孙成群

2019 年 1 月

目　　录

第一章　建筑智能化方案设计文件编制范本 ···················· 1

　第一节　建筑智能化方案设计文件编制要点 ···················· 3

　　一、建筑智能化方案设计文件编制深度原则 ···················· 3

　　二、建筑智能化设计文件编制内容 ···················· 3

　　三、建筑智能化设计收集资料的内容 ···················· 3

　　四、方案阶段智能化设计与相关专业配合输入表 ···················· 4

　　五、方案阶段智能化设计与相关专业配合输出表 ···················· 4

　　六、智能化方案设计文件验证内容 ···················· 5

　第二节　建筑智能化方案设计文件编制实例 ···················· 5

　　一、某写字楼建筑智能化方案设计实例 ···················· 5

　　二、某酒店建筑智能化方案设计实例 ···················· 16

　　三、某体育馆建筑智能化方案设计实例 ···················· 23

　　四、某会议中心建筑智能化方案设计实例 ···················· 37

　　五、某美术馆建筑智能化方案设计实例 ···················· 47

　　六、某医院建筑智能化方案设计实例 ···················· 63

　　七、某剧院建筑智能化方案设计实例 ···················· 70

　　八、某航站楼建筑智能化方案设计实例 ···················· 77

　　九、某铁路客运站建筑智能化方案设计实例 ···················· 85

　　十、某图书馆建筑智能化方案设计实例 ···················· 90

　　十一、某中学建筑智能化方案设计实例 ···················· 94

　　十二、某居住小区建筑智能化方案设计实例 ···················· 101

第二章　建筑智能化初步设计文件编制范本 ···················· 107

　第一节　建筑智能化初步设计文件编制要点 ···················· 109

　　一、建筑智能化初步设计文件编制深度原则 ···················· 109

　　二、建筑智能化初步设计文件编制内容 ···················· 109

　　三、建筑智能化初步设计与相关专业配合输入表 ···················· 110

　　四、建筑智能化初步设计与相关专业配合输出表 ···················· 111

　　五、建筑智能化初步设计文件验证内容 ···················· 111

　第二节　某博物馆建筑智能化初步设计文件编制实例 ···················· 112

　　一、建筑智能化初步设计说明编制实例 ···················· 112

　　二、建筑智能化系统概算编制实例 ···················· 134

　　三、建筑智能化初步设计图纸编制实例 ···················· 157

第三章　建筑智能化施工图设计文件编制范本 ···················· 177

　第一节　建筑智能化施工图设计文件编制要点 ···················· 179

　　一、建筑智能化施工图设计文件编制深度原则 ···················· 179

　　二、建筑智能化施工图设计文件编制内容 ···················· 179

三、智能化设计团队统一技术规定（内部使用） ·················· 183

四、建筑智能化施工图设计与相关专业配合输入表 ·················· 186

五、建筑智能化施工图设计与相关专业配合输出表 ·················· 187

六、建筑智能化施工图设计文件验证内容 ·················· 188

七、建筑智能化施工技术交底主要内容 ·················· 189

第二节 某办公楼建筑智能化施工图设计文件编制实例 ·················· 189

一、建筑智能化施工图设计说明编制实例 ·················· 189

二、建筑智能化系统设备清单编制实例 ·················· 242

三、建筑智能化技术需求书编制实例 ·················· 265

四、建筑智能化施工图设计图纸编制实例 ·················· 326

参考文献 ·················· 355

第一章

建筑智能化方案设计文件编制范本

【摘要】 方案设计是设计中的重要阶段，智能化方案设计文件一般应包括建筑智能化系统架构，各子系统的系统概述、功能、结构、组成以及技术要求，设计师应从分析需求出发，通过对实际工程的功能、管理模式、业主的资金情况分析，并需要进行多方案的比较，确定合理、经济、先进的智能化方案。智能化方案设计文件要满足方案审批或报批和编制初步设计文件的需要。

第一节　建筑智能化方案设计文件编制要点

一、建筑智能化方案设计文件编制深度原则

1　方案设计文件，应满足编制初步设计文件的需要，应满足方案审批或报批的需要。

2　在设计中宜因地制宜正确选用国家、行业和地方建筑标准设计。

3　当设计合同对设计文件编制深度另有要求时，设计文件编制深度应同时满足本规定和设计合同的要求。

4　设计单位在设计文件中选用的建筑材料、建筑构配件和设备，应当注明规格、性能等技术指标，其质量要求必须符合国家规定的标准。

二、建筑智能化设计文件编制内容

1　在方案设计阶段，建筑智能化设计文件应包括设计说明书、系统造价估算。

2　设计说明书。

2.1　工程概况：

2.1.1　应说明建筑类别、性质、功能、组成、面积（或体积）、层数、高度以及能反映建筑规模的主要技术指标等。

2.1.2　应说明本项目需设置的机房数量、类型、功能、面积、位置要求及指标。

2.2　设计依据：

2.2.1　建设单位提供有关资料和设计任务书。

2.2.2　设计所执行的主要法规和所采用的主要标准（包括标准的名称、编号、年号和版本号）。

2.3　设计范围：本工程拟设计的建筑智能化系统，内容一般应包括系统分类、系统名称，表述方式应符合现行国家标准《智能建筑设计标准》GB 50314 层级分类的要求和顺序。

2.4　设计内容：内容一般应包括建筑智能化系统架构，各子系统的系统概述、功能、结构、组成以及技术要求。

三、建筑智能化设计收集资料的内容

建筑智能化设计收集资料的内容见表 1-1。

建筑智能化设计收集设计资料内容　　　　　　　　　　　表 1-1

资料	内容
有关文件	工程建设项目委托文件和主管部门审批文件有关协议书
自然资料	工程建设项目所在的海拔高度、地震烈度、环境温度、最大日温差
	工程建设项目的最大冻土深度
	工程建设项目的夏季气压、气温(月平均和极限最高、最低)
	工程建设项目所在地区的地形、地物状况(如相邻建筑物的高度)、气象条件(如雷暴日)和地质条件(如土壤电阻率)
	工程建设项目的相对湿度(月平均最冷、最热)

资　料	内　　容
通信线路现状	工程建设项目所在地通信主管部门的规划和设计规定
	市政通信线路与工程建设项目的接口地点
	市政电话引入线的方式、位置、标高
有线电视现状	工程建设项目所在地有线电视主管部门的规划和设计规定
	市政有线电视线路与工程建设项目的接口地点
	市政有线电视引入线的方式、位置、标高
其他	工程建设项目所在地常用电器设备的电压等级
	当地对智能化设备的供应情况
	当地对各智能化系统的有关规定、地区性标准和通用图等

四、方案阶段智能化设计与相关专业配合输入表

方案阶段智能化设计与相关专业配合输入表见表1-2。

方案阶段智能化设计与相关专业配合输入表　　　　表1-2

提出专业	智能化设计输入具体内容
建筑	建设单位委托设计内容、建筑物位置、规模、性质、用途、标准、建筑高度、层高、建筑面积等主要技术参数和指标以及主要平面图、立面图、剖面图
	市政外网情况(包括电信、电视等)
	主要设备机房位置(包括冷冻机房、变配电机房、水泵房、锅炉房、消防控制室等)
结构	主体结构形式
	剪力墙、承重墙布置图
	伸缩缝、沉降缝位置
给水排水	水泵控制要求及控制
	其他设备的控制要求及控制
通风与空调	冷冻机房的位置、控制点
	空调方式(集中式、分散式)
	锅炉房的位置、控制点
	其他设备用电设备控制要求及控制点
电气	变配电系统;电力、照明系统;防雷接地系统

五、方案阶段智能化设计与相关专业配合输出表

方案阶段智能化设计与相关专业配合输出表见表1-3。

方案阶段智能化设计与相关专业配合输出表　　　　表1-3

接收专业	智能化设计输入具体内容
建筑	主要智能化机房面积、位置、层高及其对环境的要求
	主要智能化系统路由及竖井位置
	大型智能化设备的运输通路
结构	智能化机房的位置
	大型智能化设备的运输通路
给水排水	主要设备机房的消防要求
	智能化设备用房用水点

接收专业	智能化设计输入具体内容
通风与空调	主要智能化机房对环境温、湿度的要求
电气	智能化设备对供电要求、防雷接地要求、电气消防要求

六、智能化方案设计文件验证内容

智能化方案设计文件验证内容见表1-4。

智能化方案设计文件验证内容 表1-4

类别	项目	验证岗位			验证内容	备注
		审定	审核	校对		
设计说明	设计依据	·	·	·	建筑类别、性质、结构类型、面积、层数、高度等	—
		·	·	·	采用的设计标准应与工程相适应，并为现行有效版本	关注外埠工程地方规定
	设计分工	·	·	·	智能化系统的设计内容	—
	智能化系统	·	·	·	确定各系统末端点位的设置原则	—
		—	·	·	明确各系统的组成及网络结构	—
		·	·	·	确定与相关专业的接口要求	—

第二节 建筑智能化方案设计文件编制实例

一、某写字楼建筑智能化方案设计实例

1 工程概况

本工程属于一类建筑，地上十六层，地下二层，建筑面积为106785m²，建筑高度65m，设计使用年限50年。工程性质为办公及配套项目，包括金融营业、商业、餐饮、停车及后勤用房等。

2 设计依据

2.1 建设单位提供有关资料和设计任务书。

2.2 执行的主要设计规范与标准。

本工程设计执行国家、地方、行业现行建筑设计法规、规范及规定，企业设计标准，主要包括（但不限于）：

2.2.1 《民用建筑电气设计规范》JGJ 16—2008。

2.2.2 《智能建筑设计标准》GB 50314—2015。

2.2.3 《智能建筑工程施工规范》GB 50606—2010。

2.2.4 《安全防范工程技术规范》GB 50348—2018。

2.2.5 《入侵报警系统工程设计规范》GB 50394—2007。

2.2.6 《视频安防监控系统工程设计规范》GB 50395—2007。

2.2.7 《出入口控制系统工程设计规范》GB 50396—2007。

2.2.8 《公共广播系统工程技术规范》GB 50526—2010。

2.2.9 《民用闭路监视电视系统工程技术规范》GB 50198—2011。

2.2.10 《视频显示系统工程技术规范》GB 50464—2008。

2.2.11 《视频显示系统工程测量规范》GB/T 50525—2010。

2.2.12 《综合布线系统工程设计规范》GB 50311—2016。

2.2.13 《通信管道与通道工程设计规范》GB 50373—2006。

2.2.14 《节能建筑评价标准》GB/T 50668—2011。

2.2.15 《绿色建筑评价标准》GB/T 50378—2014。

2.2.16 《民用建筑绿色设计规范》JGJ/T 229—2010。

2.2.17 《建筑工程设计文件编制深度规定》（2016 年版）中华人民共和国住房和城乡建设部。

3 设计范围

3.1 信息化应用系统（IAS）：公共服务系统；智能卡应用系统；物业管理系统；信息设施运行管理系统；信息安全管理系统；基本业务办公系统。

3.2 智能化集成系统（IIS）：智能化信息集成（平台）系统。

3.3 信息设施系统（IFS）：信息接入系统；布线系统；移动通信室内信号覆盖系统；用户电话交换系统；卫星通信系统；无线对讲系统；信息网络系统；有线电视；公共广播系统；会议系统；信息引导发布管理系统。

3.4 建筑设备管理系统（BMS）：建筑设备监控系统；建筑能效监管系统；电动汽车充电站监控与通信系统。

3.5 公共安全系统（PSS）：安全防范系统；入侵报警系统、视频安防监控系统、出入口管理系统、电子巡查系统、防冲撞系统、访客管理系统；停车库（场）管理系统；安全防范综合管理（平台）系统；应急响应系统。

3.6 机房工程（EEEP）：信息接入机房；建筑信息网络机房（数据机房）；综合配线机房；运营商机房、有线电视机房及移动通信室内信号覆盖系统放大机房（由运营商及有线自行设计及建设）；消防、安防监控中心；智能化设备间（智能化小间）等。

4 信息化应用系统

4.1 信息化应用系统功能应满足建筑物运行和管理的信息化需要并提供建筑业务运营的支撑和保障。系统包括公共服务、智能卡应用、物业管理、信息设施运行管理、信息安全管理、基本业务办公和专业业务等信息化应用系统。

4.2 公共服务系统。公共服务系统应具有访客接待管理和公共服务信息发布等功能，并宜具有将各类公共服务事务纳入规范运行程序的管理功能。系统基于信息网络及布线系统，系统服务器设置于中心网络机房，管理终端设置于相应管理用房。

4.3 智能卡应用系统。根据建设方物业信息管理部门要求对出入口控制、电子巡查、停车场管理、考勤管理、消费等实行一卡通管理。"一卡"，在同一张卡片上实现开门、考勤、消费等多种功能；"一库"，在同一软件平台上，实现卡的发行、挂失、充值、资料查询等管理，系统共用一个数据库，软件必须确保出入口控制系统的安全管理要求；"一网"，各系统的终端接入局域网进行数据传输和信息交换。系统基于信息网络及布线系统，系统服务器设置于中心网络机房，管理终端设置于相应管理用房。

4.4 信息设施运行管理系统。信息设施运行管理系统应具有对建筑物信息设施的运行状态、资源配置、技术性能等进行监测、分析、处理和维护的功能。系统基于信息网络及布线系统，系统服务器设置于中心网络机房，管理终端设置于相应管理用房。

4.5 信息安全管理系统。信息网络安全管理系统通过采用防火墙、加密、虚拟专用网、安全隔离和病毒防治等各种技术和管理措施，确保经过网络的传输和管理措施，使网络系统正常运行，确保经过网络传输和交换的数据不会发生增加、修改、丢失和泄漏。系统基于信息网络及布线系统，系统服务器设置于中心网络机房，管理终端设置于相应管理用房。

5　智能化集成系统

本工程对信息设施各子系统通过统一的信息平台实现集成，实施综合管理，将建筑中日常运作的各种信息，如建筑设备监控系统、安防、火灾自动报警、公共广播、通信系统信息，各种日常办公管理信息，物业管理信息等构成相互之间有关联的一个整体，从而有效地提升建筑整体的运作水平和效率。

5.1　智能化信息集成系统。集成软件平台安装在主机服务器上，实现把所有子系统集成在统一的用户界面下，对子系统进行统一监视、控制和协调，从而构成一个统一的协同工作的整体。包括实现对子系统实时数据的存储和加工，对系统用户的综合监控和显示以及智能分析等其他功能。

5.2　集成信息应用系统。对于管理数据的集成，要求控制系统在软件上使用标准的、开放的数据库进行数据交换，实现管理数据的系统集成。

6　信息化设施系统

6.1　信息接入系统

6.1.1　系统接入机房设置于建筑通信机房内，通信机房可满足三家运营商入户。本工程需输出入中继线 300 对（呼出呼入各 50%）。另外申请直拨外线 500 对（此数量可根据实际需求增减）。

6.1.2　电视信号接自城市有线电视网，在顶层设有卫星电视机房，对建筑内的有线电视实施管理与控制。有线电视节目和卫星电视节目经调制后，经电视信号干线系统传送至每个电视输出口处，使获得技术规范所要求的电平信号，达到满意的收视效果。

6.2　通信自动化系统

6.2.1　本工程在地下一层设置电话交换机房，拟定设置一台 1500 门 PABX。

6.2.2　通信自动化系统中，程控自动数字交换机起着重要的作用。随着通信技术的发展，现今的 PABX 应将传统的语音通信、语音信箱、多方电话会议、IP 技术、ISDN（B-ISDN）应用等通信技术融会在一起，向用户提供全新的通信服务。

6.3　综合布线系统

6.3.1　综合布线系统（GCS）应为一套完善可靠的支持语音、数据、多媒体传输的开放式的结构，作为通信自动化系统和办公自动化系统的支持平台，满足通信和办公自动化的需求。

6.3.2　系统能支持综合信息（语音、数据、多媒体）传输和连接，实现多种设备配线的兼容，综合布线系统能支持所有的数据处理（计算机）的供应商的产品，支持各种计算机网络的高速和低速的数据通信，可以传输所有标准的模拟和数字的语音信号，具有传输ISDN的功能，可以传输模拟图像、数字图像以及会议电视等的多媒体信号。完全能承担建筑内的信息通信设备与外部的信息通信网络相连。

6.3.3　本工程在地下一层设置网络室。

6.4　会议电视系统

本工程在多功能厅设置全数字化技术的数字会议网络系统（DCN 系统），该系统采用模块化结构设计，全数字化音频技术。具有全功能、高智能化、高清晰音质、方便扩展和数据传递保密等优点。可实现发言演讲、会议讨论、会议录音等各种国际性会议功能，其中主席设备具有最高优先权，可控制会议进程。

6.5 有线电视及卫星电视系统

6.5.1 本工程在地下一层设置有线电视前端室，在顶层设有卫星电视机房，对建筑内的有线电视实施管理与控制。

6.5.2 有线电视系统根据用户情况采用分配—分支分配方式。

6.6 背景音乐及紧急广播系统

6.6.1 本工程在一层设置广播室（与消防控制室共室）。

6.6.2 在一层走道、大堂、餐厅等均设有背景音乐。背景音乐及紧急广播系统采用100V定压式输出。当有火灾时，切断背景音乐，接通紧急广播。

6.6.3 多功能厅设置独立的音响设备。会议扩声系统配备多台多路混音放大器、扬声器箱等专业设备。调音台应有多路音源输入通道，每通道均可预选话筒或线路输入。各通道均应有语音滤波，衰减低音成分，增加语音的清晰度。可接入CD、AM/FM收音机、话筒等，并具备录音设备。扬声器的配置应满足会场声压级的需要，并应保证会场内声压的均匀度。

6.7 卫星电视接收系统

为满足建筑内收看/听国内外电视节目，以及自办节目等需要，预留卫星电视接收天线，配置860MHz双向传输宽带交互式服务，为系统数字化提供条件。卫星电视节目经调制后，经电视频服务系统传送至每个电视输出口处，使获得技术规范所要求的电平信号，达到满意的收视效果。

6.8 信息导引及发布系统

本工程信息导引及发布系统主机设置于建筑物业管理室内。本系统由视频显示屏系统、传输系统、控制系统和辅助系统组成。可实现一路或多路视频信号同时或部分或全屏显示。通过计算机控制，在公共场所显示文字、文本、图形、图像、动画、行情等各种公共信息以及电视录像信号，并利用信息系统作为电子导向标识，辅助人员出入导向服务。

6.9 无线通信增强系统

为避免无线基站信道容量有限，忙时可能出现网络拥塞，手机用户不能及时打进或接进电话。另外由于大楼内建筑结构复杂，无线信号难于穿透，室内易出现覆盖盲区。因此，大楼内应安装无线信号室内天线覆盖系统以解决移动通信覆盖问题，同时也可增加无线信道容量。

7 建筑设备管理系统

7.1 建筑设备监控系统

7.1.1 建筑设备监控系统融合了计算机技术、网络通信技术、自动控制技术、数据库管理技术以及软件技术等，采用"集散型系统"，通过中央监控系统的计算机网络，将各层的控制器、现场传感器、执行器及远程通信设备进行联网，共同实现集中管理、分散控制的综合监控及管理功能。

7.1.2 本工程建筑设备监控系统的总体目标是分别对建筑内的建筑设备（HVAC、给水排水系统、供配电系统、照明系统等）进行分散控制、集中监视管理，从而提供一个舒适的工作环境，通过优化控制提高管理水平，从而达到节约能源和人工成本，并能方便实现物业管理自动化。

7.1.3 系统设计所遵循的原则是注重系统的先进性、实用性、可靠性、开放性、适应性、可扩展性、经济性和可维护性。通过对工程中子系统的控制，对建筑内温、湿度的自动调节，空气质量的最佳控制，以及对室内照明进行自动化管理等手段，提供最佳的能源管理方案，对机电设备以及照明等采取优化控制和管理，确保节能运行，从而降低能源成本及运行费用。

7.1.4 本工程在地下一层设置一处建筑设备监控室，对建筑设备实施管理与控制。

7.2 电力监控系统

7.2.1 系统采用分散、分层、分布式结构设计，整个系统分为现场监控层、通信管理层和系统管理层，工作电源全部由 UPS 提供。

7.2.2 10kV 开关柜：采用微机保护测控装置对高压进线回路的断路器状态、失压跳闸故障、过电流故障、单相接地故障遥信；对高压出线回路的断路器状态、过电流故障、单相接地故障遥信；对高压联络回路的断路器状态、过电流故障遥信；对高压进线回路的三相电压、三相电流、零序电流、有功功率、无功功率、功率因数、频率、电度等参数，高压联络及高压出线回路的三相电流进行遥测；对高压进线回路采取速断、过流、零序、欠电压保护；对高压联络回路采取速断、过流保护；对高压出线回路采取速断、过流、零序、变压器超温跳闸保护。

7.2.3 变压器：高温报警，对变压器冷却风机工作状态、变压器故障报警状态遥信。

7.2.4 低压开关柜：对进线、母联回路和出线回路的三相电压、电流、有功功率、无功功率、功率因数、频率、有功电度、无功电度、谐波进行遥测；对电容器出线的电流、电压、功率因数、温度遥测；对低压进线回路的进线开关状态、故障状态、电操储能状态、准备合闸就绪、保护跳闸类型遥信；对低压母联回路的进线开关状态、过电流故障遥信；对低压出线回路的分合闸状态、开关故障状态遥信；对电容器出线回路的投切步数、故障报警遥信。

7.2.5 直流系统：提供系统的各种运行参数：充电模块输出电压及电流、母线电压及电流、电池组的电压及电流、母线对地绝缘电阻；监视各个充电模块工作状态、馈线回路状态、熔断器或断路器状态、电池组工作状态、母线对地绝缘状态、交流电源状态；提供各种保护信息：输入过电压报警、输入欠电压报警、输出过电压报警、输出低电压报警。

7.3 建筑能效监管系统

本工程建筑能效监管主机设置于各个建筑物业管理室。系统可对冷热源系统、供暖通风和空气调节、给水排水、供配电、照明、电梯等建筑设备进行能耗监测。根据建筑物业管理的要求及基于对建筑设备运行能耗信息化监管的需求，应能对建筑的用能环节进行相应适度调控及供能配置适时调整。

7.3.1 实时监测空调冷源供冷水负荷（瞬时、平均、最大、最小），计算累计用量，费用核算。

7.3.2 实时监测自来水/中水供水流量（瞬时、平均、最大、最小），计算累计用量，费用核算。

7.3.3 根据管理需要，设置计量热表，计算租户累计用量，费用核算。

7.3.4 根据管理需要，设置电量计量，计算租户累计用量，费用核算。

7.3.5 实现对采集的建筑能耗数据进行分析、比对和智能化的处理。对经过数据处理后的分类、分项能耗数据进行分析、汇总和整合，通过静态表格和动态图表方式将能耗数据展示出来，为节能运行、节能改造、信息服务和制定政策提供信息服务。

7.4 电梯监控系统

7.4.1 电梯监控系统是一个相对独立的子系统，纳入设备监控管理系统进行集成。

7.4.2 电梯现场控制装置应具有标准接口（如 RS485、RS232 等）。

7.4.3 在安防消防中心设电梯监控管理主机，显示电梯的运行状态。

7.4.4 监控系统配合运营，启动和关闭相关区域的电梯；接收消防与安防信息，及时采取应急措施。

7.4.5 系统自动监测各电梯运行状态，紧急情况或故障时自动报警和记录，自动统计电梯工作时间，定时维修。

7.4.6 电梯对讲电话主机及对讲电话分机由电梯中标方成套提供，要求满足工程管理需要。

7.4.7 电梯轿厢内设暗藏式对讲机，对讲总机设在消防控制室，用于紧急对讲。

7.5 智能照明系统

7.5.1 智能照明系统基于智能化专网设置。各区域智能照明系统网关接口模块接入智能化网络。并视运行管理需要纳入建筑设备监控系统进行集成。

7.5.2 采用完全分布式集散控制系统，集中监控，分区实现程序控制（分层、分区域、分性质、分功能），对灯光美观要求较高的会议室、报告厅、门厅、外立面、绿化带等，需要设置调光控制功能。

7.5.3 照明监控系统接收消防与安防信息，采取灯光应急措施。

7.6 电动汽车充电站监控及通信系统

7.6.1 本系统包括充电监控系统、供电监控系统及安防监控系统；本系统结构应符合下列要求：

1. 充电站监控系统应由站控层、间隔层及网络设备构成；

2. 站控层应实现充电站内运行各系统的人机交互，实现相关信息的收集和实时显示、设备的远方控制以及数据的存储、查询和统计，并可与相关系统通信；

3. 间隔层应能采集设备运行状态及运行数据，实现上传至站控层、接收和执行站控层控制命令的功能。

7.6.2 充电监控系统：

1. 充电监控系统具有数据采集、控制调节、数据处理与存储、时间记录、报警处理、设备运行管理、用户管理与权限管理、报表管理与打印、可扩展、对视等功能；

2. 充电监控系统应具备下列数据采集功能：

（1）采集非车载充电机工作状态、温度、故障信号、功率、电压、电流和电能量；

（2）采集交流充电样的工作状态、故障信号、电压、电流和电能量。

3. 充电监控系统应实现向充电设备下发拉制命令、遥控起停、校时、紧急停机、远方设定充电参数等控制调节功能；

4. 充电监控系统应具备下列数据处理与存储功能：

（1）充电设备的越限报警、故障统计等数据处理功能；

（2）充电过程数据统计等数据处理功能；

（3）对充电设备的摇测、遥信、遥控、报警事件等实时数据和历史数据的集中存储和查询功能。

5. 充电监控系统应具备操作、系统故障、充电运行参数异常、动力蓄电池参数异常等事件记录功能；

6. 充电监控系统应提供图形、文字、语音等一种或几种报警方式，并具备相应的报警处理功能；

7. 充电监控系统应具备对设备运行的各类参数、运行状况等进行记录、统计和查询的设备运行管理功能；

8. 充电监控系统应具备下列可扩展性：

（1）系统应具有较强的兼容性，以完成不同类型充电设备的接入；

（2）系统应有扩展性，以满足充电站规模不断扩容的要求。

9. 供电监控系统：

（1）供电监控系统应采集充电站供电系统的开关状态、保护信号、电斥、电流、有功功率、无功功率、功率因数和电能计量信息；

（2）供电监控系统应能控制供电系统负荷开关上或断路器的分合；

（3）具备充电桩供电系统的越限报警、时间记录和故障统计功能。

10. 安防监控系统：

（1）本工程充电站安防监控系统纳入整个建筑的安防管理系统；

（2）在充电站的充电区和营业区域（如设置）营业窗口设置监控摄像机；

（3）视频安防监控系统具有与消防报警系统的联动该窗口；

（4）在充电站内的供电区和监控室设置入侵探测器；

（5）安防监控系统接受时钟同步系统对时，保证系统时间的一致性。

11. 通信系统：

（1）间隔层网络通信结构采用以太网或 CAN 网结构连接，也可采用 RS485 等串行接口方式连接；

（2）站控层和间隔层之间以及站控层各主机之间的网络通信结构应采用以太网连接；

（3）监控系统应预留以太网或无线公网接口，以实现与各类上级监控管理系统的数据交换。

8 公共安全系统

8.1 视频监控系统

8.1.1 本工程在一层设置保安室（与消防控制室共室），内设系统矩阵主机、视频录像、打印机、监视器及 AC24V 电源设备等。视频自动切换器接受多个摄像点信号输入，定时自动轮换（1～30s）输出监控信号，也可手动任选一个摄像机的画面跟踪监视、录像、打印。系统矩阵主机带输入、输出板；云台控制及编程、控制输出时、日、字符叠加等功能。

8.1.2 在建筑的大堂、各层电梯厅、电梯轿厢等处设置摄像机，电梯轿厢内采用广角镜头，要求图像质量不低于四级。图像水平清晰度：黑白电视系统不应低于 400 线，彩色电视系统不应低于 270 线。图像画面的灰度不应低于 8 级。保安闭路监视系统各路视频信号，在监视器输入端的电平值应为 1Vp-p±3dB VBS。保安闭路监视系统各部分信噪比指标分配应符合：摄像部分：40dB；传输部分：50dB；显示部分：45dB。保安闭路监视系统采用的设备和部件的视频输入和输出阻抗以及电缆阻抗均应为 75Ω。

8.2 出入口控制系统

系统主机设置于建筑消防控制室。系统构成与主要技术功能：

8.2.1 出入口控制系统由识读部分、传输部分、管理/控制部分和执行部分以及相应的系统软件组成。

8.2.2 本工程在重要机房、物业用房车库、出入口安装读卡机、电控锁以及门磁开关等控制装置。系统设置于各建筑内消防控制室内。

8.2.3 系统的信息处理装置应能对系统中的有关信息自动记录、打印、储存，并有防篡改和防销毁的措施。

8.2.4 出入口控制系统应能独立运行，并能与火灾自动报警系统、视频监控系统联动。当发生火警或需紧急疏散时，人员不使用钥匙应能迅速安全通过。

8.3 停车场管理系统

本工程停车场管理系统主机就近在管理用房内设置。工程停车场管理系统采用影像全鉴别系统，对进出的内部车辆采用车辆影像对比方式，防止盗车；外部车辆采用临时出票机方式。系统构成与主要技术功能：

8.3.1　出入口及场内通道的行车指示。

8.3.2　车位引导。

8.3.3　车辆自动识别。

8.3.4　读卡识别。

8.3.5　出入口挡车器的自动控制。

8.3.6　自动计费及收费金额显示。

8.3.7　多个出入口的联网与管理。

8.3.8　分层停车场（库）的车辆统计与车位显示。

8.3.9　出入挡车器被破坏（有非法闯入）报警。

8.3.10　非法打开收银箱报警。

8.3.11　无效卡出入报警。

8.3.12　卡与进出车辆的车牌和车型不一致报警。

8.4　电子巡查系统。电子巡查系统由信息采集器、信息下载器、信息钮和中文管理软件等组成。并可实现以下功能：

8.4.1　可按人名、时间、巡查班次、巡查路线对巡查人的工作情况进行查询，并可将查询情况打印成各种表格，如：情况总表、巡查事件表、巡查遗漏表等。

8.4.2　巡查数据储存，定期将以前的数据储存到软盘上，需要时可恢复到硬盘上。

8.4.3　用户要求可定制其他功能，如各种巡更事件的设置、员工考勤管理等。

8.5　防冲撞系统。本工程在地下车库入口设置防冲撞系统。防冲撞设施采用固定柱与液压升降柱相结合的方式，地库坡道底端采用暗藏破胎器作为第二道防护，一旦发生紧急情况时，可以启动防冲撞管理及措施，阻止非许可车辆及人员进入特定区域。

8.6　访客管理系统

8.6.1　访客登记管理主要用于外来访客对建筑内工作人员访问管理系统，系统以电子地图、列表菜单及报表等多种方式管理访客信息。

8.6.2　访客管理系统能快速登记来访客人的身份证、驾驶证、军官证等证件，并且可以配置二维码、人脸识别功能，在登记的时候可以捕捉来访客人的图像。身份识别及人脸识别与公安系统异常人员库相连，对异常人员可实时报警提示及上传公安部门。

8.6.3　通过访客系统可以对访客临时发卡，并自动对门禁系统、电梯控制系统进行临时授权。可以自定义各种查询条件，对以往的访客登记数据进行快速检索。

8.6.4　通过自定义统计要求，对以往访客登记数据进行快速统计。

8.6.5　在接收到非法进入访客的报警信息后进行相应的视频监控联动；并及时进行报警，报警可以以闪烁的图标形式在系统主界面上显示。

8.6.6　本工程在建筑门口设置人流管制系统、采用电子卡证、接入门禁控制系统，通过出入口的电子门计数，观众凭卡入场。当入场人流达到极限或发生突发事件时，关闭道闸、停止入场。要求在火灾确认后，自动释放道闸系统。

8.7　智能化应急指挥调度系统设计

8.7.1　智能化应急指挥调度子系统在建筑内突发安全事件、紧急事故、自然灾害时，启动应急处置预案快速指挥调度，将灾害造成的损失减低到最低限度。通过智慧建筑平台、建筑设备管理系统、综合安防监控系统、火灾报警系统信息互联互通，并具有实时数据交换和数据共享的能力。当系统接收到本规程内突发事件报警信息，立即将与该突发事件相关的所有信息和相关数据切换到智能化监控中心大屏幕显示屏上。

8.7.2 智能化应急指挥调度子系统通过楼层电子地图可视化图形页面，将与突发事件相关的所有信息包括：实时报警滚动信息条（文字）、突发事件位置信息、突发事件实时状态信息、电视监控图像信息、现场语音信息、移动通信信息、与突发事件周边的相关影像信息、相关历史资料和数据信息等显示在智能化监控中心大屏幕显示屏上。

8.7.3 智能化应急指挥调度子系统具有根据应急事件等级和处理的轻重缓急，自动联动和通知与突发事件处理相关的部门和主管人员的能力；并具有通过网络举行视频会议的能力，参与应急处理的各单位、部门和个人都可以通过可上网笔记本电脑调用应急事件相关影像和语音信息，并具有与应急处理指挥中心进行多方实时图像显示和语音对讲功能。

8.7.4 智能化应急指挥调度子系统图形工作站采用 19″以上触摸屏，可以显示和调用与应急事件相关的所有信息，并可实现应急多方可视对讲功能；系统具有实时记录应急处理指挥中心现场影像和现场语音的功能。

8.7.5 智能化应急指挥调度子系统可以按照突发事件的实时状态，分别在智能化监控中心大屏幕上自动显示突发事件状态信息（事件滚动信息条）、现场影像、周边道路影像、人员组织情况、现场通信情况、可视对讲影像和语音。为应急调度和指挥提供决策依据。

8.7.6 智能化应急指挥调度子系统根据突发事件的等级和分类，系统自动检索和启动应急处理预案。通过应急预案的处理流程和现场实时信息组织调度和指挥，系统根据应急预案自动显示相关资料和数据，辅助提供应急调度和指挥决策的依据。

8.7.7 智能化应急指挥调度子系统具有提供对各级和各类突发事件应急处理的预案库。应急预案应分为：预设方案和行动方案，应急处理预案的编制应根据本地的各种可用资源进行合理的调配和组织。

8.7.8 智能化应急指挥调度子系统应具有集成电话通信、手机通信、无线对讲、内部通信、专线通信、IP 通信、电子邮件等多种通信方式的能力，智能化应急指挥调度可通过上述任何一种方式取得与外界的通信联络。应急信息发布可以实时发布应急信息。应急信息发布可以通过公共广播、有线电视、电话、手机短信的方式进行实时发布。

8.7.9 应急指挥调度子系统，必须配置与上一级应急响应系统信息互联的通信接口。

9 机房工程（EEEP）

9.1 机房工程是一个系统集成工程

系统主要包括：所属系统设备及管线、控制台及辅助设备、防雷接地系统、UPS 供电系统以及配套的空调系统、机房装修系统、供配电系统等。以确保各设备能够安全、可靠、稳定地运行，并发挥其效益。

9.2 本楼机房工程包括：信息接入机房；信息网络机；综合配线机房；运营商机房（三大运营商机房、有线电视机房、移动信号覆盖系统放大机房）；消防、安防监控中心；消防安防分控室；智能化设备间（智能化小间）等。其中运营商机房由运营商设计及建设。

9.3 机房工程各个子系统的技术要求

9.3.1 天花设计：信息网络机房和消防安防控制中心/分控制室天花装修采用吊顶方式，顶棚应作净化处理，吊顶材质选用 600mm×600mm，板厚 0.8mm（含涂层）的素面铝合金微孔吸音明龙骨跌级方板吊顶，做好隔热保温效果，防止结露。

9.3.2 隔断、隔墙：网络机房和安保消控机房内各功能间隔断、隔墙装修目的是为了保证室内舒适美观而整洁的环境，其材料选择应满足防尘、防火、防潮等要求。

9.3.3 墙面、柱面：网络机房和安保消控机房内各功能间墙面、柱面装修也要保证室内舒适美观而整洁的环境，其材料选择应满足防尘、防火、防潮等要求。

9.3.4 门窗工程：机房与外界主通道之间安装防火防盗门，用于疏散和设备进出，防火等级均要达到甲级。

9.3.5 地面工程：所有机房设置架空地板。地板铺设在机房的建筑地面上，地板上安装系统设备及机柜、地板与建筑地面之间用以敷设连接设备的各种管线。架空地板应可拆卸，所有电缆管线的连接、检修、更换均应便捷。地板下管线敷设路径应尽可能做到距离最短，以减少信号在传输过程中的损耗。

9.4 机房供配电系统

9.4.1 对机房内设备负载的配电系统，是各类信息通信畅通无阻、整个信息系统安全可靠运行的保证。所有机房的供电为两路智能化专用供电，末端自动切换，并根据需要备有应急备用电源 UPS（其容量应满足安全完成正常工作状态下所有必须操作的要求）。

9.4.2 机房电源进线按现行国家标准《建筑防雷设计规范》GB 50057 采取防雷措施。

9.5 机房 UPS 系统

9.5.1 本工程中各个机房选用中大功率的三相在线双转换式 UPS，UPS 性能为各类环境及应用提供全年 365 天全天候高质量电源。

9.5.2 本次设计采用分散式 UPS，UPS 设置于：消防/安防控制室、智能化小间，供电范围为本机房，闭路电视监控系统摄像机、防盗探测器等。

9.5.3 UPS 不间断电源装置订货时要求带通信接口，可纳入 BA 系统管理。

9.6 机房空调新风系统

9.6.1 本工程机房按 C 级标准设计，空调系统及相应通风设备应保证机房内相应设备运行所需温度、湿度等环境要求。

9.6.2 精密空调：为使网络机房能达到 C 级机房要求，需在该区域采用精密空调机组。采用主备工作模式。精密空调应采用大风量小焓差的设计，自动对机房进行制冷、加热、加湿、除湿等控制调节来维持机房的恒温恒湿，有效去除计算机因运算而产生的显热。

9.6.3 VRV 舒适型空调：在消防控制机房采用 VRV 舒适型空调。

9.6.4 新风系统：在主机房（即精密空调区域）设计新风系统。

9.7 机房照明系统

机房照明系统分成正常照明和紧急停电状态下的应急照明。正常照明对机房照明的均匀度、稳定性、光源的显色性、眩光和阴影等指标应认真考虑，使工作人员在机房内即使长期工作，眼睛也不会感觉疲劳。照明材料要求选择无启辉器或电子镇流器的无眩光日光灯盘和日光灯管灯具，照明灯光为反射式，工作台与显示墙之间的监视视角空间应在 1.5m 以上。主机房照度为 500Lx；其他功能间照度不小于 300Lx；应急备用照明照度不小于 10Lx。在停电时通过 UPS 供电来提供应急照明。所有机房照明应将适合机房操作与管理的需要。

9.8 接地系统

9.8.1 建筑本身具有集中接地系统，机房接地系统建立在集中接地系统的基础上。在消防安防控制中心/分控制室、信息网络机房、综合布线机房、运营商机房、进线间及各层智能化管井内设置等电位连接箱，并用 50mm² 绝缘导线就近与联合接地系统接地端可靠连接。

9.8.2 交流工作地：在机房中，交流工作地可以作为隔离变压器的二次接地，用以解决零地电压超标的问题。交流工作地接地母线由配电柜用不低于 50mm² 绝缘导线引致大楼联合接地系统（接地电阻应小于 0.5Ω）。

9.8.3 安全保护地：在机房地板下敷设接地汇流排（30×3 紫铜带），再用不低于 50mm² 绝缘导线引致大楼联合接地系统（接地电阻应小于 0.5Ω）。

9.8.4 防雷接地：当机房电源系统遭到雷击时，防雷保护地为雷电流建立通往大地的释放通道。由大楼集中接地系统引上来一根不低于 50mm² 绝缘铜线，作为电源防雷和通信防雷的接地母线作为电源防雷的接地母线。

9.8.5 机房等电位连接：机房地网可作为机房等电位连接、屏蔽接地和防静电接地用。机柜外壳、防静电活动地板支架、机房内金属构件都应用绝缘铜导线与机房地网相连接；除了尽量降低接地电阻，均压和等电位连接是防地电位反击的有效方法。在一定的范围内做一个封闭的均压环、把进入建筑物的各种金属管道和线缆的屏蔽层做等电位连接，可以消除可能存在的破坏力极强的电位差。

9.8.6 所有智能化电缆桥架、线槽均应保持良好的电气连通，并做接地处理。

9.9 防雷系统

9.9.1 根据机房的供电系统情况，电源系统采用三级的防雷保护，可分别在配电柜、UPS、服务器供电端安装不同通流量的电源防雷器。进入建筑物大楼的电源线和通信线，应在 LPZ0 与 LPZ1、LPZ1 与 LPZ2 区交界处，以及终端设备的前端，按照 IEC 1312 — 雷电电磁脉冲防护标准，安装不同类别及防护等级的 SPD（瞬态过电压保护器），SPD 是用以防护电子设备遭受雷电闪击及其他干扰造成的传导电涌过电压的有效手段。

9.9.2 智能化防雷接地系统需要采取有效的保障措施，确保智能化系统的稳定、可靠运行。

9.9.3 智能化系统的防雷包括直击雷防护和感应雷防护两大部分，强调全方位防护，综合治理，层层设防的原则。

9.9.4 雷电侵入监控、计算机、通信等网络系统的途径主要有四个方面：电源系统引入；信号传输通道引入；地电位反击及因机房屏蔽不良而造成的雷电电磁脉冲的直接影响等。为了确保电子设备及网络系统稳定可靠运行以及保障机房工作人员有安全的工作环境，除了电源系统防雷，天馈系统、信号采集传输系统、网络交换系统等所有机房进行可靠有效的保护，在拦截、分流、均衡、屏蔽、接地、布线六大方面均作完整的多层次防护。

智能化信号系统雷电浪涌防护：

（1）室外监控系统防雷：摄像机端口的雷电浪涌防护应以视频线的屏蔽层作为等电位汇集点，在电源线、视频线和信号线上安装三合一、二合一等组合型电涌防护器，并制作相应地网接地（要求接地电阻小于 10Ω，最好小于 4Ω。）保护摄像机的电源、视频和控制信号线路；

（2）室外广播系统防雷：由于与信号传输线相连接的设备接口工作电压较低，而且耐压水平也很低，对于由信号传输线引入的感应雷电波特别敏感，极易损坏，因此设计音频信号防雷器；

（3）有线电视系统防雷：有线电视线路上安装 1 套射频信号防雷器；

（4）室外网络布线防雷：在室外网络线进入室内处安装网络信号防雷器；

（5）智能化各系统线路在进出建筑物处应加装防雷电涌保护装置，并做好等电位联接。

9.9.5 机房气体灭火系统。通信网络主机房采用气体灭火系统。

9.9.6 机房环境监测系统。在信息网络机房采用机房环境监测系统对机房供配电、精密空调、机房温湿度、UPS 系统、消防系统、机房漏水检测系统等环境设备进行实时的监测（或控制），并融合机房的管理措施，对发生的各种事件都结合机房的具体情况给出处理信息，提示值班人员执行相应操作，实现机房设备的统一监控，实时事件记录，有效提高系统的可靠性，实现机房的科学有效的管理，为机房的安全可靠运行提供有力的保障。

10 其他

10.1　防雷与接地系统

10.1.1　本建筑物按二类防雷建筑物设防。

10.1.2　为预防雷电电磁脉冲引起的过电流和过电压，信息设备、电子设备、装设、由室外引入建筑物的线路等装设电涌保护器（SPD）。

10.1.3　本工程采用共用接地装置，以建筑物、构筑物的金属体、构造钢筋和基础钢筋作为接地体，其接地电阻小于 1Ω。

10.1.4　建筑物作总等电位连接，在变配电所内安装主等电位连接端子箱，将所有进出建筑物的金属管道、金属构件、接地干线等与总等电位端子箱有效连接。

10.1.5　在所有智能化机房、智能化小间等处作辅助等电位连接。

10.2　智能化系统抗震设计

10.2.1　智能化设备系统中内径大于等于 60mm 的配管和重量大于等于 15kg/m 的电缆桥架及多管共架系统须采用机电管线抗震支撑系统。

10.2.2　刚性管道侧向抗震支撑最大设计间距不得超过 12m；柔性管道侧向抗震支撑最大设计间距不得超过 6m。

10.2.3　刚性管道纵向抗震支撑最大设计间距不得超过 24m；柔性管道纵向抗震支撑最大设计间距不得超过 12m。

10.2.4　设在建筑物屋顶上的共用天线等，应设置防止因地震导致设备损坏后部件坠落伤人的安全防护措施。

10.2.5　应急广播系统预置地震广播模式。

10.3　节能措施

10.3.1　采用智能型照明管理系统，以实现照明节能管理与控制。

10.3.2　设置建筑设备监控系统，对建筑物内的设备实现节能控制。

10.3.3　设置智能建筑能源管理系统通过多功能的能耗计量表计、通信网络和计算机软件，实现供配电系统在运行过程中的数据采集、数据计算、电能抄表、报表生成等，完成系统的安全供电、电能计量、设备管理和运行管理。系统由站控管理层、网络通信层和现场设备层构成。系统功能需求：

（1）数据采集及处理：通过间隔层单元实时采集现场各种模拟量、电度抄表等；

（2）画面显示：全部设备的信息、各测量值的实时数据、各种告警信息、计算机监控系统的状态信息；

（3）记录功能：具有对各种历史数据的记忆功能，以供随时查询、回顾、打印；

（4）报警处理：用户可以按照自己的意愿分类、筛选报警，并将报警归纳于不同的报警窗口中，根据不同的报警级别，采用推出画面、光显示、条纹闪烁及不同声音级别的音响进行报警；

（5）应具有完善的用户管理功能，避免越权操作；

（6）历史曲线显示：可显示存于历史数据库中的任意模拟量、电度量；

（7）报表打印功能：可召唤打印、定时打印各种历史数据，运行参数，事故报告统计，能耗量统计报表。

二、某酒店建筑智能化方案设计实例

1　工程概况

某酒店建筑面积 72600m²，建筑高度为 31.80m。一类建筑，耐火等级为一级，设计使用年限 50 年，地下二层，地上七层，主要布置酒店客房、餐饮、康体和附属办公等，客房数 316 套。

2 设计依据

2.1 建设单位提供有关资料和设计任务书。

2.2 执行的主要设计规范与标准（见【说明】）。

3 设计范围

3.1 信息化应用系统（IAS）。

3.2 智能化集成系统（IIS）。

3.3 信息设施系统（IFS）。

3.4 建筑设备管理系统（BMS）。

3.5 公共安全系统（PSS）。

3.6 机房工程（EEEP）。

4 信息化应用系统

信息化应用系统功能应满足建筑物运行和管理的信息化需要并提供建筑业务运营的支撑和保障。系统包括公共服务、智能卡应用、物业管理、信息设施运行管理、信息安全管理、基本业务办公和专业业务等信息化应用系统。

4.1 公共服务系统。公共服务系统应具有访客接待管理和公共服务信息发布等功能，并宜具有将各类公共服务事务纳入规范运行程序的管理功能。系统基于信息网络及布线系统，系统服务器设置于中心网络机房，管理终端设置于相应管理用房。

4.2 智能卡应用系统。具有人事管理模块、工资管理模块、工程管理模块、职工食堂管理模块、行政管理模块等 5 个功能模块。

4.2.1 人事管理模块，包含了人员管理、合同管理、考勤管理、奖惩管理、培训管理、招聘人员管理、临时工管理和退休人员管理。可通过发卡、上下班刷卡、自动记录员工工作时间、根据员工考勤可方便排班和班次调整、特殊情况处理、各类考勤报表、可与饭堂联网方便饭堂安排加班餐或包餐、与工资联网为其提供发放工资、补贴、奖金等依据。实现员工收入与其工作业绩、考勤情况直接挂钩，从而对企业人员实行更为有效的管理。

4.2.2 工资管理模块，通过采集员工考勤信息，自动进行工资和各有关项目的核算，并按成本核算部门分类归集统计。工资核算后可计提结转福利费和有关基金供账务管理子系统处理。

4.2.3 工程管理模块，以设备档案管理、工程部日常维修管理以及饭店能源消耗管理为核心内容，实时动态地处理工程部日常事务，特别对酒店设备维修费用、酒店的能源消耗进行实时管理，以达到最大限度地降低经营成本、提高酒店经济效益的目的。从维修的申报、报修单的填写，到接收报修单及维修完毕后的验收，各个环节均利用酒店现有的网络进行信息传送。另外，系统对工程物料的领用及统计，均可方便地与酒店仓库管理系统实施接口。系统在维修申报及最终验收的过程中，杜绝了遗漏，做到责任到人。通过对各统计报表，可计量员工的工作量，各部门报修所耗的物料、成本等进行统计控制。

4.2.4 职工食堂管理模块，包括食堂卡管理、食堂仓库管理、食堂财务管理 3 个大的功能。

4.2.5 行政管理模块，以行政办公业务为核心，以计算机技术为手段，以实现信息共享、交流和协同工作为目的，即全方位实现无纸化办公的现代管理模式。该模块基本功能包括：收发文函管理、文件报告传阅、文档处理、事务处理、文字处理、档案处理、日程处理、电子邮件、数据处理、信息管理、决策支持等。

4.3 信息安全管理系统。主要任务是保证整个计算机系统的安全性，设置认证服务器，对人员的访问权限进行管理，防止非授权人员对信息资源的非法访问和抵御黑客的袭击，以保证系统内的数据不被损坏、丢失。同时具有防病毒服务器，保证系统安全。

4.4 酒店管理系统

酒店管理系统应与其他非管理网络安全隔离。网络采用高速网，保证系统的快速稳定运转。网络速率方面应保证主干网达到交换 100M 的速率，而桌面站点达到交换 10M 的速率。并可实现预订、团队会议、销售、前台接洽、团队开房、修改/查看账户、前台收银、统计报表、合同单位挂账、账单打印查询、餐饮预订、电子门锁、VOD 系统、电话计费、用车管理等功能，并留有与公安系统的接口，能将旅客信息自动传输到公安部的信息系统中。

5 智能化集成系统

集成管理的重点是突出在中央管理系统的管理，控制仍由下面各子系统进行。集成管理能为本工程各个管理部门提供高效、科学和方便的管理手段。将建筑中日常运作的各种信息，如建筑设备监控、安防、火灾自动报警、公共广播、通信系统以及展览管理信息，各种日常办公管理信息，物业管理信息等构成相互之间有关联的一个整体，从而有效地提升建筑整体的运作水平和效率。

5.1 集成管理，首先要求进行集成的系统应该是一个开放性的系统，在集成过程中，首先要解决好各个系统间通信协议的标准化问题，使整个系统达到信息识别的唯一性，只有这样，才能真正达到各子系统之间的联动。也才能做到无论集成先后，均能平滑连接。

5.2 系统集成的规模，首先是以建筑设备管理系统为模式，即 BMS 模式，先期将在建筑中有相互联动关系的各建筑设备子系统进行相对集成，达到相互之间在处理和解决建筑中出现的问题时，能协同动作，提高效率，便于管理。在 BMS 中，以建筑设备监控系统（BA）为基础平台，进行相关的联动设计。

6 信息化设施系统

6.1 信息接入系统

6.1.1 本工程需输出入中继线 200 对（呼出呼入各 50%）。另外申请直拨外线 200 对（此数量可根据实际需求增减）。

6.1.2 电视信号接自城市有线电视网，在顶层设有卫星电视机房，对建筑内的有线电视实施管理与控制。有线电视节目和卫星电视节目经调制后，经电视信号干线系统传送至每个电视输出口处，使获得技术规范所要求的电平信号，达到满意的收视效果。

6.2 通信自动化系统

6.2.1 在地下一层设置电话交换机房，拟定设置一台 1000 门的 PABX。

6.2.2 数字式程控交换机为过夜用房的语音、传真、电子邮件、无线通信、会议电视、可视电话、可视图文，以及多媒体通信的中心设备。PABX 设备同时具有与 GSM 微蜂窝基站组网的能力，利用新一代的数字无线电话系统和采用微小区域通信结构，实现低功率、双向数字通信，为职工提供无线对讲功能。

6.2.3 本工程建立卫星通信系统，进行高速数据传输、图像传输、综合数据与语音通信、移动数据通信、计算机网络联接等综合业务，与 DDN 数字数据网互为备份，可以保证数据通信的不间断性、可靠性。

6.3 综合布线系统

6.3.1 本工程在地下一层工程部值班室设置网络室，分别对建筑设备实施管理与控制。将酒店的语音信号、数字信号的配线，经过统一的规范设计，综合在一套标准的配线系统上，此系统为开放式网络平台，方便用户在需要时，形成各自独立的子系统。综合布线系统可以实现世界范围资源共享、综合信息数据库管理、电子邮件、个人数据库、报表处理、财务管理、电话会议、电视会议等。

6.3.2 本工程的计算机网络、办公自动化、通信系统、信息显示系统、POS系统等系统，用模块化规范的布线部件（配线架，跳接线，传输线缆，信息插座，转换适配器，电气保护设备等），采用开放式结构化布线方式，进行系统连接布线，保证满足整个酒店从高速数据网和数字话音等信号的传输，通过计算机网络系统，将各智能化子系统的计算机控制工作站进行网络互联，以实现整个酒店系统信息共享、控制统一。

6.3.3 无线局域网，主要为工作人员及旅客提供无线网络服务，在相应区域设置2套无线AP，以综合布线系统的物理链路为依托，分别接入生产运营网和旅客服务网接入层交换机。系统主要由无线接入点和分布于用户端的无线网卡组成。根据现场功能分区设置AP，如餐厅、休息区、等候区、酒吧等区域。

6.4 商业零售（POS）系统

由餐饮管理、娱乐管理系统和精品商场管理系统组成。它与前台系统共用服务器及数据库。主要有餐饮管理系统、娱乐管理系统、商场销售管理系统等，并与前台系统提供接口，进行客人资料传递及消费结账。

6.5 无线通信增强系统

为避免无线基站信道容量有限，忙时可能出现网络拥塞，手机用户不能及时打进或接进电话。另外由于大楼内建筑结构复杂，无线信号难于穿透，室内易出现覆盖盲区。因此，建筑内应安装无线信号室内天线覆盖系统以解决移动通信覆盖问题，同时也可增加无线信道容量。

6.6 有线电视及卫星电视系统

6.6.1 本工程在地下一层设置有线电视机房，在顶层设有卫星电视机房，为旅客及工作人员提供高质量的电视图像和声音信号，播放各种广告信息等。所有信号采用数字电视信号模式：即前端采用数字编码，电视机加装机顶盒。

6.6.2 系统由前端部分、干线传输部分、用户分配部分三部分组成。前端设备部分主要包括：3m工程卫星接收天线、光接收机、750M捷变频调制器、VOD视频点播设备、广告制作设备、8×8音视频切换器、22/1混合器、影碟机、双向放大器等。干线部分主要包括75-9、75-5视频线、双向放大器等，其主要作用是把经前端接收、处理、混合后的电视信号传输给用户分配网络。用户分配部分包括分支分配器、用户终端盒（含地插式终端）、带两通道输出的机顶盒、电视机等设备。所有的设备满足双向传输的要求。

6.7 背景音乐及紧急广播系统

6.7.1 本工程设置背景音乐及紧急广播系统。中央背景音乐与紧急广播系统独立，物理分开（两组扬声器），紧急广播系统启动时，必须把中央背景音乐自动断开。消防广播音源直接进入数字音频矩阵主机并被设置为最优先级广播，当需进行紧急广播时，利用设在消防值班室内的消防广播设备与消防系统的联动，可以完成选定区域的强行切换，从正常广播状态切换到紧急广播状态，完成紧急疏散、灭火指挥等紧急广播。

6.7.2 在一层设置广播室（与消防控制室共室），中央背景音乐系统设备安装在客人快速服务中心内。背景音乐要求使用酒店管理公司指定的数码DMX音源，一台机器可供四种不同音源。紧急广播系统安装在消防控制室内。

6.7.3 多功能厅设置独立的音响设备。会议扩声系统配备多台多路混音放大器、扬声器箱等专业设备。调音台应有多路音源输入通道，每通道均可预选话筒或线路输入。各通道均应有语音滤波，衰减低音成分，增加语音的清晰度。可接入CD、AM/FM收音机、话筒等，并具备录音设备。扬声器的配置应满足会场声压级的需要，并应保证会场内声压的均匀度。

6.8 时钟系统，主要用于为旅客及酒店工作人员提供准确的时间服务，避免因显示时间差异造成不必要的矛盾与纠纷；同时也为计算机信息管理系统及其他智能化子系统提供标准的时间源，以便协调各部门间的统一工作。本系统选用二级母钟多子钟主从分布式结构，采用集散式控制方式，以 ITC 中心母钟传过来的 GPS 时钟信号作为信号源，为系统提供准确时间；二级母钟与各子钟之间采用 RS-422 接口，扩展方便，子钟则根据需要分别制作成世界钟和数字式钟两种不同的形式。

6.9 会议电视系统

主要目的是为了方便单位、团体进行会议交流、讨论和沟通，会议的发言可以通过扩音系统调节音量的大小和柔和度。会议系统包括会议管理系统和会议发言、讨论系统。配置一套会议管理系统，每个会议室则根据房间面积大小配置不同的会议设备，以满足其不同的需求。

6.10 同声传译系统

主要是为了中外各单位、团体举行国际会议，进行经济和学术的交流、沟通，使各代表和广大听众可以听到大会发言的同声传译，大会的发言也可以通过扩音系统向外播出。系统具有同声传译、会议讨论、电子表决、摄像、录像、自动跟踪、调音扩音等功能；同声传译语种现按 2+1 来配置，即母语＋英语＋另一种国外语言，可扩至 1＋6 种语言，传输方式为红外线式。

7 建筑设备管理系统

7.1 建筑设备监控系统

7.1.1 建筑设备监控系统融合了计算机技术、网络通信技术、自动控制技术、数据库管理技术以及软件技术等，采用"集散型系统"，通过中央监控系统的计算机网络，将各层的控制器、现场传感器、执行器及远程通信设备进行联网，共同实现集中管理、分散控制的综合监控及管理功能。

7.1.2 建筑设备监控系统的总体目标是将建筑内的建筑设备管理与控制系统（HVAC、给水排水系统、供配电系统、照明系统等）进行分散控制、集中监视管理，从而提供一个舒适的工作环境，通过优化控制提高管理水平，从而达到节约能源和人工成本，并能方便实现物业管理自动化。建筑设备监控系统监控室设在地下二层（工程部值班室）。

7.1.3 系统设计所遵循的原则是注重系统的先进性、实用性、可靠性、开放性、适应性、可扩展性、经济性和可维护性。通过对工程中子系统的控制，对建筑内温、湿度的自动调节，空气质量的最佳控制，以及对室内照明进行自动化管理等手段，提供最佳的能源管理方案，对机电设备以及照明等采取优化控制和管理，确保节能运行，从而降低能源成本及运行费用。以达到以下性能指标：

（1）独立控制，集中管理：可以将建筑设备监控系统的工作站或服务器定义为节点服务器，并且根据智能化系统的整体要求，设置中央服务器。该结构使各节点服务器与中央服务器通过以太网（TCP/IP）连接，数据在各节点服务器之间，包括中央服务器之间进行通信，中央服务器对所有节点服务器中的数据、报警可以读取、打印和存储；

（2）可以自动调整网络流量：当数据被其他节点或中央服务器定制后，才由相应的节点服务器将缓冲区中的数据传送到网络上，减少对控制器的数据通信要求，同时减少网络数据的冗余传送；

（3）保证高可靠性：当整个网络断开后，本地的控制系统应能由节点服务器继续提供稳定的系统控制。另外，当某个节点服务器出现故障时，对整个网络和其他节点没有影响。在网络恢复正常工作后，各节点服务器可以将存储的数据自动传到相应的节点和中央服务器；

（4）提升系统性能：节点服务器只对本地设备进行管理，系统的负荷由节点服务器分担，中央服务器的负担只限于本地设备管理和全系统中关键报警和数据的备份。这样可以保证整个系统的高性能；

（5）管理简单：中央服务器可以控制任何一个节点服务器中的设备，节点的报警可以自动传送到中央服务器，实现分布式控制，集中式管理；

（6）分布式数据库管理：采用分布式的数据库，由后台的数据自动备份机制保障所有用户数据在各服务器中安全保存。

7.1.4 建筑设备监控系统功能。

（1）系统数据库服务器和用户工作站、数据库应具备标准化、开放性的特点，用户工作站提供系统与用户之间的互动界面，界面应为简体中文，图形化操作，动态显示设备工作状态。系统主机的容量须根据图纸要求确定，但必须保证主机留有15%以上的地址冗余；

（2）与服务器、工作站连接在同一网上的控制器，负责协调数据库服务器与现场DDC之间的通信，传递现场信息及报警情况，动态管理现场DDC的网络；

（3）具有能源管理功能的DDC安装于设备现场，用于对被控设备进行监测和控制；

（4）符合标准传输信号的各类传感器，安装于设备机房内，用于建筑设备监控系统所监测的参数测量，将监测信号直接传递给现场DDC；

（5）各种阀门及执行机构，用于直接控制风量和水量，以便达到所要求的控制目的；

（6）现场DDC应能可靠、独立工作，各DDC之间可实现点对点通信，现场中的某一DDC出现故障，不应影响系统中其他部分的正常运行。整个系统应具备诊断功能，且易于维护、保养。

7.1.5 建筑设备监控系统对建筑内的设备进行集散式的自动控制，建筑设备监控系统应实现以下功能：

（1）空调系统的监控：包括冷热源系统、通风系统、空调系统、新风系统等。

（2）给水排水系统：对给水排水系统中的生活泵、排水泵、水池及水箱的液位等进行监控。

（3）电梯及自动扶梯的监控：建筑设备监控系统与电梯系统联网，对其运行状态进行监测，发生故障时，在控制室有声光报警。在控制室内能了解到电梯实时的运行状况。电梯监控系统由电梯公司独立提供，设置在消防控制室。

（4）公共区域照明系统控制、节日照明控制及室外的泛光照明控制。

（5）变配电系统的监控：主要完成对供配电系统中各需监控设备的工作参数和状态的监控。

7.2 建筑能效监管系统

本工程建筑能效监管主机设置于各个建筑物业管理室。系统可对冷热源系统、供暖通风和空气调节、给水排水、供配电、照明、电梯等建筑设备进行能耗监测。根据建筑物业管理的要求及基于对建筑设备运行能耗信息化监管的需求，应能对建筑的用能环节进行相应适度调控及供能配置适时调整。

7.3 电梯监控系统

7.3.1 电梯监控系统是一个相对独立的子系统，纳入设备监控管理系统进行集成。

7.3.2 电梯现场控制装置应具有标准接口（如RS485、RS232等）。

7.3.3 在安防消防中心设电梯监控管理主机，显示电梯的运行状态。

7.3.4 监控系统配合运营，启动和关闭相关区域的电梯；接收消防与安防信息，及时采取应急措施。

7.3.5 系统自动监测各电梯运行状态，紧急情况或故障时自动报警和记录，自动统计电梯工作时间，定时维修。

7.3.6 电梯对讲电话主机及对讲电话分机由电梯中标方成套提供，要求满足工程管理需要。

7.3.7 电梯轿厢内设暗藏式对讲机，对讲总机设在消防控制室，用于紧急对讲。

7.4 设置电力监控系统

为变配电系统的实时数据采集、开关状态检测及远程控制提供了基础平台，对电力配电实施动态监视，实现用电数据的实时采集、存储、显示、导出。

8 公共安全系统

8.1 视频监控系统

8.1.1 本工程保安室设在一层（与消防控制室共室），保安室内设系统矩阵主机、硬盘录像机、打印机，监视器及 AC24V 电源设备等。视频自动切换器接受多个摄像点信号输入，定时自动轮换（1～30s）输出监控信号，也可手动任选一个摄像机的画面跟踪监视、录像、打印。系统矩阵主机带输入、输出板；云台控制及编程、控制输出时、日、字符叠加等功能。在本建筑的主要出入口、楼梯间、电梯前室、电梯轿厢及走廊等处设置摄像机。

8.1.2 在建筑的大堂、各层电梯厅、电梯轿厢等处设置摄像机，电梯轿厢内采用广角镜头，要求图像质量不低于四级。图像水平清晰度：黑白电视系统不应低于 400 线，彩色电视系统不应低于 270 线。图像画面的灰度不应低于 8 级。保安闭路监视系统各路视频信号，在监视器输入端的电平值应为 1Vp-p±3dB VBS。保安闭路监视系统各部分信噪比指标分配应符合：摄像部分：40dB；传输部分：50dB；显示部分：45dB。保安闭路监视系统采用的设备和部件的视频输入和输出阻抗以及电缆阻抗均应为 75Ω。

8.2 为确保建筑的安全，根据安全级别的不同划分为不同的安全分区，根据级别的不同设置相应的门禁系统，以免无关人员闯入。系统主机设置于建筑消防控制室。系统构成与主要技术功能.

8.2.1 出入口控制系统由识读部分、传输部分、管理/控制部分和执行部分以及相应的系统软件组成。

8.2.2 本工程在重要机房、物业用房车库、出入口安装读卡机、电控锁以及门磁开关等控制装置。系统设置于各建筑内消防控制室内。

8.2.3 系统的信息处理装置应能对系统中的有关信息自动记录、打印、储存，并有防篡改和防销毁的措施。

8.2.4 出入口控制系统应能独立运行，并能与火灾自动报警系统、视频监控系统联动。当发生火警或需紧急疏散时，人员不使用钥匙应能迅速安全通过。

8.3 停车场管理系统。本工程停车场管理系统分为客人停车场和工作人员停车场，停车场的停车区域位于酒店地下一层，停车楼收费管理系统是其中的一个重要组成部分。

8.4 中央电子门锁系统。每间客房设有电子门锁。在地下一层智能化管理用房设置管理主机，对各客房电子门锁进行监控。客房电子门锁改变传统机械锁概念，智能化管理提高贵酒店档次。配备客房电子门锁后，客人只需到总台登记办理手续后，就可得到一张写有客人相关资料及有效住宿时间的开门卡，可直接去开启相对应的客房门锁，不需要再像传统机械锁一样，寻找服务生用机械钥匙打开客房门，从而免除不必要的麻烦，更具有安全感。

8.5 紧急报警装置。在酒店的总统套房门口、前台、残疾人客房、财务室等处设置紧急报警装置，当有紧急情况时，可进行手动报警至保安室。

8.6 防范报警系统（含巡更系统）。防范报警系统的功能是用探测装置对建筑物内外重要地点和区域进行布防。它通过报警探测器和紧急按钮及时地向监控中心发出报警信号，警示有关人员有非法侵入或非常事件的发生，同时联动摄像机对现场情况进行录像。电子巡更系统的主要功能是保证巡更值班人员能够按巡更程序所规定的路线与时间到达指定的巡更点进行巡逻，同时保护巡更人员的安全。

8.6.1 防范报警功能。报警收集箱收集被动红外探测器和紧急按钮产生的报警信号，再把这些信号送给报警工作站，以警示有关人员，通过软件控制可实现把任何一台摄像机或分组的摄像机引导到监视器或监视器组上。

8.6.2 电子巡更功能。管理者可在软件的配合下，随时更改巡逻路线，以配合不同场合（如有特殊会议、贵宾来访等）的需要。也可对巡逻人员的表现进行分析。管理者可利用软件实现智能排班功能和自动核查功能。智能排班功能自动识别周期和人员，只需一次排班便可长期使用。软件自动对巡更数据进行处理，可以非常方便地查询排班计划的执行情况，如准时、早到、迟到、未巡、漏巡、顺序错误，有没有事件等；可以统计巡查次数、漏巡次数、顺序错误次数、事件次数；还可以把数据输出给其他软件处理。

【说明】 设计依据、机房工程（EEEP）、防雷与接地系统和电气节能措施参考写字楼建筑智能化方案设计相关内容编写。

三、某体育馆建筑智能化方案设计实例

1 工程概况

某特级体育馆馆建设 17hm²，总建筑面积 86032m²，建筑高度 34m，地上四层，地下两层，建筑耐火等级为一级。举办国际顶级赛事，总座席为 6000 个。

2 设计依据

2.1 建设单位提供有关资料和设计任务书。

2.2 执行的主要设计规范与标准（见【说明】）。

3 设计范围

3.1 信息化应用系统（IAS）。

3.2 智能化集成系统（IIS）。

3.3 信息设施系统（IFS）。

3.4 建筑设备管理系统（BMS）。

3.5 公共安全系统（PSS）。

3.6 机房工程（EEEP）。

4 信息化应用系统

体育馆信息化应用系统应满足建筑物运行和管理的信息化需要并提供体育赛事、集会、演艺活动等业务运营的支撑和保障。系统包括公共服务、智能卡应用、物业管理、信息设施运行管理、信息安全管理、基本业务办公和体育工艺专项业务等信息化应用系统。

4.1 公共服务系统。公共服务系统应具有访客接待管理和公共服务信息发布等功能，并具有将各类公共服务事务纳入规范运行程序的管理功能。系统基于信息网络及布线系统，系统服务器设置于体育馆中心网络机房，管理终端设置于体育馆消防安防控制室。

4.2 智能卡应用系统。智能卡应用系统具有身份识别等功能，并具有消费、计费、票务管理、物品寄存、会议签到等管理功能。智能卡应用系统具有适应不同安全等级的应用模式，根据物业信息管理部门要求对出入口控制、电子巡查、停车场管理、考勤管理、消费等实行一卡通管理，各系统的终端接入局域网进行数据传输和信息交换。系统基于信息网络及布线系统，系统服务器设置于体育馆网络机房，管理终端设置于体育场物业办公室。

4.3 信息设施运行管理系统。信息设施运行管理系统应具有对建筑物信息设施的运行

状态、资源配置、技术性能等进行监测、分析、处理和维护的功能。系统基于信息网络及布线系统，系统服务器设置于中心网络机房，管理终端设置于体育场消防安防控制室。

4.4 信息安全管理系统。信息网络安全管理系统通过采用防火墙、加密、虚拟专用网、安全隔离和病毒防治等各种技术和管理措施，确保经过网络的传输和管理措施，使网络系统正常运行，确保经过网络传输和交换的数据不会发生增加、修改、丢失和泄露。系统基于信息网络及布线系统，系统服务器设置于中心网络机房，管理终端设置于相应管理用房。

5 智能化集成系统

本工程对信息设施各子系统通过统一的信息平台实现集成，实施综合管理，各子系统应提供通用接口及通信协议。集成的重点是突出在中央管理系统的管理，控制仍由下面各子系统进行。

5.1 智能化信息集成系统。集成软件平台安装在主机服务器上，实现把所有子系统集成在统一的用户界面下，对子系统进行统一监视、控制和协调，从而构成一个统一的协同工作的整体。包括实现对子系统实时数据的存储和加工，对系统用户的综合监控和显示以及智能分析等其他功能。

5.2 集成信息应用系统。对于管理数据的集成，要求控制系统在软件上使用标准的、开放的数据库进行数据交换，实现管理数据的系统集成。

5.3 智慧建筑操作系统

5.3.1 本工程对智慧建筑操作系统通过统一的信息平台实现集成，实施综合管理，各子系统应提供通用接口及通信协议。集成的重点是突出在中央管理系统的管理，控制仍由下面各子系统进行。

5.3.2 智慧建筑操作系统集成了建筑设备监控系统、智能照明控制系统、能源监控系统、综合安防监控管理集成平台等智能化系统。各个子系统均可独立运行。采用物联网构架，通过开放式集成平台集成各个子系统、设备，实现互联、互通、互操作，采用云计算经过数据统计、分析和处理、反馈至终端固定或移动设备，提供面向用户的个性化服务的操作系统。

5.3.3 通过 BIM 轻量化数据库，集成智慧建筑操作系统中的实时数据，实现三维模型的浏览。通过建筑设备管理系统，实现对体育馆内上述智能化各应用系统设备运行状态的监视，信息的浏览和查询，综合能耗管理和计量。

5.3.4 BIM 运维系统。本工程 BIM 运维系统为 BIM 与物联网的场馆综合能源调度与运维管理系统；基于 BIM 技术，采用物联网整体架构，将建筑运维过程中的各个系统（如安防、消防、物业、自控、能耗、空间等）的实时数据以 BIM 模型为载体统一整合，实现人、设备与建筑之间的互联互通，同时结合数据分析、性能分析与模型分析，为建筑的运维提供一个综合性的平台，从而更好地发挥建筑的功能与作用。

6 信息化设施系统

6.1 信息接入系统

6.1.1 通信接入网系统。本工程内部设置 1 台 1500 门的程控自动数字交换机，需输出入中继线 300 对。另外申请直拨外线 200 对。外线及中继线数量可根据建设方要求调整。

6.1.2 电视信号接自城市引入的有线电视网，对体育馆内的有线电视实施管理与控制，使获得技术规范所要求的电平信号，达到满意的收视效果。

6.2 信息化系统构成与主要技术功能

6.2.1 系统应具有对建筑内外相关的语音、数据、图像和多媒体等形式的信息予以接受、交换、传输、处理、存储、检索和显示等功能；宜融合信息化所需的各类信息设施，并为建筑的使用者及管理者提供信息化应用的基础条件。

6.2.2 满足建筑物内各类用户对信息通信的需求，并应将各类公共信息网和专用信息网引入建筑物内；支持建筑物内各类用户所需的信息通信业务；建立以建筑为基础的物理单元载体，具有对接智慧城市的技术条件。

6.3 信息网络系统

6.3.1 系统构成与主要技术功能。信息网络系统为建筑物或建筑群的管理者及建筑物内的各个使用者提供有效可靠的各类信息的接收、交换、传输、存储、检索和显示的综合处理，并提供决策支持能力与服务。

6.3.2 根据赛时需求，信息网络部分分为外网、体育专网、媒体专用网、信息引导及发布网、无线覆盖网、建筑设备管理网、赛时专项系统网。因安全、流量等方面需求需将各套网络设置单独的核心交换机及接入交换机，按使用功能、安全、赛时赛后需求对其布线进行的物理路由隔离。

6.3.3 除无线覆盖网外，其余网络均为千兆到末端点位，接入层交换机万兆上传。网络应用包括单位内部办公自动化系统、单位内部业务、对外业务、因特网接入、网络增值服务等几种类型。

6.4 布线系统

6.4.1 系统构成与主要技术功能。布线系统为开放式网络拓扑结构，支持语音、数据、图像、多媒体业务等信息的传递。

6.4.2 本工程的综合布线系统按照六级铜缆布线系统设计，对于大空间且工作区域不确定的场所，在适当的位置设置集合点（CP），并设置局部无线网络（AP）作为辅助通信网络。

6.4.3 在比赛场地（裁判员区、场地周边等）、热身场地（热身场地、按摩区、热身休息区），设置外网、媒体专用网数据和外网语音信息点。

（1）观众区应符合下列要求：

1）在观众接待区（售票处、问讯处等）设置数据和语音信息点；

2）在观众服务区（商业服务处、观众临时医疗处、失物招领处、通信服务点和金融服务处）设置数据和语音信息点；

3）观众休息区和公共区域设置公用电话和无障碍专用的公共电话。

（2）运动员区应符合下列要求：

1）应在运动员用房（接待处、休息室、检录处、赛前准备室）设置数据和语音信息点；

2）应在兴奋剂检查站设置数据和语音信息点。

（3）竞赛管理区应符合下列要求：应在赛事组织和管理人员用房、赛事服务用房以及赛事技术用房设置数据和语音信息点。

（4）新闻媒体区应符合下列要求：

1）应在媒体接待区设置数据和语音信息点，以供安检、接待和出入控制使用；

2）应在媒体服务区（医疗、餐饮、商业、电讯等服务区）设置数据和语音信息点；

3）应在媒体工作区（新闻发布厅、新闻中心、新闻机构办公室、广播电视媒体办公区）设置数据和语音信息点。针对新闻中心对数据和语音信息点需求量大的特点，可采用区域布线的方式，进行综合布线的规划和建设；

4）应在媒体技术支持区（广播电视转播机房、广播电视转播技术用房等）设置数据和语音信息点。

（5）贵宾及官员区应符合下列要求：

1）应在贵宾及官员接待区设置数据和语音信息点；

2）应在贵宾及官员服务区（休息室、临时医疗点、办公室、信息服务室等）设置数据和语音信息点，应具备设置内线电话、公安专线的能力；

3）应在贵宾及官员看台（主席台）设置数据和语音信息点；

4）应在贵宾及官员随行人员用房（安保、司机、警卫等）设置语音信息点；

其他区域（赞助商区、安保区等）应符合下列要求：应根据使用需要以及相关安保部门对赛事期间安保的要求，进行相关区域和用房信息点的设置。

6.4.4 控制机房。本工程在地下二层设置智能化机房。

6.4.5 本工程信息交换系统进线和干线均采用双物理路由，经过与系统运营商协商，确定分别在本建筑东北侧、东南侧各设两组进线间，进入建筑后转换为槽盒引入地下一层智能化机房。

6.5 有线电视系统

6.5.1 系统构成与主要技术功能。本工程有线电视信号由室外有线电视信号引来。具备和场馆内现场影像回放系统连接的接口，可以利用有线电视系统平台，建设场馆比赛信息发布系统。

6.5.2 有线电视系统用户终端总数规模为 C 类，网络模式为自设前端、光纤同轴电缆混合网（HFC）方式组网，邻频传输系统，双向传输（上限频率 862MHz）方式，系统输出口的模拟电视信号输出电平 $69\pm6\mathrm{dB}\mu\mathrm{V}$。图像质量不低于 4 级（五级损伤制评分）。

6.5.3 网络以传输数字电视信号为主，同时具备宽带、双向、高速及三网融合功能。

6.5.4 在 BIM 模型中体现设备三维模型、定位信息以及运维所需相关资料。

6.5.5 末端电视点设置标准应充分考虑场馆多功能应用和日常管理的需要，并满足下列要求。

（1）竞赛区：在比赛场地（裁判员区）、热身场地（热身场地、按摩区、热身休息区）。

（2）观众区：在观众服务区（商业服务处、观众休息处、观众出入口大厅等处）设置有线电视点，该区域的有线电视插座为壁挂插座。

（3）运动员区：在运动员用房（休息室、检录处、赛前准备室、兴奋剂检查候检室）设置有线电视点。

（4）竞赛管理区：在赛事组织和管理人员的用房、赛事服务用房以及赛事技术用房设置有线电视点。

（5）新闻媒体区：

1）媒体接待区；

2）媒体服务区（餐饮、商业、电讯等服务区）；

3）媒体工作区（新闻发布厅、新闻中心、新闻机构办公室、广播电视媒体办公区等）；

4）媒体技术支持区（广播电视转播机房、广播电视转播技术用房等）；

5）媒体广播电视评论员席，文字媒体看台区。

（6）贵宾及官员区：

1）贵宾及官员接待区；

2）贵宾及官员服务区（休息室、办公室、信息服务室等）；

3）贵宾及官员随行人员用房（安保、司机、警卫等）。

6.5.6 控制机房。

本工程在地下一层设置智能化进线间；本工程在地下二层设有线电视机房。

6.6 公共广播系统

6.6.1 系统构成与主要技术功能。本工程分别独立设置公共广播系统、消防广播系统、场地扩声系统。场地扩声系统由赞助商提供，负责场地内及观众席的平时及应急广播，观众席单独设置消防广播扬声器。公共广播与消防广播合用末端扬声器。其中体育馆1～3层为公共广播区域，由在F2层大屏及扩声机房内公共广播主机管理；地下1～2层为消防广播区域，由地下一层消防控制室内的消防广播主机管理。平时由公共广播主机提供公共广播内容；发生紧急情况时，消防广播主机强切1～3层公共广播回路，全建筑播放消防广播。公共广播系统与场地扩声系统之间互联，可以在需要时实现同步播音。

6.6.2 公共广播系统的控制设备集中设置在F2层大屏及扩声机房内；功率放大器设置在三层东侧、西侧4个场外扩声机房内。中央控制管理室内设置主控设备、音源、输入单元。呼叫话筒设置在中央控制室内及消防控制室内。在消防控制室内手动或按预设控制逻辑联动控制选择广播分区、启动或停止消防应急广播系统，同时切断公共广播。火灾确认后，同时向全楼进行广播。

6.6.3 另设置应急广播备用系统，保证公共广播出线故障时，可利用备用应急广播呼叫。

6.6.4 本系统采用全数字广播系统，分布式数字音频矩阵系统处理结构。主要有音源、呼叫站、系统管理主机、数字网络音频矩阵、功率放大器、紧急电源供应器及备用电池、扬声器、光端机、传输光纤、电缆等，功率放大器与喇叭之间采用100V定压模拟音频输出方式。

6.6.5 广播系统控制电脑应对系统主机及扬声器回路的状态进行不间断监测及自检功能，并保证消防控制室可以监视到公共广播系统的状态。

6.6.6 公共广播系统的用户分路根据场馆功能分区、场馆防火分区、竞赛信息广播分区、应急广播控制、广播线路路由等因素确定。

6.6.7 竞赛信息广播可共用公共广播系统的扬声器其相应回路，广播系统的用户回路按防火分区设置。设在按摩区、热身休息区、运动员用房（休息室、检录处、赛前准备室等）、赛事组织和管理人员用房、赛事服务用房以及赛事技术用房的竞赛信息广播带音量调节控制开关，但在竞赛信息和应急广播时，可对音量调节控制开关旁路。

6.6.8 在媒体工作区（新闻发布厅、新闻中心、新闻机构办公室、广播电视媒体办公区等）、贵宾及官员服务区（休息室、办公室、信息服务室等）、运营管理办公区设置的公共广播系统，带音量调节控制开关；在应急广播时，对音量调节控制开关旁路。

6.6.9 话筒音源，可对每个区域单独编程或全部播出。

6.6.10 系统应具备隔离功能，某一回路扬声器发生短路，应自动从主机上断开，以保证功放及控制设备的安全。系统干线采用双物理路由，满足系统可靠性需求。

6.6.11 系统主机应为标准的模块化配置，并提供标准接口及相关软件通信协议，以便系统集成。

6.6.12 系统采用100V定压输出方式。要求从功放设备的输出端至线路上最远的用户扬声器的线路衰耗不大于1dB（1000Hz）。

6.6.13 公共广播系统的平均声压级宜比背景噪声高出12～15dB，满足应备声压级，但最高声压级不宜超过90dB。

6.6.14 应急广播优先于其他广播。火灾时，自动或手动打开相关层消防应急广播，同时切断背景音乐广播。消防应急广播切换在消防控制室内（或在智能化小间）完成。

6.6.15 应急广播声压级不应小于60dB，环境噪声大于60dB的场所，应急广播扬声器在播放范围内最远点的播放声压级应高于背景噪声 15dB。

6.6.16 有就地音量开关控制的扬声器，应急广播时消防信号自动强制接通，音量开关附切换装置。

6.6.17 会议厅、多功能厅、健身中心等场所设独立的广播系统，详见本说明"会议系统"部分。

6.6.18 公共系统自成系统，在主机侧采用 TCP/IP 协议与智慧建筑操作系统连接，实现互联、互通、数据共享，并在 BIM 模型中体现设备三维模型、定位信息以及运维所需相关资料。

6.7 会议系统

6.7.1 系统构成与主要技术功能。会议系统包括数字会议系统、扩声系统、视频系统、远程电视会议系统等。

6.7.2 新闻发布厅配置数字会议系统、扩声系统、视频系统、远程电视会议系统、同声传译、会议摄录、中央集中控制、媒体矩阵切换控制等。

6.7.3 ISU 会议室配置数字会议系统、扩声系统、视频系统、远程电视会议系统、同声传译、会议摄录、中央集中控制等。

6.7.4 其他会议室配置投影幕布、投影机；部分会议室增设远程电视会议系统。

6.7.5 会议室门口设置会议信息显示屏，并配置会议室预定系统。

6.7.6 会议系统在火灾时，应切断，并接入紧急广播系统。

6.7.7 会议系统自成系统，在主机侧采用 TCP/IP 协议与智慧建筑操作系统连接，实现互联、互通、数据共享，并在 BIM 模型中体现设备三维模型、定位信息、以及运维所需相关资料。

6.8 信息导引及发布系统

6.8.1 信息显示系统与有线电视系统、综合布线系统、信息网络系统等设有专用信息通道相联。具有向新闻媒体工作人员、运动员、教练员、裁判员、官员、竞赛组织者等提供比赛成绩信息、赛事组织信息、场馆服务信息的检索、查询、发布和导引等功能。

6.8.2 信息显示系统。本系统由视频显示屏系统、传输系统、控制系统和辅助系统组成。可实现一路或多路视频信号同时或部分或全屏显示。通过计算机控制，在公共场所显示文字、文本、图形、图像、动画、行情等各种公共信息以及电视录像信号，系统主机设置在地下一层智能化机房。

6.8.3 信息显示及发布系统应与计时记分及现场成绩处理系统、有线电视系统、电视转播系统、现场影像采集及回放系统、综合布线系统、信息网络系统及场地扩声系统等进行信号连通。

6.8.4 竞赛区的室内大屏幕选用 LED 全彩显示屏，满足《LED 显示屏通用规范》SJ/T 11141—2012 中所有参数 C 级标准。

6.8.5 在各个电梯口设置信息显示屏；观众入口处设置触摸式信息显示屏。

6.8.6 在运动员检录处、媒体工作区（新闻中心、新闻发布厅）、贵宾及官员服务区设置显示屏，用来显示比赛信息和视频图像。

7 建筑设备管理系统

7.1 建筑设备监控系统

7.1.1 系统构成与主要技术功能。本工程建筑设备监控系统，采用直接数字控制技术，对全楼的暖通空调系统、给水排水系统进行监控；对电梯系统、供电系统进行监视。

7.1.2 系统具备设备的手/自动状态监视，启停控制，运行状态显示，故障报警、温湿度监测、控制及实现相关的各种逻辑控制关系等功能。

7.1.3 消防专用设备：消火栓泵、喷洒泵、消防稳压泵、排烟风机、加压风机等不进入建筑设备监控系统。

7.1.4 舒适性空调冷冻机控制屏（箱）提供开放协议的通信接口，此接口采用 TCP/IP 协议与 BAS 系统、智能集成系统通信，实现智能集成系统对舒适性空调冷冻机运行参数的检测与监控。空调冷冻机同时能接受由 BAS 系统发出的控制冷冻机的启、停信号，并能根据 BAS 控制系统的要求，进行制冷系统的顺序启、停，实现冷量优化控制运行台数及冷机频率控制。

7.1.5 对舒适性空调冷冻机的监测：
（1）冷水机组蒸发器进、出口水温、压力；
（2）冷水机组冷凝器进、出口水温、压力；
（3）冷水机组频率；
（4）启停信号；
（5）故障信号。

7.1.6 对舒适性空调冷冻泵的监测：

（1）采用一次泵系统，冷冻机组与一次泵一一对应。冷量及压差确定冷冻机组台数及对应冷冻泵台数。

（2）给水系统、中水系统自成控制系统，此控制系统提供开放协议的通信接口，此接口采用 TCP/IP 协议与 BAS 系统、智能集成系统通信，实现智能集成系统对系统运行参数的检测与监控。

（3）变、配、发电系统均自成控制系统，此控制系统提供开放协议的通信接口，此接口采用 TCP/IP 协议，实现智能集成系统对系统运行参数的监测。

7.1.7 建筑设备监控系统中所有配置通信接口的末端设备及系统均应提供开放的实时监控通信接口，实时监控通信接口满足 RS232/485、TCP/IP 等通信形式，可满足智慧建筑操作系统的监控。

7.1.8 除污水泵外，其余 DDC 均需同时满足 TCP/IP 及 Bacnet 通信，在末端 DDC 独立控制的前提下，满足智慧建筑操作系统的监控。

7.1.9 建筑设备监控自成系统，部分设备以 DDC 箱、部分系统以独立系统形式与智慧建筑操作系统互联、互通、数据共享，并在 BIM 模型中体现设备三维模型、定位信息、以及运维所需相关资料。

7.2 建筑能效监管系统。系统构成与主要技术功能：本工程的电力监控系统及智慧配电系统是一个相对独立的子系统，电能监测中采用的分项计量仪表具有远传通信功能，由制造商成套提供开放接口，纳入智慧建筑操作系统进行集成。系统应对冷热源系统、供暖通风和空气调节、给水排水、供配电、照明、电梯等建筑设备进行能耗监测。根据建筑物业管理的要求及基于对建筑设备运行能耗信息化监管的需求，应能对建筑的用能环节进行相应适度调控及供能配置适时调整。

7.3 电梯监控系统

7.3.1 电梯监控系统是一个相对独立的了系统，由制造商成套提供开放接口，纳入智慧建筑操作系统进行集成。需要显示各电梯运行状态和所在楼层。系统自动监测，紧急情况或故障时自动报警和记录，自动统计电梯工作时间，定时维修。

7.3.2 电梯现场控制装置应具有标准接口（如 RS485、RS232 等）。

7.3.3 在安防消防中心设电梯监控管理主机，显示电梯的运行状态。

7.3.4 监控系统配合运营，启动和关闭相关区域的电梯；接收消防与安防信息，及时采取应急措施。

7.3.5 电梯对讲电话主机及对讲电话分机由电梯中标方成套提供，要求满足工程管理需要。

7.3.6 电梯轿厢内设暗藏式对讲机，对讲总机设在消防控制室，用于紧急对讲。

7.3.7 乘客电梯可采用集选控制或群控方式。

7.4 电力监控系统。本工程的电力监控系统是一个相对独立的子系统，电能监测中采用的分项计量仪表具有远传通信功能，由制造商成套提供，纳入设备监控管理系统进行集成。

7.5 智能照明系统。本工程的智能照明系统是一个相对独立的子系统，由制造商成套提供，纳入设备监控管理系统进行集成。

8 公共安全系统

以维护社会公共安全为目的，由视频安防监控系统、出入口控制系统、入侵报警系统、电子巡查系统、停车库（场）管理系统、安防专用通信系统和安防信息综合管理系统组成。根据场馆安全的需求，需在场馆内特殊部位设置其他安全防范子系统，如防爆安全检查系统、重要仓储库安全防范系统等。

8.1 入侵报警系统

8.1.1 系统应采用总线制报警方式，实现建筑内部的集中报警管理需要，支持当地110报警联网功能；建立一套以有线报警为主，并结合TCP/IP网络传输协议、多媒体控制技术、远程控制等多种技术，多层次全方位的安全防盗报警系统。当防区在布防状态下发生异常情况时，报警中心发出声光报警，同时联动视频监控系统、建筑设备管理系统及门禁控制系统，以实现现场的灯光控制及视频记录保存。入侵报警系统自成系统，在主机侧采用TCP/IP网络传输协议与智慧建筑操作系统互联、互通、数据共享，并在BIM模型中体现设备三维模型、定位信息，以及运维所需相关资料。

8.1.2 设计要求。本着要求先进、实用、成熟、可靠，兼顾投资合理、效益最佳的原则，根据项目的环境，并结合功能需求建立本系统。本工程在重要部位设置红外/微波双鉴报警探头、紧急报警按钮、残疾人卫生间设置告警按钮和告警信号灯，当发生非法进入等符合报警条件的情况时，报警探测器可立即报警，系统立刻确定报警地点，在屏幕上显示报警位置，使操作人员能及时、准确掌握警情，及时调动保安人员进行处理。

8.1.3 系统设置。本系统由前端设备（探测器、紧急报警装置）、传输设备、处理/控制/管理设备（报警控制主机、控制键盘、接口）和显示/记录四个部分构成。在周界设置探测器；在监视区设置视频监控系统；在防护区设置紧急报警装置、探测器、声光显示装置；在禁区设置探测器、紧急报警装置、声音复核装置。

（1）应对场馆的周界、重要机房、奖牌存放室、枪械等设备仓库等重点部位的非法入侵、盗窃、破坏进行实时探测和报警；

（2）报警防护区域内采用红外/微波双鉴报警探头，以提高系统的可靠性和灵敏度；

（3）残疾人卫生间、竞赛管理办公室、运动员区、贵宾及官员接待区、贵宾及官员服务区、赞助商包厢、场馆运营区财务室宜设置紧急求助按钮，并应设联动声光报警装置；

（4）在主要出入口采用红外双鉴探测器，与出入口视频监控联动；

（5）在各层楼梯出入口及重要位置设置红外双鉴探测器；

（6）需上传集成平台综合处理信息：防盗报警信息及报警信息地址的显示和记录。

8.2 视频安防监控系统

8.2.1 视频安防监控系统包括前端设备（摄像机）、传输设备、处理/控制设备和记录/显示设备四部分。矩阵切换和数字视频网络虚拟交换/切换模式的系统应具有系统信息存储功能，在供电中断或关机后，对所有编程信息和时间信息均应保持。

8.2.2 监视图像信息和声音信息具有原始完整性，系统记录的图像信息应包括图像编号/地址、记录时的时间和日期。闭路监视电视系统每路存储的图像分辨率必须不低于1080P，每路存储的时间必须不少于30x24h。

8.2.3 前端摄像机包括半球摄像机、枪式摄像机、智能快球摄像机采用1080P网络型摄像机，电梯摄像机采用模拟摄像机通过编码器转换为数字信号，任何一台摄像机的图像都可以切换到监控室拼接屏上进行显示。

8.2.4 传输部分，安防视频监控垂直干线传输部分采用光纤传输；末端采用数字摄像机（电梯除外），在各层智能化小间设置专用监控电源箱，监控箱电源引自楼层智能化小间的UPS电源，监控箱通过水平线缆给摄像机供电。

8.2.5 安防机房主机分两处设置，分别为在B1层消防安防控制室和F2层安防监控中心，两个机房内均设置显示屏，并在防爆安检指挥室设置显示屏。由两个机房均集中设置UPS电源给机房安防设备集中供电源。系统的供电电源采用220V、50Hz的单相交流电源，配置专用的配电箱。电源质量应满足电压波动范围－15％～＋10％，频率波动范围－1～＋1Hz，波形失真率范围－10％～＋10％。当电压波动超出－15％～＋10％范围时，应设置稳压电源装置。稳压电源装置的标称功率不得小于系统使用功率的1.5倍。不间断电源（UPS）应根据需要进行配置，其容量应至少保证系统监控中心的断电工作时间不小于180min。在地下二层强电竖井内设置UPS电源为安防楼层设备供电。系统设备由监控中心引专线集中供电；前端设备可就近供电，但设备应设置电源开关和稳压等保护装置，严禁与照明系统使用同一开关控制系统设备的供电。

8.2.6 安防视频监控系统，充分保证视频传输的实时性、图像的品质指标和传输效果，同时保证信息传递的绝对安全可靠和快速，可充分利用计算机网络传输视频信号。

8.2.7 显示及存储部分，在B1层和F2层两处安防监控中心各设置8台67寸的高清拼接屏和48台21寸监视器。存储部分，系统采用数字编码通过网络存储服务器进行图像的记录及存储，达到快速查询，准确回放的要求。能够实现1080P存储格式30天。

8.2.8 监控中心应设置为禁区，应有保证自身安全的防护措施和进行内外联络的通信手段，并应设置紧急报警装置和留有向上一级接处警中心报警的通信接口。

8.2.9 视频安防监控系统自成系统，在楼层接入层处、机房存储处采用TCP/IP网络传输协议与智慧建筑操作系统互联、互通、数据共享，并在BIM模型中体现设备三维模型、定位信息、以及运维所需相关资料。

8.2.10 需上传智慧建筑操作系统综合处理信息：

（1）摄像机视频信息、摄像机位置、地址信息；切换主机的工作状态；所需实时图像信息；

（2）对场馆的周界区域、各功能分区出入口、安检区、进出通道、门厅、观众接待区和观众服务区等公共区域、看台区、竞赛区、运动员接待区、检录处、主席台、媒体接待区、媒体服务区、媒体工作区、媒体技术支持区、新闻发布厅、重要休息室通道、竞赛区技术用房、重要机房、奖牌存放室、枪械仓库、新闻中心、停车场等重要部位和场所进行有效图像的监视和记录；

（3）视频监控系统选型特殊点：

1）所有POE交换机原则上采用24口（降低事故范围），且所选用的POE交换机需经过 24 口满载情况下同时显示不丢帧等的测试；

2）所有设置在有环境光线等条件变化的摄像机，需选用带宽动态功能的，如室外、赛道、观众席等有可能出线光线阴影区域的所有摄像机；

3）在场馆内（主要为观众席等长距离的设防区域）设置超高清、超高分辨率的摄像机。

8.3 出入口控制系统

8.3.1 出入口控制系统由识读部分、传输部分、管理/控制部分和执行部分以及相应的系统软件组成。

8.3.2 本工程在以下部位的通道口安装读卡机、电控锁以及门磁开关等控制装置：

（1）对体育赛事期间使用的入口：外围隔离安检入口及观众入口、官员和贵宾入口、运动员及随队官员入口、赛事组织及管理人员入口、新闻媒体人员入口、场馆运营管理人员入口、安保人员入口等设置门禁控制器；

（2）应在重要办公室、重要机房（设备机房、通信机房、信息网络机房、建筑设备监控中心、消防控制室、安防监控中心及赛事安保指挥中心）、兴奋剂检测室、奖牌存放室、枪械仓库等处设置门禁控制器；

（3）上述部位设置的出入口控制装置应在消防状态下处于开启状态。

8.3.3 系统的信息处理装置应能对系统中的有关信息自动记录、打印、储存，并有防篡改和防销毁的措施。

8.3.4 根据建设方物业信息管理部门要求对出入口控制、电子巡查、停车场管理、考勤管理、消费等实行一卡通管理："一卡"，在同一张卡片上实现开门、考勤、消费等多种功能；"一库"，在同一软件平台上，实现卡的发行、挂失、充值、资料查询等管理，系统共用一个数据库，软件必须确保出入口控制系统的安全管理要求；"一网"，各系统的终端接入局域网进行数据传输和信息交换。

8.3.5 实现重要位置非法刷卡或非法进入时，联动监控系统记录系统。出入口控制系统应能独立运行，并能与火灾自动报警系统、视频监控系统、入侵报警系统联动。与消防报警信号联动，在发生火灾及紧急疏散时，通过消防在安防竖井内的控制模块，通过继电器将门禁磁力锁的电源断电后，开启疏散时所需要的门禁，并在门禁系统的控制管理软件进行紧急情况的逻辑判断，在人工确认后也可通过软件将电控锁的电源断电开启疏散时所需要的门禁，进行双保险，达到在发生火灾及紧急疏散等情况发生时，疏散人员不需要钥匙迅速安全通过。

8.3.6 出入口控制系统自成系统，在楼层门禁控制器选用双 RJ45 口同时通信，一路 RJ45 作为出入口控制系统自成系统，另一路 RJ45 作为智慧建筑操作系统接口，实现互联、互通、数据共享，并在 BIM 模型中体现设备三维模型、定位信息以及运维所需相关资料。

8.3.7 需上传智慧建筑操作系统综合处理信息。读卡机的控制状态，各管制门的控制，各管制门的开启和关闭状态；各管制人员的进出记录。工作人员的考勤记录、出入管理、人事财务记录的管理、各感应卡的有效性。

8.4 电子巡查系统

8.4.1 电子巡查系统由前端设备、传输设备、管理/控制设备、显示/记录设备以及相应的系统软件组成。

8.4.2 本工程电子巡查系统采用离线式，在主要出入口、主要通道、紧急出入口和各重要部位设置巡查点。利用出入口控制系统的读卡器作为在线式巡查系统补充。

8.4.3 电子巡查系统自成系统，在主机侧采用 TCP/IP 协议与智慧建筑操作系统连接，实现互联、互通、数据共享，并在 BIM 模型中体现设备三维模型、定位信息以及运维所需相关资料。

8.4.4 控制机房

1. 本工程在地下一层设置消防安防控制室；

2. 监控中心设置为禁区，应有保证自身安全的防护措施和进行内外联络的通信手段，并设置紧急报警装置、留有向上一级处警中心报警的通信接口。

8.5 停车（场）库管理系统

8.5.1 系统构成与主要技术功能。本工程停车库管理系统采用影像全鉴别系统，采用车牌识别技术，准确识别进出车辆的车牌号码，并以车辆的车牌号码作为车辆的系统识别标识，实现车辆的快速进出、准确停车定位等功能，实现停车场的自动化、可视化和无须人工值守管理，降低了停车场的管理费用，大大提高了停车场的管理水平。

8.5.2 系统组成。每个摄像机采用一条 TCP/IP 与视频处理器（即识别终端）连接，所有显示屏采用 RS485 与视频处理器（即识别终端）连接，统一通过视频处理器连接至后台服务器。

视频车位引导与寻车系统集视频图像捕捉、车牌识别、空位指示、智能车辆定位于一体，是基于车牌识别技术的新一代车位引导、车辆查询系统，通过一套系统即可实现车位引导和车辆查询的双重功能，并与停车场出入口管理系统实现对接。它利用具有唯一位置 ID 的车位识别摄像机来识别每个车位的占用状态和识别车牌号码，从而实现已停车辆的车牌与车位的对应关系。

8.5.3 系统主要包括如下组件：

（1）车位识别摄像机：安装于每两个或三个车位前上方，抓拍车辆图片；并根据车位是否占用显示相应颜色，供车主寻找到空车位停车；

（2）视频处理器：采用 TCP/IP 与车位识别摄像机连接，采集和处理摄像机数据，并上传到服务器；

（3）方向指引屏：显示相应区域的剩余车位数量，方便车主快速找到空车位；

（4）寻车终端：用于快速查询到车辆停放车位，并采用电子地图指示取车路线；

（5）管理中心：系统各组件的综合管理中心，实现数据计算、显示发布等功能；

（6）技术功能：

1）入口车位显示；

2）出入口及场内通道的行车指示；

3）车位引导；

4）车辆自动识别；

5）读卡识别；

6）出入口挡车器的自动控制；

7）自动计费及收费金额显示；

8）多个出入口的联网与管理；

9）分层停车场（库）的车辆统计与车位显示；

10）出入挡车器被破坏（有非法闯入）报警；

11）非法打开收银箱报警；

12）无效卡出入报警；

13）卡与进出车辆的车牌和车型不一致报警；

14）安全防范：停车场（库）管理系统是出入口控制系统的一部分，其安全防范自成网络，独立运行，在停车场（库）内设置独立的视频监视系统及报警系统（相关做法参见本说明"安全技术防范系统"），并将信号上传至安全技术防范系统的监控中心，进行集中管理与联网监控。

（7）停车库管理系统自成系统，在主机侧采用 TCP/IP 协议与智慧建筑操作系统连接，实现互联、互通、数据共享，并在 BIM 模型中体现设备三维模型、定位信息、以及运维所需相关资料；

（8）控制机房。停车库管理系统放置地下一层车库内统一管理。

8.6 紧急报警系统

8.6.1 本工程系统主机设置于建筑消防控制室。

8.6.2 本系统由前端设备（探测器、紧急报警装置）、传输设备、处理/控制/管理设备（报警控制主机、控制键盘、接口）和显示/记录四个部分构成。

8.7 无线对讲系统。专供体育馆管理，保安巡逻，设备维修等通话联系使用。无线对讲系统设置手持对讲机、主机，系统采用四信道，全双工中继站系统，分别分配给保安部、工程部、后勤人员使用。每个部门独立占用一个信道，系统中的对讲机均编程设置上述 3 个部门的信道，通过选择信道，便各部门人员相互通话。确保无线对讲信号覆盖整个体育馆区域。无线对讲系统在 B1 层消防安防控制室设置中转台，在智能化竖井内设置信号功分器或耦合器，在地上楼层吊顶内及地下楼层墙上设置吸盘天线，以保证体育馆内有足够强度的无线信号，从而达到无线通信的畅通无阻，准确无误。本系统采用无线微蜂窝，通过微蜂窝的布置组成任意形态的无线通信系统，通过对发射单元功率的调节（10～100MW）均可使无线场强分布在所限定空间范围内。无线对讲系统自成系统，并在 BIM 模型中体现设备三维模型、定位信息以及运维所需相关资料。

8.8 安检系统

此系统根据赛时安保要求，临时配备。

8.9 应急响应系统

8.9.1 本工程系统主机设置于消防控制室。系统以火灾自动报警系统、安全技术防范系统为基础。具有下列功能：

（1）对各类危及公共安全的事件进行就地实时报警；

（2）采取多种通信方式对自然灾害、重大安全事故、公共卫生事件和社会安全事件实现就地报警和异地报警；

（3）管辖范围内的应急指挥调度；

（4）紧急疏散与逃生紧急呼叫和导引；

（5）事故现场应急处置等。

8.9.2 应配置下列设施：

（1）有线/无线通信、指挥和调度系统；

（2）紧急报警系统；

（3）信息发布系统；

（4）火灾自动报警系统与安全技术防范系统的联动设施；

（5）火灾自动报警系统与建筑设备管理系统的联动设施；

（6）紧急广播系统与信息发布与疏散导引系统的联动设施；

（7）系统配置与上一级应急响应系统信息互联的通信接口。

9 体育专用设施系统

体育专用设施系统应以满足体育建筑的使用功能为目标，保证对各类系统信息资源的共享和优化管理，主要包括：大屏幕信息显示系统、计时记分及现场成绩处理系统、售验票系统、标准时钟系统、升旗控制系统、影像采集回放系统、电视转播与现场评论系统、场地扩声系统、比赛设备集成管理系统。

9.1 大屏幕信息显示系统。大屏幕信息显示系统由硬件部分和软件部分组成,硬件部分包括显示图像和文字信息的显示屏和显示牌、专用数据转换设备、信号显示传输电缆、以及用来控制显示屏和显示牌工作的控制设备和显示信息处理设备;软件部分包括显示屏和显示牌的驱动控制软件、显示信息加工和处理软件。LED大屏幕具备接收计时记分及现场成绩处理系统传来数据的功能,能够将实时处理的成绩信息显示在屏幕上;同时LED大屏幕可以接收来自电视转播系统的视频画面,将实时转播画面或经过处理的慢动作回放画面显示在大屏幕上。

9.2 计时记分系统及现场成绩处理系统

9.2.1 计时记分系统采用体育要求指定的供应商提供系统设备。

9.2.2 计时记分系统是主要完成对所有比赛成绩的采集,通过对现场比赛产出的成绩进行监视,测量,量化处理并公布信息。

9.2.3 计时计分机房位于二层东侧,现场成绩机房位于地下二层东侧。

9.3 售验票系统

9.3.1 本工程系统系系统服务器设置于地下一层智能化机房,系统包含制票、售票、验票和信息管理等不同工作站设置于场馆运营管理用房。

9.3.2 本次设计考虑到使用的灵活性,统一采用手持式验票机进行验票,在观众主要出入口设置无线信息接入点,便于手持验票的使用。

9.3.3 系统包含制票、售票、验票、信息管理等不同工作站及服务器,所有设备均放置在场馆运营办公室内的机柜中,便于使用。

9.3.4 系统采用条码技术和在线或离线手持验票机。对门票的制作、销售、管理、验票、统计等提供完整的一套票务系统。系统可以实现场馆本地门票的销售,也可以实现售票代理点售票的方式。为票务管理提供多样实用的管理模式。系统的售验票过程可通过在线或离线方式来实现。在线售验票系统只要在售票点周围的环境中安装基站。无线手持机就可以通过无线网络访问数据库实现售验票了。离线售验票系统则是先通过系统把待售票打印出来,然后通过手持验票机采用离线方式激活门票的方式售票。在人员入场时再通过手持机采用离线或在线方式验票。系统对票面设置、场地区域设置等都十分灵活而人性化。可以为各项赛事活动打印销售门票所用。此外,还具备了完善的数据统计与查询功能,为用户提供了方便的售验票数据的汇总、管理。

9.3.5 验票系统模块包含以下的功能。

(1)票务管理。该模块是票务系统的后台管理子系统,主要包括系统参数的设置。系统分为了系统设置、基础设置、前台营业、信息查询、营业统计等几大功能模块;

(2)门票制作:在自主制票中,系统既可以使用指定的门票印刷样式,也可自行进行门票打印样式设计。出票时字体与条码为黑色,票面设置就是设置系统打印的票的尺寸、打印项目、字体等;

(3)门票销售,系统有以下几种门票销售方式:

1)在线销售的方式进行门票的销售;

2)线下销售门票;

3)电话预定销售门票。

9.3.6 门票验票:系统可根据用户需要,采用联网在线型或离线型手持验票机。

9.3.7 数据交换:数据交换主要实现了两部分功能,一部分是读取激活门票的数据信息,另一部分是读取验证门票的数据信息。

9.3.8 统计报表：报表中心包括销售分录时序簿、日销售明细表、销售汇总表、票务统计等部分，主要用于查询生成各种报表，为经营管理、决策提供依据。

9.4 标准时钟系统

9.4.1 标准时钟采用子母钟工作方式，母钟产生和发送标准时钟信号，在需时间显示的各区域设置相应的子钟，子钟接收母钟站发送的标准时钟信号并显示相应的内容。

9.4.2 本工程在地下一层消防控制室内设置母钟站，选择两台母钟（一台主机、一台备用机），母钟的时间源为电视信号标准时钟或全球定位报时卫星（北斗）标准时钟。配置母钟同步校正信号装置。

9.4.3 时钟同步系统的卫星天线应安装在建筑西侧屋顶最高处。

9.4.4 时钟同步系统主控电脑安装在数据网络中心。全部子钟的信号线缆与电源线缆均由本系统主机及系统 UPS 提供。时钟系统所有干线采用双物理路由。

9.4.5 主机设在地下一层消防控制室内。

9.4.6 标准时钟系统应符合下列要求：

（1）应在比赛场地（裁判员区、场地周边等）、热身场地（热身场地、按摩区、热身休息区）、运动员用房（接待处、休息室、检录处、赛前准备室）、观众出入口处、休息区、竞赛管理区、媒体服务区（餐饮、商业、电信等服务区）、媒体工作区（新闻发布厅、新闻中心）、贵宾官员服务区（休息室、信息服务室等）、贵宾官员随行人员用房（安保、司机、警卫等）、场馆运营区设置子钟；

（2）时钟同步系统的卫星天线应安装在无遮挡便于接收信号场所；便于维护管理且离主机较近的地方；

（3）时钟同步系统主控电脑安装在数据网络中心。全部子钟的信号线缆与电源线缆均由本系统主机及系统 UPS 提供。

9.5 升旗控制系统

9.5.1 本工程升旗为挂杆式升旗系统。系统由现场同步控制器、后台控制系统组成，系统配置本地控制器，触摸屏控制方式，保证系统网络故障时，系统仍然可按国歌时间升降国旗。

9.5.2 在旗杆附近配置升旗系统电气控制柜，保证体育馆升旗时，所奏国歌的时间与国旗上升到旗杆顶部的时间同步。

9.5.3 系统功能：

（1）可伸缩挂杆，确保最多 4 面国旗同步升降；

（2）升旗时间长短和所奏国歌时间同步；

（3）系统控制采用远程、本地和手动控制三种方式，保证任何情况下都可升降国旗；

（4）远程控制主机提供同步音频输出；

（5）提供数据接口，便于系统集成。

9.6 现场影像采集回放系统

9.6.1 系统组成：采用计算机视频采集技术，把所采集的实时比赛和训练图像经数字化处理后，存储在视频存储服务器中，通过联网的专用系统终端，对视频存储服务器的影像资料进行读取。

9.6.2 现场影像采集系统需要将分散在场馆内部各现场评论员席、比赛场区、新闻发布厅等处的摄像机位，通过现场若干信号接线箱，送至场馆内的电视机房、信息显示及发布机房、电视转播机房。

9.6.3 系统满足以下要求：

（1）系统从比赛现场获得的比赛画面传送到总裁判席、仲裁室、有线电视机房和LED显示机房、比赛中央监控机房；

（2）系统从比赛现场获得的比赛画面以数字的方式存储在影响采集存储服务器中，以方便比赛影像资料的保存和查询；

（3）系统从比赛现场获得的比赛画面可以实时把比赛的现场画面、回放画面送到相关房间用于画面的播放和查询，为仲裁提供技术手段和影响资料；

（4）影响采集及回放系统具备视频采集、存储、视频图像的加工、处理和制作功能，在比赛和训练期间，为裁判员、运动员和教练员提供即点即播的比赛录像或与其相关的视频信息。同时系统把现场信号通过场馆的比赛中央监视系统，供场馆内的LED大屏、电视终端播放现场画面。

9.7 场地扩声系统

9.7.1 场地扩声系统设计主要指标要求见表1-5。

场地扩声系统设计主要指标要求　　　　　　表 1-5

扩声指标	最大声压(dB)	传输频率特性(Hz)	传声增益	稳态声场不均匀度	系统总噪声级	总噪声级	语言传输指数
一级	额定通带内：≥105dB	125～4000Hz平均声压级为0dB,此频带内允许±4dB的变化	125～4000Hz平均不小于—10dB	1000Hz、4000Hz大部分区域小于等于≤8dB	NR-25	NR-30/35	＞0.5

9.7.2 场地扩声系统采用体育要求指定的供应商提供系统设备。

9.7.3 场地扩声系统的控制设备集中设置在二层扩音控制室内；功率放大器设置在地下一层东侧、西侧4个场地扩声机房内。中央控制管理室内设置主控设备、音源、输入单元。呼叫话筒设置在中央控制室内及消防控制室内。

9.7.4 场地扩声音频信号需送至广播机房、电视转播机房、评论员室、新闻发布厅、网络机房。场地扩声控制系统应为场馆信息显示系统、公共广播系统设置足够的音频接口，满足视频播放及公共广播系统对音频的要求。在出现火灾或其他紧急突发事件时，消防控制室和公安应急处理中心必须具有强制切换扩声系统广播的能力。

9.7.5 检录处、贵宾席、比赛场地四周和跑道起、终点等处设置音频综合插座箱。场地四周墙壁应设置扬声器插座箱，作为流动扩声音响设备的使用。

场地扩声系统自成系统，在主机侧采用TCP/IP协议与智慧建筑操作系统连接，实现互联、互通、数据共享，并在BIM模型中体现设备三维模型、定位信息以及运维所需相关资料。

9.7.6 场外扩声由专项公司单独设计。应单独进行设计，同时与场地及观众席扩声相互连通。

9.7.7 扩声系统与视频系统、转播系统、内场广播系统以及公共广播/应急广播系统等都有信号联络，配置了音频隔离放大器用以满足各系统对扩声系统的信号需求和紧急情况下场内的扩声需要。

【说明】 设计依据、机房工程（EEEP）、防雷与接地系统和电气节能措施参考写字楼建筑智能化方案设计相关内容编写。

四、某会议中心建筑智能化方案设计实例

1 工程概况

某国际会议中心，建筑面积为79000m²，建筑高度为32m。地上共五层，建筑面积

44000m²，多功能厅、宴会厅、接待及附属配套设施。地下二层，建筑面积 35000m²，功能为库房、设备机房、车库。建筑分类为一类，耐火等级为一级，设计使用年限为 50 年。

2 设计依据

2.1 建设单位提供有关资料和设计任务书。

2.2 执行的主要设计规范与标准（见【说明】）。

3 设计范围

3.1 信息化应用系统（IAS）。

3.2 智能化集成系统（IIS）。

3.3 信息设施系统（IFS）。

3.4 建筑设备管理系统（BMS）。

3.5 公共安全系统（PSS）。

3.6 机房工程（EEEP）。

4 信息化应用系统

信息化应用系统功能应满足建筑物运行和管理的信息化需要并提供建筑业务运营的支撑和保障。系统包括公共服务、智能卡应用、物业管理、信息设施运行管理、信息安全管理、基本业务办公和专业业务等信息化应用系统。

4.1 公共服务系统。公共服务系统应具有访客接待管理和公共服务信息发布等功能，并宜具有将各类公共服务事务纳入规范运行程序的管理功能。系统基于信息网络及布线系统，系统服务器设置于中心网络机房，管理终端设置于相应管理用房。

4.2 智能卡应用系统。根据建设方物业信息管理部门要求对出入口控制、电子巡查、停车场管理、考勤管理、消费等实行一卡通管理，在同一张卡片上实现开门、考勤、消费等多种功能；在同一软件平台上，实现卡的发行、挂失、充值、资料查询等管理，系统共用一个数据库，软件必须确保出入口控制系统的安全管理要求；各系统的终端接入局域网进行数据传输和信息交换。系统基于信息网络及布线系统，系统服务器设置于中心网络机房，管理终端设置于相应管理用房。

4.3 信息设施运行管理系统。信息设施运行管理系统应具有对建筑物信息设施的运行状态、资源配置、技术性能等进行监测、分析、处理和维护的功能。系统基于信息网络及布线系统，系统服务器设置于中心网络机房，管理终端设置于相应管理用房。

4.4 信息安全管理系统。信息网络安全管理系统通过采用防火墙、加密、虚拟专用网、安全隔离和病毒防治等各种技术和管理措施，确保经过网络的传输和管理措施，使网络系统正常运行，确保经过网络传输和交换的数据不会发生增加、修改、丢失和泄露。系统基于信息网络及布线系统，系统服务器设置于中心网络机房，管理终端设置于相应管理用房。

5 智能化集成系统

5.1 集成管理的重点是突出在中央管理系统的管理，控制仍由下面各子系统进行。集成管理能为本工程各个管理部门提供高效、科学和方便的管理手段。将建筑中日常运作的各种信息，如建筑设备监控、安防、通信系统等管理信息，各种日常办公管理信息，物业管理信息等构成相互之间有关联的一个整体，从而有效地提升建筑整体的运作水平和效率。

5.2 集成管理，首先要求进行集成的系统应该是一个开放性的系统，在集成过程中，首先要解决好各个系统间通信协议的标准化问题，使整个系统达到信息识别的唯一性，只有这样，才能真正达到各子系统之间的联动。也才能做到无论集成先后，均能平滑连接。

5.3 系统集成的规模，首先是以建筑设备管理系统为模式，即 BMS 模式，先期将在建筑中有相互联动关系的各建筑设备监控子系统进行相对集成，达到相互之间在处理和解决建筑中出现的问题时，能协同动作，提高效率，便于管理。在 BMS 中，以建筑设备监控系统（BA）为基础平台，进行相关的联动设计。

6 信息化设施系统

6.1 信息接入系统

6.1.1 本工程需输出入中继线 100 对（呼出呼入各 50％）。另外申请直拨外线 400 对（此数量可根据实际需求增减）。

6.1.2 本工程建立卫星通信系统，进行高速数据传输、图像传输、综合数据与语音通信、移动数据通信、计算机网络联接等综合业务，与 DDN 数字数据网互为备份，可以保证数据通信的不间断性、可靠性。

6.1.3 电视信号接自城市有线电视网，在顶层设有卫星电视机房，对建筑内的有线电视实施管理与控制。有线电视节目和卫星电视节目经调制后，经电视信号干线系统传送至每个电视输出口处，使获得技术规范所要求的电平信号，达到满意的收视效果。

6.2 综合布线系统

6.2.1 本工程在将办公语音信号、数字信号、视频信号、控制信号的配线，经过统一的规范设计，综合在一套标准的配线系统上，此系统为开放式网络平台，方便用户在需要时，形成各自独立的子系统。综合布线系统可以实现世界范围资源共享、综合信息数据库管理、电子邮件、个人数据库、报表处理、财务管理、电话会议、电视会议等。

6.2.2 设置内部局域计算机网络，实现建筑内工作范围内的资源共享。内部网络与外网的隔离要求应满足表 1-6 要求。

内部网络与外网的隔离要求 表 1-6

设备类型	外网设备	外网信号线	外网电源线	外网信号地线	偶然导体	屏蔽外网信号线	屏蔽外网电源线
内网设备	1	1	1	1	1	0.05	0.05
内网信号线	1	1	1	1	1	0.15	0.15
内网电源线	1	1	1	1	1	0.15	0.05
内网信号地线	1	1	1	1	1	0.15	0.15
屏蔽内网信号线	0.15	0.15	0.15	0.15	0.05	0.05	0.05
屏蔽内网电源线	0.15	0.15	0.15	0.15	0.15	0.05	0.05

6.2.3 本工程在地下一层设置网络室。

6.3 通信自动化系统

6.3.1 本工程在地下一层设置电话交换机房，拟定设置一台 800 门的 PABX。

6.3.2 本工程建立卫星通信系统，进行高速数据传输、图像传输、综合数据与语音通信、移动数据通信、计算机网络联接等综合业务，与 DDN 数字数据网互为备份，可以保证数据通信的不间断性、可靠性。

6.4 有线电视及卫星电视系统

有线电视系统是利用光纤/同轴电缆进行宽频传输的图像传输系统，该系统通过同轴电缆分配网络将电视图像信号高质量地传送到楼层各用户终端。有线电视系统一般可分为前端、干线及分支分配网络、末端点位三个部分。前端部分包括光接收机、调制解调器、混合器。干线及分支分配网络部分包括干线传输电缆、干线放大器、分配放大器、分支电缆、分配器、分支器。系统需求：

6.4.1 能够接收当地有线电视送达的有线电视信号。

6.4.2 设置一套自办节目。

6.4.3 使用同轴电缆网，邻频传输方式。

6.4.4 系统采用 860MHz 全频双向传输

6.4.5 系统用户终端电平控制在 68dB 左右范围，载噪比不应低于 43dB。

6.4.6 图像质量达到 4 级以上。

6.5 信息导引及发布系统。在大楼室外一层设置大屏幕，主题内容可以根据需要随时进行调整，并可以做到声色并茂；在每层的电梯厅设液晶显示器，用于重要信息发布、内部自制电视节目、重要会议的视频直播等。

6.6 背景音乐及紧急广播系统

6.6.1 本工程在一层设置广播室（与消防控制室共室）。广播系统根据建筑整体性管理原则，背景音乐、业务广播及应急广播，供建筑统一管理使用，同时在消防控制中心设置应急呼叫话筒，在突发事故时对指定区域进行人工疏散指挥广播。公共区域的背景音乐与应急广播共用一套扬声器，平时播放背景音乐及业务广播，火灾时播放应急广播。系统的音源、主机、功率放大器根据会议的规模可集中放置在消防控制中心。广播功放容量应满足最大同时开通所有扬声器容量要求（即建筑全区进行应急广播），并能够完成火灾自动报警联动切换控制。

6.6.2 多功能厅、宴会厅设置独立的音响设备。会议扩声系统配备多台多路混音放大器、扬声器箱等专业设备。调音台应有多路音源输入通道，每通道均可预选话筒或线路输入。各通道均应有语音滤波，衰减低音成分，增加语音的清晰度。可接入 CD、AM/FM 收音机、话筒等，并具备录音设备。扬声器的配置应满足会场声压级的需要，并应保证会场内声压的均匀度。

6.7 宴会厅的扩声系统。本套系统的声学技术指标，参照《厅堂扩声系统设计规范》GB 50371—2006 中多用途一类进行设计，技术指标见表 1-7。宴会厅的扩声系统不同频率对应相对声压级见图 11。

宴会厅的扩声系统技术指标　　　　　　　　　　　　　表 1-7

等级	最大声压级(dB)	传输频率特性	传声增益(dB)	稳态声场不均匀度(dB)	早后期声能比(可选项)(dB)	系统总噪声级
多用途一级	额定通带内:大于或等于 103dB	以 100～6300Hz 的平均声压级为 0dB,在此频带内允许范围:—4dB～+4dB;50～100Hz 和 6300～12500Hz 的允许范围见图	125～6300Hz 的平均值大于或等于—8dB	1000Hz 时小于或等于 6dB;4000Hz 时小于或等于 8dB	500～2000Hz 内 1/1 倍频带分析的平均值大于或等于+3dB	NR-20

6.7.1 扩声扬声器系统：会议的扩声扬声器系统由设在舞台后方的三组扬声器和分布在厅内的 10 只吸顶扬声器构成，主扩声扬声器分左中右三声道＋次低频；中央组扬声器组为 1 只覆盖一层前区＋2 只覆盖后区区域，作为会议的扩声，确保语言清晰；左右组扬声器组均为大于 80°×60°覆盖前区及相应的侧座＋1 只大于 80°×60°覆盖后区；次低频扬声器 2 只用来保证演出时音乐音质。10 只吸顶扬声器均匀分布在厅内，保证会议时扩声声音的全覆盖。扩声系统还配置了一定数量的流动全频扬声器、流动次低频扬声器以及返听扬声器。可方便灵活的流动摆放在主席台两侧或会议区内，用以满足厅内举行文艺演出时对音质的高品质需求和舞台人员会议或演出时的返听。吸顶扬声器、流动扬声器配合各自的前级音频处理设备，均可不依赖于对方而独立工作，且完全能够满足不同的会议使用需求。

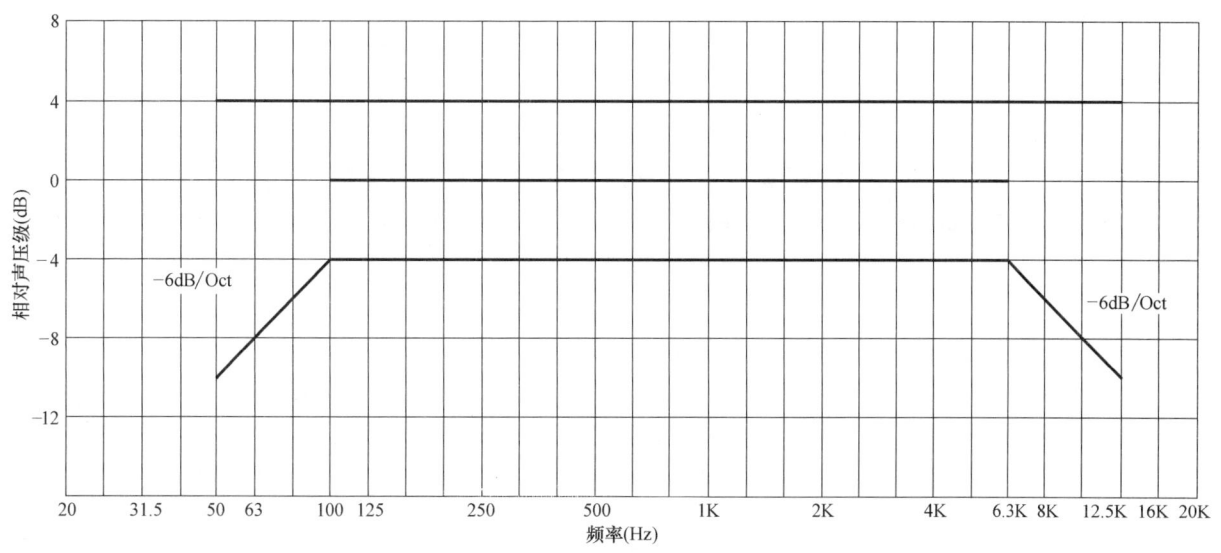

图 1-1　宴会厅的扩声系统不同频率对应相对声压级

6.7.2　信号点设置：在舞台区域的地面共设置了 8 只综合插座盒，演出、会议时供舞台上人员使用，每只综合插座箱内设有传声器信号输入、会议系统接口、流动扬声器信号输出、计算机视频信号输入、视频信号输出、网络接口、电话接口以及设备用电源等插座。会议室中央地面上设置 6 只综合插座盒，供会议时使用。每只综合插座箱内设有传声器信号输入、会议系统接口、计算机视频信号输入、视频信号输出、摄像机信号输入、网络接口、电话接口以及设备用电源等插座。在会场周围还设置了 16 只综合插座盒，供工作人员使用。内设网络接口、电话接口、同传设备接口以及设备用电源等插座。所有信号插座箱内的信号输入、输出均汇集至系统控制室内，由系统操作人员进行信号的分配。插座箱均为定做，暗藏于地面或墙面，与装修墙面地面风格相符。

6.7.3　调音台：根据系统的需要，设置 48 路主扩声调音台于控制机房内，该调音台具有 48 路单声道输入和 8 组立体声输入，8 路编组、12 路辅助输出，能够满足各种会议以及演出的需要。应备份一台同样路数的备份调音台，作为应急备份使用。根据实际需要可以选定设备为热备份或冷备份类。

6.7.4　数字音频处理矩阵：在扩声系统中使用了最新技术的数字音频处理系统。该数字音频网络集音频传输、路由选择、增益、均衡、压限、延时、分频、滤波以及实时音频控制等功能于一体，可通过电脑设置监测的所有参数，确保系统稳定可靠。通过矩阵内部的编程软件，可对各种使用情况下的会场系统功能、信号路由设置以及音频信号的处理进行预设并存储。每次使用前可方便地进行程序调用，极大地减少操作人员的工作量及误操作，确保系统及时有效而准确地工作。矩阵可以通过对音频的信号的编码后经内网或局域网传送到其他房间内，极低传输的延迟使其他异地会场也可以实时收听到宴会厅内传送过来的声音信号。

6.7.5　信号源设备：信号源方面配置了 8 只无线话筒、10 只电容会议话筒、以及专业级激光唱机、硬盘录音机、卡带录音机等，保证演出放音和会议录音的高质量。

6.7.6　宴会厅的会议发言及同传系统。配置了一套台面式手拉手会议发言系统，配合发言和会议使用，20 台主席和代表单元可以在举行会议时放于会议桌台面上。与扩声系统也预留信号联络线，可通过扩声系统重放发言者语言信号。设置 16 种语言的同传系统，既 15 种同传语言，1 种原声。同传系统符合国际标准 IEC 61603-7，可以与其他符合该标准的红外同传系统兼容并交叉使用。一定数量的同传辐射板可通过厅内的综合插座箱内的同传接口与同传系统和扩声系统连接后即可使用，设备可流动使用避免固定安装影响整体装修风格或演出。

6.8 宴会厅的视频系统

6.8.1 视频显示系统：视频显示系统拟采用24块60英寸标清DLP背投屏，组成4×6背投墙，设置于舞台后墙前侧，用于会商会议使用。在DLP背投墙的两侧各安装一面150寸投影幕，用于大型会议两侧观众观看或分屏显示不同会议信息、内容讲稿等；8台50英寸液晶显示器，以旋转支架固定于后墙及左右墙面，供宴会时与会人员观看。系统内还配备了2台50英寸流动液晶显示器，服务于前排观众席看或主席台就座人员。

6.8.2 视频采集系统：在厅内两侧墙上、舞台两侧天花下共设有5台云台摄像机，可对舞台及会场情况进行跟踪拍摄。在会场后墙上还安装有专业级的高清长焦摄像机，可对主席台上的发言者进行特写取景。以上场内摄像机拾取的视频信号均可配合音频信号，通过系统内的 AV 工作站录制成会议画面。或通过局域网、内网实时传送至其他会议室或房间内。系统控制室内设置了 4×6 液晶显示器墙，方便操作人员观看场内显示的视频信号、异地视频信号，以及由监控摄像机传来的会场实时画面。

6.8.3 录播系统：配置一台录播服务器，可以记录厅内所有视频和音频信息，通过硬盘保存，且硬盘空间可扩展；会场以外的房间可以通过局域网或内网访问服务器收听收看会场实时情况，并且所有访问均需管理员授权保证信息的私密性。扩展软件后可以通过互联网对会场进行实时视频直播，观看用户无须下载软件，直接使用浏览器观看既可。

6.8.4 中央控制系统：中央控制系统，将厅内的音、视频信号源、RGB 矩阵、视频矩阵、固定安装摄像机等设备进行统一管理和调控，将各种会议所需要的功能，集中于一个简易、友好的界面内来控制，使得各项系统的操作更灵活、快捷。

6.9 会议室的音视频系统

6.9.1 本套系统的声学技术指标，参照《厅堂扩声系统设计规范》GB 50371—2006 中会议类扩声一类进行设计，技术指标见表 1-8。

会议室的扩声系统技术指标　　　　　　　　　　表 1-8

等级	最大声压级（dB）	传输频率特性	传声增益（dB）	稳态声场不均匀度（dB）	早后期声能比（可选项）（dB）	系统总噪声级
会议一级	额定通带内：大于或等于98dB	以 125～4000Hz 的平均声压级为 0dB，在此频带内允许范围：－6dB～+6 dB	125～4000Hz 的平均值大于或等于－10dB	1000Hz、4000Hz 时小于或等于8dB	500～2000Hz 内 1/1 倍频带分析的平均值大于或等于+3dB	NR-20

（1）扩声扬声器系统：会议的扩声扬声器系统由设在投影幕两侧的两只音柱扬声器和分布在厅内的 8 只吸顶扬声器构成，音柱扬声器作为会议的扩声，确保语言清晰，且在播放音乐或视频时提高整体音质配合大屏幕投影重放声的需要。8 只吸顶扬声器均匀分布在厅内，保证会议时扩声声音的全覆盖。吸顶扬声器、音柱配合各自的前级音频处理设备，均可不依赖于对方而独立工作，且完全能够满足不同的会议使用需求；

（2）信号点设置：在会议桌上共设有 4 个综合插座盒，每只综合插座箱内设有计算机视频信号输入、视频信号输出、网络接口、电话接口以及设备用电源等插座。会议室中央地面上设置 2 只综合插座盒。每只综合插座箱内设有传声器信号输入、会议系统接口、视频信号输出、摄像机信号输入、网络接口、电话接口以及设备用电源等插座。在会场周围还设置了 8 只综合插座盒，供工作人员使用。内设网络接口、电话接口以及设备用电源等插座。所有信号插座箱内的信号输入、输出均汇集至系统控制室内，由系统操作人员进行信号的分配；

（3）调音台：根据系统的需要，设置 24 路主扩声调音台于控制机房内，该调音台具有 24 路单声道输入和 4 组立体声输入，4 路编组、6 路辅助输出，能够满足各种会议以及演出的需要；

（4）数字音频处理矩阵：在扩声系统中使用了最新技术的数字音频处理系统。该数字音频网络集音频传输、路由选择、增益、均衡、压限、延时、分频、滤波以及实时音频控制等功能于一体，可通过电脑设置监测的所有参数，确保系统稳定可靠。通过矩阵内部的编程软件，可对各种使用情况下的会场系统功能、信号路由设置以及音频信号的处理进行预设并存储。每次使用前可方便地进行程序调用，极大地减少操作人员的工作量及误操作，确保系统及时有效而准确地工作。矩阵可以通过对音频的信号的编码后经内网或局域网传送到其他房间内，极低传输的延迟使其他异地会场也可以实时收听到宴会厅内传送过来的声音信号；

（5）信号源设备：信号源方面配置了 4 只无线话筒、8 只电容会议话筒、以及专业级激光唱机、硬盘录音机、卡带录音机等，保证演出放音和会议录音的高质量。

6.9.2　会议发言系统。配置了一套台面式手拉手会议发言系统，配合发言和会议使用，20 台主席和代表单元可以在举行会议时放置于会议桌台面上。与扩声系统也预留信号联络线，可通过扩声系统重放发言者语言信号。

6.9.3　视频显示系统：视频显示系统采用 5000 流明亮度的高清投影机，正投到 120 寸投影幕上，用于会商会议使用。2 台 50 英寸液晶显示器，以旋转支架固定于左右墙面，供宴会时与会人员观看。系统内还配备了 2 台 50 英寸流动液晶显示器。可服务于前排观众席看或主席台就座人员。

6.9.4　视频采集系统：在厅内两侧墙上、舞台两侧天花下共设有 3 台云台摄像机，可对舞台及会场情况进行跟踪拍摄。在会场后墙上还安装有专业级的高清长焦摄像机，可对全场进行特写取景。以上场内摄像机拾取的视频信号均可配合音频信号，通过系统内的 AV 工作站录制成会议画面。或通过局域网、内网实时传送至其他会议室或房间内。

6.9.5　中央控制系统。中央控制系统，将会议室内的音、视频信号源、RGB 矩阵、视频矩阵、固定安装摄像机等设备进行统一管理和调控，将各种会议所需要的功能，集中于一个简易、友好的界面内来控制，使得各项系统的操作更灵活、快捷。

6.9.6　视频会议系统。配置高清视频终端及与之对应的多点 MCU 可以连接远程会场或作为主会场发起多点会议。终端支持目前国际通行的视频、音频协议（H.264 等），且可以和国内外大多数的主流品牌视频终端连接，具有通信低带宽占用、丢包修复、断线自动回拨、地址记录等技术。

6.9.7　多功能厅扩声系统。本套系统的声学技术指标，参照《厅堂扩声系统设计规范》GB 50371—2006 中多用途一类进行设计，技术指标见表 1-9。多功能厅扩声的扩声系统不同频率对应相对声压级见图 1-2。

多功能厅的扩声系统技术指标　　　　　　　　　　表 1-9

等级	最大声压级(dB)	传输频率特性	传声增益(dB)	稳态声场不均匀度(dB)	早后期声能比(可选项)(dB)	系统总噪声级
多用途一级	额定通带内：大于或等于 103dB	以 100～6300Hz 的平均声压级为 0dB，在此频带内允许范围：−4dB～+4dB；50～100Hz 和 6300～12500Hz 的允许范围见图 1-2	125～6300Hz 的平均值大于或等于 −8dB	1000Hz 时小于或等于 6dB；4000Hz 时小于或等于 8dB	500～2000Hz 内 1/1 倍频带分析的平均值大于或等于 +3dB	NR-20

会议的扩声扬声器系统由设在主席台台后方的三组扬声器和分布在厅内的24只吸顶扬声器构成，主扩声扬声器分左中右三声道＋次低频；中央组扬声器组为1只覆盖一层前区＋2只覆盖后区区域，作为会议的扩声，确保语言清晰；左右组扬声器组均为大于80°×60°覆盖前区及相应的侧座＋1只大于80°×60°覆盖后区；次低频扬声器2只用来保证演出时音乐音质。24只吸顶扬声器均匀分布在厅内，保证会议时扩声声音的全覆盖。扩声系统还配置了一定数量的流动全频扬声器、流动次低频扬声器以及返听扬声器。可方便灵活的流动摆放在主席台两侧或会议区内，用以满足举行文艺演出时对音质的高品质需求和舞台人员会议或演出时的返听。吸顶扬声器、流动扬声器配合各自的前级音频处理设备，均可不依赖于对方而独立工作，且完全能够满足不同的会议使用需求。

　　（1）信号点设置：在主席台区域的地面共设置了6只综合插座盒，演出、会议时供舞台上人员使用，每只综合插座箱内设有传声器信号输入、会议系统接口、流动扬声器信号输出、计算机视频信号输入、视频信号输出、网络接口、电话接口以及设备用电源等插座。报告厅中央地面上设置6只综合插座盒，供会议时使用。每只综合插座箱内设有传声器信号输入、会议系统接口、计算机视频信号输入、视频信号输出、摄像机信号输入、网络接口、电话接口以及设备用电源等插座。在会场两侧还设置了16只综合插座盒，供旁听人员使用。内设网络接口、电话接口以及设备用电源等插座。所有信号插座箱内的信号输入、输出均汇集至系统控制室内，由系统操作人员进行信号的分配。插座箱均为定做，暗藏于地面或墙面，与装修墙面地面风格相符；

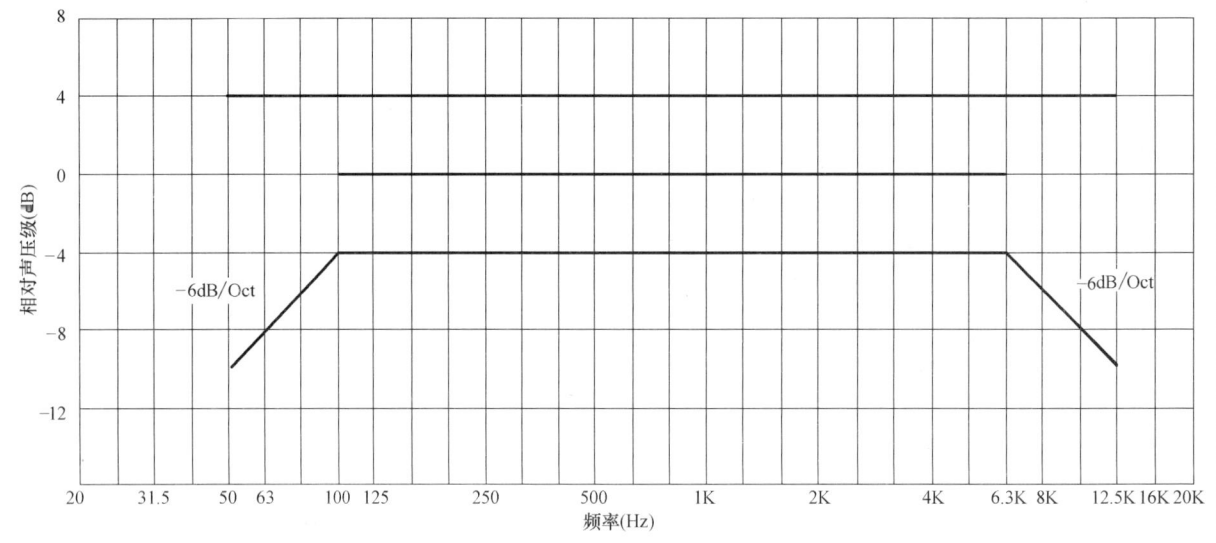

图1-2　多功能厅扩声的扩声系统不同频率对应相对声压级

　　（2）调音台：根据系统的需要，设置48路主扩声调音台于控制机房内，该调音台具有48路单声道输入和8组立体声输入，8路编组、12路辅助输出，能够满足各种会议以及演出的需要。应备份一台同样路数的备份调音台，作为应急备份使用。根据实际需要可以选定设备为热备份或冷备份类。

　　（3）数字音频处理矩阵：在扩声系统中使用了最新技术的数字音频处理系统。该数字音频网络集音频传输、路由选择、增益、均衡、压限、延时、分频、滤波以及实时音频控制等功能于一体，可通过电脑设置监测的所有参数，确保系统稳定可靠。通过矩阵内部的编程软件，可对各种使用情况下的会场系统功能、信号路由设置以及音频信号的处理进行预设并存储。每次使用前可方便地进行程序调用，极大地减少操作人员的工作量及误操作，确保系统及时有效而准确地工作。矩阵可以通过对音频的信号的编码后经内网或局域网传送到其他房间内，极低传输的延迟使其他异地会场也可以实时收听到宴会厅内传送过来的声音信号；

（4）信号源设备：信号源方面配置了 6 只无线话筒、10 只电容会议话筒、以及专业级激光唱机、硬盘录音机、卡带录音机等，保证演出放音和会议录音的高质量；

（5）会议发言及同传系统。配置了一套台面式手拉手会议发言系统，配合发言和会议使用，40 台主席和代表单元可以在举行会议时放置于会议桌台面上。与扩声系统也预留信号联络线，可通过扩声系统重放发言者语言信号。听众席可于座椅扶手上或会议桌上暗装一定数量的代表单元话筒供与会代表发言提问。设置 16 种语言的同传系统，既 15 种同传语言，1 种原声。同传系统符合国际标准 IEC 61603-7，可以与其他符合该标准的红外同传系统兼容并交叉使用。在多功能厅内设置一定数量的同传辐射板，设备开启时可以全方位的覆盖厅内无死角，使用同传接收机在任何位置均可收听到清晰的同传信号；

（6）视频显示系统：在主席设置一面 300 寸投影幕，安装一套亮度不低于 15000 流明的投影机作为会场主显示设备，两侧再安装两面 300 寸可收起式电动投影幕，配合流动的投影机可以与主投影设备进行拼接融合，也可作为信息发布独立使用。系统内还配备了 8 台 50 英寸流动液晶显示器。可服务于前排观众席看或主席台就座人员返看；

（7）视频采集系统：在厅内两侧墙上、舞台两侧天花下共设有 6 台云台摄像机，可对舞台及会场情况进行跟踪拍摄。在会场后墙上还安装有 2 台专业级的高清长焦摄像机，可对主席台上的发言者进行特写取景。以上场内摄像机拾取的视频信号均可配合音频信号，通过系统内的 AV 工作站录制成会议画面。或通过局域网、内网实时传送至其他会议室或房间内。

（8）录播系统：配置一台录播服务器，可以记录厅内所有视频和音频信息，通过硬盘保存，且硬盘空间可扩展；会场以外的房间可以通过局域网或内网访问服务器收听收看会场实时情况，并且所有访问均需管理员授权保证信息的私密性。扩展软件后可以通过互联网对会场进行实时视频直播，观看用户无须下载软件，直接使用浏览器观看既可。

（9）中央控制系统。中央控制系统，将厅内的音、视频信号源、RGB 矩阵、视频矩阵、固定安装摄像机等设备进行统一管理和调控，将各种会议所需的功能，集中于一个简易、友好的界面内来控制，使得各项系统的操作更灵活、快捷。

6.10 无线通信增强系统。为避免无线基站信道容量有限，忙时可能出现网络拥塞，手机用户不能及时打进或接进电话。另外由于大楼内建筑结构复杂，无线信号难于穿透，室内易出现覆盖盲区。因此，大楼内应安装无线信号室内天线覆盖系统以解决移动通信覆盖问题，同时也可增加无线信道容量。

6.11 时钟系统。为会议中心各区域和部门提供统一准确时间、协调各部门工作，系统采用子母钟控制原则，采用北斗/GPS 接收机接受校时信号，信号经处理后向母钟定时发校准信号。

7 建筑设备管理系统

7.1 建筑设备监控系统

7.1.1 本工程设建筑设备管理系统，对建筑内的供水、排水设备；冷水系统、空调设备及供电系统和设备进行监视及节能控制。建筑设备管理系统是基于分布式控制理论而设计的集散系统，通过网络系统将分布在各监控现场的系统控制器联接起来，共同完成集中操作、管理和分散控制的综合自动化系统。以确保建筑舒适和安全的环境，同时实现高效节能的要求，并对特定事物做出适当反应。

7.1.2 本工程建筑设备监控系统的操作系统选用业界通行的 Windows2000 操作系统，

采用分布式数据库技术同时支持分布式服务器结构，以达到以下性能指标：

（1）独立控制，集中管理：可以将建筑设备监控系统的工作站或服务器定义为节点服务器，并且根据智能化系统的整体要求，设置中央服务器。该结构使各节点服务器与中央服务器通过以太网（TCP/IP）连接，数据在各节点服务器之间，包括中央服务器之间进行通信，中央服务器对所有节点服务器中的数据、报警可以读取、打印和存储。

（2）可以自动调整网络流量：当数据被其他节点或中央服务器定制后，才由相应的节点服务器将缓冲区中的数据传送到网络上，减少对控制器的数据通信要求，同时减少网络数据的冗余传送。

（3）保证高可靠性：当整个网络断开后，本地的控制系统应能由节点服务器继续提供稳定的系统控制。另外，当某个节点服务器出现故障时，对整个网络和其他节点没有影响。在网络恢复正常工作后，各节点服务器可以将存储的数据自动传到相应的节点和中央服务器。

（4）提升系统性能：节点服务器只对本地设备进行管理，系统的负荷由节点服务器分担，中央服务器的负担只限于本地设备管理和全系统中关键报警和数据的备份。这样可以保证整个系统的高性能。

（5）管理简单：中央服务器可以控制任何一个节点服务器中的设备，节点的报警可以自动传送到中央服务器，实现分布式控制，集中式管理。

（6）分布式数据库管理：采用分布式的数据库，由后台的数据自动备份机制保障所有用户数据在各服务器中安全保存。

（7）本工程在地下一层设置一处建筑设备监控室，对建筑设备实施管理与控制。

7.2　建筑能效监管系统。通过对建筑安装分类和分项能耗计量仪表，采用远程传输等手段及时采集能耗数据，实现重点建筑能耗的在线监测和动态分析，建筑能耗监测系统由数据采集子系统、数据中转站和数据中心组成。建筑能耗监测系统主要包括 2 大子系统，即能耗数据采集子系统（包括：数据来源层、数据采集层、数据传输层）、能耗监测管理应用子系统（包括：数据中心/中转站、web 服务器）。建筑能耗监测系统按物理层面可以分为三层，即：监控层，网络层和设备层。系统具备以下功能：

7.2.1　能耗统计、分析、汇总功能。

7.2.2　电能的分项能耗统计。

7.2.3　设备能耗管理。

7.2.4　分户计量。

7.2.5　报表管理。

7.2.6　能耗水平识别。

7.2.7　预测预警、决策服务。

7.3　电梯监控系统

7.3.1　电梯监控系统是一个相对独立的子系统，纳入设备监控管理系统进行集成。

7.3.2　电梯现场控制装置应具有标准接口（如 RS485、RS232 等）。

7.3.3　在安防消防中心设电梯监控管理主机，显示电梯的运行状态。

7.3.4　监控系统配合运营，启动和关闭相关区域的电梯；接收消防与安防信息，及时采取应急措施。

7.3.5　系统自动监测各电梯运行状态，紧急情况或故障时自动报警和记录，自动统计电梯工作时间，定时维修。

7.3.6　电梯对讲电话主机及对讲电话分机由电梯中标方成套提供，要求满足工程管理需要。

7.3.7 电梯轿厢内设暗藏式对讲机，对讲总机设在消防控制室，用于紧急对讲。

7.4 电力监控系统。本工程的电力监控系统是一个相对独立的子系统，电能监测中采用的分项计量仪表具有远传通信功能，纳入设备监控管理系统进行集成。

8 公共安全系统

8.1 视频监控系统。本工程设置保安室，保安室内设系统矩阵主机、硬盘录像机、打印机，监视器及～24V电源设备等。视频自动切换器接受多个摄像点信号输入，定时自动轮换（1～30s）输出监控信号，也可手动任选一个摄像机的画面跟踪监视、录像、打印。系统矩阵主机带输入、输出板；云台控制及编程、控制输出时、日、字符叠加等功能。在本建筑的主要出入口、楼梯间、电梯前室、电梯轿厢及走廊等处设置摄像机。

8.2 门禁系统。为确保建筑的安全，根据安全级别的不同划分为不同的安全分区，根据级别的不同设置相应的门禁系统，以免无关人员闯入。

8.3 电子巡更系统。电子巡更管理系统不仅是安全保卫系统中不可缺少的重要部分，也是物业管理的不可或缺的重要组成部分。在主要公共通道分布电子巡更签到点，可设定保安员巡更的路线及地点、巡更的次数等，并可检测该保安员所用的巡更时间，从而监督保安员工作。无线巡更系统由信息采集器、信息下载器、信息钮和中文管理软件等组成，并可实现以下功能：

8.3.1 可按人名、时间、巡更班次、巡更路线对巡更人的工作情况进行查询，并可将查询情况打印成各种表格，如：情况总表、巡更事件表、巡更遗漏表等。

8.3.2 巡更数据储存，定期将以前的数据储存到软盘上，需要时可恢复到硬盘上。

8.3.3 用户要求可定制其他功能，如各种巡更事件的设置、员工考勤管理等。

8.4 停车场设在地下室，本停车场出入口管理系统要求一进一出，从首层经坡道直接进入地下停车场。停车场既提供内部车辆使用，又考虑临时车辆停泊。采用由自动发卡机一次性发感应卡方式进行计时收费管理。严密控制持卡者进、出车场的行为，符合"一卡一车"的要求，防止"一卡多用"现象的发生。整个停车场系统采用网络化结构，管理计算机可通过网络可与入口控制设备、出口收费计算机相联，收费计算机和管理计算机之间可实现数据资源共享。

8.5 车位引导系统。通过车位探测器，实时采集停车场的各个车位停车情况，区域控制器按照轮询的方式对停车场的各个车位探测器的相关信息进行收集，并按照一定规则将数据压缩编码后反馈给主控制器，由主控制器对整个车场的车位停放信息进行分析处理后，发送给停车场内各指示牌、引导牌等提供信息，指导车辆进入相关车位，并同时将数据传送给计算机，由计算机将数据存放到数据库服务器。

【说明】 设计依据、机房工程（EEEP）、防雷与接地系统和电气节能措施参考写字楼建筑智能化方案设计相关内容编写。

五、某美术馆建筑智能化方案设计实例

1 工程概况

本工程属一类高层建筑，耐火等级为一级，一级风险安全防范单位。工程总建筑面积约65380m²，地下三层，地上六层，建筑高度60m。地下一层是车库和综合服务区，地下二层是藏品库区和设备区。地面以上为展览厅和管理办公室。

2 设计依据

2.1 建设单位提供有关资料和设计任务书。

2.2 执行的主要设计规范与标准（见【说明】）。

3 设计范围

3.1　信息化应用系统（IAS）。

3.2　智能化集成系统（IIS）。

3.3　信息设施系统（IFS）。

3.4　建筑设备管理系统（BMS）。

3.5　公共安全系统（PSS）。

3.6　机房工程（EEEP）。

4　信息化应用系统

4.1　美术馆信息化应用系统以信息设施系统为技术平台，组成文化遗产数字资源系统、藏品管理系统、陈列展示系统、导览服务系统、数字美术馆系统和业务办公自动化等各个功能子系统。系统应支持纪念馆与互联网之间的数据、图像、语音等多媒体快速安全地传输。系统应保证美术馆内电脑的资源共享和信息交流，支持用户认证和数据传输加密，提供互联网访问服务。系统包括公共服务、智能卡应用、物业管理、信息设施运行管理、信息安全管理、基本业务办公和专业业务等信息化应用系统。本工程局域网应根据不同信息传输速率、频度、流量的要求，采取多层、分组模式。

4.2　观众服务系统

4.2.1　预约和验票系统。为规范美术馆预约和验票秩序，方便观众预约参观，提高观众服务效率，设置具备网上预约、现场电脑预约、验票及后台统计管理等功能的预约和验票系统。

4.2.2　多媒体导览系统。为了便于美术馆观众更好地查询美术馆信息、了解服务内容、调取展品信息，获得更好的参展体验，本工程设置多媒体导览系统。多媒体导览设备位于公共区域、展厅出入口或展柜之间等地方，并就近设置网络及电源几口。

4.2.3　讲解系统。为了给观众提供优质讲解服务，本工程设置讲解系统，其中包括：人工讲解扩音系统、自动语音讲解系统，无线定位 PDA 自动讲解系统，以及扫码自动讲解、机器人讲解等方式。

4.2.4　客流分析系统。美术馆客流量大、展示多、展品多，为避免观众拥堵等问题，实时进行客流热度、整体客流、行为轨迹、楼层客流、热点展厅等数据分析，备用观众疏导和疏散，本工程设置客流分析系统。

4.2.5　屏幕发布系统。为了扩大馆内宣传和信息发布，在室内外设置大屏和触摸查询屏。

4.2.6　网络传播系统。为向公众提供信息服务，按照公众和专业人士不同需求，开发网站、APP、公众号等在内的网络传播系统，动态提供美术馆文化史料信息，包括内容录入、建库、检索、发布、电子邮件、论坛等功能。

4.2.7　多媒体后台管理系统。为丰富观众参展体验，加强互动性，展陈中将广泛使用多媒体，同时开发数字化美术馆。为加强多媒体管理，实现视频融合、视频分析功能，对多媒体设备运行状态进行监控，便于内容更新、设备改造和升级服务。

4.3　公共服务系统。公共服务系统应具有访客接待管理和公共服务信息发布等功能，并宜具有将各类公共服务事务纳入规范运行程序的管理功能。系统基于信息网络及布线系统，系统服务器设置于中心网络机房，管理终端设置于相应管理用房。多功能厅的电影播放与配套区电影厅可实现联播共享。

4.3.1　智能卡应用系统。鉴于美术馆人员、物业人员、安保人员等各类人员多、出入频繁的情况，为科学管理、提高效率，设置一卡通管理管理系统，整合门禁、考勤、就餐、消费、停车场出入、电梯使用、会议签到等多功能，分类别、分权限地用于办公区、库房、车库等监控及管理；在同一软件平台上，实现卡的发行、挂失、充值、资料查询等管理，系统共用一个数据库，软件必须确保出入口控制系统的安全管理要求；各系统的终端接入局域网进行数据传输和信息交换。系统基于信息网络及布线系统，系统服务器设置于中心网络机房，管理终端设置于相应管理用房。

4.3.2　物业管理系统。

（1）应具有对建筑的物业经营、运行维护进行管理的功能。满足物业运维管理需求，包括房产管理、客户管理、收费管理、保洁管理、租赁管理、车辆管理、仓库管理、会议管理、停车场管理、设备设施运行管理、综合信息服务、客户投诉查询、安防、消防、绿化等；

（2）物业管理系统应预留与设备管理系统、车辆管理系统、安全防范系统、消防系统等的接口；

（3）为保障美术馆科学、高效运行，基于物联网技术，建立设备设施台账、管理、运维等功能在内的物业综合系统平台，对水电暖灯光恒温恒湿等系统统一管理控制，统一读取数据。

4.3.3　设置办公自动化系统，实现为保障馆内办公、财务管理、文件与档案管理、图书资料管理等功能。

4.3.4　展品数据采集与制作系统。为保障展品的建档、保护、管理、研究等工作，设置展品数据采集与制作系统，实现采集图片、文字、多媒体的展品数字化信息，开发展品数字化采集与制作。

4.3.5　藏品管理系统。为便于藏品出入库、修复、提用等管理实现数字化管理。建议开发建立藏品数据库，引入藏品管理系统。

4.3.6　信息设施运行管理系统。信息设施运行管理系统应具有对建筑物信息设施的运行状态、资源配置、技术性能等进行监测、分析、处理和维护的功能。系统基于信息网络及布线系统，系统服务器设置于中心网络机房，管理终端设置于相应管理用房。

4.3.7　信息安全管理系统。

（1）信息网络安全管理系统通过采用防火墙、加密、虚拟专用网、安全隔离和病毒防治等各种技术和管理措施，确保经过网络的传输和管理措施，使网络系统正常运行，确保经过网络传输和交换的数据不会发生增加、修改、丢失和泄露。系统基于信息网络及布线系统，系统服务器设置于中心网络机房，管理终端设置于相应管理用房；

（2）基本业务办公系统：应满足建筑基本业务运行的需求。并满足项目信息化办公、移动办公、协同办公，支持定制二次开发。

5　智能化集成系统

5.1　智能化集成系统以实现绿色建筑为目标，应满足建筑的业务功能、物业运营及管理模式的应用需求；本系统应采用智能化信息资源共享和协同运行的架构形式；应具有实用、规范和高效的监管功能；适应信息化综合应用功能的延伸及增强，并具有安全性、可用性、可维护性和可扩展性。

5.2　智能化信息集成（平台）系统包括操作系统、数据库、集成系统平台应用程序、各纳入集成管理的智能化设施系统与集成互为关联的各类信息通信接口等；具有虚拟化、分布式应用、统一安全管理等整体平台的支撑能力；并顺应物联网、云计算、大数据、智慧城市等信息交互多元化和新应用的发展。

5.3　智能化系统集成管理平台，其系统架构在开放的建筑设置基础上监视控制，通过建筑信息模型及建筑运营数据的集成，在建筑管理应用平台上实现空间管理、设备管理、环境管理及能源管理等各功能的应用。可以将各子系统的信息资源汇集到一个系统集成平台上，通过对资源的收集、分析、传递和处理，从而对整个项目进行最优化的控制和决策，达到高效、经济、节能、协调运行状态，同时在对建筑内突发事件的快速响应能力上，能够充分发挥信息集成系统及各个智能子系统的优势，协助物业管理人员或相关处突部门（比如消防队与警察）及时处理突发事件。

5.4 本项目所集成的对象主要包括：公共广播系统、信息引导及发布系统、无线对讲系统、巡更系统、建筑设备监控系统、能效监管系统、智能照明系统、入侵报警系统、视频安防监控系统、身份识别控制系统、电梯智能控制系统、停车场管理系统等。本系统应将所有需要监控的智能化子系统无缝、无障碍、无相互影响地与集成系统联接起来，操控与监视能够集中展现在一个集成管控平台上，操控值班员可在中央控制室实现各个智能化子系统对各机电系统的远程操作和监控。

5.5 在集成系统的管控平台界面上，可由同一登录界面登陆，任何授权用户均可通过有线或无线内外网络远程访问集成系统，在任何地点、时间（包含移动端）能够实时监测各个子系统的关键运行数据，并做到各子系统管理信息简单、明确、易懂的效果。

5.6 本系统可在集中管控平台上实时分级显示各子系统重要报警信息，一旦出现异常状况，各级管理人员可根据管控级别权限在第一时间获取信息，并通过集成管控平台远程核实查对，了解现场情况并及时确认采取相应预案处理措施；如果在设定的时间内该级值班管理人员未能及时确认并采取处理措施，则集成控制系统将升级报警级别，向上一级管理人员报警，以保证任何报警信息必须及时得到处理。并可根据设定无遗漏地记录所有重要设备的运行参数、运行状态、运行时间等信息，以及各级操控值班员与管理人员的操控记录与报警处理记录等日志；集成监控系统能够将管理人员经验或经专家确定的巡检策略作为预案，并根据预案定期巡检各子系统，及早发现并判断各子系统、设备、设施可能出现的故障趋势，提前将问题反馈给相关人员，提早处理，把故障问题扼杀在摇篮中，最大限度地保证各子系统始终处于正常、良好地运行状态，提升全年无故障周期。

5.7 集成系统要能够长期记录各子系统运行数据、报警记录等信息，并能自动通过同比、环比等综合对比分析模式，提供数据分析结果及专家建议给管理人员，使其能够随时了解子系统、设备、设施运行变化情况与趋势，便于管理人员定期安排对机电系统进行全面诊断。

5.8 通过把各智能化子系统集成在统一的管理平台上，进行数据分析、系统联动、完成各信息化应用系统的接入和管理，用户可以实时对系统和设备运行情况监控和管理，可以及时了解展览中心的运行情况，提供给用户进行制定运行策略的有效数据依据。

该系统是对各个子系统的信息进行综合管理，超前设计预留，分步实施。系统集成要求各个子系统提供通用接口及通信协议。

6 信息化设施系统

6.1 信息接入系统

6.1.1 本工程需输出入中继线 100 对（呼出呼入各 50%）。另外申请直拨外线 100 对（此数量可根据实际需求增减）。

6.1.2 电视信号接自城市有线电视网，在顶层设有卫星电视机房，对建筑内的有线电视实施管理与控制。有线电视节目和卫星电视节目经调制后，经电视信号干线系统传送至每个电视输出口处，使获得技术规范所要求的电平信号，达到满意的收视效果。

6.2 计算机网络系统

6.2.1 一般要求

（1）项目内规划无线 AP，无线 Wi-Fi 接入网络覆盖各个区域；

（2）综合布线系统为开放式网络拓扑结构，支持语音、数据、图像、多媒体业务等信息的传递；

（3）综合布线系统设备间在地下网络机房，设总配线架；在各层通信间设置语音以及网络配线架；

（4）系统采用基于光纤的万兆以太网解决方案，到信息点铜缆为千兆宽带，逻辑总线为星型拓扑结构。垂直数据及语音干线采用单模光纤；水平语音、数据系统采用 6 类布线；

（5）配置办公通信网络以及智能化专网两套综合布线系统。其中办公网络按内网及外网两套系统进行布线；

（6）主干带宽为万兆，多功能厅和多媒体、数字化展厅等特殊区域采用 1000 兆入户，一般办公室采用 1000 兆入户；

（7）服务器管理系统。为展品数据录入及检索、网站建设、数字美术馆、虚拟化应用等提供高效储存空间，实现美术馆管理和展陈数字化、智能化；

6.2.2 技术要求

（1）要求水平布线可以传输可以传递语音及 1000Mbps 速率以下数据，数据的适用范围包括 1000Base-T 以太网，10Base-T 以太网，16Mbps 令牌环网，ATM155Mbps 分布式数据接口；

（2）综合布线系统采用开放式星型拓扑结构，结构下每个分支子系统都是相对独立的单元，对每个分支单元系统改动都不影响其他子系统；

（3）要求水平布线不会限制未来的系统模式，能支持连接不同厂家、不同型号的电脑和电话通信系统；

（4）要求主干电缆的传输速率达 10Gbps；

（5）符合高速 LAN、TCP/IP、FDDI 和 ATM 高速数据传输介质标准；

（6）采用 EIA/TIA 568B 标准规定的连接硬件，建立能支持 1000Mbps 的高速数据网络的系统。

6.2.3 工作区子系统：

（1）工作区语音及数据面板采用标准 8 位通用 6 类信息模块（RJ45）。信息插座根据现场情况在墙面、地面、柜台、架空地板下安装。通过 RJ45 跳线与计算机终端或电话终端连接；

（2）根据使用功能进行布线，每个点位暂按 2 路 UTP6 布线（1 个数据出线口一个语音出线口）考虑；

（3）光端口采用 SFF 小型光纤连接器件及适配器。光端口根据使用需求进行配置；

（4）在连接使用信号的数模转换；光电转换；数据传输速率转换等相应装置时，采用适配器；

（5）对于不同网络规程，采用协议转换适配器；

（6）公共区信息点根据使用功能及需求进行配置。

6.2.4 配线子系统：

（1）在每层通信间内设有 19″标准机柜，机柜内设有数据、语音配线架、光纤配线架、交换机等。管理本层的语音、数据以及其他基于 TCP/IP 网络的子系统；

（2）采用六类非屏蔽双绞线通过综合布线桥架和镀锌钢管敷设至各信息口；

（3）根据使用需求采用光端口时，采用室内单模光缆；

（4）通信间内水平铜缆配线架采用六类非屏蔽 RJ45 模块化配线架；

（5）垂直主干数据采用机架式光纤配线架，主干光纤跳线采用 LC 或 SC 接口；

（6）所有接入楼层配线架的水平铜缆，均先接入六类非屏蔽 RJ45 模块化配线架后通过 RJ45-RJ45 跳线连接至网络交换机。跳线按照数据及语音点数配满。

6.2.5　干线子系统。网络机房至楼层通信间的数字及语音信号均采用 12 芯单模光纤。

6.2.6　设备间子系统。在地下设置网络机房，设置 IP-PBX 统一通信网关以及网络交换机、数据服务器、应用服务器等。

6.2.7　控制机房

（1）本项目在地下设置智能化进线间。

（2）在地下设置了 1 个运营商机房及 1 个手机信号覆盖机房。

（3）在地下设置了 1 个网络机房。

6.2.8　网络设备技术要求

（1）核心交换机：核心交换机是整个网络系统的核心设备，承担网络主干的绝大部分流量，由于服务器包括应用服务器、数据库服务器、网络工作站等重要设备都连接在主交换机上，并且客户机与服务器的通信都必须经过主交换机，因此主交换机的故障会造成通信中断，导致整个网络系统瘫痪；同时主交换机的性能、稳定性、可靠性也密切影响着整个网络系统的性能。设备配置冗余电源、冗余管理模块、冗余三层交换机模块及冗余端口，同时保证提供足够数量的万兆/千兆端口用于连接骨干网（主交换机与汇聚交换机之间的链路）和连接各类服务器；

（2）楼层（接入层）交换机：作为用户终端与交换机之间的连接，楼层交换机在整个网络中处于重要的地位。楼层交换机的选择应做到尽可能的高速交换和传递数据，不至于成为整个网络的瓶颈；

（3）电子配线架系统：智能布线系统作为远程布线管理系统，其设备的高度智能化是传统的综合布线系统不可比拟的。通过搭建智能布线系统，可以使管理人员在最短的时间内发现系统故障并及时排除问题。通过操作远程管理软件，管理人员在任意授权电脑上即可完成系统终端配置，极大地提高了工作效率。

6.3　移动通信室内信号覆盖系统

6.3.1　为了充分保障建筑内的移动通信质量，确保通信畅通，在建筑物内设无线信号全覆盖系统。通过基站加室内天馈系统，对楼内弱信号的现状进行有效改善，从而解决楼内移动通信网络信号的质量问题。在建筑物内地上、地下包括停车场区域内以及电梯井道内设置发射用天线，室内天线应根据建筑特点采用壁装或吸顶式安装等。室内无线覆盖系统应覆盖整个建筑，应做到公共区域无盲区。

6.3.2　该系统考虑由各大运营商投资建设（包括系统设计、工程施工、设备定位和安装等），中国移动、中国联通、中国电信作为 3 家主要移动电话业务运营商，将为整个项目提供手机信号覆盖业务，各运营商基站及前端设备设置于各自的运营商机房内。

6.3.3　本工程以室内 GSM900M、CDMA、TDSCDMA 等为信源，采用无源和有源相结合的分布系统对美术馆进行覆盖。为确保建筑的各类移动通信用户对移动通信使用需求，提供相关设备机房、管道和设备安装空间；同时，为适应未来移动通信的综合性发展预留扩展空间。

6.3.4　室内需屏蔽移动通信信号的局部区域，考虑配置室内屏蔽系统。如会议室区域。

6.3.5　系统符合现行国家标准《国家环境电磁卫生标准》GB 9175 等有关的规定。

6.4　用户电话交换系统

6.4.1　本工程适应建筑物的业务性质、使用功能、安全条件，满足建筑内语音、传真、数据等通信需求。

6.4.2 系统的容量、出入中继线数量及中继方式等应按使用需求和话务量确定，并应留有富余量；本工程用户电话交换系统容量按 600 门设计。

6.4.3 语音采用基于数字的程控交换机系统，末端电话使用 IP 话机（IP 话机采用就地供电方式）。PABX 程控交换机主机设置在信息网络机房，话务台设置于网络语音机房附近。

6.4.4 本项目程控交换机主要功能如下：

（1）CPU 双备份：在主 CPU 出现问题时，系统将备份 CPU 切换成主 CPU 进行工作。备份 CPU 提供 24h 不间断服务，在遇到故障时仍然可以提供连续的服务；

（2）语音信箱系统：提供模拟用户线与该系统连接，提供内部办公语音信箱功能；

（3）内置音乐源，当电话转接或被保持时，将向电话分机播放背景音乐。

6.5 卫星电视接收系统

6.5.1 为满足美术馆内收看/听国内外电视节目，以及自办节目、开展电视教育等需要，预留卫星电视接收天线，配置 860MHz 双向传输宽带交互式服务，为系统数字化提供条件。

6.5.2 卫星电视节目经调制后，经电视频服务系统传送至每个电视输出口处，使获得技术规范所要求的电平信号，达到满意的收视效果。

6.6 无线对讲系统

6.6.1 无线对讲系统为满足保安通信的要求，在紧急或意外事件出现时可以及时对所有相关部门工作人员进行通信调度和指挥，实现高效、即时的处理，最大限度地减少了可能造成的损失。同时本系统具有机动、灵活、操作简便、使用经济等特点，为安全保卫、设备维修、物业管理等工作带来便利。

6.6.2 系统由信道收发共用器、耦合器、功分器、同轴电缆、吸顶天线构成。本项目设置 1 套数字无线对讲系统，无线对讲主机设置于安防控制控制中心/安防分控制室内，室内收发基站分别安装在各区域经仪器测绘后的合适位置，无线对讲天线与装修专业结合，满足装修要求。对于采用金属吊顶，则将天线安装在天花板的外侧，避免金属材质对电磁波的屏蔽；对于使用非金属材料吊顶，天线可隐蔽安装在天花板内。整个对讲机覆盖系统采用室内吸顶天线和同轴电缆组成的室内无源分布系统来实现信号的覆盖；覆盖区域为本工程所有区域，满足公用活动区域无服务盲区。

6.6.3 可与内部通信、语音调度、短信息推送、消防报警等系统进行联网，实现移动分配、接受任务和报警状态信息查询等功能。系统设计要求的通信频道数与业主协商，应分别满足供保安、工程、管理及保洁人员等部门使用的需求。

6.6.4 无线对讲系统要求双路供电，中心采用 UPS 作为备用电源，末端就近由智能化小间内安防电源箱供给。

6.7 视频服务系统（PSS）

6.7.1 项目设置视频服务系统，有线电视信号、自制节目信号、信息发布信号等视频信息均接入视频服务系统，由视频服务系统网络引至末端用户。由前端部分、干线传输部分、用户分配部分三部分组成。前端设备部分主要包括：调制器、复用器、混合器、影碟机、前端放大器等；干线传输采用室内多模光纤；用户分配采用 6 类 UTP 线缆放射至末端。

6.7.2 基于视频服务系统，可实现信息引导发布、互动电视、电视直播等视频功能的实现。

6.7.3 视频服务系统网络采用3层网络架构，在网络中心内设置核心层交换机在各层通信间内设置汇聚层交换机和接入层交换机。

6.7.4 本工程有线电视系统信号源为歌华有线电视信号、自办节目及卫星电视。北京歌华有线电视网引有线电视信号源光纤至本项目有线电视机房，系统提供双向数字电视有线信号。

6.7.5 基于统一视频服务平台的互动电视功能以观众为中心，结合美术馆管理需求，可以提供高品质的视频体验和个性化的媒体服务，解决数字高清电视的基本需求，同时还提供可满足美术馆管理、宣教、调查、教学等多种功能需求，提高平台的总拥有价值。

6.7.6 本工程采用的多媒体控制系统是一套专用于电子公告信息显示控制与设备管理的系统，该系统能够将各种不同类型显示终端有效的集成起来实现远程集中控制、还能够对所集成的显示终端进行内部指令控制，是集中了电视及互联网优势，以网络为基础的高清视频显示系统。本工程多媒体信息发布系统包括信息采集、存储、编辑、发布功能，通过编码的方式实现信息的处理，支持视频、音频、图片、动画、幻灯、文字等格式，多元化丰富的版面是系统的最大优势，可及时发布各种文字、照片、传单、广告影像、主页、网络等内容。本系统由视频信号源、控制主机、前端显示屏幕及配套软件等组成，布线基于建筑内的综合布线系统平台。

6.7.7 本系统具备信息的检索、查询和导引及移动查询、公共信息网查询等功能。在入口门厅等处安装LED彩色大屏，电梯厅、电梯轿厢设置液晶显示屏，可播放新闻、天气预报、交通信息、宣传视频、通知公告、会议信息、欢迎信息等。本系统基于VSS网络平台的操作、控制、播放和显示的集成系统，采用网络化结构，播放终端采用TCP/IP协议以太网10M/100M通信接口。

6.7.8 入口设置信息显示终端（兼做信息查询终端）；休息区、电梯厅宜设置信息显示终端；信息引导发布及会议室预定系统设置在公共区域的显示终端，平时实时展览信息、会议信息、天气预报、环境监测、道路交通拥堵情况等信息，紧急情况，配合应急响应系统实时发布重要通知通告等信息。

6.7.9 系统支持模拟电视、数字电视、卫星电视、自办电视节目等多种信号接入方式，提供多种信源接入方案。

6.7.10 系统可以向互动电视终端发送临时通知、展览提醒和插播视频等功能。

6.7.11 互动电视系统需支持自办节目接入，可针对不同区域设置收看不同节目的内容；自办节目可以播放宣传片等节目专栏等。

6.8 公共广播系统

6.8.1 本工程公共广播系统包括背景广播、业务广播和紧急广播，与消防应急广播系统分开独立设置，火灾时，公共广播系统强切。

6.8.2 公共广播系统采用微处理机控制管理的全数字模块化网络系统，所有输入/输出信号均由网络控制器进行管理。网络型音频处理主机在数字广播系统中是控制与处理的核心设备，可实现实时的热备份功能，备份机和多台主工作机同时在网络上工作，备份机通过网络与多台主工作机之间进行相互通信，当发现备份机和某台主工作机彼此的端口出错或是失去联系时，备份机就会自动上传并编译相应的程序，代替主机进行工作。做到完全无人值守的实时的热备份。系统控制功能均可以通过多媒体管理软件在计算机上完成编辑播放程序，并在计算机的监视器上以动态图形方式实时显示系统部分的工作状态：对音源输入、音源输出、功放线路放大输出进行多级监听，便于将来的管理和维护；设有功放自动检测，环境噪音检测音量自动增益，备份功放切换，以及所有扬声器回路的短路、开路及对地绝缘等检测功能。本系统采用100V定压输出方式，要求从功放设备的输出端至线路上最远的用户扬声器的线路衰耗不大于1dB（1000Hz时）。普通广播系统采用两线制，设置音量调节的功能区域采用四线制。

6.8.3　本工程主广播控制设备设在安防控制中心，分广播控制设备分别设在分消防控制室，主广播控制设备、分广播控制设备之间采用环行总线连接，构成基于网络的系统架构，实现在主广播室远程控制及集中管理。

6.8.4　公共广播系统设有电脑音响控制设备，节目源有激光唱盘机、CD播放机、双卡连续录音座等，输入音源应包括背景广播的输入、业务广播的输入、紧急广播的输入。背景广播和业务广播系统配置的用于紧急广播的插播话筒，应具有对广播区域进行单选、多选或全选的操作功能，当操作所要广播的区域时，广播系统应自动中断被选区域的音乐节目。在主广播控制室可向全楼提供业务性广播、服务性广播等节目源，各分广播控制室可向本区域提供背景音乐、日常广播节目源。

6.8.5　公共广播系统的功能要求：

（1）展室公共广播系统播放背景音乐，当发生火灾时，切换至紧急广播；

（2）广播主机应对系统主机及扬声器回路的状态进行不间断监测及自检功能。系统主机应为标准的模块化配置，并提供标准接口及相关软件通信协议，以便系统集成；

（3）系统应具备隔离功能，某一个回路扬声器发生短路，应自动从主机上断开，以保证功放及控制设备的安全；

（4）可将背景音乐、业务广播、紧急广播等功能在不同广播分区内同时进行，相互之间互不干扰；

（5）即使在同一层面、同一区域范围内，紧急广播或业务广播都可同时无条件覆盖该区域内的背景音乐线路，保证特殊广播信息的有效传递。

6.9　会议系统

6.9.1　多媒体会议系统包括：大屏幕投影系统、同声传译系统、会议发言及扩声系统、音响系统、视频会议系统、讨论系统、表决系统，影视音频系统（电声、建声）、视频系统（投影、摄像、录制）等多系统的综合设计，所选用的音频、视频设备、计算机等的网络传输、语音与数字设备接口、终端等应符合相应的国家和部颁标准、规范和协议等，实现计算机语音、文字、图形、图像、自动监管、多媒体实时同步网络传输、系统控制一体化功能。参加会议的各地参会人员通过实时、可视、加护的多媒体通信，进行静态/动态图像、语音、文字、图片等多种信息交流，增进多方对会议内容的理解，使参会人员产生犹如身临其境参加在同一会场中的会议感受。

6.9.2　本工程利用先进的集中管理平台有效地将报告厅、会议室建成一套可集中管理、也可独立进行会议的方便实用会议室。在会议区设置会议总控中心，通过办公专网对大楼内的所有会议室的音视频设备及外围设备统一管理、集中控制、分级使用等操作。

6.9.3　会议系统扬声器的声压级、混响时间、扬声器声压、功率计算及导线选择应符合规范要求，扬声器必须采取安全保障措施，且不应产生机械噪声。扬声器系统承重结构改动或荷载增加时，必须由原结构设计单位或具备相应资质的设计单位核查有关原始资料，并应对既有建筑结构的安全性进行核验、确认。

6.9.4　根据不同规格会议室以及专用会议区（主要用于接待访客，同时兼顾内部需要）的使用需要可以设置多种标准、多种功能需求的会议系统，以满足各种会议的差异化需求，对会议室进行了基本的配置，在基本配置的基础上增加了各会议功能的可选项，可选项越多会议功能越强大。

6.9.5 标准会议室会议系统功能要求：

（1）标准会议室会议系统功能需求主要以国内会议功能为主，同时满足国际会议等需求，满足国际会议的会议系统设计配备数字红外传输标准的同声传译使用的现场工作室和专用接口；

（2）视频显示系统：用于显示会议报告资料及其他视频资料；

（3）音响系统：用于满足会议扩音要求；

（4）会议室两侧各安装若干块红外线辐射板接口，辐射角度可灵活调整，确保红外线信号均匀布满会议室每个角落；

（5）会议室配备数字会议系统。音频信号采用专用的高性能DSP进行数字处理；

（6）主席台装配一定数量的会议发言单元，会议单元具备LCD屏幕及表决等功能；

（7）装配专业云台摄像和现场集中视频控制室，配合会议系统自动跟踪发言者摄像及会场全景；

（8）有音响、灯光现场控制室：用于会议设备开启和切换调整功能；

（9）安装有现场空调温度调节控制器；

（10）当发生火灾时，切断会议系统广播，接通应急广播。

6.10 会议室预定系统

6.10.1 会议室预订功能。

6.10.2 通过网络或触摸屏实现会议室的预订。

6.10.3 通过邮件给与会人发送参会信息及提醒。

6.10.4 与IP电话对接，通过电话输入工号实现会议室预订。

6.10.5 显示会议内容和预定时间分布。

6.10.6 会议室预定系统设置在公共区域的显示终端，平时实时展览信息、会议信息、天气预报、环境监测、道路交通拥堵情况等信息，紧急情况，配合应急响应系统实时发布重要通知通告等信息。

6.11 时钟系统

6.11.1 时钟系统主要用于统一各智能化子系统、视频会议室、多功能厅的时间。

6.11.2 中心母钟接收来自GPS的标准时间信号，在消防安防控制中心通过传输线路为其他各系统、视频会议室、报告厅提供统一的时间信号，使各子系统的定时设备与时钟系统同步，从而实现统一的时间标准。

6.11.3 系统主要由中心母钟（含标准时间信号接收单元、主备母钟及分路输出接口箱）、子区域二级母钟（中继器）、指针式/数字式子钟及传输通道、电源、系统监测计算机等组成。中心机房设备与各二级母钟（中继器）通过传输通道（综合布线系统提供）连接，各子钟通过屏蔽电缆线路连接至现场控制器或系统中心母钟。

6.12 电梯五方通话及监控系统

6.12.1 轿厢操作盘上装设的对讲机，可实现与控制室中心，电梯轿厢，电梯机房，电梯轿厢顶，电梯底坑五方通话。

6.12.2 在电梯轿厢内装设电梯专用摄像机，从轿厢至机房引一条视频电缆用于视频输入、输出设备。电梯监控系统使用户在管理室内对电梯进行远距离实时监控，并记录电梯运行中所出现的各种状况，提高电梯的管理效率。

7 建筑设备管理系统

7.1 建筑设备监控系统。

7.1.1 系统构成与主要技术功能。

（1）建筑设备监控系统是将建筑内的制冷机房、热交换站、空调系统、通风系统、大空间空气品质、电动窗帘系统、电动窗系统、动力设备系统、给排水系统、变配电系统、电梯与扶梯系统、柴油发电机及 UPS 系统以及对公共安全系统、火灾自动报警与消防联动控制系统运行工况进行必要的监视和联动控制；

（2）建筑设备监控系统采用集散式网络结构，利用智能化专网基于 TCP/IP 网络协议通信；

（3）建筑设备监控系统采用 3 层网络架构，由管理层网络与控制层网络及现场层组成；

（4）管理层采用 TCP/IP 协议。管理层网络与控制层网络通信协议采用通用的 BAC-NET 协议或 LONTALK 协议；

（5）现场控制器采直接数字控制器（DDC），在智能化小间内设置协议转换器及网关，接入智能化专网交换机；

（6）建筑设备监控系统为分布智能系统，在总线通信网络失效时，直接数字控制器（DDC）均能够独自继续其正常工作；

（7）建筑设备监控系统可通过网络接口与第三方设备独立的监控子系统集成，完成对整个建筑物的监控调度工作。

7.2 系统组成

7.2.1 建筑设备监控中心内的电脑主机、显示器、打印机及现场的各种传感器、变送器以及 DDC 控制等均由承包商成套供货。

7.2.2 系统控制器设计 15％～20％冗余。通用控制器（DCP）可独立工作，内置 ROM、EPROM、Flash-EPROM、后备电池等，配置以太网卡、RS-232、RS-485、RS-422 等通信接口，I/O 模块化设计，允许带电插拔，具有过电压保护，现场可由维护工程师自由编程和操作，箱体防护等级 IP54。

7.3 建筑能效管理系统

7.3.1 能源管理系统基于智能化专网设置。各业态区域能源管理系统通信管理服务器分别接入智能化网络。并视运行管理需要纳入建筑设备监控系统进行集成。

7.3.2 能源管理系统由智能仪表、通信管理服务器、能源管理工作站组成。系统管理主机设在消防、安防、建筑设备控制室内。

7.4 电力监控系统。电力监控系统是一个相对独立的子系统，由制造商成套提供，该系统通过网关或者 OPC 接口与 BA 系统集成。对变配电室高低压设备、变压器、发电机组等进行统一监控及管理。该系统可连续采集和处理变配电系统正常运行及故障情况下各种运行参数、运行状态，具有高、低压系统的测量、管理、事件的记录与警告、故障分析、各类报警及维护信息等功能。该系统为能源管理系统能够提供电能使用数据资料。

7.5 智能照明系统

7.5.1 智能照明系统基于智能化专网设置。各区域智能照明系统网关接口模块接入智能化网络。并视运行管理需要纳入建筑设备监控系统进行集成。

7.5.2 采用完全分布式集散控制系统，集中监控，分区实现程序控制（分层、分区域、分性质、分功能），对灯光美观要求较高的展厅、会议室、报告厅、门厅、外立面、绿化带等，需要设置调光控制功能。

7.5.3 照明监控系统接收消防与安防信息，采取灯光应急措施。

7.5.4 系统应具有现场模块输入/输出功能，可根据消防分区控制，接收消防控制信号（有源 DC24V 或无源）强制开/关支路，以满足在紧急状况下，接通应急照明支路，关断一般照明支路；或通过输入/输出节点与其他相关 BAS 现场联动。

7.5.5　本项目的照明控制主要采用支路控制，应包括以下几个方面：精装区域、夜景照明等。

7.5.6　照明监控系统主要包括服务器、网络连接控制器、单元控制继电器（控制器）、就地遥控开关、各类传感器等。单元控制器采用现场总线连接；控制面板及各类传感器通过可编址控制总线接入单元控制器或直接就近接入单元控制器，控制面板与建筑装修相协调。

7.5.7　照明控制系统，采用支路控制方式，控制器等内置在照明箱（柜）内，采用KNX总线协议产品，开放接口通信协议编码表，并有专业的软件包支持，管理层采用以太网，支持 TCP/IP、OPC 等标准协议，通过交换机接入智能化专网；支路控制模块采用模块化结构，与 MCB 断路器一起在标准导轨上安装，支路可自锁有状态及电流反馈功能；可预置无源触点接收模块与建筑设备监控系统连接遥控场景。控制模块应满足 LED 灯、荧光灯、换气扇、风机、风机盘管（三速风机）等负荷特性的要求，供货厂商应调试好程序交集成商测试确认。大空间照明调光控制基于 DALI 总线，采用 PWM 调光技术。

7.6　电梯、扶梯监控系统

7.6.1　为提高电梯、扶梯运行的效率和安全性，对馆内人流进行合理分流，设置电梯、扶梯监控系统。电梯、扶梯监控系统是一个相对独立的子系统，由制造商成套提供，纳入设备监控管理系统进行集成。

7.6.2　电梯现场控制装置应具有标准接口（如 RS485、RS232 等）。

7.6.3　系统管理主机设在 B1 层消防控制室内。显示电梯的运行状态。

7.6.4　监控系统配合运营，启动和关闭相关区域的电梯；接收消防与安防信息，及时采取应急措施。

7.6.5　系统自动监测各电梯运行状态，紧急情况或故障时自动报警和记录，自动统计电梯工作时间，定时维修。

7.6.6　电梯五方对讲系统的深化设计以及电梯对讲电话主机及对讲电话分机由电梯中标方成套提供，要求满足工程管理需要。

7.6.7　电梯轿厢内设暗藏式对讲机，对讲总机设在消防、安防、建筑设备控制室，用于紧急对讲。

7.7　建筑环境监控系统。本项目设置建筑环境监控系统，对建筑物内的温度、湿度、CO_2、CO、有害气体、漏水等环境参数进行监控。

7.7.1　对公共区域的温度、湿度、CO_2 浓度等数据进行监控，并通过 BMS 系统对空调通风系统进行调节。

7.7.2　对熏蒸、清洗、修复区域产生的有害气体进行监控。

7.7.3　对展柜、陈列展览区和藏品区的温度、湿度进行监控。

7.7.4　对藏品库房、通信机房内漏水进行监控。

7.8　电动汽车充电站监控及通信系统。本系统包括充电监控系统、供电监控系统及安防监控系统。

8　公共安全系统

8.1　一般要求

8.1.1　本工程为一级风险单位，设置防爆安检及检票安全技术防范系统。安防监控中心设在禁区内。安防监控中心和上一级报警接收中心，可实施双向通信，并有现场处警指挥系统。具有三种以上不同探测技术组成的交叉入侵探测系统。具有电视图像复核为主、现场声音复核为辅的报警信息复核系统。一级、二级文物展柜安装报警装置；并设置实体防护。本工程安防监控中心是一个专用房间，宜设置两道防盗安全门，两门之间的通道距离不小于

3m，安防监控中心的窗户要安装采用防弹材料制作的防盗窗，防盗安全门上要安装出入控制身份识别装置，通道安装摄像机。安防监控中心设有卫生间和专用空调设备。安防监控中心靠近主要出入口。

8.1.2　藏品库区和展览陈列区是纪念馆安防的重点。收藏文物的藏品库、陈列室展柜、文物保护技术室、安全监控中心等区域为禁区。禁区内的文物宜采用实体防护、技术防护和人力防护互补的安全措施。应加强通道出入口和外围的防护和监控。特别注意文物交接中的工作特点，库区门禁系统由机械锁、密码转盘锁、电子门禁卡、掌纹（指纹）识别系统共同组成。系统宜具有对值班人员疏忽和违规操作（如关机，脱岗等）的监视、记录，报警功能。

8.1.3　系统构成与主要技术功能

8.1.4　以维护社会公共安全为目的，运用安全防范产品和其他相关产品所构成的入侵报警系统、视频监控系统、门禁系统、紧急报警系统、无线巡更系统等。

8.1.5　安防控制室与消防、建筑设备控制室合用。

8.1.6　通过安防控制网络对各个安防子系统进行接入，构成一个集成的管理平台。从而实现各子系统的互联、互通、互控，实现音视频、报警及控制信息的采集、传输/转换、显示/存储、控制。

8.1.7　安防控制室内设置紧急报警装置和留有向上一级接处警中心报警的通信接口。

8.1.8　各安防子系统以 TCP/IP 传输方式为主，增加设备布置的灵活性。

8.2　入侵报警系统。为提高美术馆区域在受到侵犯时的应急效率，加强入侵防范，在文物展品等重要区域安装入侵报警系统。

8.2.1　本系统由入侵探测器、手动报警按钮、报警主机及报警提示装置组成。入侵探测器可根据实际需要设置不同时段、不同地点的报警功能，在设定区域进行探测。具有三种以上不同探测技术组成的交叉入侵探测系统。具有电视图像复核为主、现场声音复核为辅的报警信息复核系统。

8.2.2　残疾人卫生间设置紧急报警按钮，并在门口设置声光报警器，如遇突发事件可通过手动报警按钮向控制中心求救，并联动门口声光报警器动作，提醒附近人员第一时间提供救助。

8.2.3　在入口大堂等位置设紧急报警按钮，如遇紧急事件可第一时间通知控制中心。

8.2.4　当系统确认报警信号后自动发出报警信号提示管理人员及时处理报警信息，同时在电子地图上显示报警位置及类型。

8.3　视频安防监控系统。美术馆人流大、风险多，视频监控要求高。建筑外需对四周道路出入口、建筑出入口和制高点位置以及旗杆进行监控。建筑内按公共区（包括门卫、登记处、前厅、走廊、电梯间等）、办公区、展厅区、库房区、车库进行分类分级监控，重点需要对库房、保险柜、修复室等禁区进行监控，对展厅、库房的盲点部位，敏感区域需要加移动式监控。同时，采用"区域入侵报警"和语音提示模式的视频监控系统，并联动地图报警画面，确保监控全面、点位合理、安全可靠，避免出现安全死角。

8.3.1　本系统采用数字化的视频监控系统解决方案，主要由数字摄像机、网络交换机、视频存储服务器、解码器、电视墙、管理主机、UPS 电源等组成。

8.3.2　在主要出入口、门厅大堂、展厅、藏品库、珍品库、公共走道、电梯厅、电梯轿厢、地下车库、屋顶直通室外出入口、室外平台、重要机房（生活水泵房、变配电室、电梯机房等）等重要区域设置摄像机。

8.3.3　在监控室内能通过键盘对所有摄像机进行控制（包括云台控制、镜头控制等），确保高效的监视覆盖率。所有的监控点视频图像能显示在监视器上，并带时间、地址、日期显示，图像存储在监控专用磁盘阵列柜硬盘内，所有录像资料存储均按 24h/30 天设计。视频存储分辨率满足：1080p/720p/Mega-pixel/D1/4CIF/VGA/CIF，视频存储帧数满足：最大 25fps（PAL）/30fps(NTSC)。正常工作情况下，监视图像质量不低于 4 级，回放图像质量不低于 3 级，应急照明情况下不低于 3 级。

8.3.4　数字摄像机均按标清标准设置，具体类型如下：

（1）公共区域、走廊、藏品库及电梯厅采用 720P 彩色半球摄像机；

（2）大堂、展厅等大空间场采用 720P 半球摄像机配合一体化彩色球型摄像机；

（3）地下停车场、地下后勤区（无吊顶区域）采用 720P 固定型黑白彩色自动转换摄像机；

（4）电梯轿厢采用电梯专用 720P 彩色摄像机；

（5）室外周界采用一体化 720P 球型摄像机，根据需求配防护罩。

8.3.5　光线暗的场所选用低照度摄像机。

8.3.6　摄像机采用 POE 供电，网线应能同时传输视频信号、音频信号、控制信号，也可向网络摄像机提供电力。最终选用产品如无法满足 POE 供电要求，由设备供应商根据产品要求进行深化，采用安防 220V UPS 电源供电。

8.3.7　重点部位图像应均能在保安监控室电视墙上显示，也能将任意摄像机画面显示在任意监视器上，并可以设定程序，自动轮流显示/画面分隔显示输出至电视墙。

8.3.8　完整的日志功能，并能长时间记录。

8.3.9　视频输入信号均可由视频网络矩阵切换器进行手动/自动切换控制。

8.3.10　系统提供电子地图报警提示功能，清晰指示监控、入侵报警类型及点位。

8.3.11　系统能手动/自动操作，对摄像机、云台、镜头、防护罩等各种功能进行遥控。

8.3.12　系统能手动切换/编程自动切换，对视频输入信号在指定的监视器上进行固定或时序显示。

8.3.13　系统配置信息可储存，供电中断或关机，所有编程设置、摄像机号、时间、地址等信息均可保持。

8.3.14　系统具备远传及远程访问功能。

8.3.15　能对前端球机进行预设位设定，能与入侵报警系统等联动。报警时，自动对报警现场的图像进行复核，切换到制定的监视器上进行显示，并自动录像。

8.3.16　系统的 220V 电源均由就近通信间内安防系统 UPS 提供，持续供电时间不低于 3h。

8.4　身份识别控制系统。建立身份识别控制系统，实现一卡通、脸像/指纹/静脉纹等活体生物身份识别的门禁管理、电梯控制、访客管理、停车场管理、物业考勤管理、保安巡更管理、餐厅或其他消费场所消费结算、自助服务等功能。智慧管控平台可以对主要人员出入口、车辆出入口、电梯楼层控制等进行全面管理，包括人员与车辆管理、权限管理、时间表及节假日管理。支持全面的授权管理，支持远程开门管理。

8.5　访客登记管理系统

8.5.1　访客登记管理主要用于外来访客对馆内工作人员访问管理系统，系统以电子地图、列表菜单及报表等多种方式管理访客信息。

8.5.2　访客登记系统能快速登记来访客人的身份证、驾驶证、军官证等证件，并且可以配置二维码、人脸识别功能，在登记的时候可以捕捉来访客人的图像。身份识别及人脸识别与公安系统异常人员库相连，对异常人员可实时报警提示及上传公安部门。

8.5.3　通过访客系统可以对访客临时发卡，并自动对门禁系统、电梯控制系统进行临时授权。可以自定义各种查询条件，对以往的访客登记数据进行快速检索。

8.5.4 通过自定义统计要求，对以往访客登记数据进行快速统计。

8.5.5 在接收到非法进入访客的报警信息后进行相应的视频监控联动；并及时进行报警，报警可以以闪烁的图标形式在系统主界面上显示。

8.5.6 本工程在门口设置人流管制系统、采用电子卡证、接入门禁控制系统，通过出入口的电子门计数，观众凭卡入场。当入场人流达到极限或发生突发事件时，关闭道闸、停止入场。要求在火灾确认后，自动释放道闸系统。

8.6 库管生物识别系统。根据美术馆安保的新趋势，为保障贵重展品藏品的安全，在文物藏品存放处，设置生物识别系统。

8.6.1 人脸识别技术是基于人的脸部特征信息进行身份识别的一种生物识别技术。用摄像机或摄像头采集含有人脸的图像或视频流，与关注人员的面部比对，找出关注人员，并自动在图像中检测和跟踪人脸；可以管理和集成多种面部识别设备，实时捕捉人像并予以比对。本系统通常也叫做人像识别、面部识别，是一项新兴的生物识别技术。

8.6.2 人脸识别系统可与门禁系统结合，采用 IC 卡加红外人脸识别，双重验证，人脸 IC 卡技术根据面相的唯一性、确定性和可分类性的特点，将先进的面相识别技术智能卡读写技术高度结合，具有面相采集与 IC 卡读写的全部功能和高效、准确、安全等特点。可严格管理和控制每个人员进出每道大门的情况。

8.6.3 人员定位系统：本系统通过无线技术，将携带定位终端的人员位置信息通过定位天线实时上传至定位服务器，定位服务器经软件计算将人员的位置信息显示在显示屏上，使工作协调及应对突发事件时指挥调度更为高效。可实现准确完善的人员管理、具有丰富的地图功能、实现禁区报警功能、进行人员轨迹查询等功能。

8.6.4 本系统可用于办公人员、安保人员、服务人员、来访人员。

8.7 展柜防盗系统。为保障文物展品在展览时的安全防护，需要安装展柜防盗系统。

8.8 钥匙管理系统。鉴于馆内展柜、房间等设施的钥匙复杂、繁多，设置钥匙管理系统，实施钥匙管理电子化，增加高效性和安全性。

8.9 出入口控制系统。考虑到展品的装箱、点交、装卸等物流，与观众和馆内人员有交叉流动，根据美术馆管理需要，在展厅、库房和办公区域等出入口或安检口，以及库房装卸区和邻近出入口处，设置统一的控制系统。

8.9.1 安防控制室内设置各自的制发卡系统。

8.9.2 出入口控制系统由读卡设备（包括读卡器、出门按钮、电控锁）、门禁控制器、通信网络、管理软件、计算机（服务器/工作终端）组成，门禁控制器自带本地闪存，支持离线运行，具有在线、离线和灾难工作模式。

8.9.3 出入口控制系统应与火灾报警系统连接，当火灾信号发出后，自动打开通道的电子门锁，方便人员疏散。

8.9.4 根据管理要求，重要机房、藏品库等区域的门均设置门禁，以限制非内部人员的任意通行。根据业主要求，在相关房间及出入口设置门禁系统。

8.9.5 出入口控制系统读卡器安装在公众可到达的场所时，应有防误触发措施。

8.9.6 梯控系统可根据建筑内功能的需求个性化定制楼层层控功能，如：馆长所在的楼层不想被人打扰则可对该楼层采用刷卡加按楼层的方式（可增加人脸识别）才能选择该楼层，以此限制无关人员闯入。

8.10 电子巡查系统。为提高安保系数，加强巡更检查工作，做好巡更记录，本工程设置电子巡查系统。

8.10.1 本系统采用离线式电子巡更系统，系统由计算机、通信座、巡更棒、信息按钮等设备组成，信息钮安装在巡更点处代替巡更点，保安人员巡更时手持巡更棒。巡更点设置在主要通道、楼梯口、地下车库及设备用房等所需要的地方。

8.10.2 根据在巡逻的线路上，对该地进行巡查的同时，用巡检器采集信息按钮，巡检器将记录下信息按钮的代码及采集信息的时间和该地的相应事件，此记录将成为保安何时到达该地巡查的依据，系统可对巡查路线进行设置、更改，并能记录巡查信息。

8.10.3 巡更点设置在主要通道、电梯厅、楼梯口、重要机房等位置。也可根据业主管理要求设置巡更点。

8.10.4 本工程利用公共安全信息的集成与联动、事件现场的视频监控、保安内部的对讲通信、应急广播-信息发布-疏散引导服务、110/120报警电话与异地报警装置提供应急联动服务。

8.11 入馆安全检查系统。根据美术馆安保需要，将在观众入口、工作人员入口等进馆处安装安监系统，并采用成熟技术、广泛应用的安检设备，在主要入口配置安检门和金属探测器，当被检查人员从安检门通过时，人身体上所携带的金属超过一定重量、数量或形状预先设定好的参数值时，安检门即刻报警，并显示造成报警的金属所在区位。在停车场入口配置车底防爆检查设备，该设备可以有效防止车底藏匿炸弹、武器、生化危险品等进入美术馆，当发现可疑物品时可立即报警，并联动车辆拦阻桩启动，以阻止可疑车辆进入。规模按每天观众流量8000人、工作人员800人设计。

8.12 美术馆防暴措施。美术馆是影响面广、人员密集、流动性大、敏感性强的公共场所，防暴要求越来越高，需要考虑加强可移动的防暴安检，并增加必要的防暴设施和措施。

8.13 停车场管理系统

8.13.1 系统设备包括出入口控制单元、自动栏栅、车牌识别、内部对讲设施、图像对比设施、摄像机、剩余车位显示、收费电脑及管理电脑单元。

8.13.2 本系统入场/出场采用车牌识别技术，满足临时用户、固定用户的不同管理形式需求。

8.14 防冲撞系统。本工程在地下车库入口设置防冲撞系统。防冲撞设施采用固定柱与液压升降柱相结合的方式，地库坡道底端采用暗藏破胎器作为第二道防护，一旦发生紧急情况时，可以启动防冲撞管理及措施，阻止非许可车辆及人员进入特定区域。

8.15 智能化应急指挥调度系统设计

8.15.1 智能化应急指挥调度子系统在美术馆突发安全事件、紧急事故、自然灾害时，启动应急处置预案快速指挥调度，将灾害造成的损失降低到最低限度。通过智慧建筑平台、建筑设备管理系统、综合安防监控系统、火灾报警系统信息互联互通，并具有实时数据交换和数据共享的能力。当系统接收到本规程内突发事件报警信息，立即将与该突发事件相关的所有信息和相关数据切换到智能化监控中心大屏幕显示屏上。

8.15.2 智能化应急指挥调度子系统通过楼层电子地图可视化图形页面，将与突发事件相关的所有信息包括：实时报警滚动信息条（文字）、突发事件位置信息、突发事件实时状态信息、电视监控图像信息、现场语音信息、移动通信信息、与突发事件周边的相关影像信息、相关历史资料和数据信息等显示在智能化监控中心大屏幕显示屏上。

8.15.3 智能化应急指挥调度子系统具有根据应急事件等级和处理的轻重缓急，自动联动和通知与突发事件处理相关的部门和主管人员的能力；并具有通过网络举行视频会议的能力，参与应急处理的各单位、部门和个人都可以通过可上网笔记本电脑调用应急事件相关影像和语音信息，并具有与应急处理指挥中心进行多方实时图像显示和语音对讲功能。

8.15.4 智能化应急指挥调度子系统图形工作站采用 19 寸以上触摸屏，可以显示和调用与应急事件相关的所有信息，并可实现应急多方可视对讲功能；系统具有实时记录应急处理指挥中心现场影像和现场语音的功能。

8.15.5 智能化应急指挥调度子系统可以按照突发事件的实时状态，分别在智能化监控中心大屏幕上自动显示突发事件状态信息（事件滚动信息条）、现场影像、周边道路影像、人员组织情况、现场通信情况、可视对讲影像和语音。为应急调度和指挥提供决策依据。

8.15.6 智能化应急指挥调度子系统根据突发事件的等级和分类，系统自动检索和启动应急处理预案。通过应急预案的处理流程和现场实时信息组织调度和指挥，系统根据应急预案自动显示相关资料和数据，辅助提供应急调度和指挥决策的依据。

8.15.7 智能化应急指挥调度子系统具有提供对各级和各类突发事件应急处理的预案库。应急预案应分为：预设方案和行动方案，应急处理预案的编制应根据本地的各种可用资源进行合理的调配和组织。

8.15.8 智能化应急指挥调度子系统应具有集成电话通信、手机通信、无线对讲、内部通信、专线通信、IP 通信、电子邮件等多种通信方式的能力，智能化应急指挥调度可通过上述任何一种方式取得与外界的通信联络。应急信息发布可以实时发布应急信息。应急信息发布可以通过公共广播、有线电视、电话、手机短信的方式进行实时发布。

8.15.9 应急指挥调度子系统，必须配置与上一级应急响应系统信息互联的通信接口。

8.16 安全防范系统自身防护措施。安全防范系统是美术馆安全的中枢，需要综合人防、物防和技防多种方式，在对建筑和藏品等对象进行监控防护的同时，还要注重自身防护，对安防系统的线路、设备采用专用槽盒和房间，监控中心设为禁区，防止无关人员进入。

【说明】设计依据、机房工程（EEEP）、防雷与接地系统和电气节能措施参考写字楼建筑智能化方案设计相关内容编写。

六、某医院建筑智能化方案设计实例

1 工程概况

某三级医院框架结构，地上共十六层，地下一层，建筑面积为 85000m²。地下一层至八层为诊室、急诊部、监护病房、手术部、检验室、化验室和办公室，九层以上为病房。

2 设计依据

2.1 建设单位提供有关资料和设计任务书。

2.2 执行的主要设计规范与标准（见【说明】）。

3 设计范围

3.1 信息化应用系统（IAS）。

3.2 智能化集成系统（IIS）。

3.3 信息设施系统（IFS）。

3.4 建筑设备管理系统（BMS）。

3.5 公共安全系统（PSS）。

3.6 机房工程（EEEP）。

4 信息化应用系统

医疗建筑信息化应用系统应适应医疗业务的信息化、智能化需求，为医生和患者提供就医环境的技术保障，并满足医疗建筑物业规范化运营管理的需求。三级医院的信息化应用系统包括公共服务、智能卡应用、物业管理、信息设施运行管理、信息安全管理、基本业务办公和专业业务等信息化应用系统，各信息化应用系统基于信息网络及布线系统，系统服务器设置于中心网络机房，管理终端设置于相应管理用房。

4.1 公共服务系统。医疗建筑公共服务系统应具有患者接待管理和公共服务信息发布等功能，并宜具有将各类公共服务事务纳入规范运行程序的管理功能。

4.2 智能卡应用系统。该系统能提供医务人员身份识别、考勤、出入口控制、停车、消费、计费、票务管理、资料借阅、物品寄存、会议签到等需求，还能提供患者身份识别、医疗保险、大病统筹挂号、取药、住院、停车、消费等需求。医院病房设备带用氧、卫生间淋浴用水等也可通过智能卡付费方式进行消费使用。

4.3 信息查询系统。为方便患者快捷地了解医院的各种信息，如医疗动态，诊室分布情况，医院专业特色，专家介绍及出诊时间，国家医疗政策及药品收费标准等一般在医院出入院大厅、挂号收费处等公共场所配置供患者查询的多媒体信息查询端机。系统能向患者提供持卡查询实时费用结算的信息。

4.4 物业管理系统。物业管理系统应具有对建筑的物业经营、运行维护进行管理的功能。

4.5 信息设施运行管理系统。信息设施运行管理系统具有对建筑物信息设施的运行状态、资源配置、技术性能等进行监测、分析、处理和维护的功能。

4.6 信息安全管理系统。信息安全管理系统通过采用防火墙、加密、虚拟专用网、安全隔离和病毒防治等各种技术和管理措施，保证信息网络系统正常运行，确保经过网络传输和交换的数据不会发生增加、修改、丢失和泄露。

4.7 通用业务系统。通用业务系统应满足医疗建筑门诊、办公等基本业务运行的需求。

4.8 公共显示系统。在医院门诊大厅、出入院大厅等处配置大型电子显示屏，在候诊区及手术部门口设置中、小型电子显示屏用来引导患者、播放重点信息。

5 智能化集成系统

智能化集成系统通过物理环境（统一通信系统、大屏幕系统、多媒体会议系统）将各智能化系统（IBMS系统、安防管理系统、资产管理系统、会诊管理系统、IT管理系统、医院运营BI，应急指挥系统）集成在一个统一的平台上，实现数据的共享和联动控制，并结合医院的相关管理流程，实现医院运营管理的可视化、集中化，以方便医院管理人员更直接、更有效的了解医院运维状态并进行快捷的管理，智能化集成系统可实现以下功能：

5.1 监视：对医院运行状态进行监视（大楼运行状态、安全事件、医院物业管理状况、资产运行状况）以确保医院运行顺利。

5.2 管理：通过BI系统对医院的运行（经营、服务水平、能耗、安全、质控）进行汇总、分析、做出判断决策。

5.3 应急指挥：通过融合通信系统以及多媒体会议系统，实现医院内、医院间、卫生管理部门、应急管理部门的多渠道沟通，记忆应急预案指挥系统。

5.4 远程会诊：通过融合通信系统以及统一视频服务平台，建立院级的会诊中心，实现与其他医疗机构的远程会诊。

6 信息化设施系统

6.1 信息接入系统

6.1.1 本工程需输出入中继线200对（呼出呼入各50%）。另外，根据医院的情况，另申请直拨外线200对（此数量可根据实际需求增减）。

6.1.2 本工程建立卫星通信系统，进行高速数据传输、图像传输、综合数据与语音通信、移动数据通信、计算机网络联接等综合业务，与DDN数字数据网互为备份，可以保证数据通信的不间断性、可靠性。

6.1.3 电视信号接自城市有线电视网，在顶层设有卫星电视机房，对建筑内的有线电视实施管理与控制。有线电视节目和卫星电视节目经调制后，经电视信号干线系统传送至每个电视输出口处，使获得技术规范所要求的电平信号，达到满意的收视效果。

6.2 信息网络系统。信息网络系统是医院运行的基本平台，本工程分别设置内网、外网、智能化专网平台，该系统应以稳定、实用和安全为原则，系统应具备高宽带、大容量和高速率，并具备将来扩容和宽带升级的条件。外网为工作人员提供接入 Internet 网络服务；内网为医院信息系统服务，包括门诊挂号、门诊收费、住院登记、住院收费、设备管理、医务统计、辅助决策支持等系统。智能化专网平台为医院各智能化系统提供接入平台，包括门诊医生工作站、病区医生工作站、病区护士工作站、合理用药系统、临床检验系统、医学影像系统、手术室管理子系统、手术麻醉系统、重症监护系统、医学图像实时传输与查询、归档系统等以及远程诊断与教学。

6.3 综合布线系统。系统采用先进的结构化布线设计，可靠性高且容易扩展，可以很好地满足医院的信息化和办公自动化需求。该系统支持电话和多种计算机数据通信系统，可传输语音、数据和图像信息，能与外部通信网络相连接，提供各种网络通信服务。布线形式采用光缆和 6 类非屏蔽铜缆混合组网。本工程在首层设置智能化机房（信息中心），在地下一层设置智能化进线间，系统干线支持万兆传输，水平支持千兆传输。光纤及电话线缆从市政直接引入，系统采用"核心-楼层"的网络架构。本系统分设以下几个子系统：工作区子系统、配线子系统、干线子系统、设备间子系统、进线间子系统和管理子系统，各系统配置原则如下：

6.3.1 工作区子系统。主要终端缆线两端均为双绞线，用于连接各种不同的用户设备，信息插座选用符合标准的信息插座，充分满足各种宽带信号的传输。工作区的设置原则如下：在主任、医生、护士、办公、登记、挂号、收费、发药、化验、医技科室、手术室等部门设置工作区，每个工作区按需要设置 1~2 个双孔信息插座；护理区护士站按 5 个双孔数据插座、1 个双孔信息插座标准设置；门诊护士站按 2 个双孔数据插座、1 个双孔信息插座标准设置；急诊和功能检查护士站按 1 个双孔数据插座、1 个双孔信息插座标准设置；诊室按每个工位 1 个双孔数据插座；病房按每床 1 个单孔数据插座考虑；电梯前室、候诊区、护士站设置单孔数据插座，用于信息发布用；门诊大厅、住院大厅均预留双孔信息插座，供大屏幕信息显示、触摸屏查询等通信设施使用。在全楼设置无线 AP 点，实现无线 Wi-Fi 全覆盖。

6.3.2 配线子系统。信息插座选用标准的 6 类 RJ45 插座；信息插座每一孔配线电缆均选用 1 根 4 对 6 类非屏蔽双绞线，以便于信息插座的灵活使用，配线长度不大于 90m。整个水平信道提供 250MHz 的带宽，可以支持 1000Mbps 的传输速率。

6.3.3 干线子系统：本系统的主干线缆可分为铜缆和光缆两大类型。铜缆主干主要用于语音信号的传输，采用 3 类 25 对大对数 UTP 线缆，可以很好地保证语音信号之间的抗干扰能力，充分保证通话质量。语音主干按每个语音信息点配置 1 对线缆的原则，并做出一定的冗余量。光缆主干主要用于数字信号与图像信号的传输，它具有频带宽、通信容量大、不受电磁干扰和静电干扰的影响，在同一根光缆中，邻近各根光纤之间几乎没有串扰、保密性好、线径细、体积小、重量轻、衰耗小、误码率低等优点。

6.3.4 设备间：本工程主配线架（BD）设在首层智能化机房内，完成对内局域网的连接和对外宽带网的连接，向大楼内提供多种信息的服务。通过主配线架可使建筑的信息点与市政通信线路、计算机网络设备等相连。

6.3.5 管线敷设：垂直主干线缆在智能化小间内沿金属线槽敷设、水平主干线缆在走廊吊顶内沿线槽敷设，水平线缆进入房间后，在吊顶内和沿墙穿钢管暗敷至信息插座。

6.4 移动通信室内信号覆盖系统。为避免无线基站信道容量有限，忙时可能出现网络拥塞，手机用户不能及时打进或接进电话。另外由于大楼内建筑结构复杂，无线信号难于穿透，室内易出现覆盖盲区。因此，设置无线信号室内天线覆盖系统以解决移动通信覆盖问题，同时也可增加无线信道容量。

6.5 有线电视系统

本系统为双向传输的有线电视系统，市政有线电视信号由室外市政管道引至地下一层的智能化进线间内，通过信号放大分配后引入一层的智能化机房内，通过分配分支系统传送各终端用户点。系统由双向放大器、分支分配器、电视终端插座等组成。在单人和双人病房、值班室、会议室等处设置电视终端插座。有线电视用户终端电平为 69±6dB，图像质量不低于四级。

6.6 公共广播系统

广播系统由日常广播及消防广播两部分组成，前端设在首层消防控制室。日常广播和紧急广播合用一套广播线路及扬声器，平时播放背景音乐和日常广播，火灾时受火灾信号控制全楼自动切换为紧急广播。系统采用数字式广播，系统主机设在消防控制室内，通过广播专网实现音频信号传输。系统由广播主机、音源设备、网络交换机及数字式音频解码功放、扬声器、拾音器等组成。在智能化竖井内设置网络交换机及数字式音频解码功放，将数字音频信号进行解码，实现播放音乐的功能。同时，系统在消防控制室设置消防报警信号接收器，用于接受火灾报警信号。在门诊大厅、门厅、走廊、候诊区等公共区以及车库、设备用房设置扬声器，扬声器功率为 3～5W，地下层及设备层无吊顶处为壁挂式，其他部位均为吸顶式安装。广播扬声器应使用阻燃材料，或具有阻燃后罩结构；潮湿区域应选用防潮扬声器。广播区域划分在满足火灾应急广播区域划分的前提下，满足建筑功能划分的需要。话筒音源，可对每个区域或单独或编程或全部播出。扬声器分路控制，在控制室可以对广播的范围、内容按不同的区域分别控制。在有火灾紧急情况时，可换至紧急广播。当发布应急广播时，大会议室等应切断专用会议扩声系统。

6.7 电子会议系统。本项目设有 180 人会议室，设置电子会议系统以满足学术讨论报告会、庆典等各种形式的公共会议活动需求。会议系统包括会议扩声系统、会议发言系统、视频系统及中央控制系统等。

6.7.1 会议扩声系统：由扬声器、功率放大器、数字音频处理器、话筒、音源及重放设备等组成。本系统与公共广播系统互联，当发布应急广播时，应切断专用会议扩声系统。

6.7.2 会议发言系统：在主席台均设置发言系统，本系统由会议发言主机、会议主席单元机和会议代表单元机组成。

6.7.3 会议视频系统：在 180 人大会议室配置 1 台高清工程投影机、1 张 150 寸电动投影幕，满足视频、图像、文字显示功能。

6.7.4 中央控制系统：在会议室设置中央控制系统，各配置有 1 台可编程控制主机、配合 1 台无线触摸屏进行远距离控制。会议发言系统、扩声系统须具备火灾自动报警联动功能。

6.8 标准时钟系统

时钟系统主要通过前端多种子时钟设备为整个医疗大楼提供实时、准确地发布时钟信息，以便医护工作人员及病患提供准确的时间服务，避免因显示时间的差异造成不必要的误时矛盾与纠纷；同时也为整个大楼智能化系统以及其他电子设备提供标准的时间源，以便协调各部门间的统一工作。

时钟系统由时间接收装置、中心母钟、NTP服务器、子时钟、管理控制计算机系统等部分构成。系统采用分布式二级结构，采用中心母钟及区域子时钟两级组网方式。即在智能化机房设置主母钟，各有关场所分别设置子时钟设备。在门诊大厅咨询台处、各护士站、各手术室内设置单面带日历数字子钟。

系统采用GPS（全球卫星定位系统）作为时钟源，提供高可靠性、高冗余度的时间基准信号，随时对母钟内的时钟信号源进行校准。当GPS中的时标校时信号不能使用时，系统应能靠自身的时间源继续工作。系统具备自检功能，能够检测整个系统中的工作状况，包括GPS信号接收单元、中心母钟。能发出检测信号对子钟及通信线路进行检测，并应能直观显示出故障部件的位置，方便系统维护人员维护和修理。

7 建筑设备管理系统

7.1 建筑设备监控系统

7.1.1 建筑设备监控系统控制室设于首层（与消防控制室合用）。

7.1.2 建筑设备监控系统的主要内容为：对全楼的供水、排水、制冷、采暖、通风空调设备及供电系统设备进行监视及节能控制、电梯的自动控制。医院建筑设备管理系统还包括对医疗工艺系统的监控，如：对氧气、笑气、氮气、压缩空气、真空吸引等医疗用气的使用进行监视和控制；对医院污水处理的各项指标进行监视，并对其工艺流程进行控制和管理；对有空气污染源的区域的通风系统进行监视和负压控制。

7.1.3 建筑设备电脑管理系统为集散式系统，通过设在现场的DDC（直接数字控制）设备或成套设备自带的配套控制器对控制对象进行实时控制。每个DDC子站均能独立工作，具备通信接口和相同的通信协议，总站对DDC子站进行监测管理。系统留有与火灾自动报警系统、公共安全防范系统、智能照明系统和车库管理系统的通信接口。

7.1.4 建筑设备监控系统能够实时数据采集与调控、动态图表显示、数据报表、趋势图、能耗管理、设备或参数非正常状态的报警等。

7.1.5 建筑设备电脑管理系统按一级负荷供电，控制室内设一台UPS电源柜作为后备电源。控制室内设有专用接地端子箱。现场控制器箱预留有引自邻近配电箱的AC220V电源，220V/24V电源变压器由建筑设备监控系统在现场控制器箱内配套提供。

7.2 建筑能效监管系统。本工程建筑能效监管主机设置于各个建筑物业管理室。系统可对冷热源系统、供暖通风和空气调节、给水排水、供配电、照明、电梯等建筑设备进行能耗监测。根据医院管理的要求及基于对建筑设备运行能耗信息化监管的需求，应能对建筑的用能环节进行相应适度调控及供能配置适时调整。

7.3 电力监控系统。本工程的电力监控系统是一个相对独立的子系统，电能监测中采用的分项计量仪表具有远传通信功能，纳入设备监控管理系统进行集成。电力监控系统可以集中进行数据采集和处理，实现变配电系统的遥测、遥调、遥控和遥信。通过变配电智能控制系统可以进行谐波分析、电压波动探测、中性线电流监测，提高电能质量；可以随时察看电力消耗情况，进行负荷调整，降低运行成本；可以提供故障的预警、分析，减少事故和加快故障的排除。智能控制系统的设置使供配电系统"透明化"，提高了供配电系统可靠性和能耗管理水平。

8 公共安全系统

公共安全系统主干网络采用TCP/IP协议传输，组成安防专用网络系统。本项目的安防控制室设在地面层与消防控制室合用，将控制室设置为禁区，控制室内设有保证自身安全的防护措施和进行内外联络的通信手段，并留有向上一级接处警中心报警的通信接口。

公共安全系统包括安全防范综合管理系统、入侵报警系统、视频安防监控系统、出入口控制系统。各子系统可以与火灾自动报警等有关系统联动。

8.1　安全防范综合管理系统

在安防控制室内设置安全防范综合管理系统。利用统一的安防专网和管理软件将监控室设备与各子系统设备联网，实现由监控中心对各系统的自动化管理与监控。当安全管理系统发生故障时，不影响各子系统的独立运行。安全防范综合管理系统可与火灾自动报警系统进行联动。

在集成管理计算机上，可实时监视视频监控系统主机的运行状态、摄像机的位置、状态与图像信号等；监视出入口控制系统主机、各种出入口的位置；监视入侵报警主机、各报警点的位置；以报警平面图和表格等方式显示子系统的运行、故障、报警状态。

安全防范系统中使用的设备必须符合国家法规和现行相关标准的要求，并经检验或认证合格。

8.2　视频安防监控系统

8.2.1　本工程视频安防监控系统采用数字监控系统，可实现远程监控、远程管理、网络传输、集中存储等功能。监控中心设 1080P 高清超窄边 46 寸监视拼接屏（3×4）、视频服务器、磁盘阵列、视频解码器、中心管理服务器及控制设备等，可进行多路切换监控及长时间录像。本系统对监控场所进行实时有效的视频探测、监视、现实和记录并具有报警和图像复核功能。同时通过综合管理平台能与出入口控制系统、入侵报警系统、火灾自动报警系统联动。

8.2.2　视频监控系统由前端设备、传输介质、记录设备控制设备及显示设备等几部分组成。具体配置为：IP摄像机＋安防专网传输＋网络存储服务器＋IP管理平台（包括操作、管理等）＋数字电视墙。安防控制室内电视墙视频画面满足五级损伤制，实时图像显示不低于四级，录像回放画面不低于二级。

8.2.3　采用 1080P 高清摄像机为视频图像采集设备，利用安防专用网络将视频信号传输至安防控制室内。

8.2.4　所有电梯轿厢内设置电梯专用小半球摄像机；在挂号收费处、出入院办理处的每个窗口设置彩色固定半球摄像机和拾音器；车道及车辆出入口设置低照度彩色枪式固定摄像机。

8.2.5　IP摄像机到楼层智能化小间之间水平线缆，采用 6 类 UTP 电缆，楼层智能化小间到安防控制室之间的垂直干线，采用单模光纤；在楼层智能化小间内设置安防系统接入层交换机，将所有的视频信号接入交换机。在安防控制室内经交换机后使用视频解码器进行解码，并在电视墙上显示图像。同时通过交换机将所有信号传输给中心管理计算机及相应服务器，并进行存储，视频信号保存 30 天的容量计算并留有 20％余量，录像帧数不少于 25帧/s，录像分辨率不低于 1080P。

8.2.6　医疗纠纷会谈室配置独立的图像监控、语音录音系统。系统具有视频、音频信息的显示和存储、图像信息与时间和字符叠加的功能。

8.2.7　室内摄像机吸顶或支架安装，所有 IP 摄像机、安防交换机由各楼智能化竖井内的 UPS 集中供电，UPS 电源应急工作时间≥30min。

8.3　出入口控制系统。出入口控制系统由门禁管理主机（可兼作卡发行器）、打印机、网络型门禁控制器、读卡器、出门按钮、电插锁等组成，管理主机设在安防控制室内。出入口控制系统采用 IC 智能卡技术，并应具备记录、查询、修改所有持卡人的资料；监视所有出入人的情况及出入时间；监视门开关状态（具有报警功能）；识别身份等功能。在手术净化区、医护通道、重要房间（收费处、出入院办理、药品库）、主要设备机房等均设置出入口控制点，均需刷卡进入。医护人员可以通过自己的卡进入所授权限的区域。系统智能卡的管理采用一卡通管理模式，由医院管理部门分别统一发卡并授权，智能卡可根据需要对不同级别出入口可进行级别设置。当发生火警时，该系统可接收火灾信号联动相应公共通道门打开。

8.4 入侵报警系统。本工程采用双鉴探测器、紧急脚挑开关、紧急报警按钮等方式。在出入院办理、收费、贵重药品库等处设双鉴探测器，在无人时进行设防，有人侵入时发送报警信号到监控中心；在出入院办理、收费等窗口处与病人有交互的场所设置紧急脚挑开关，在门诊护士站、护理单元护士站、咨询台等处设置紧急报警按钮，在发生紧急事故的时候可直接通知监控中心。入侵报警触发、紧急脚挑开关或报警按钮触发后，安防中心除报警外可在监控大屏上自动切换到报警区域。

8.5 保安巡更系统。采用无线巡更系统，在楼梯间和主要通道设无线巡更信息点，由巡更人员用手持信息采集器纪录信息。系统主要由下列部分组成：信息采集器、信息下载器、信息钮，中文管理软件。系统技术性能要求：

8.5.1 系统的软件应有两级以上口令保护。

8.5.2 系统设置信息采集器和巡更人可以随意增减。

8.5.3 系统的信息钮可随意增减，从理论上可增加的巡更地点是不受限制的。

8.5.4 巡更班次可以划分不同的时间段，班次设置可跨零点。

8.5.5 可以设置不同的巡更线路，巡更人按规定路线进行巡逻。

8.5.6 可按人名、时间、巡更班次、巡更路线对巡更人的工作情况进行查询，并可打印成各种表格。

8.5.7 定期将以前的巡更数据储存到光盘上，需要时可恢复到硬盘上。

9 医院专用业务系统

医院专用业务系统以通用业务系统为基础，满足专业业务运行的需求，包括医院信息系统（HIS）、临床信息系统（CIS）、医学影像系统（PACS）、远程医疗系统等信息化应用系统。

9.1 医院信息系统（HIS）

医院信息系统（HIS）是利用电子计算机和通信设备，为医院所属各部门提供病人诊疗信息和行政管理信息的收集、存储、处理、提取和数据交换的能力，并满足不同授权用户的功能需求的平台。

9.2 临床信息系统（CIS）

临床信息系统（CIS）支持医院医护人员的临床活动，收集和处理病人的临床医疗信息，丰富和积累临床医学知识，并提供临床咨询、辅助诊疗、辅助临床决策。临床信息系统（CIS）包括医嘱处理系统、病人床边系统、医生工作站系统、实验室系统、药物咨询系统等，能够提高医护人员的工作效率，为病人提供更好的服务。

9.3 医学影像系统（PACS）

医学影像系统（PACS）是应用在医院影像科室的影像归档和通信系统。医学影像系统在各种影像设备间传输数据和组织存储数据具有重要作用，它将日常产生的各种医学影像（包括核磁、CT、超声、各种 X 光机、各种红外仪、显微仪等设备产生的图像）通过各种接口（模拟，DICOM，网络）以数字化的方式保存起来，当需要的时候在一定的授权下能够很快的调回使用，同时附加一些辅助诊断管理功能。

9.4 远程医疗系统

远程医疗系统借助信息及电信技术来交换相隔两地的患者的医疗临床资料及专家的意见。远程医疗包括远程医疗会诊、远程医学教育、建立多媒体医疗保健咨询系统等。远程医疗会诊使病人在原地、原医院即可接受远地专家的会诊并在其指导下进行治疗和护理，可以节约医生和病人大量的时间和金钱。

9.5 呼叫及显示系统

9.5.1 候诊呼叫信号系统。呼叫信号系统主机一般由医疗设备自带，设计时只需预留管线及配置按钮、话筒、摄像机及显示器等外部设备。语音采用独立的喇叭，不需要与医院的背景音乐系统连接。

9.5.2 护理呼叫信号系统：医院必备的系统，在病房设置呼叫器、扬声器，与护士站进行双向对讲，护士站设控制台。

9.5.3 病房探视系统。可设一探视间，内装可视电话对讲系统，在探视时间内，不能进入特护病房的家属可通过可视对讲电话和病人交谈。

9.6 排队叫号系统（缴费、挂号）。由分诊台、子系统管理控制电脑（与分诊台合一）、系统服务器、管理台、信息节点机、信息显示屏、语音控制器、无源音箱、呼叫终端（物理终端或虚拟终端）、分线盒组成。系统自成体系、独立运行，也可与 HIS 系统联接、交互数据。传输线缆可直接利用综合布线同时支持集中挂号与科室挂号。医生操作终端可采用物理操作终端或虚拟操作终端，也可同时采用。

【说明】设计依据、机房工程（EEEP）、防雷与接地系统和电气节能措施参考写字楼建筑智能化方案设计相关内容编写。

七、某剧院建筑智能化方案设计实例

1 工程概况

某剧院剧场等级为甲级。总建筑面积为 29925m²。包括一个 1400 座的剧场及相关设施，一个多功能剧场（474 座）及相关设施，个会议、多功能厅，艺术商店等组成的附属设施。建筑物地上四层，局部五层，地下二层，总高度为 23m。建筑分类为一类，耐火等级为一级，设计使用年限 50 年。

2 设计依据

2.1 建设单位提供有关资料和设计任务书。

2.2 执行的主要设计规范与标准（见【说明】）。

3 设计范围

3.1 信息化应用系统（IAS）。

3.2 智能化集成系统（IIS）。

3.3 信息设施系统（IFS）。

3.4 建筑设备管理系统（BMS）。

3.5 公共安全系统（PSS）。

3.6 机房工程（EEEP）。

4 信息化应用系统

信息化应用系统包括公共服务、智能卡应用、物业管理、信息设施运行管理、信息安全管理、基本业务办公和专业业务等信息化应用系统。

4.1 公共服务系统。公共服务系统应具有访客接待管理和公共服务信息发布等功能，并宜具有将各类公共服务事务纳入规范运行程序的管理功能。系统基于信息网络及布线系统，系统服务器设置于中心网络机房，管理终端设置于相应管理用房。

4.2 智能卡应用系统。根据建设方物业信息管理部门要求对出入口控制、电子巡查、停车场管理、考勤管理、消费等实行一卡通管理。"一卡"，在同一张卡片上实现开门、考勤、消费等多种功能；"一库"，在同一软件平台上，实现卡的发行、挂失、充值、资料查询等管理，系统共用一个数据库，软件必须确保出入口控制系统的安全管理要求；"一网"，各系统的终端接入局域网进行数据传输和信息交换。系统基于信息网络及布线系统，系统服务器设置于中心网络机房，管理终端设置于相应管理用房。

4.3 信息设施运行管理系统。信息设施运行管理系统应具有对建筑物信息设施的运行状态、资源配置、技术性能等进行监测、分析、处理和维护的功能。系统基于信息网络及布线系统，系统服务器设置于中心网络机房，管理终端设置于相应管理用房。

4.4 信息安全管理系统。信息网络安全管理系统通过采用防火墙、加密、虚拟专用网、安全隔离和病毒防治等各种技术和管理措施，使网络系统正常运行，确保经过网络的传输和管理措施，使网络系统正常运行，确保经过网络传输和交换的数据不会发生增加、修改、丢失和泄露。系统基于信息网络及布线系统，系统服务器设置于中心网络机房，管理终端设置于相应管理用房。

4.5 多媒体公共信息显示、查询系统。

4.5.1 在主入口、会议区主入口、大堂、休息区、签到处、各层主要交通厅堂等处设置信息查询终端。

4.5.2 在各展厅、电梯厅、各会议厅入口等处设置信息显示终端。

4.5.3 系统应满足演出、会议等信息的检索、查询和导引等功能。

4.6 售检票系统。售检票系统由管理中心、网络、终端售票和验票通道系统组成，管理中心对所有的统计数据及门票交易汇总处理。系统的业务流程环节可以分为：统一授权管理、分点售票、门禁系统验票、剧场汇总日结、营业数据上传、剧场汇总统计分析、财务结算等。

4.6.1 售票系统具有现场售票、电话预订票、退票、远程售票等功能。售票系统通过访问票务数据库完成售票，操作人员根据客户需求操作终端快速出票。具备电话预订票功能，能够存储预订信息，提供网络售票方案，实现远程售票。并可完成售票、退票、门票查询、统计查询等工作；可以根据不同的位置设置不同的价格并通过颜色来表示，锁定安全座位、售票员只需拖动鼠标就可以完成售票。

4.6.2 验票子系统。该部分主要用于验证观众、服务人员、管理人员等的票证是否合法，检票闸机或手持 PDA 对门票进行真伪验证，并实现上传统计功能，采用闸机设备还可对现场人流进行有效的疏导与管理。

4.6.3 为剧院实现准确的人流统计与财务统计。主要分为财务统计、各售票点的财务统计与转存、查询、结果报表等功能；计划出售的门票进行预测收入统计；根据统计结果产生预测收入统计报表和图表；每个售票点的售票情况统计；售票员指定日期的应售票财务数据统计；打印所有售时统计报表；按时间（年、季度、月份）、活动性质、各种票种等等给出收益统计，并可结合这些因素生成直观的饼图、柱图等，给出决策依据；产生售票点月度基票使用统计报表；根据每日的实收账目产生日缴款统计报表；根据统计结果产生售票点或售票员月缴款统计报表；打印统计报表等。

4.6.4 管理子系统基本功能。主要实现各种数据报表生成、查询，各出入口的人流量统计，系统运行各技术参数及用户权限的设置等，并可以生成直观的饼图、柱图等，给出决策依据；可对验票系统前端设备进行远程控制；管理计算机并图形化地监控各设备的通信状态、运行状态及故障状态；自动上传的设备状态、故障日志、维修日志，并生成相应的设备故障及维修统计报告；数据库自动备份、初始化和恢复的功能；处理售票终端异常报警信息；具有断线脱机工作联机后自动上传数据功能。

5　智能化集成系统

本工程对信息设施各子系统通过统一的信息平台实现集成，实施综合管理，将建筑中日常运作的各种信息，如建筑设备监控系统、安防、火灾自动报警、公共广播、通信系统以及展览管理信息，各种日常办公管理信息，物业管理信息等构成相互之间有关联的一个整体，从而有效地提升建筑整体的运作水平和效率。

5.1　智能化信息集成系统。集成软件平台安装在主机服务器上，实现把所有子系统集成在统一的用户界面下，对子系统进行统一监视、控制和协调，从而构成一个统一的协同工作的整体。包括实现对子系统实时数据的存储和加工，对系统用户的综合监控和显示以及智能分析等其他功能。

5.2　集成信息应用系统。对于管理数据的集成，要求控制系统在软件上使用标准的、开放的数据库进行数据交换，实现管理数据的系统集成。

6　信息化设施系统

6.1　信息接入系统

6.1.1　本工程预计申请直拨外线 200 对（此数量可根据实际需求增减）实现对外语音通信。

6.1.2　本工程建立卫星通信系统，进行高速数据传输、图像传输、综合数据与语音通信、移动数据通信、计算机网络连接等综合业务，与 DDN 数字数据网互为备份，可以保证数据通信的不间断性、可靠性。

6.1.3　电视信号接自城市有线电视网，在顶层设有卫星电视机房，对建筑内的有线电视实施管理与控制。有线电视节目和卫星电视节目经调制后，经电视信号干线系统传送至每个电视输出口处，使获得技术规范所要求的电平信号，达到满意的收视效果。

6.2　综合布线系统

6.2.1　综合布线系统为开放式网络平台，通过该系统可以实现世界范围资源共享，支持电话、数据、图文、图像等多媒体业务。剧院一层设综合布线间，综合布线网络交换机和总配线架。

6.2.2　由市政引来的 200 对电话电缆和千兆以太网数据信号光纤埋地引入综合布线间。经交换后由总配线架引至智能化竖井内分配线架，分配线架配线到语音和数据出口。

6.2.3　配线子系统：一～三层剧院东西两侧竖井接线箱至信息点线路沿走廊线槽敷设，其余智能化竖井接线箱至信息点线路在楼板或墙内暗敷。

6.2.4　竖向语音干线采用超五类大对数电缆；数据干线采用六芯多模光纤；末端支线采用五类或超五类电缆；出线口采用五类或超五类配件；所有跳线架及其配件均采用五类或超五类产品。

6.3　通信自动化系统

6.3.1　本工程在地下一层设置电话交换机房，拟定设置一台 300 门的 PABX。

6.3.2　本工程建立卫星通信系统，进行高速数据传输、图像传输、综合数据与语音通信、移动数据通信、计算机网络连接等综合业务，与 DDN 数字数据网互为备份，可以保证数据通信的不间断性、可靠性。

6.4　会议电视系统

本工程在多功能厅设置全数字化技术的数字会议网络系统（DCN 系统），该系统采用模块化结构设计，全数字化音频技术。具有全功能、高智能化、高清晰音质，方便扩展和数据传递保密等优点。可实现发言演讲、会议讨论、会议录音等各种国际性会议功能，其中主席设备具有最高优先权，可控制会议进程。

6.5 有线电视及卫星电视系统

6.5.1 有线电视信号由市政有线电视网引至一层电视机房，内设前端箱。剧场演出实况的视频信号并入电视系统，另可根据需要设置数套自办节目。

6.5.2 有线电视系统信号传输网络采用 860MHz 宽带邻频传输网络。网络除可播放普通电视节目外，还可根据将来发展播放传输高清晰数字电视（HDTV），网络为双向传输系统可进行交互型业务。系统的频道设置为：上行频段：5～45MHz，回传频段；47～94MHz，下行频段：108～550MHz，模拟电视节目频段；94～108MHz，调频广播节目频段；550～860MHz，数字或模拟节目广播频段。

6.5.3 系统采用邻频传输，用户电平要求 69±6dB，图像清晰度应在四级以上。系统采用分支分配方式。

6.5.4 本工程在地下一层设置有线电视前端室，在顶层设有卫星电视机房。

6.6 背景音乐及紧急广播系统

6.6.1 本工程在一层设置广播室（与消防控制室共室）。

6.6.2 在走道、大堂、餐厅等均设有背景音乐。背景音乐及紧急广播系统采用 100 伏定压式输出。当有火灾时，切断背景音乐，接通紧急广播。

6.6.3 多功能厅设置独立的音响设备。会议扩声系统配备多台多路混音放大器、扬声器箱等专业设备。调音台应有多路音源输入通道，每通道均可预选话筒或线路输入。各通道均应有语音滤波，衰减低音成分，增加语音的清晰度。可接入 CD、AM/FM 收音机、话筒等，并具备录音设备。扬声器的配置应满足会场声压级的需要，并应保证会场内声压的均匀度。

6.7 信息导引及发布系统。本工程信息导引及发布系统主机设置于建筑物业管理室内。本系统由视频显示屏系统、传输系统、控制系统和辅助系统组成。可实现一路或多路视频信号同时或部分或全屏显示。通过计算机控制，在公共场所显示文字、文本、图形、图像、动画、行情等各种公共信息以及电视录像信号，并利用信息系统作为电子导向标识，辅助人员出入导向服务。

6.8 手机信号增强系统。为避免无线基站信道容量有限，忙时可能出现网络拥塞，手机用户不能及时打进或接进电话。另外由于大楼内建筑结构复杂，无线信号难于穿透，室内易出现覆盖盲区。因此，大楼内应安装无线信号室内天线覆盖系统以解决移动通信覆盖问题，同时也可增加无线信道容量。

7 建筑设备管理系统

7.1 建筑设备监控系统

7.1.1 本工程设建筑设备监控系统，对全楼的给水排水设备、空调设备及供电系统设备进行监视及节能控制。BAS 监控中心设在一层，内设系统主机，CRT 及打印机；冷冻机房、变配电所内设控制分站，其余相关设备用房设直接数字控制器。

7.1.2 给水排水系统的控制：生活泵、排水泵启、停控制、状态显示和故障报警；生活水池和高位水箱水位的显示和报警；雨水、污水集水坑高水位报警。

7.1.3 冷冻机房：冷水机组、冷冻泵、冷水泵、冷却塔风机的启、停控制、状态显示和故障报警；冷却水、冷冻水的供、回水温度测量；冷冻机、冷却泵、冷冻泵、冷却塔风机及进水电动蝶阀的顺序启、停控制；根据冷冻水系统供、回水总管压差，控制其旁通阀的开度。

7.1.4　新风空调机组：运行工况及温、湿度的监视、控制、测量、记录。

7.1.5　排风机：风机启、停控制、状态显示和故障报警。

7.1.6　对配变电系统的监测：

1. 10kV 配电系统：进、出线断路器及母联断路器的状态显示；进、出线电流、电压显示；功率因数显示；有功、无功功率显示；电能计量显示；

2. 低压配电系统：低压进、出线断路器及母联断路器的状态显示；进、出线的电流、电压显示；功率因数显示；电能量显示；

3. 变压器：温度显示、超温报警；

4. 高、低压配电系统的图形显示；

5. 柴油发电机的状态显示，如：电压、电流、频率等，蓄电池电压、日用油箱低油位，及故障报警。

7.1.7　对照明系统的控制：大堂、休息厅展厅照明控制；办公室照明控制。

7.1.8　大楼管理；出入口管理；车库管理；扶梯、电梯运行状态显示和故障报警；建筑设备监控系统采用直接数字控制器（DDC）和（SCC）监控系统，配备了网络控制器、网络连接器等网络设备以及相应的软件及硬件设备，构成自动监控系统，以数据通信方式进行集散式监控和管理。各分站可直接设定、修改现场设备的参数，并控制现场设备；对空调、给水排水、冷热源等设备进行自动管理。在控制中心可监视各分站的运行状态，并可根据需要，实时打印、记录设备的运行参数和状态，或将系统的运行状态显示在彩色监视器上。

7.1.9　自控设备的供电：系统主机采用两个电源的 AC220V 专用低压回路供电，在建筑设备监控中心末端切换，配置 UPS 作为后备电源；各个 DDC 控制器的电源应尽量引自上述两个电源，并在 DDC 箱内或附近切换。

7.1.10　本工程在地下一层设置一处建筑设备监控室，对建筑设备实施管理与控制。

7.2　建筑能效监管系统

7.2.1　系统构成：智能远传计量仪表；智能总线式远传电表、总线数据采集器；集中器；中继器；调制解调器；奔腾以上微机系统（32MB 以上内存，1G 以上硬盘，主频 300MHz 以上）的抄表主站以及手持抄表设备和管理软件组成。

7.2.2　集中抄表系统主要有四层组成：

1. 第一层数据转换层：智能计量表和智能总线式采集模块。主要负责将电表的计量脉冲信号转换成编码数据，电表内置或外置采集模块，输出 RS485 信号，供采集器进行收集。智能电表可将监视用户电表电量及剩余电量直接输出 RS485 信号；

2. 第二层数据采集层：总线采集器，主要负责将智能表传送到的编码数据进行处理收集、发送。上传通信可采用 RS485、M-BUS 等总线方式，也可以采用电力载波、宽带网、电话网及无线等方式；

3. 第三层数据管理层：智能集中器，主要负责系统的参数设置，数据的统计，用户数据管理。可以通过电话、互联网、无线通信等公共信息交换网完成城市联网系统；

4. 第四层数据交换层：小区用户数据管理与有关行业管理部门如电力公司进行用户表信息的数据交换和费用收取。

7.2.3　系统通过采集模块将楼层租户的水表、电表通信等并实时上传至主机，实现能源的远程计量和管理，管理主机可设在工程办公室，系统具有能源管理、计量、报表打印、收费管理等功能，并可以提供与财务室或其他管理部门的通信接口，使能源部分数据共享，方便其他授权部门的数据需求。

系统由管理主机、通信转换器和终端远传表等组成。系统主机设置在物业办公室。

商业：通过 485 或 M-Bus 协议接口，采集商业用户预付费 IC 卡电表数据，在中心发卡、售电、水。同时要求采集商业用电、用水的总表数据办公：通过 485 或 M-Bus 协议接口，采集办公用户预付费 IC 卡电表数据，在中心发卡、售电、水；同时要求采集办公用电、用水的总表数据。通过 M-Bus 协议，采集办公用户室内能量表数据，在中心售冷量；用户购买冷量耗尽后，户内冷水干管的电磁阀可由系统关闭。

办公：通过 485 或 M-Bus 协议接口，采集办公用户预付费 IC 卡电表数据，在中心发卡、售电、水；同时要求采集办公用电、用水的总表数据。通过 M-Bus 协议，采集办公用户室内能量表数据，在中心售冷量；用户购买冷量耗尽后，户内冷水干管的电磁阀可由系统关闭。

7.3 电梯监控系统

7.3.1 电梯监控系统是一个相对独立的子系统，纳入设备监控管理系统进行集成。

7.3.2 电梯现场控制装置应具有标准接口（如 RS485、RS232 等）。

7.3.3 在安防消防中心设电梯监控管理主机，显示电梯的运行状态。

7.3.4 监控系统配合运营，启动和关闭相关区域的电梯；接收消防与安防信息，及时采取应急措施。

7.3.5 系统自动监测各电梯运行状态，紧急情况或故障时自动报警和记录，自动统计电梯工作时间，定时维修。

7.3.6 电梯对讲电话主机及对讲电话分机由电梯中标方成套提供，要求满足工程管理需要。

7.3.7 电梯轿厢内设暗藏式对讲机，对讲总机设在消防控制室，用于紧急对讲。

7.4 电力监控系统，设置电力监控系统，对电力配电实施动态监视，系统不仅能显示回路用电状况，还具有网络通信功能，可以与串口服务器、计算机等组成电力监控系统，方便变电所值班人员的远程管理，利于节省电能抄表的时间，将信息化带入配电监控。系统实现对采集数据的分析、处理，实时显示变电所内各配电回路的运行状态，对分合闸、负载越限具有弹出报警对话框及语音提示，并生成各种电能报表、分析曲线、图形等，便于电能的远程抄表以及分析、研究。电力监控系统设计原则：

7.4.1 满足建筑智能化电力监控的要求，使变电所实现减少人员值班。

7.4.2 融入建筑智能化电力监控系统技术更高层次的要求。

7.4.3 集中监控＋区域监控的冗余网络结构。

7.4.4 双机双网的冗余后台监控系统结构。

7.4.5 良好的自诊断和自恢复功能。

7.4.6 开放性的计算机监控系统。

8 公共安全系统

8.1 视频监控系统

8.1.1 本工程在一层设置保安室（与消防控制室共室），内设视频矩阵切换器、全功能操作键盘、彩色监视器、十六路视频数字硬盘录像机、21 寸硬盘录像显示器、监控多媒体图形工作站 1 套；电源控制器、稳压电源、监视器屏、控制机柜及控制台等。十六路视频数字硬盘录像机的彩色录像质量要求达到每秒 25 帧。可循环储存 30 天的记录。

8.1.2 本工程各出入口、公共走廊、电梯轿厢内、候场区和售票处等设保安监视摄像机，四层展厅采用全面监视方式。要求图像质量不低于四级。图像水平清晰度：黑白电视系统不应低于 400 线，彩色电视系统不应低于 270 线。图像画面的灰度不应低于 8 级。保安闭路监视系统各路视频信号，在监视器输入端的电平值应为 1Vp-p±3dB VBS。保安闭路监视系统各部分信噪比指标分配应符合，摄像部分：40dB；传输部分：50dB；显示部分：45dB。保安闭路监视系统采用的设备和部件的视频输入和输出阻抗以及电缆阻抗均应为 75Ω。

8.2 出入口控制系统。系统主机设置于建筑消防控制室。系统构成与主要技术功能：

8.2.1 出入口控制系统由识读部分、传输部分、管理/控制部分和执行部分以及相应的系统软件组成。

8.2.2 本工程在重要机房、物业用房车库、出入口安装读卡机、电控锁以及门磁开关等控制装置。系统设置于各建筑内消防控制室内。

8.2.3 系统的信息处理装置应能对系统中的有关信息自动记录、打印、贮存，并有防篡改和防销毁的措施。

8.2.4 出入口控制系统应能独立运行，并能与火灾自动报警系统、视频监控系统联动。当发生火警或需紧急疏散时，人员不使用钥匙应能迅速安全通过。

8.3 无线巡更系统。无线巡更系统由信息采集器、信息下载器、信息钮和中文管理软件等组成。并可实现以下功能：

8.3.1 可按人名、时间、巡更班次、巡更路线对巡更人的工作情况进行查询，并可将查询情况打印成各种表格，如：情况总表、巡更事件表、巡更遗漏表等。

8.3.2 巡更数据储存，定期将以前的数据储存到软盘上，需要时可恢复到硬盘上。

8.3.3 用户要求可定制其他功能，如各种巡更事件的设置、员工考勤管理等。

8.4 防盗报警系统

8.4.1 在非主要入口设置吸顶红外感应报警探测器。

8.4.2 各层设置双监探测器。

8.4.3 在首层二层周边门窗设置玻璃破碎探测器。

8.4.4 在一些重要部位设置紧急报警按钮。

8.5 停车场管理系统。本工程停车场管理系统主机就近管理用房内设置。工程停车场管理系统采用影像全鉴别系统，对进出的内部车辆采用车辆影像对比方式，防止盗车；外部车辆采用临时出票机方式。

8.6 售验票系统

8.6.1 本工程的售验票系统是以磁卡、IC 卡或条码卡等媒介为门票，结合集智能卡技术、信息安全技术、软件技术、网络技术及机械技术的智能化票务管理系统，它为剧场的运营管理、安全管理和演出管理提供了有效的技术手段。

8.6.2 本工程设门票管理系统，在各观众进口分别设置验票闸机，要确保所有观众可在 2h 内入场。

8.6.3 在演出结束以后本系统可以将闸门自动关闭，使观众能够迅速地离场。

9 剧场扩声系统设计

9.1 观众厅扩声系统声学技术指标：

9.1.1 最大声压级：100～6300Hz 内平均声压级≥103dB。

9.1.2 传输频率特性：以 100～6300Hz 的平均值为 0dB，在此频带内±4dB。

9.1.3 传声增益：125～4000Hz 内平均值≥−8dB。

9.1.4 声场不均匀度：1000Hz，6300Hz≤8dB；100Hz≤10dB。

9.1.5 主观听音：清晰、音质良好。

9.2 剧场扩声系统设计

9.2.1 主扩声系统采用左中右三个通道分别全场覆盖，为三分频加次低频的扬声器布置方案，能够达到较好的立体声环音效果。

9.2.2 设置了较为完备的效果扬声器系统。

9.2.3 舞台扩声系统除了常规的地面流动返送系统外，还设置了固定安装于舞台上空的返送扩声系统，以利于演出人员的听闻。

9.2.4 采用两台模拟调音台作为主调音台和返送调音台。主调音台为44路调音台，设于声控室内，该调音台具有40路单声道输入和4路立体声输入，10路矩阵、8路编组、12路辅助输出，并包含10组VCA编组，8路哑音编组，256个场景设置，能够满足会议及中小型文艺演出的需要。

9.2.5 处理器部分采用数字系统控制矩阵，系统简洁、可靠，操作方便，功能强大。

9.2.6 传声器点设置：为满足会议及文艺演出的需要，在舞台上下场口、左右后墙、乐池内左右两侧、舞台葡萄架上共设置了9个综合插座箱，共有104路传声器输入。无线传声器：根据剧场的需要，系统共设置12路U段无线传声器。

9.2.7 现场调音位：为了方便大型文艺演出时架设现场调音台的需要，在一层观众席中部设置了现场调音位，从侧舞台信号交换立柜来的48路传声器信号及与主扩声控制机房交换用的24路信号汇集于此。

9.2.8 信号接口：为使公共广播系统的紧急信号能够在场内播出，主系统与公共广播系统留有接口，可通过数字系统处理器内的DUCK功能进行广播。

9.3 舞台通信与监督系统。

9.3.1 舞台监督主控台设在主舞台内侧上场口，落地明装。主控台由舞台通信系统四通道主机、话筒和舞台监督系统监视器组成。

9.3.2 下列部位设置舞台通信系统扬声器：贵宾室及其休息室、化妆、候场；乐池、舞台机械控制室；声控室；灯控室、耳光室、追光室、面光桥，便于舞台监督与上述部位联系。各层化妆室走廊、主舞台马道设一定数量的内部通话站，灯光音响设备用房、导演室设内部通话话机。

9.3.3 舞台监督还可通过公共广播系统的插播功能对演职人员及各技术用房进行一般广播通知。

9.3.4 舞台监督系统。主舞台两侧、观众厅一层包厢下部、观众厅贵宾室挑台处共设5台带变焦及遥控云台彩色摄像机。下列部位设置舞台监督系统监视器：后台化妆室；舞台机械控制室；声控室；灯控室；导演室，以实现演出时人员和设备的统筹管理。大堂，观众休息厅预留信号输出，以便播出剧场演出实况（不包括演职人员监视专用的舞台内信号），便于迟到和休息的观众收看。

9.4 舞台机械

9.4.1 舞台机械控制室设在舞台上场口舞台内墙上方，控制室应有三面玻璃窗，密闭防尘，操作时能直接看到舞台全部台上机械的升降过程。

9.4.2 舞台机械控制室预留接地端子。舞台机械控制系统预留智能控制接口，接收消防控制信号，在火灾时能中断演出模式，强行进入消防模式。

【说明】设计依据、机房工程（EEEP）、防雷与接地系统和电气节能措施参考写字楼建筑智能化方案设计相关内容编写。

八、某航站楼建筑智能化方案设计实例

1 工程概况

某机场航站楼建筑面积为56.8万m²，地上4层，地下3层。建筑高度62m，建筑耐火等级一级，地下室防水等级一级，设计使用年限为50年。主体结构采用钢筋混凝土框架结构，屋顶采用钢网架结构，支撑屋顶结构采用钢结构。

2 设计依据

2.1 建设单位提供有关资料和设计任务书。

2.2 执行的主要设计规范与标准（见【说明】）。

3 设计范围

3.1 信息化应用系统（IAS）。

3.2 智能化集成系统（IIS）。

3.3 信息设施系统（IFS）。

3.4 建筑设备管理系统（BMS）。

3.5 公共安全系统（PSS）。

3.6 机房工程（EEEP）。

4 信息化应用系统

信息集成系统是一个集航班营运、指挥调度、旅客服务、查询服务为一体的指挥管理系统，它具有"信息处理量大、管理复杂"的特点，有效地保证了机场生产调试各部门之间的大量信息的及时准确地传递、处理。信息集成系统的建设目标是能提供一个信息共享的运营环境，使各信息智能化系统均在信息集成系统统一的航班信息之下自动运作。它能支持航站楼的运营模式，支持机场各生产运营部门在运行指挥中心的协调指挥下进行统一的协调、调度、管理，以实现最优化的生产运营和设备运行，为航站楼安全高效的生产管理提供信息化、自动化手段。并能为旅客、航空公司以及机场自身的业务管理提供及时、准确、系统、完整的航班信息服务。最终，使机场成为以信息集成系统为核心，各信息智能化系统为手段，信息高度统一、共享、调度严密、管理先进和服务优质的机场。包括：航站楼信息管理及集成系统、离港控制系统、航班信息显示及值机引导系统、时钟系统、运营监控管理系统、行李分拣系统、飞机泊位引导系统、安检信息管理系统、地理信息系统等。

4.1 航站楼信息管理及集成系统。计算机信息管理系统是机场智能化系统核心，实现对航班、航班服务、资源分配、计费统计等一系列工作的综合、完善、统一管理。它也是机场信息中心，承担着机场内部各子系统的信息枢纽作用。另外，系统提供了相关智能化子系统在系统集成上的平台。

4.2 离港系统。通过该系统办理机场航站楼的国内出发、国内中转的相关手续。同时，完成客机平衡配载、航班控制及行李查询等任务。系统独立于中航信通信连接，通过自身的网络系统实现通信路由和信息数据处理互为备份。

4.3 航班信息显示及值机引导系统。为旅客提供进出港航班动态信息、值机办票信息、候机引导信息、登机提示信息、行李提取及引导提示、中转航班信息等。为工作人员提供的信息有行李输送信息、行李分拣信息以及相关的航班动态信息。显示组成主要包括：LED、LCD、PDP、（或液晶）和有线电视等。

4.4 时钟系统。为航站楼各区域和部门提供统一准确时间、协调各部门工作，系统采用子母钟控制原则，采用北斗/GPS接收机接受校时信号，信号经处理后向母钟定时发校准信号。

4.5 飞机泊位引导系统。为航站楼各近机位飞机停靠提供引导信息。各引导装置单元之间组网统一管理。

5 智能化集成系统

5.1 信息集成系统是航站楼进行信息处理及机场日常运营的多任务管理系统。能实现航站楼各部门之间的信息及时、准确地传递和处理。信息集成系统的建设对于提高航站楼的运作效率、管理水平、经济效益是十分必要的。系统将采用中心数据库结构的计算机网络，以高速主干网连接航站楼内的管理系统、信息系统及部分智能化子系统。系统由高速主干网、虚拟化主机平台、机场运行数据库、核心应用系统、信息交互平台、运维监控平台等构成。信息集成系统作为一个可扩充集成环境，提供多种接口方式，按运营业务流程、将各信息子系统连接起来，而这些子系统可以分布在子网或外部网络中、具有异构的操作平台和异构的数据存储形式。系统将为各子系统提供一个全局性的、顺畅的运营数据流通环境，形成一个适应航班运营流程的高性能的信息集成系统。信息集成系统的目标：以计算机管理技术和计算机网络技术为基础，为机场航站楼提供一个先进的、完善的、设计合理的计算机信息管理系统。

5.2 系统架构信息集成系统由网络设备、硬件平台、系统软件、应用软件、用户终端多层组成。系统架构以机场运行数据库为核心，建设"五大平台"，包括网络平台、硬件设备平台、信息交互平台、应用平台和运维监控平台。机场运行数据库是面向航班信息、营运信息、资源信息以及客货行相关信息的数据集合。主要存储的信息包括：航班计划类信息、航班动态类信息、营运保障计划、资源分配信息、短期营运数据和旅客行李信息等，也包含其他公用的基础数据、业务规则数据等。

5.2.1 网络平台：网络平台是指机场骨干网，是集成系统重要的物理基础。通过 IP 地址分配策略，可在机场骨干网上划分功能化子网，核心生产运营系统、航班信息显示系统和离港系统等子系统作为功能化子网共享网络资源。骨干网必须满足标准化、可扩展的要求。采用分布式处理、集中控制的方法，进行全网的统一管理。支持 TCP/IP。应具备可靠性和容错性。

5.2.2 硬件设备平台：信息集成系统的硬件设备主要有存储、服务器和接入设备等，所有设备均放置信息中心机房。物理主机采用 X86 架构的服务器，通过集群软件，组成相应功能的服务器群，应用于机场各个业务系统。

5.2.3 信息交互平台：信息交互平台是机场各个智能化和信息系统的信息交换中心，负责集成系统与子系统、子系统与子系统之间的数据交换。信息交互平台采用消息中间件技术，提供标准的接口方式实现系统间的数据交换，可以以单条数据、多条数据或者数据文件的格式进行。信息交互平台是机场子系统扩展的重要保证平台，它支持机场未集成的子系统和今后新建系统接入集成环境的需要，为各类其他系统提供接口服务。

5.2.4 应用平台：应用平台是信息集成系统的功能核心，主要提供各类运行功能模块，通过应用平台机场工作人员完成日常的航班运行保障，包括航班计划的制订、航班动态的处理、资源预分配和实时调整、进行地面服务保障、运行过程中的协调和告警处理等。应用平台主要包括的应用模块：航班信息管理、资源分配管理、地面服务管理、运行协调和告警、民航电报处理、CDM 支持模块、贵宾服务管理、应急预案管理、航班查询和统计、基础数据管理、用户和权限管理等。

5.2.5 运维监控平台：运维监控平台是机场智能化和信息系统运行维护的平台，提供用户对整个集成系统环境的监控功能。监控对象包括各种主机、存储设备、系统软件（数据库和消息中间件）以及应用系统，监控各种预定监控指标以及不正常事件。运维监控平台能够进行多种方式（弹框、声音、颜色等）的告警提醒。主机监控包括 CPU、内存、磁盘空间和关键系统进程和应用系统进程等；数据库监控包括数据库连接、关键进程、监听器、Session、数据文件以及 SQL 性能等；消息中间件包括关键进程、队列深度等；应用系统包括关键应用进程、CPU 和内存占用情况、业务操作响应时间等。

5.3 应用功能说明

5.3.1 航班信息管理。航班信息管理由航班计划管理和航班动态处理组成，其中航班动态处理含预计划管理。航班计划管理包括时刻表管理、长期计划管理、短期计划管理和次日计划管理等。航班信息管理能够处理时刻表计划，对长期计划和短期计划进行管理，对次日计划进行编排和发布等。同时，也要能够处理当日临时计划及其他特殊计划，如航空器拖曳等特殊的航班处理功能。航班动态处理包括进港动态管理、离港动态管理、不正常航班处理以及其他任务航班管理等。对于进港航班能够处理始发站动态信息和前站的动态信息，能够对航班前站起飞环节到空中预计飞行时长、本场预计落地、本场实际落地、滑入、上轮挡、开舱门等进行有效管理。对于离港航班能够处理与前序进港航班的关联性，能够处理覆盖值机、候机、登机、关舱门、撤轮挡、推出开车、滑行以及本场实际起飞、预计和实际到达下站全过程的动态信息。对于不正常航班的处理，能够处理包括航班延误、取消、合并、备降、改降等不正常情况。能够支持对于其他任务性质的航班进行管理等。

5.3.2 资源分配管理由资源分配和资源使用监控组成。资源分配是对机场的各类运输资源进行分配管理，主要包括对机位、登机口、值机柜台、行李提取转盘、到达出口、安检通道以及行李分拣转盘等资源进行预分配和实时调配管理。能够根据预设的策略对各类资源进行自动预分配，当资源使用出现冲突时能够及时给出冲突提示，并给出建议性调整方案供人工选择。当采用人工干预分配时，能够进行智能辅助性提示。资源使用监控是通过甘特图、俯视图以及视频监控等方式对机位、登机口、值机柜台、行李提取转盘、到达出口以及安检通道、行李转盘等进行图形化的监控，实时掌握各类资源的使用情况，以及各类资源的空余数量等进行监控。

5.3.3 地面服务管理是对机场地面保障活动进行管理的模块。主要由合同管理、服务管理、人员排班、车辆调度、任务分派、任务执行跟踪、签单中心等组成。

合同管理是地面服务管理的基础，所有的地面服务代理活动均以合同为依据，根据合同内容编制地面服务管理的规则和策略。服务管理是对机场的各种保障服务的基础数据进行管理，作为生成航班的各项保障服务的根据。包括机务、清洁、加油、配餐、客桥、摆渡车以及值机、登机服务等。人员排班提供班组管理和排班的功能，根据服务人员的工种和资质对班组或人员进行排班。通过班组之间配合对航班高峰期进行覆盖保障。任务分派是对班组或人员进行地面保障服务的任务派发，生成派工单。服务人员根据派工单进行现场服务。任务执行跟踪是服务人员在任务实际执行过程中将执行的异常情况和执行结果进行记录和反馈，任务执行跟踪的结果将提供给签单中心使用。签单中心是根据实际为航班提供的地面服务保障工作，生成由航空公司机组进行签字确认，作为后续收费的依据和凭证。

5.3.4 运行协调和告警由运行协调和告警两部分功能组成。运行协调是支撑机场航班生产运营模式的核心系统，提供机场运行指挥中心与其他各个地面保障部门之间的指挥协调和信息发布功能。系统支持扩展包括基于 IP 语音和视频的在线协调功能。同时，运行协调能够提供航班事件告警和提醒功能。用户可以定义事件的业务规则，根据业务流程设置不同业务部门对提醒消息的订阅关系。能够根据规则设置进行主动提示和告警，向相关的业务部门或席位进行提醒。运行协调能够保存历史发布信息、协调记录和事件告警信息，对于与单个航班记录相关的告警信息和协调内容能够提供根据航班进行检索的功能。

5.3.5 民航电报处理。民航电报处理提供收发电报、解析和自动处理相关电报的功能，并能够将解析出的航班业务数据通过信息集成平台转储到机场 AODB 系统，提供给机场集成系统与其他子系统使用。系统支持对 AODB 数据自动更新和人工确认后更新的配置管理。系统处理的电报种类应包括各种 AFTN、SITA 格式的电报。AFTN 电报遵循 MH4007 标准，包括 FPL、CNL、CHG、CPL、DEP、ARR 等电报；SITA 电报包括 PLN、MVT 等。对于由于格式问题导致无法自动解析的电报和其他明语电报，应该能够主动提醒机场用户进行人工干预处理。

5.3.6 CDM 支持模块。CDM 支持模块提供对机场 CDM 功能的支持。能够在与空管和航空公司 CDM 系统对接口发挥相关的数据共享和协同决策功能。CDM 支持模块主要由里程碑监控、预到时间管理、滑行管理、除冰管理以及特殊情况下的辅助决策组成。

5.3.7 贵宾服务管理。贵宾服务管理提供对于贵宾服务的管理，包括 VIP 人员管理和贵宾服务统计和收费管理等。VIP 人员管理能够输入 VIP 信息，进行 VIP 信息的编辑和查询。贵宾服务统计和收费管理提供针对不同航空公司的贵宾服务进行分别统计的功能，并能进行分别统计，作为收费的依据。

5.3.8 应急预案管理。应急预案管理提供机场各种事故（异常事件）的定义功能，根据事故类型、级别等提供相应处理流程和事故处理流程模板。应急预案管理将事故的处置流程与机场的组织架构相关联，形成完整的应急处置体制，并且可以对这些流程进行管理，保证机场应对各种已有和新增突发事故。

5.3.9 航班查询和统计。航班查询和统计提供机场范围工作人员进行航班信息的静态查询、动态提示显示以及基础数据的维护等，还承担了对机场业务统计分析功能。航班查询能够提供当日航班计划、当日航班动态、次日航班计划、周航班计划及历史航班计划等数据。同时也能够查询航班运营信息和资源分配信息，支持对历史航班信息的查询。统计分析的主要功能是完成飞行架次统计（含时段流量统计）、航班正常性统计、机场放行正常统计、旅客统计（含时段流量统计）、客货运输统计等。除了民航管理机构规定要求的统计报表外，机场还可以根据自己的需要定制很多统计分析报表，用于机场经营决策和管理需要。比如客流地域分布分析、航班高峰波分析、旅客年龄分布统计等。

5.3.10 基础数据管理是系统的各种基础代码和民航基础代码进行管理，包括对机型代码、航空公司代码、机场代码、任务代码、飞机注册号等进行维护和管理。基础数据管理要求遵循国际民航组织 ICAO 和民航运输协会 IATA 的标准。

5.3.11 用户和权限管理。用户和权限管理提供用户管理和权限管理功能。用户管理包括用户、用户组、角色的管理；权限管理包括授权、收回等。

6 信息化设施系统

6.1 信息接入系统

6.1.1 本工程需输出入中继线 400 对（呼出呼入各 50％）。另外申请直拨外线 800 对（此数量可根据实际需求增减）。

6.1.2 电视信号接自城市有线电视网，在顶层设有卫星电视机房，对建筑内的有线电视实施管理与控制。有线电视节目和卫星电视节目经调制后，经电视信号干线系统传送至每个电视输出口处，使获得技术规范所要求的电平信号，达到满意的收视效果。

6.2 综合布线系统。综合布线系统是航站楼内的信号传输物理平台，是整个智能化系统的布线基础，涵盖话音和数据通信路由，同时也与外部通信网相连接。它具有系统性、重构性、标准性等特征。系统为如下系统提供传输介质：航站楼信息管理及集成系统、有线电话通信系统、航班信息显示系统、离港系统、安防系统主干和安检信息系统等。

6.3 通信自动化系统

6.3.1 本工程在地下一层设置电话交换机房，拟定设置一台 4000 门的 PABX。

6.3.2 本工程建立卫星通信系统，进行高速数据传输、图像传输、综合数据与语音通信、移动数据通信、计算机网络连接等综合业务，与 DDN 数字数据网互为备份，可以保证数据通信的不间断性、可靠性。

6.3.3 无线通信增强系统。为避免无线基站信道容量有限，忙时可能出现网络拥塞，手机用户不能及时打进或接进电话。另外由于大楼内建筑结构复杂,无线信号难于穿透,室内易出现覆盖盲区。因此,大楼内应安装无线信号室内天线覆盖系统以解决移动通信覆盖问题,同时也可增加无线信道容量。

6.4 会议电视系统。本工程在会议室设置全数字化技术的数字会议网络系统(DCN 系统),该系统采用模块化结构设计,全数字化音频技术。具有全功能、高智能化、高清晰音质。方便扩展和数据传递保密等优点。可实现发言演讲、会议讨论、会议录音等各种国际性会议功能,其中主席设备具有最高优先权,可控制会议进程。

6.5 有线电视及卫星电视系统

6.5.1 电视信号接自外有线电视网,各楼设置电视前端机房,在各候机厅、会议室等处设有线电视插座,有线电视系统采用分配分支系统,系统出线口电平为 $69\pm6dB$,要求图像质量不低于四级。

6.5.2 有线电视系统根据用户情况采用分配-分支分配方式。

6.6 公共广播系统。系统作为航班信息发布的主要辅助手段,向旅客发布实时航班信息,航班发布间隙提供背景音乐,并还可以提供找人、失物招领以及紧急广播等服务功能。系统按照航站楼内区域的工艺用途分区,系统音源包括:自动航班广播、背景音乐、消防广播、公共人工服务广播等。航站楼公共广播系统是消防紧急广播与机场业务合二为一的广播系统,在平时作为机场业务广播使用,在有火灾报警信号时,切换为消防广播使用。系统采用全数字音频网络系统,采用开放、通用的 CobraNet 数字音频标准,构建星形结构的广播以太网。系统由系统管理服务器、设备管理工作站、航班自动广播系统、消防广播系统、功能控制中心人工呼叫站和 GUI 终端、登机口及各服务柜台人工呼叫站、数字音频矩阵系统、数字功率放大器、现场各种扬声器、噪声探测器等组成。在业务广播时,主要由自动广播及人工广播组成,自动广播系统根据航班动态信息自动生成航班广播信号,在相关区域广播;在登机口、服务柜台及功能中心等地方,可根据需要通过人工呼叫站进行人工广播;在其他紧急情况下,公共广播系统可进行紧急广播,指导旅客疏散,调度工作人员进行应急处理工作。在消防广播时,消防控制中心工作人员通过消防广播控制台启动本楼的消防广播(预录广播或人工广播)或通过人工呼叫站进行人工广播。

6.7 无线网。航站楼无线局域网为相关信息智能化系统的无线应用(如离港系统的移动值机、行李再确认系统等)和旅客无线上网提供网络平台。候机大厅、登机口、行李分拣滑槽区、近机位区域、到达迎客厅等处设置无线网,旅客无线上网和信息智能化系统的无线应用通过 SSL VPN 实现安全隔离。

6.8 安检信息管理系统。安检信息管理系统的目标是建设一套多数据源集成的,灵活、可扩展、易维护的综合性安检信息管理系统。与离港控制系统、安检系统、安全防范系统以及信息集成系统进行集成,获取全面旅客信息,满足机场各相关单位对于旅客及行李的信息采集、验证、处理、查询的共同需求,有效的跟踪确认各种旅客信息,为机场各安全检查相关单位提供多方面的信息服务和有效的支持联防手段,同时满足机场安检部门的业务人员管理需求。系统最终能够为机场各业务单位提供一个关于旅客综合性安检信息的共享平台,系统所提供的安全检查信息及其流程,应满足各个联检单位协商定制相关的安全协防职责及业务操作流程的需求。在系统平台上可以进行共享或交互信息。系统涉及的用户包括机场安检、联检单位和航空公司等安全检查相关单位。

6.9 内部调度通信系统。内部调度通信系统是航站楼内建立的一套独立调度通信交换网,供航站楼内各业务部门之间指挥调度、相互通信使用。系统提供丰富的接口,可以与广播系统、有线通信系统、数字无线集群调度通信系统连接进行各种需要的通信。系统采用数字终端实现内部的通信。

6.10 网络系统及网络安全系统。网络系统及网络安全系统是整个航站楼信息智能化系统的通信基础，支持信息智能化系统所有的基于网络的功能和业务。系统采用业界领先的成熟可靠技术，为信息智能化系统提供 24h 连续高可靠运行的、安全的数据及媒体传输平台。

7 建筑设备管理系统

7.1 建筑设备监控系统

智能化集成系统通过建筑设备监控平台提供的接口定时汇集航站楼 BAS 各个装置的使用数据，并进行累积，要求建筑设备监控平台通过 OPC 接口方式与智能化集成系统连接。对各个系统的各主要设备相关数字量（或模拟量）输入（或输出）点的信息（状态、报警、故障）进行监视和相应控制，提供各子系统设备的信息点属性表、编码表和相应布点位置图及系统图。监控数据的内容及要求如下：

7.1.1 提供航站楼所有空调系统、通风系统、三级泵系统、给水/排水系统等设备的启停状态、运行状态、故障报警信号。

7.1.2 提供各类温度、压力、流量传感器、电动阀门开度、风门执行器、过滤器报警等设备的参数和状态。

7.1.3 提供各个设备所需的各类报表文件。

7.1.4 功能与界面保持与建筑设备监控系统一致。

7.2 建筑能耗分析管理系统。能耗分析管理系统将作为航站楼中能耗信息、能源设备运行信息的交汇与处理的中心，通过能源计划、能源监控、能源统计、能源消费分析、重点能耗设备管理、报表分析、能源计量设备管理等多种手段，使管理者对航站楼的能源成本比重、发展趋势有准确的掌握，使各子系统和设备的运行处于有条不紊、协调一致的高效、经济的状态，最大限度地节省能耗和日常运行管理的各项费用，保证各系统能得到充分、高效、可靠的运行，并将航站楼的能源消费计划任务合理分配到各个空间区域等，使节能工作责任明确，促进航站楼健康稳定发展，最终给航站楼管理者带来可观的经济效益。

7.2.1 实现整体能耗状况的实时监测和细致化管理，从而为其他高级应用提供设施各类能耗的全方位实时高精度数据。

7.2.2 实现对动力设备运行状态的实时监视，从而进一步保障设备的正常工作。

7.2.3 实现能源计量、能耗数据透明化，从而便于产品成本的精确核算。

7.2.4 实现对整个能源系统运行的综合监测，电力、燃气、水等能源供应中断、事故跳闸、故障原因分析，便于实施系统的安全保护，从而避免事故的发生。

7.2.5 实现对整个能源系统运行历史参数的存储，从而帮助企业管理决策。

7.2.6 实现对能耗计划与实绩的管理，从而有效的调节、管理能耗成本。

7.2.7 实现对整个能耗-煤耗量、能耗-污染物的转化与监测，从而严格满足国家、地区节能减排政策。

7.2.8 实现对整个能源系统问题诊断，从而帮助管理工程师实施有效的改善，并为节能改造提供依据。

7.3 电梯监控系统

7.3.1 电梯监控系统是一个相对独立的子系统，纳入设备监控管理系统进行集成。

7.3.2 电梯现场控制装置应具有标准接口（如 RS485、RS232 等）。

7.3.3 在安防消防中心设电梯监控管理主机，显示电梯的运行状态。

7.3.4 监控系统配合运营，启动和关闭相关区域的电梯；接收消防与安防信息，及时采取应急措施。

7.3.5　系统自动监测各电梯运行状态，紧急情况或故障时自动报警和记录，自动统计电梯工作时间，定时维修。

7.3.6　电梯对讲电话主机及对讲电话分机由电梯中标方成套提供，要求满足工程管理需要。

7.3.7　电梯轿厢内设暗藏式对讲机，对讲总机设在消防控制室，用于紧急对讲。

7.4　电力监控系统。本工程的电力监控系统是一个相对独立的子系统，电能监测中采用的分项计量仪表具有远传通信功能，纳入设备监控管理系统进行集成。

8　公共安全系统

8.1　航站楼安防集成管理系统是建立在 CCTV 监控子系统、出入口控制子系统上的网络化集成管理平台。集成系统的运行不影响各子系统的独立运行，集成系统负责配置联动控制中各环节的响应逻辑和调度各子系统的联动响应过程。集成系统故障时，各子系统依然可以独立稳定运行。

8.2　视频监控（报警）系统。视频监控系统主要是在各主要区域、通道、入口和隔离门等处设置相应种类的视频摄像头，实现对整个航站楼的视频监控。控制室设有录像机和大屏幕监视器，当遇到重要情况时，可利用键盘将任一台摄像机的图像调到大屏幕上连续监视，并可录像。系统采用全网络数字视频监控系统，在局部重要区域（如安检、边检、海关、检验检疫等检查区域及相关旅客排队和活动的区域）配置 IP 高清全数字摄像机，可实现 $7 \times 24h$ 连续不间断工作的能力，包括 24h 不间断录像，高清数字摄像机分辨率不小于 720P，在此分辨率下保存全部图像资料和拾音器的声音信号 30 天，并以此进行存储量的计算。

系统后台软件具备详细的中文菜单管理界面，操作简单，能在人机交互的操作系统环境下运行，在操作过程中不出现死机现象，一旦出现故障，系统可以自动切换至备用设备继续工作，并不影响系统的运行；同时权限根据具体的功能设置，可以设置上百种不同的权限等级，可提供操作员不同的操作权限、监控范围和系统参数；系统状态显示，以声光和/或义字图形显示系统自检、电源状况（断电、欠压等）、受控出入口人员通行情况（姓名、时间、地点、行为等）、设防和撤防的区域、报警和故障信息（时间、部位等）及图像状况等；处警预案，入侵报警时入侵部位、图像和/或声音应自动同时显示，并显示可能的对策或处警预案。软件具备报警后热点画面显示功能，可以实现大屏弹出式显示，可设定任一监视设备或监视设备组显示报警联动的图像并联动录像设备；报表生成，可生成和打印各种类型的报表。报警时能实时自动打印报警报告（包括报警发生的时间、地点、警情类别、值班员的姓名、接处警情况等）；报警按钮、探测器等报警设备一旦触发报警信号，此信号输入至设备小间编码器报警输入接口，编码器可以实现与之相对应的报警区域的摄像机的联动，及时记录现场情况。

8.3　门禁系统是在航站楼内公共区域至隔离区域、重要机房的通道以及消防状态下的跨区域通道的主要入口设置门禁设备。

8.4　在旅客服务、办票、海关、安检、商业柜台等处设置手动报警按钮。

8.5　安防集成管理系统是整个安防系统的集成平台，是闭路电视监控系统、门禁系统的联动控制枢纽，也是与其他信息智能化系统如信息集成系统、安检信息管理系统、智能建筑管理系统、火灾自动报警系统、围界监控报警系统等的系统接口平台。

8.6　安防系统所包含的两个子系统（视频监控（报警）系统、门禁（巡更）子系统）应结合成为一个有机整体。不但子系统之间应有良好的联动关系，对外界信号（如消防报警信号）也应有良好的联动关系。报警发生的联动步骤为：

8.6.1 当门禁（巡更）系统区域控制器接收到报警信号（无效卡报警、密码错误报警、开门时间过长报警、仿伪报警、破坏报警、无声报警、报警按钮等）直接在前端编码器与网络控制器实现联动，同时服务器端记录日志等信息。

8.6.2 门禁（巡更）系统区域控制器通过 I/O 模块输出信号给电梯系统，以控制电梯按允许的方向开启电梯门。

8.6.3 安防集成管理服务器得到报警信号，在电子地图上显示报警位置，同时显示报警状态（报警地、报警编号、报警种类，联动处理状态）。将相应指令发送到数字视频管理服务器或虚拟矩阵执行相应的动作。

8.7 应急管理系统。任何影响机场正常运营或业务运作的异常事件可定义为事故。包括：航班相关事故，旅客相关事故，社会公共相关事故及典型突发事件等以及设施设备相关等紧急情况。机场的异常事件需要一套完备的应急管理系统，以辨别相关事故，维护事故处理流程预案，便于各部门对应急预案的查询检索，从而进一步提高机场对类似事件的应对能力，优化相关应急流程。应急管理系统的一个重要特性，是将机场的组织架构与整体应急流程相关联，并对这些流程进行维护与管理。应急管理系统应是一个基于用户配置的流程维护管理系统。用以事故和紧急情况识别，并创建、保存与更新事故相关的处理流程。包含根据不同等级或不同类型的应急事件维护相应的应急流程，便于查找或检索。同时随时更新应急流程。系统提供完善的系统管理和足够的安全保护，以限制对机密数据的访问。

【说明】设计依据、机房工程（EEEP）、防雷与接地系统和电气节能措施参考写字楼建筑智能化方案设计相关内容编写。

九、某铁路客运站建筑智能化方案设计实例

1 工程概况

某铁路客运站建筑面积为 97284m²，地上 2 层，地下 3 层。建筑高度 38m，建筑耐火等级一级，设计使用年限为 50 年。设计规模为 22 站台面 26 线，基本站台南北各 1 座，中间站台 10 座，站房建筑地上二层、地下三层，局部设置夹层。其中北侧站台层为地面层，北站房为地面站房。南侧出站层为地面层，南站房设垂直交通厅和设备办公用房。地上二层为高架层和站台层，南北站房各设进站厅，中部为候车区。地下一层为出站层，布置出站区和综合换乘通道。高架站场下方空间东西两侧为城市公共交通换乘区。地下二层和地下三层分别为地铁站厅层和站台层。

2 设计依据

2.1 建设单位提供有关资料和设计任务书。

2.2 执行的主要设计规范与标准（见【说明】）。

3 设计范围

3.1 信息化应用系统（IAS）。

3.2 智能化集成系统（IIS）。

3.3 信息化设施系统（IFS）。

3.4 建筑设备管理系统（BMS）。

3.5 公共安全系统（PSS）。

3.6 机房工程（EEEP）。

4 信息化应用系统

信息集成系统的建设目标是能提供一个信息共享的运营环境，使各信息智能化系统均在信息集成系统统一的列车信息之下自动运作。它能支持客运站的运营模式，支持客运站各生

产运营部门在运行指挥中心的协调指挥下进行统一的协调、调度、管理，以实现最优化的生产运营和设备运行，为客运站安全高效的生产管理提供信息化、自动化手段。并能为旅客、铁路公司以及客运站自身的业务管理提供及时、准确、系统、完整的列车信息服务。最终，使客运站成为以信息集成系统为核心，各信息智能化系统为手段，信息高度统一、共享、调度严密、管理先进和服务优质的客运站。包括：列车信息管理及集成系统、列车班次信息显示系统、安检信息系统、时钟系统、运营监控管理系统、安检信息管理系统、地理信息系统等。

4.1 列车信息管理及集成系统。计算机信息管理系统是客运站智能化系统核心，实现对列车车次、服务、资源分配、计费统计等一系列工作的综合、完善、统一管理。它也是客运站信息中心，承担着客运站内部各子系统的信息枢纽作用。另外，系统提供了相关智能化子系统在系统集成上的平台。

4.2 列车班次信息显示系统。为旅客提供进出列车班次动态信息、候车引导信息、检票提示信息、中转列车信息等。显示组成主要包括：LED、LCD、PDP、（或液晶）和有线电视等。

4.3 安检信息系统。通过与离站系统的之间的接口集成，加之自身的网络和视频设备，系统提供实现火车站出站行李托运、安检过程中的人包对应，从而进行记录存储、调用核实服务等功能，为提高安检工作效率和列车安全提供有力保障。

4.4 时钟系统。为客运站各区域和部门提供统一准确时间、协调各部门工作，系统采用子母钟控制原则，采用 GPS 接收机接受校时信号，信号经处理后向母钟定时发校准信号。

5 智能化集成系统

5.1 集成管理的重点是突出在中央管理系统的管理，控制仍由下面各子系统进行。集成管理能为本工程各个管理部门提供高效、科学和方便的管理手段。将建筑中日常运作的各种信息，如建筑设备监控、安防、通信系统等管理信息，各种日常办公管理信息，物业管理信息等构成相互之间有关联的一个整体，从而有效地提升建筑整体的运作水平和效率。

5.2 集成管理，首先要求进行集成的系统应该是一个开放性的系统，在集成过程中，首先要解决好各个系统间通信协议的标准化问题，使整个系统达到信息识别的唯一性，只有这样，才能真正达到各子系统之间的联动。也才能做到无论集成先后，均能平滑连接。

5.3 系统集成的规模，首先是以建筑设备管理系统为模式，即 BMS 模式，先期将在建筑中有相互联动关系的各建筑设备监控子系统进行相对集成，达到相互之间在处理和解决建筑中出现的问题时，能协同动作，提高效率，便于管理。在 BMS 中，以建筑设备监控系统（BA）为基础平台，进行相关的联动设计。

6 信息化设施系统

6.1 信息接入系统

6.1.1 本工程需输出入中继线 200 对（呼出呼入各 50%）。另外申请直拨外线 200 对（此数量可根据实际需求增减）。

6.1.2 电视信号接自城市有线电视网，在顶层设有卫星电视机房，接收列车到发信息，并宜在旅客候车室的电视上显示将要发送的车次信息、在到达大厅出口处的信息显示屏上将要到达的车次信息，并对建筑内的有线电视实施管理与控制。有线电视节目和卫星电视节目经调制后，经电视信号干线系统传送至每个电视输出口处，使获得技术规范所要求的电平信号，达到满意的收视效果。

6.2 综合布线系统。综合布线系统是客运站内的信号传输物理平台，是整个智能化系统的布线基础，涵盖话音和数据通信路由，同时也与外部通信网相连接。它具有系统性、重构性、标准性等特征。

6.2.1 本车站技术用房、管理用房、车站各作业点、检票口、售票窗口、自动售票机等处应设置信息端口。

6.2.2 在海关柜台、边防柜台、安检柜台、检验检疫柜台等处应设置信息端口。

6.2.3 在中转、行包房应设置信息端口。

6.2.4 在候车厅、软席候车室和贵宾厅应设置信息端口。

6.3 通信自动化系统

6.3.1 本工程在地下一层设置电话交换机房，拟定设置一台1000门的PABX。

6.3.2 客运值班室、信息控制中心、广播室、列检值班室、行车室、客运值班员室、售票室、值班长室、客运计划室、行包房、上水工休息室、客车整备室、机务运转值班室、环境卫生值班室等场所，应设置电话终端。

6.3.3 进站厅、候车室、出站口、售票厅等处，应设置公用电话。

6.3.4 本工程建立卫星通信系统，进行高速数据传输、图像传输、综合数据与语音通信、移动数据通信、计算机网络联接等综合业务，与DDN数字数据网互为备份，可以保证数据通信的不间断性、可靠性。

6.4 会议电视系统

本工程在会议室设置全数字化技术的数字会议网络系统（DCN系统），该系统采用模块化结构设计，全数字化音频技术。具有全功能、高智能化、高清晰音质、方便扩展和数据传递保密等优点。可实现发言演讲、会议讨论、会议录音等各种国际性会议功能，其中主席设备具有最高优先权，可控制会议进程。

6.5 有线电视及卫星电视系统

6.5.1 电视信号接自外有线电视网，各楼设置电视前端机房，在各候车厅、会议室等处设有线电视插座，有线电视系统采用分配分支系统，系统出线口电平为69±6dB，要求图像质量不低于四级。

6.5.2 有线电视终端设置在候车厅、软席候车厅、贵宾候车室、值班室等处。

6.5.3 有线电视系统根据用户情况采用分配-分支分配方式。

6.6 广播系统。系统作为列车班次信息发布的主要辅助手段，向旅客发布实时列车车次信息，列车车次发布间隙提供背景音乐，并还可以提供找人、失物招领以及紧急广播等服务功能。背景音乐兼作消防广播，系统按照火车站内区域的工艺用途分区，系统音源包括：自动车次广播、背景音乐、消防广播、公共人工服务广播等。

客运站公共广播系统是消防紧急广播与客运站业务合二为一的广播系统，在平时作为客运站业务广播使用，在有火灾报警信号时，切换为消防广播使用。系统采用全数字音频网络系统，采用开放、通用的CobraNet数字音频标准，构建星形结构的广播以太网。系统由系统管理服务器、设备管理工作站、列车班次自动广播系统、消防广播系统、功能控制中心人工呼叫站和GUI终端、数字音频矩阵系统、数字功率放大器、现场各种扬声器、噪声探测器等组成。在业务广播时，主要由自动广播及人工广播组成，自动广播系统根据列车班次信息自动生成列车班次广播信号，在相关区域广播；在其他紧急情况下，公共广播系统可进行紧急广播，指导旅客疏散，调度工作人员进行应急处理工作。在消防广播时，消防控制中心工作人员通过消防广播控制台启动本楼的消防广播（预录广播或人工广播）或通过人工呼叫站进行人工广播。

6.6.1 客运广播控制台应设在铁路旅客车站信息控制中心的联合控制台上。

6.6.2 客运广播复合区应覆盖进站大厅、出入口处、候车室、软席候车室、贵宾候车室、站台、检票口、出站通道、站前广场、行包房、售票厅以及客运值班室等场所。

6.6.3 广播系统信源应采用计算机语音合成设备，广播语言应为中文和英语。

6.6.4 国际列车候车室宜采用三种以上语言播放信息，广播语言宜为中文、英语和目的地国的语种。

6.7 无线网。客运站无线局域网为相关信息智能化系统的无线应用和旅客无线上网提供网络平台。候车大厅、站台口等处设置无线网，旅客无线上网和信息智能化系统的无线应用通过 SSL VPN 实现安全隔离。

6.8 内部调度通信系统。内部调度通信系统是客运站内建立的一套独立调度通信交换网，供客运站内各业务部门之间指挥调度、相互通信使用。系统提供丰富的接口，可以与广播系统、有线通信系统、数字无线集群调度通信系统连接进行各种需要的通信。系统采用数字终端实现内部的通信。

6.9 公共显示系统。公共显示屏设置在进站大厅、主廊道、各候车室、站台、出站通道、出站大厅、售票大厅等旅客集中后动场所。系统应分别显示列车进站、出站、票务及其他多媒体等信息。

6.10 网络系统及网络安全系统。网络系统及网络安全系统是整个客运站信息智能化系统的通信基础，支持信息智能化系统所有的基于网络的功能和业务。系统采用业界领先的成熟可靠技术，为信息智能化系统提供 24h 连续高可靠运行的、安全的数据及媒体传输平台。

7 建筑设备管理系统

7.1 建筑设备监控系统

7.1.1 建筑设备监控系统融合了现代计算机技术、网络通信技术、自动控制技术、数据库管理技术以及软件技术等，通过中央监控系统的计算机网络，将各层的控制器、现场传感器、执行器及远程通信设备进行联网，共同实现集中管理、分散控制的综合监控及管理功能。

7.1.2 本工程建筑设备监控系统的总体目标是分别对客运站内的建筑设备（HVAC、给水排水系统、供配电系统、照明系统等）进行分散控制、集中监视管理，从而提供一个舒适的工作环境，通过优化控制提高管理水平，从而达到节约能源和人工成本，并能方便实现物业管理自动化。

7.1.3 系统设计所遵循的原则是注重系统的先进性、实用性、可靠性、开放性、适应性、可扩展性、经济性和可维护性。通过对工程中子系统的控制，对建筑内温、湿度的自动调节，空气质量的最佳控制，以及对室内照明进行自动化管理等手段，提供最佳的能源管理方案，对机电设备以及照明等采取优化控制和管理，确保节能运行，从而降低能源成本及运行费用。

7.2 建筑能耗分析管理系统。能耗分析管理系统将作为客运站中能耗信息、能源设备运行信息的交汇与处理的中心，通过能源计划、能源监控、能源统计、能源消费分析、重点能耗设备管理、报表分析、能源计量设备管理等多种手段，使管理者对客运站的能源成本比重、发展趋势有准确的掌握，使各子系统和设备的运行处于有条不紊、协调一致的高效、经济的状态，最大限度地节省能耗和日常运行管理的各项费用，保证各系统能得到充分、高效、可靠的运行，并将客运站的能源消费计划任务合理分配到各个空间区域等，使节能工作责任明确，促进客运站健康稳定发展，最终给客运站管理者带来可观的经济效益。

7.3 电梯监控系统

7.3.1 电梯监控系统是一个相对独立的子系统，纳入设备监控管理系统进行集成。

7.3.2 电梯现场控制装置应具有标准接口（如 RS485、RS232 等）。

7.3.3 在安防消防中心设电梯监控管理主机，显示电梯的运行状态。

7.3.4 监控系统配合运营，启动和关闭相关区域的电梯；接收消防与安防信息，及时采取应急措施。

7.3.5 系统自动监测各电梯运行状态，紧急情况或故障时自动报警和记录，自动统计电梯工作时间，定时维修。

7.3.6 电梯对讲电话主机及对讲电话分机由电梯中标方成套提供，要求满足工程管理需要。

7.3.7 电梯轿厢内设暗藏式对讲机，对讲总机设在消防控制室，用于紧急对讲。

7.4 电力监控系统。本工程的电力监控系统是一个相对独立的子系统，电能监测中采用的分项计量仪表具有远传通信功能，纳入设备监控管理系统进行集成。

8 公共安全系统

8.1 客运站安防集成管理系统是建立在 CCTV 监控子系统、出入口控制子系统上的网络化集成管理平台。集成系统的运行不影响各子系统的独立运行，集成系统负责配置联动控制中各环节的响应逻辑和调度各子系统的联动响应过程。集成系统故障时，各子系统依然可以独立稳定运行。

8.2 视频监控（报警）系统。在各主要区域、通道、入口和隔离门等处设置相应种类的视频摄像头，实现对整个火车站的视频监控。控制室设有录像机和大屏幕监视器，当遇到重要情况时，可利用键盘将任一台摄像机的图像调到大屏幕上连续监视，并可录像。系统采用全网络数字视频监控系统，在局部重要区域（如安检等检查区域及相关旅客排队和活动的区域）配置 IP 高清全数字摄像机，可实现 $7 \times 24h$ 连续不间断工作的能力，包括 24h 不间断录像，高清数字摄像机分辨率不小于 720P，在此分辨率下保存全部图像资料和拾音器的声音信号 30 天，并以此进行存储量的计算。

8.2.1 铁路旅客车站独立设置安防监控中心；售票楼、行包房根据规模功能和管理要求设置安防值班室。

8.2.2 安防监控中心将视频监控信号送至铁路客运站信息控制中心及当地公安部门。

8.2.3 站长室、客运值班室、行包值班室、车站值班室、公安值班室等场所设置控制、监视设备。

8.2.4 旅客进站口、出站口、进站通道、出站通道、候车室、站台、售票厅、行包房、行包托运厅、行包提取厅、行包地道、列车进出站咽喉区安装摄像机。

8.2.5 系统后台软件具备详细的中文菜单管理界面，操作简单，能在人机交互的操作系统环境下运行，在操作过程中不出现死机现象，一旦出现故障，系统可以自动切换至备用设备继续工作，并不影响系统的运行；同时权限根据具体的功能设置，可以设置上百种不同的权限等级，可提供操作员不同的操作权限、监控范围和系统参数；系统状态显示，以声光和/或文字图形显示系统自检、电源状况（断电、欠压等）、受控出入口人员通行情况（姓名、时间、地点、行为等）、设防和撤防的区域、报警和故障信息（时间、部位等）及图像状况等；处警预案，入侵报警时入侵部位、图像和/或声音应自动同时显示，并显示可能的对策或处警预案，软件具备报警后热点画面显示功能，可以实现大屏弹出式显示，可设定任一监视设备或监视设备组显示报警联动的图像并联动录像设备；报表生成，可生成和打印各种类型的报表。报警时能实时自动打印报警报告（包括报警发生的时间、地点、警情类别、值班员的姓名、接处警情况等）；报警按钮、探测器等报警设备一旦触发报警信号，此信号输入至设备小间编码器报警输入接口，编码器可以实现与之相对应的报警区域的摄像机的联动，及时记录现场情况。

8.3 门禁系统是在火车站内公共区域至隔离区域、重要机房的通道以及消防状态下的跨区域通道的主要入口设置门禁设备。

8.4 在旅客服务、售票、安检、商业柜台等处设置手动报警按钮。

8.5 售票室、总账室、票据库、财务室、行包房、通信机房及特殊场所应设置入侵报警探测器。

8.6 视频监控（报警）系统和门禁（巡更）子系统应结合成为一个有机整体。不但子系统之间应有良好的联动关系，对外界信号（如消防报警信号）也应有良好的联动关系。视频报警发生的联动步骤为：

8.6.1 当门禁（巡更）系统区域控制器接收到报警信号（无效卡报警、密码错误报警、开门时间过长报警、仿伪报警、破坏报警、无声报警、报警按钮等）直接在前端编码器与网络控制器实现联动，同时服务器端记录日志等信息。

8.6.2 门禁（巡更）系统区域控制器通过 I/O 模块输出信号给电梯系统，以控制电梯按允许的方向开启电梯门。

8.6.3 安防集成管理服务器得到报警信号，在电子地图上显示报警位置，同时显示报警状态（报警地、报警编号、报警种类，联动处理状态）。将相应指令发送到数字视频管理服务器或虚拟矩阵执行相应的动作。

8.7 车辆管理系统。本工程停车场管理系统主机就近管理用房内设置。工程停车场管理系统采用影像全鉴别系统，对进出的内部车辆采用车辆影像对比方式，防止盗车。

8.8 应急管理系统。任何影响客运站正常运营或业务运作的异常事件可定义为事故。客运站的异常事件需要一套完备的应急管理系统，以辨别相关事故，维护事故处理流程预案，便于各部门对应急预案的查询检索，从而进一步提高客运站对类似事件的应对能力，优化相关应急流程。应急管理系统的一个重要特性，是将客运站的组织架构与整体应急流程相关联，并对这些流程进行维护与管理。应急管理系统应是一个基于用户配置的流程维护管理系统。用以事故和紧急情况识别，并创建、保存与更新事故相关的处理流程。包含根据不同等级或不同类型的应急事件维护相应的应急流程，便于查找或检索。同时随时更新应急流程。系统提供完善的系统管理和足够的安全保护，以限制对机密数据的访问。

【说明】设计依据、机房工程（EEEP）、防雷与接地系统和电气节能措施参考写字楼建筑智能化方案设计相关内容编写。

十、某图书馆建筑智能化方案设计实例

1 工程概况

本工程属于一类建筑，地上五层，地下一层，建筑面积为 71995m²，建筑高度 30m，耐火等级为一级，设计使用年限 50 年。工程性质为图书馆及配套项目，包括金融藏书、借阅、会议、展览、培训、销售、读者餐厅、停车及后勤用房等。

2 设计依据

2.1 建设单位提供有关资料和设计任务书。

2.2 执行的主要设计规范与标准（见【说明】）。

3 设计范围

3.1 信息化应用系统（IAS）。

3.2 智能化集成系统（IIS）。

3.3 信息化设施系统（IFS）。

3.4 建筑设备管理系统（BMS）。

3.5 公共安全系统（PSS）。

3.6 机房工程（EEEP）。

4 信息化应用系统

信息化应用系统功能是为以人为本，为社会服务，更为开放地，有针对性地为不同社会层面的读者提供知识和为读者学习知识提供帮助和指导的方向发展。现代图书馆是对有价值的图像、文本、读者、影像、软件和科学数据等多媒体信息进行收集，进行数字化加工、存储和管理，实现内容系统分类并提供基于网络的数字化存取服务。

4.1 公共服务系统。公共服务系统应具有访客接待管理和公共服务信息发布等功能，并宜具有将各类公共服务事务纳入规范运行程序的管理功能。系统基于信息网络及布线系统，系统服务器设置于中心网络机房，管理终端设置于相应管理用房。

4.2 智能卡应用系统。系统能够提供工作人员的身份识别，考勤，出入口控制，停车管理、消费等功能。还能提供读者的图书借阅，上网计费，馆内消费、停车收费管理，身份识别等功能。该系统可分为 IC 卡读者证管理子系统，消费管理子系统、员工考勤管理子系统，上机管理子系统和查询子系统。

4.3 图书馆业务管理自动化。实现图书馆各类文献资源，包括图书、非图书资料电子出版物的采访、编目、流通、检索的计算机管理实现文献联合编目、联机检索和馆际互借。

4.4 信息设施运行管理系统。信息设施运行管理系统应具有对建筑物信息设施的运行状态、资源配置、技术性能等进行监测、分析、处理和维护的功能。系统基于信息网络及布线系统，系统服务器设置于中心网络机房，管理终端设置于相应管理用房。

4.5 信息安全管理系统。信息网络安全管理系统通过采用防火墙、加密、虚拟专用网、安全隔离和病毒防治等各种技术和管理措施，使网络系统正常运行，确保经过网络的传输和管理措施，使网络系统正常运行，确保经过网络传输和交换的数据不会发生增加、修改、丢失和泄漏。系统基于信息网络及布线系统，系统服务器设置于中心网络机房，管理终端设置于相应管理用房。

5 智能化集成系统

本工程对信息设施各子系统通过统一的信息平台实现集成，实施综合管理，将建筑中日常运作的各种信息，如建筑设备监控系统、安防、火灾自动报警、公共广播、通信系统以及展览管理信息，各种日常办公管理信息，物业管理信息等构成相互之间有关联的一个整体，从而有效地提升建筑整体的运作水平和效率。

5.1 智能化信息集成系统。集成软件平台安装在主机服务器上，实现把所有子系统集成在统一的用户界面下，对子系统进行统一监视、控制和协调，从而构成一个统一的协同工作的整体。包括实现对子系统实时数据的存储和加工，对系统用户的综合监控和显示以及智能分析等其他功能。

5.2 集成信息应用系统。对于管理数据的集成，要求控制系统在软件上使用标准的、开放的数据库进行数据交换，实现管理数据的系统集成。

6 信息化设施系统

6.1 信息接入系统

6.1.1 系统接入机房设置于建筑通信机房内，通信机房可满足三家运营商入户。本工程需输出入中继线 200 对（呼出呼入各 50%）。另外申请直拨外线 200 对（此数量可根据实际需求增减）。

6.1.2 电视信号接自城市有线电视网，在顶层设有卫星电视机房，对建筑内的有线电视实施管理与控制。有线电视节目和卫星电视节目经调制后，经电视信号干线系统传送至每个电视输出口处，使获得技术规范所要求的电平信号，达到满意的收视效果。

6.2　通信自动化系统

6.2.1　根据图书馆的规模及工作人员的数量，本工程在地下一层设置电话交换机房，拟定设置一台1000门的PABX。

6.2.2　PABX应将传统的语音通信、语音信箱、多方电话会议、IP技术、ISDN（B-ISDN）应用等通信技术融会在一起，向图书馆用户提供全新的通信服务。

6.3　综合布线系统

6.3.1　综合布线系统是信息化、网络化、办公自动化的基础，将建筑内的业务、办公、通信等设计统一规划布线。综合布线系统满足楼内信息处理和通信（数据、语音、图像等），它能有效地融合视频信息和其他媒体信息，建立一套科学、有效的媒体管理系统，其中包括资料的采集、储存、编目、管理、传输和编码转换等。并保持用户与外界互联网及通信的联系，以达到信息资源共享、交互、再利用，实现图书馆有效的管理。综合布线系统示意见图8.1.7-4，本工程综合布线系统由五个子系统组成。

6.3.2　工作区子系统：在办公、阅览、电子查询、书库等部门设置工作区，每个工作区根据需要设置一个单孔或双孔信息插座，用于连接电话、计算机或其他终端设备。

6.3.3　配线子系统：信息插座选用标准的超五类RJ45插座，信息插座采用墙上安装方式；信息插座每一孔的配线电缆均选用一根4对超五类非屏蔽双绞线。

6.3.4　干线子系统：图书馆内的干线采用光缆和大对数铜缆，光缆主要用于通信速率要求较高的计算机网络，干线光缆按每48个信息插座配2芯多模光缆配置；大对数铜缆主要用于语音通信，采用3类25对非屏蔽双绞线，干线铜缆的设置按一个语音点2对双绞线配置。

6.3.5　设备间子系统：综合布线设备间设在一层，面积约20m²。用于安装语音部分的配线架，在一层设计算中心，面积约50m²，用于安装数据配线架，通过主配线架可使医院的信息点与市政通信网络和计算机网络设备相连接。

6.4　信息导引导及发布系统。在入门大厅、休息厅等处设置大屏幕信息显示装置，在入口大厅、信息利用大厅、出纳厅、阅览室等处，设置一定数量的自助信息查询终端。

6.4.1　触摸屏信息查询系统设置在图书馆主入口处。方便读者快捷方便地了解图书馆平面布局，阅览室的位置和特点，借阅的规则和要求、检索查询的步骤。触摸屏信息查询系统具有多媒体功能一般采用在线式。

6.4.2　一般在图书馆大厅及检索目录厅处设置公共显示系统，播发图书资料出版发布信息，重要新闻信息和讲座及活动信息。

6.5　会议电视系统。本工程在多功能厅设置全数字化技术的数字会议网络系统（DCN系统），该系统采用模块化结构设计，全数字化音频技术。具有全功能、高智能化、高清晰音质。方便扩展和数据传递保密等优点。可实现发言演讲、会议讨论、会议录音等各种国际性会议功能，其中主席设备具有最高优先权，可控制会议进程。

6.6　有线电视及卫星电视系统

6.6.1　本工程在地下一层设置有线电视前端室，在顶层设有卫星电视机房，对建筑内的有线电视实施管理与控制。

6.6.2　有线电视系统根据用户情况采用分配-分支分配方式。

6.7　有线广播系统

6.7.1　本工程内设置有线广播系统，其功能为语音广播和背景音乐广播。本系统与火灾应急广播系统分别设置。

6.7.2　有线广播主机设备设置在中央控制室，系统采取100V定压输出方式。扬声器按场所及其使用功能不同分组，分区设置，并按不同使用要求，分区分别设置功放。通往各层，各分区、分组的扬声器用的电缆，从音响控制室呈星形直接送往，在控制室设有不同回路的选择开关，可根据需要分回路或全馆进行播音。多功能厅设置一套独立的扩声系统。

6.7.3 扬声器应满足灵敏度、频率响应、指向性等特性以及播放效果的要求。室外选用的扬声器或声控应为全天候型。

6.8 同声传译系统。系统采用红外无线方式，设 4 种语言的同声传译，采用直接翻译和二次翻译相结合的方式。根据现场环境，在报告厅内设数个红外辐射器，用以传送译音信号，与会者通过红外接收机，佩戴耳机，通过选择开关选择要听的语种。

6.9 无线通信增强系统。为避免无线基站信道容量有限，忙时可能出现网络拥塞，手机用户不能及时打进或接进电话。另外由于大楼内建筑结构复杂，无线信号难于穿透，室内易出现覆盖盲区。因此，大楼内应安装无线信号室内天线覆盖系统以解决移动通信覆盖问题，同时也可增加无线信道容量。

7 建筑设备管理系统

7.1 建筑设备监控系统

7.1.1 建筑设备监控系统融合了计算机技术、网络通信技术、自动控制技术、数据库管理技术以及软件技术等，采用"集散型系统"，通过中央监控系统的计算机网络，将各层的控制器、现场传感器、执行器及远程通信设备进行联网，共同实现集中管理、分散控制的综合监控及管理功能。

7.1.2 本工程建筑设备监控系统的总体目标是分别对建筑内的建筑设备（HVAC、给水排水系统、供配电系统、照明系统等）进行分散控制、集中监视管理，从而提供一个舒适的工作环境，通过优化控制提高管理水平，从而达到节约能源和人工成本，并能方便实现物业管理自动化。

7.1.3 系统设计所遵循的原则是注重系统的先进性、实用性、可靠性、开放性、适应性、可扩展性、经济性和可维护性。通过对工程中子系统的控制，对建筑内温、湿度的自动调节，空气质量的最佳控制，以及对室内照明进行自动化管理等手段，提供最佳的能源管理方案，对机电设备以及照明等采取优化控制和管理，确保节能运行，从而降低能源成本及运行费用。

7.1.4 本工程在地下一层设置一处建筑设备监控室，对建筑设备实施管理与控制。

7.2 建筑能效监管系统。本工程建筑能效监管主机设置于各个建筑物业管理室。系统可对冷热源系统、供暖通风和空气调节、给水排水、供配电、照明、电梯等建筑设备进行能耗监测。根据建筑物业管理的要求及基于对建筑设备运行能耗信息化监管的需求，应能对建筑的用能环节进行相应适度调控及供能配置适时调整。

7.3 电梯监控系统

7.3.1 电梯监控系统是一个相对独立的子系统，纳入设备监控管理系统进行集成。

7.3.2 电梯现场控制装置应具有标准接口（如 RS485、RS232 等）。

7.3.3 在安防消防中心设电梯监控管理主机，显示电梯的运行状态。

7.3.4 监控系统配合运营，启动和关闭相关区域的电梯；接收消防与安防信息，及时采取应急措施。

7.3.5 系统自动监测各电梯运行状态，紧急情况或故障时自动报警和记录，自动统计电梯工作时间，定时维修。

7.3.6 电梯对讲电话主机及对讲电话分机由电梯中标方成套提供，要求满足工程管理需要。

7.3.7　电梯轿厢内设暗藏式对讲机，对讲总机设在消防控制室，用于紧急对讲。

7.4　电力监控系统。本工程的电力监控系统是一个相对独立的子系统，电能监测中采用的分项计量仪表具有远传通信功能，纳入设备监控管理系统进行集成。

8　公共安全系统

8.1　视频监控系统

8.1.1　本工程在一层设置保安室（与消防控制室共室），内设系统矩阵主机、视频录像、打印机，监视器及～24V电源设备等。视频自动切换器接受多个摄像点信号输入，定时自动轮换（1～30s）输出监控信号，也可手动任选一个摄像机的画面跟踪监视、录像、打印。系统矩阵主机带输入、输出板；云台控制及编程、控制输出时、日、字符叠加等功能。

8.1.2　在建筑的大堂、各层电梯厅、电梯轿厢等处设置摄像机，电梯轿厢内采用广角镜头，利用大厅、开架阅览室设置全方位视频监控系统，保证监视到每一个阅览座位及书架。要求图像质量不低于四级。图像水平清晰度：黑白电视系统不应低于400线，彩色电视系统不应低于270线。图像画面的灰度不应低于8级。保安闭路监视系统各路视频信号，在监视器输入端的电平值应为1Vp-p±3dB VBS。保安闭路监视系统各部分信噪比指标分配应符合，摄像部分：40dB；传输部分：50dB；显示部分：45dB。保安闭路监视系统采用的设备和部件的视频输入和输出阻抗以及电缆阻抗均应为75Ω。

8.2　出入口控制系统。库区内部如设置门禁系统则为双向门禁系统。库区外部设置单向门禁系统。系统主机设置于建筑消防控制室。系统构成与主要技术功能：

8.2.1　出入口控制系统由识读部分、传输部分、管理/控制部分和执行部分以及相应的系统软件组成。

8.2.2　本工程在重要机房、物业用房车库、出入口安装读卡机、电控锁以及门磁开关等控制装置。系统设置于各建筑内消防控制室内。

8.2.3　系统的信息处理装置应能对系统中的有关信息自动记录、打印、贮存，并有防篡改和防销毁的措施。

8.2.4　出入口控制系统应能独立运行，并能与火灾自动报警系统、视频监控系统联动。当发生火警或需紧急疏散时，人员不使用钥匙应能迅速安全通过。

8.3　在建筑物的主要出入口、书库、阅览室、借阅处、重要设备室、电子信息系统机房和安防中心等处设置出入口控制系统、入侵报警系统、视频监控系统及电子巡查系统。

8.4　停车场管理系统。在停车场出入口设置停车场管理系统，采用影像全鉴别系统，对于内部车辆，采用非接触式IC卡进行识别。对于外部临时车辆则采用临时出票方式。停车场管理系统由进/出口读卡机、挡车器、感应线圈、摄像机、收费机、入口处LED显示屏等组成。停车场管理系统的操作软件应有中文操作系统，人机界面友好，该系统应与建筑设备监控系统、消防系统、安全系统的接口，并应为开放的通信协议，便于系统的互联或联动。

【说明】设计依据、机房工程（EEEP）、防雷与接地系统和电气节能措施参考写字楼建筑智能化方案设计相关内容编写。

十一、某中学建筑智能化方案设计实例

1　工程概况

本工程由北侧的教学区、西南侧的生活区、东南侧的体育活动区和东北侧的预留国际部发展区4个主要部分组成。北侧的教学区（综合教学楼，综合实验楼，综合艺术楼，综合行政）承担学校日常的教学和行政功能。西南侧的生活区（学生宿舍，生活服务楼）为师生日常生活提供服务。东南侧的体育活动区由多功能综合体育馆、看台、400m标准操场、室外

篮球场、器械活动区等组成。东北侧的国际部发展区为预留用地，内建 200m 操场和篮球等活动场地，作为教学区的备用运动场地。建筑面积为 129242m²，建筑高度 24m，可容纳 100 个高中班在校学习和生活的大尺度校园。

2 设计依据

2.1 建设单位提供有关资料和设计任务书。

2.2 执行的主要设计规范与标准（见【说明】）。

3 设计范围

3.1 信息化应用系统（IAS）。

3.2 智能化集成系统（IIS）。

3.3 信息化设施系统（IFS）。

3.4 建筑设备管理系统（BMS）。

3.5 公共安全系统（PSS）。

3.6 机房工程（EEEP）。

4 信息化应用系统

信息化应用系统功能应满足建筑物运行和管理的信息化需要并提供建筑业务运营的支撑和保障。系统包括公共服务、智能卡应用、物业管理、信息设施运行管理、信息安全管理、基本业务办公和专业业务等信息化应用系统。

4.1 公共服务系统。公共服务系统应具有访客接待管理和公共服务信息发布等功能，并宜具有将各类公共服务事务纳入规范运行程序的管理功能。系统基于信息网络及布线系统，系统服务器设置于中心网络机房，管理终端设置于相应管理用房。

4.2 智能卡应用系统。根据建设方物业信息管理部门要求对出入口控制、电子巡查、停车场管理、考勤管理、消费等实行一卡通管理。"一卡"，在同一张卡片上实现开门、考勤、消费等多种功能；"一库"，在同一软件平台上，实现卡的发行、挂失、充值、资料查询等管理，系统共用一个数据库，软件必须确保出入口控制系统的安全管理要求；"一网"，各系统的终端接入局域网进行数据传输和信息交换。系统基于信息网络及布线系统，系统服务器设置于中心网络机房，管理终端设置于相应管理用房。

4.3 信息设施运行管理系统。信息设施运行管理系统应具有对建筑物信息设施的运行状态、资源配置、技术性能等进行监测、分析、处理和维护的功能。系统基于信息网络及布线系统，系统服务器设置于中心网络机房，管理终端设置于相应管理用房。

4.4 信息安全管理系统。信息网络安全管理系统通过采用防火墙、加密、虚拟专用网、安全隔离和病毒防治等各种技术和管理措施，确保经过网络的传输和管理措施，使网络系统正常运行，确保经过网络传输和交换的数据不会发生增加、修改、丢失和泄漏。系统基于信息网络及布线系统，系统服务器设置于中心网络机房，管理终端设置于相应管理用房。

5 智能化集成系统

本工程对建筑设备监控系统、安全技术防范系统、信息设施系统、信息化应用系统、消防系统（只监不控）等系统通过统一的信息平台实现集成，实施综合管理，各子系统应提供通用接口及通信协议。集成的重点是能为本工程对各个管理部门提供高效、科学和方便的管理手段，突出在中央管理系统的管理，控制仍由下面各子系统进行，将各种日常管理信息，物业管理信息等构成相互之间有关联的一个整体，从而有效地提升建筑整体的运作水平和效率。

6 信息化设施系统

6.1 信息接入系统

6.1.1　本工程需输出入中继线 60 对（呼出呼入各 50%）。另外申请直拨外线 100 对（此数量可根据实际需求增减）。

6.1.2　电视信号接自城市有线电视网，在顶层设有卫星电视机房，对建筑内的有线电视实施管理与控制。有线电视节目和卫星电视节目经调制后，经电视信号干线系统传送至每个电视输出口处，使获得技术规范所要求的电平信号，达到满意的收视效果。

6.2　通信自动化系统

6.2.1　本工程在地下一层设置电话交换机房，拟定设置一台 600 门的 PABX。

6.2.2　通信自动化系统中，程控自动数字交换机起着重要的作用。随着通信技术的发展，现今的 PABX 应将传统的语音通信、语音信箱、多方电话会议、IP 技术、ISDN（B-ISDN）应用等当今最先进的通信技术融会在一起，向用户提供全新的通信服务。

6.3　综合布线系统。本工程在地下一层设置网络室。综合布线系统（GCS）应为一套完善可靠的支持语音、数据、多媒体传输的开放式的结构，作为通信自动化系统和办公自动化系统的支持平台，满足教学、通信和办公自动化的需求。系统能支持综合信息（语音、数据、多媒体）传输和连接，实现多种设备配线的兼容，综合布线系统能支持所有的数据处理（计算机）的供应商的产品，支持各种计算机网络的高速和低速的数据通信，可以传输所有标准的模拟和数字的语音信号，具有传输 ISDN 的功能，可以传输模拟图像、数字图像以及会议电视等的多媒体信号。完全能承担建筑内的信息通信设备与外部的信息通信网络相连。

6.4　会议电视系统。本工程在多功能厅设置全数字化技术的数字会议网络系统（DCN系统），该系统采用模块化结构设计，全数字化音频技术。具有全功能、高智能化、高清晰音质、方便扩展和数据传递保密等优点。可实现发言演讲、会议讨论、会议录音等各种国际性会议功能，其中主席设备具有最高优先权，可控制会议进程。

6.5　教学及紧急广播系统

6.5.1　教学区广播包括教学广播、消防紧急广播和园区背景音乐广播等。系统由节目源、前置放大器、音频分配器、控制主机（单元）、功率放大器、扬声器组成。本工程应急广播与教学广播共用一套音响装置。本工程在一层设置广播室（与消防控制室共室）。

6.5.2　广播区域划分按建筑功能分区划分区域。话筒音源，可对每个区域单独编程或全部播出。

6.5.3　系统应具备隔离功能，某一回路扬声器发生短路，应自动从主机上断开，以保证功放及控制设备的安全。

6.5.4　系统主机应为标准的模块化配置，并提供标准接口及相关软件通信协议，以便系统集成。

6.5.5　系统采用 100V 定压输出方式。要求从功放设备的输出端至线路上最远的用户扬声器的线路衰耗不大于 1dB（1000Hz）。

6.5.6　公共广播系统的平均声压级宜比背景噪声高出 12～15dB，满足应备声压级，但最高声压级不宜超过 90 dB。

6.5.7　环境噪声大于 60dB 的场所，紧急广播扬声器在播放范围内最远点的播放声压级应高于背景噪声 15dB。应急广播优先于其他广播。

6.5.8　广播扩音设备的电源侧，应设电源切断装置。有就地音量开关控制的扬声器，紧急广播时消防信号自动强制接通，音量开关附切换装置。

6.5.9　在消防控制室内手动或按预设控制逻辑联动控制选择广播分区、启动或停止消防紧急广播系统，同时切断教学广播。火灾确认后，同时向全楼进行广播。

6.5.10　公共广播的每一分区均设有调音控制板（设在消防控制室），可根据需要调节音量或切除，消防紧急广播时消防信号自动强制接通。

6.6 信息管理系统。信息网络系统为学校的管理者及建筑物内的各个使用者提供有效可靠的各类信息的接收、交换、传输、存储、检索和显示的综合处理，运用计算机软件技术，结合学校的工作与管理特点，并提供决策支持能力与服务。包括日常办公管理、学生信息管理、学生档案管理、营养食谱管理、卫生保健管理、收费管理、后勤管理、教育教学管理等管理模块。

6.7 有线电视及卫星电视系统

6.7.1 本工程在地下一层设置有线电视前端室，对建筑内的有线电视实施管理与控制。

6.7.2 有线电视系统根据用户情况采用分配—分支分配方式。

6.8 无线通信增强系统。为避免无线基站信道容量有限，忙时可能出现网络拥塞，手机用户不能及时打进或接进电话。另外由于大楼内建筑结构复杂，无线信号难于穿透，室内易出现覆盖盲区。因此，校园内应安装无线信号室内天线覆盖系统以解决移动通信覆盖问题，同时也可增加无线信道容量。

6.9 多媒体教学系统及远程互动视频

6.9.1 多媒体教学系统是由硬件和软件两部分组成。其核心是一台多媒体教学控制主机，其外围主要是视听等多种媒体设备。多媒体系统的硬件是计算机主机及可以接收和播放多媒体信息的各种输入/输出设备，其软件是多媒体操作系统及各种多媒体工具软件和应用软件。

6.9.2 整个硬件系统可以分为 5 部分。

控制主机：主机是多媒体计算机的核心，用得最多的还是微机。目前主机主板上可能集成有多媒体专用芯片。

视频部分：视频部分负责多媒体计算机图像和视频信息的数字化摄取和回放。其信号源可以是摄像机、录放像机、影碟机等。电视卡（盒）：完成普通电视信号的接收、解调、A/D 转换及与主机之间的通信，从而可在计算机上观看电视节目，同时还可以以 MPEG 压缩格式录制电视节目。

音频部分：音频部分主要完成音频信号的 A/D 和 D/A 转换及数字音频的压缩、解压缩及播放等功能。主要包括声卡、外接音箱、话筒、耳麦、MIDI 设备等。

基本输入/输出设备：视频/音频输入设备包括摄像机、录像机、影碟机、扫描仪、话筒、录音机、激光唱盘和 MIDI 合成器等；视频/音频输出设备包括显示器、电视机、投影电视、扬声器、立体声耳机等；人机交互设备包括键盘、鼠标、触摸屏和光笔等；数据存储设备包括 CD-ROM、磁盘、打印机、可擦写光盘等。

高级多媒体设备：随着科技的进步，出现了一些新的输入/输出设备，比如用于传输手势信息的数据手套，数字头盔和立体眼镜等设备。

6.9.3 软件系统：多媒体软件系统按功能可分为系统软件和应用软件。多媒体系统软件主要包括多媒体操作系统、媒体素材制作软件及多媒体函数库、多媒体创作工具与开发环境、多媒体外部设备驱动软件和驱动器接口程序等。应用软件是在多媒体创作平台上设计开发的面向应用领域的软件系统。

6.10 数字化图书馆系统。系统分为图书资源管理、信息资源建设、视听阅览和网络设计四个模块。

6.10.1 图书管理：主要是数据档案管理，可选用条形码打印机为图书资源编码，并选用条形码阅读器处理图书的借还服务，简化管理人员工作量。对计算机处理速度要求不高，普通机型即可。

6.10.2 建立电子资源阅览库：管理人员可使用多种方式将纸制文本转换为电子图书，管理人员也可以将上网收集的大量信息资料（杂志、报刊、文学作品等）或购买市场上的电子书籍或教学软件入库，还可以将馆藏录像带、录音带等视听资料转换为数字资源入库。

6.10.3 电子图书阅读可以通过两种方式进行：web浏览和Apabi Reader本地阅读。Web浏览不受借阅限制，浏览方便。Apabi Reader本地阅读则体验舒适，可以对图书进行标注，同时Apabi Reader也是图书借阅管理客户端，可以对所借图书进行信息记录、借书还书等文档管理操作。

6.10.4 网络设计：数字图书馆系统多媒体数据流量较大，对网络的带宽有较高要求，可以采用100M快速以太网技术，按"星型"结构进行布线，保证网络的高效、安全及易维护。视频服务器应选择较高档次的服务器，并选用光盘塔服务器为视听阅览工作站提供教学光盘点播服务。数字图书馆系统可通过校园网联入Internet。

6.11 高清录播系统

高清全自动录播系统提供大部分功能一键式操作完成，降低了教师使用的难度，增强了系统的易用性和稳定性。系统主要完成教师的视频自动跟踪采集和学生的视频拍摄，音视频智能采集，教师电脑屏幕截取，教师/学生视频/计算机画面智能导播并进行电影模式的课件录制，同时将信号源自动传送至课件实时录制系统生成优质的高清精品课程，并上传至学习管理平台进行点播，还可通过课堂直播系统在局域网、互联网上直播，为远端用户提供在线实时学习的平台。

6.12 时钟系统。为校园各区域和部门提供统一准确时间、协调各部门工作，系统采用子母钟控制原则，采用北斗/GPS接收机接受校时信号，信号经处理后向母钟定时发校准信号。

7 建筑设备管理系统

7.1 建筑设备监控系统

本工程在首层安防控制室设置独立的建筑设备监控系统（BAS），采用直接数字控制技术，对建筑物的给水排水系统进行监控；对电梯系统及供电系统进行监视。本工程建筑设备监控系统监控点数共计约为620控制点，采用"集散型系统"，通过中央监控系统的计算机网络，将各层的控制器、现场传感器、执行器及远程通信设备进行联网，共同实现集中管理、分散控制的综合监控及管理功能。

7.2 建筑能效监管系统。本工程建筑能效监管主机设置于各个建筑物业管理室。系统可对冷热源系统、供暖通风和空气调节、给水排水、供配电、照明、电梯等建筑设备进行能耗监测。根据建筑物业管理的要求及基于对建筑设备运行能耗信息化监管的需求，应能对建筑的用能环节进行相应适度调控及供能配置适时调整。系统主要功能：

7.2.1 数据采集与处理。数据采集主要由底层多功能网络仪表采集完成，实现远程数据的本地实时显示，数据处理主要是把按要求采集到的电参量实时准确地显示给用户，同时把采集到的数据存入数据库供用户查询。

7.2.2 人机交互。系统提供简单、易用、良好的用户使用界面。采用全中文界面，CAD图形显示低压配电系统电气一次主接线图，显示配电系统设备状态及相应实时运行参数，画面定时轮巡切换；画面实时动态刷新；模拟量显示；开关量显示；连续记录显示等。

7.2.3 历时事件。历时事件查看界面主要为用户查看曾经发生过的故障记录、信号记录、操作记录、越限记录提供方便友好的人机交互，通过历史事件查看平台，您可以根据自己的要求和查询条件方便定位您所要查看的历史事件，把握整个系统的运行情况提供了良好的软件支持。

7.2.4 数据库建立与查询。主要完成遥测量和遥信量定时采集，并且建立数据库，定期生成报表，以供用户查询打印。

7.2.5 用户权限管理。针对不同级别的用户，设置不同的权限组，防止因人为误操作给生产，生活带来的损失，实现配电系统的安全，可靠运行。可以通过用户管理进行用户登录、用户注销、修改密码、添加删除等操作，方便用户对账号和权限的修改。

7.2.6 运行负荷曲线。负荷趋势曲线功能主要负责定时采集进线及重要回路电流和功率负荷参量，自动生成运行负荷趋势曲线，方便用户及时了解设备的运行负荷状况。点击画面相应按钮或菜单项可以完成相应功能的切换；可以查看实时趋势曲线或历史趋势线；对所选曲线可以进行平移、缩放、量程变换等操作，帮助用户进线趋势分析和故障追忆，为分析整个系统的运行状况提供了直观而方便的软件支持。

7.2.7 远程报表查询。报表管理程序的主要功能是根据用户的需要设计报表样式，把系统中处理的数据经过筛选、组合和统计生成用户需要的报表数据。本程序还可以根据用户的需要对报表文件采用定时保存、打印或者召唤保存、打印模式。同时本程序还向用户提供了对生成的报表文件管理功能。

7.2.8 能耗界面

（1）综合能耗主界面。反映建筑物当年用能各分类能耗和折算为标准煤的综合能耗，并计算得到单位面积能耗；通过表计计量的主要有电、水、气、可再生能源，界面下方显示这四类能耗的当日逐时用能曲线；单击每个分类能耗的上部区域，可跳转到该分类能耗的用能分析主界面；

（2）分类能耗主界面。反映某分类能耗（例如电）当日及昨日同期、当月及上月同期、当年及上年同期的用能及对比，增长百分比及增加值；反映某分类能耗过去 48 小时、过去31 天、过去 12 个月、过去 3 年的用能趋势；反映某分项能耗的当月用能饼图；反映某分类能耗当年各月用能同比分析图；

（3）分类能耗支路用能统计报表。可灵活选择支路，并统计某段时间内支路用能的日、月、周、季、年用能；通过透视表功能强大，用户可进行多种数据统计，并对数据进行组合排序；统计数据可通过柱状图、点线图、堆积图、饼图等多种图表展示；统计数据可导出至Excel；

（4）类能耗支路非工作日用能。统计对各支路工作日和非工作日用能，非工作日可通过系统灵活设置统计数据可导出至 Excel；

（5）分类能耗支路同比分析。统计各支路当年每月用能及去年同期用能；

（6）分类能耗支路用能集抄。查询各支路任意两个时间的表计读数，并计算出差值；时间精度到分钟；

（7）分类能耗支路分时段用能趋势分析。可查询任一支路某段时间内的用能参数（例如电压、电流、功率、功率因素等），具体可查询的参数与安装的仪表和系统配置有关，查询时不可跨月；数据以图表或表格的形式显示，图表可通过鼠标操作放大、缩小、移动；可对数据进行排序（最大值、最小值）；数据可导出至 Excel。

8 公共安全系统

8.1 视频监控系统。本工程在一层设置保安室（与消防控制室共室）。为了有效地维护校园秩序和学生安全，根据不同的环境及监控要求，配置不同的网络摄像机满足图像摄取点的最优方案，同时还要兼顾使用客户的价格承受能力。

8.1.1 学校大门口人流复杂，而且学校大门临街建设，很容易出现交通事故，也有部分社会不良青年聚集学校门口滋事。在学校门口的内部及外部区域安装智能网络高速球，对出入口附近 30m 范围内的人员、车辆活动情况进行监控，当出现纠纷以及事故，可远程控制球机对局部区域进行重点监控，事后通过视频录像进行取证；同时在门卫室附近安装网络半球摄像机，对人员出入及登记情况进行监控。

8.1.2 行政楼、教学楼出入口及主要通道走廊也是监控的重点区域，对于多出入口的情况，需要在每个出入口安装网络红外一体摄像机，监控出入人员情况。

8.1.3 在学校围墙、车棚设立监控点，根据距离及面积安装网络红外一体摄像机，进行实时及录像监控，保证了夜晚监控效果，保障公共及个人财产安全。

8.1.4 在校园操场体区域，体育运动比较多，人员活动也较多，采用智能网络高速球对操场全景进行监控，当出现纠纷以及事故，可远程控制球机对局部区域进行重点监控，事后通过视频录像进行取证调查。

8.1.5 在实验室、教室内采用广角的网络半球摄像机，可覆盖教室内所有座位。平时可以监控实验、日常教学课堂情况，在作为考点监控的时候，可通过网络接入专用的考试网上巡查系统，对教室的监控设备权限进行隔离，满足国家以及地方的关于考场监控的要求。同时，还可以通过网络进行远程公开课指导，远程教育。

8.1.6 视频监控传输系统。网络视频监控系统是基于 IP 网络设计，主要数据传输介质是以太网双绞线，该系统能很好地集成到现有的校园局域网络中。对距离超远的监控点，配套使用光纤网络摄像机，更可减少因采用其他系统而使用光端机设备的成本，并可减少中间设备（如光电转换器或光端机）产生的故障点。

8.2 门禁系统

8.2.1 学校的大门通道管理，学生上学时必须经过刷卡身份确认后才能进入校园，无身份授权的人员不能进入学校，来访人员佩戴临时卡才能进入学校，保证闲杂人员无法进入学校，门外人员刷卡时，保安人员可以在控制中心通过管理软件实时监控门外情景，提高校园的安全性。

8.2.2 校内人数快速查询，必要时可快速查询到学校的师生人员情况，并可以打印出相关人员名单，如果遇到紧急事故，便于制定营救计划。

8.2.3 校长、财务和老师办公室进出管理，本区域建议采用汉王面部识别系统，提高安全级别。

8.2.4 电教室的电教设备的管理，有权限的卡才能接通电教设备的电源进行使用，老师需要使用设备时必须先刷卡给设备通电，使用完毕老师再刷卡给设备断电，其他没有权限的人无法通过刷卡对设备进行使用。并可查询所有老师对设备的使用记录。

8.2.5 学校的宿舍单元门管理，对于学生进出宿舍楼进行实时的信息管理和记录，本住宿楼的学生可实行指定时间段的开门限制；非本住宿楼的学生禁止进入或指定时间门常闭，保障住宿环境。

8.3 无线巡更系统。无线巡更系统由信息采集器、信息下载器、信息钮和中文管理软件等组成。并可实现以下功能：

8.3.1 可按人名、时间、巡更班次、巡更路线对巡更人的工作情况进行查询，并可将查询情况打印成各种表格，如：情况总表、巡更事件表、巡更遗漏表等。

8.3.2 巡更数据储存，定期将以前的数据储存到软盘上，需要时可恢复到硬盘上。

8.3.3 用户要求可定制其他功能，如各种巡更事件的设置、员工考勤管理等。

【说明】设计依据、机房工程（EEEP）、防雷与接地系统和电气节能措施参考写字楼建筑智能化方案设计相关内容编写。

十二、某居住小区建筑智能化方案设计实例

1 工程概况

本项目为新建住宅小区，本工程总占地 200000m²，总建筑面积 400000m²，建筑功能主要包括：住宅、配套商业及配套服务设施、配套教育建筑、汽车库（部分为人防）等。本项目由多栋住宅及配套公建、地下汽车库组成。

2 设计依据

2.1 建设单位提供有关资料和设计任务书。

2.2 执行的主要设计规范与标准（见【说明】）。

3 设计范围

3.1 信息化应用系统（IAS）。

3.2 智能化集成系统（IIS）。

3.3 信息化设施系统（IFS）。

3.4 建筑设备管理系统（BMS）。

3.5 公共安全系统（PSS）。

3.6 机房工程（EEEP）。

4 信息化应用系统

信息化应用系统功能应适应生态、环保、健康的绿色居住需求；营造以人为本，安全、便利的家居环境；应满足住宅建筑物业的规范化运营管理要求。系统包括公共服务、智能卡应用、物业管理、信息安全管理等信息化应用系统。

4.1 公共服务系统。公共服务系统应具有访客接待管理和公共服务信息发布等功能，并宜具有将各类公共服务事务纳入规范运行程序的管理功能。系统基于信息网络及布线系统，系统服务器设置于中心网络机房，管理终端设置于相应管理用房。

4.2 智能卡应用系统。小区的智能卡系统主要包括：物业管理及计费系统；小区消费及经销存系统；车库及其他收费资源管理系统；入口控制及其他安全保卫系统；证件功能等。小区智能卡系统基于计算机局域网，采用集中数据库管理。整个系统配置如下：

4.2.1 智能卡系统局域网配备九台电脑；其中服务器一台；结算（发卡）中心一台；十个收费点（机）各一台。各台电脑通过网络与服务器相连。所有信息都存储于服务器中。

4.2.2 结算中心配电脑一台，打印机一台，智能卡读写器一台，密码键盘一个，管理软件一套。结算中心功能：智能卡初始化、加密、发行、为持卡人建立账户；持卡人可以在自己的智能卡内交费充值（存款）；可以统计、打印各种报表：卡内余额总和、当日现金收入、当日各类扣款；每月上述情况汇总；可以增发新卡、旧卡退卡、挂失、换发新卡等；可以查询、打印某持卡人的账单。

4.2.3 每个收费点（机）配电脑一台，智能卡读写器一台，密码键盘一个，收费软件一套（相当于一台 POS 机）。收费点的功能：按照应付水电、煤气、电视、物业账单在卡内扣款；可以为购买的东西及娱乐付账；可以对卡内余款及近期消费情况查询；经授权，亦可存款充值；可以对以上存款及扣款分别统计，打印（如果配打印机）；智能卡遗失可以申请封账止付。

4.3 信息安全管理系统。信息网络安全管理系统通过采用防火墙、加密、虚拟专用网、安全隔离和病毒防治等各种技术和管理措施，使网络系统正常运行，确保经过网络的传输和管理措施，使网络系统正常运行，确保经过网络传输和交换的数据不会发生增加、修改、丢失和泄露。系统基于信息网络及布线系统，系统服务器设置于中心网络机房，管理终端设置于相应管理用房。

5　智能化集成系统

5.1　小区是通过对小区建筑群四个基本要素（结构、系统、服务、管理以及它们之间的内在关联）的优化考虑，提供一个投资合理，又拥有高效率、舒适、温馨、便利以及安全的居住环境。

5.2　住宅小区智能化系统主要包含信息管理、安全防范、通信网络三个方面的内容。其中信息管理方面应包括三表远传自动计量系统、建筑设备监控系统、紧急广播与公共广播系统、停车管理系统、住宅小区物业管理系统；安全防范方面应包括电视监视系统、入侵报警系统、巡更系统、出入口控制系统、访客对讲系统；通信网络方面主要包含卫星数字电视及有线电视系统、电话系统、计算机信息网络系统、控制网络系统。同时还纳入了火灾自动报警及消防联动系统和家庭智能化系统。

6　信息化设施系统

6.1　信息接入系统

6.1.1　系统接入机房设置于汽车库地下一层通信机房内，通信机房可满足三家运营商入户。本工程需输出入中继线 100 对（呼出呼入各 50%）作为商业和物业管理使用，每户住宅直接光纤入户。

6.1.2　电视信号接自城市有线电视网，在顶层设有卫星电视机房，对建筑内的有线电视实施管理与控制。有线电视节目和卫星电视节目经调制后，经电视信号干线系统传送至每个电视输出口处，使获得技术规范所要求的电平信号，达到满意的收视效果。

6.2　通信自动化系统

6.2.1　本工程在地下一层设置电话交换机房，拟定设置一台 500 门的 PABX，供商业及小区物业办公使用。

6.2.2　通信自动化系统中，程控自动数字交换机将传统的语音通信、语音信箱、多方电话会议、IP 技术、ISDN（B-ISDN）应用等通信技术融会在一起，向用户提供全新的通信服务。

6.3　综合布线系统

6.3.1　商业及小区物业办公设置综合布线系统，作为通信自动化系统和办公自动化系统的支持平台，满足通信和办公自动化的需求，可靠的支持语音、数据、多媒体传输等。

6.3.2　系统能支持综合信息（语音、数据、多媒体）传输和连接，实现多种设备配线的兼容，综合布线系统能支持所有的数据处理（计算机）的供应商的产品，支持各种计算机网络的高速和低速的数据通信，可以传输所有标准的模拟和数字的语音信号，具有传输 IS-DN 的功能，可以传输模拟图像、数字图像以及会议电视等的多媒体信号。完全能承担建筑内的信息通信设备与外部的信息通信网络相连。

6.3.3　住宅每户设有家庭智能终端箱，实现光纤入户。

6.4　有线电视及卫星电视系统

6.4.1　本工程在地下一层设置有线电视前端机房，电视信号引自城市有线电视网络，光缆引入。

6.4.2　有线电视系统根据用户情况采用分配-分支分配方式。

6.5　背景音乐及紧急广播系统

6.5.1　本工程在小区物业值班室设置广播设备（与消防控制室共室）。

6.5.2　在院区室外设有背景音乐，在汽车库、商业、高层住宅楼走道、楼梯间等场所设有紧急广播。广播系统采用 100 伏定压式输出。当有火灾时，切断背景音乐，接通紧急广播。

6.6 信息导引及发布系统。系统主机设置于小区物业管理室内，系统由视频显示屏系统、传输系统、控制系统和辅助系统组成。可实现一路或多路视频信号同时或部分或全屏显示。通过计算机控制，在公共场所显示文字、文本、图形、图像、动画、行情等各种公共信息以及电视录像信号，并利用信息系统作为电子导向标识，辅助人员出入导向服务。

6.7 由于地下车库无线信号难于穿透，室内易出现覆盖盲区，因此设置无线信号室内天线覆盖系统以解决移动通信覆盖问题，同时也可增加无线信道容量。

7 建筑设备管理系统

7.1 建筑设备监控系统

7.1.1 建筑设备监控系统采用"集散型系统"，通过中央监控系统的计算机网络，将各层的控制器、现场传感器、执行器及远程通信设备进行联网，共同实现集中管理、分散控制的综合监控及管理功能。

7.1.2 本工程建筑设备监控系统对小区内的建筑设备（HVAC、给排水系统、供配电系统、照明系统、电梯等）进行分散控制、集中监视管理，从而提供一个舒适的工作环境，通过优化控制提高管理水平，从而达到节约能源和人工成本，并能方便实现物业管理自动化。

7.1.3 系统设计所遵循的原则是注重系统的先进性、实用性、可靠性、开放性、适应性、可扩展性、经济性和可维护性。通过对工程中子系统的控制，对建筑内温、湿度的自动调节，空气质量的最佳控制，以及对室内照明进行自动化管理等手段，提供最佳的能源管理方案，对机电设备以及照明等采取优化控制和管理，确保节能运行，从而降低能源成本及运行费用。

7.1.4 本工程在物业办公楼首层设置一处建筑设备监控室，对建筑设备实施管理与控制。

7.2 建筑能效监管系统。本工程建筑能效监管主机设置于物业办公楼首层的建筑设备监控室。系统可对小区公共部位的冷热源系统、供暖通风和空气调节、给水排水、供配电、照明、电梯等建筑设备进行能耗监测。并可根据物业管理的要求对建筑的用能环节进行相应适度调控及供能配置适时调整。

7.3 电梯监控系统

7.3.1 电梯监控系统是一个相对独立的子系统，纳入设备监控管理系统进行集成。

7.3.2 电梯现场控制装置应具有标准接口（如RS485、RS232等）。

7.3.3 在安防消防中心设电梯监控管理主机，显示电梯的运行状态。

7.3.4 监控系统配合运营，启动和关闭相关区域的电梯；接收消防与安防信息，及时采取应急措施。

7.3.5 系统自动监测各电梯运行状态，紧急情况或故障时自动报警和记录，自动统计电梯工作时间，定时维修。

7.3.6 电梯对讲电话主机及对讲电话分机由电梯中标方成套提供，要求满足工程管理需要。

7.3.7 电梯轿厢内设暗藏式对讲机，对讲总机设在消防控制室，用于紧急对讲。

7.4 电力监控系统。本工程的电力监控系统是一个相对独立的子系统，电能监测中采用的分项计量仪表具有远传通信功能，纳入设备监控管理系统进行集成。

8 公共安全系统

8.1 视频监控系统

本工程在汽车库、商业、住宅分别设置保安室（与消防控制室共用），内设系统矩阵主机、视频录像、打印机，监视器及～24V电源设备等。视频自动切换器接受多个摄像点信号输入，定时自动轮换（1～30s）输出监控信号，也可手动任选一个摄像机的画面跟踪监视、录像、打印。系统矩阵主机带输入、输出板；云台控制及编程、控制输出时、日、字符叠加等功能。系统须能快捷方便地与消防报警、安防门禁等相关系统进行集成。

视频监控采用全数字传输的视频监控系统，用六类双绞线将摄像机采集的视频信号传输至最近的智能化小间内网络交换机，接入智能化专网接入层交换机，再通过室内光缆传输至安保中心机房的核心交换机，接入安防管理平台。

系统采用200万像素高清摄像机，在主要出入口、内部走廊、机房、人员通道、室外等处设固定枪型摄像机和一体化枪型摄像机，在公共走廊、电梯前室、出入口等处设固定半球型摄像机，在电梯轿厢内设电梯专用130万像素半球摄像机。室外区域所安装的摄像机应加装室外防护罩，并采取防雷保护措施。

在机房中心设置网络存储设备，实现网络摄像机编码设备直接写入专业存储设备，进行30×24h录像。总安保中心配置液晶拼接屏。同时设置视频管理系统，控制与管理前端监控摄像机。

8.2 出入口控制系统。系统主机设置于建筑消防控制室。系统构成与主要技术功能：

8.2.1 出入口控制系统由识读部分、传输部分、管理/控制部分和执行部分以及相应的系统软件组成。

8.2.2 本工程在重要机房、物业用房车库、出入口安装读卡机、电控锁以及门磁开关等控制装置。系统设置于各建筑内消防控制室内。

8.2.3 系统的信息处理装置应能对系统中的有关信息自动记录、打印、贮存，并有防篡改和防销毁的措施。

8.2.4 出入口控制系统应能独立运行，并能与火灾自动报警系统、视频监控系统联动。当发生火警或需紧急疏散时，人员不使用钥匙应能迅速安全通过。

8.3 巡更系统。本小区采用门禁点在线巡更系统，该系统由感应式IC卡、门禁读卡器、门禁软件、巡更管理软件、通信转换器等组成。本系统只需在门禁的基础上增加一套巡更管理软件直接从门禁软件中读取数据，保安员巡更的读卡数据在经过巡更管理软件筛选后将作为巡更数据来处理。系统可任意设置读卡点作为巡更点；可任意设置班次、巡更路线；系统具有强大的报表功能，能生成各类报表，可根据时间、个人、部门、班次等信息来生成报表；系统具有完善的操作员管理程序，具有多种级别、多种权限；系统可实时显示巡更情况，对未正常巡更则提示和报警。

8.4 停车场管理系统。本工程停车场管理系统主机就近管理用房内设置。工程停车场管理系统采用影像全鉴别系统，对进出的内部车辆采用车辆影像对比方式，防止盗车；外部车辆采用临时出票机方式。

8.5 访客对讲系统。随着信息时代的发展，访客防盗对讲机已经成为现代多功能、高效率的现代化建筑的重要标志。可视对讲系统符合当今住宅的安全和通信需求，为住户提供了安全、舒适的生活。本小区可视对讲系统应具有以下功能：

8.5.1 管理功能：在物业管理中心处设立的管理机，可记录20个呼叫、报警记录。可使管理员足不出户，完成访客和管理员、管理员和住户、访客和住户的通话及管理员、住户开门。并有接受住户呼叫、报警等功能，使物业管理更完善。在每单元门口设立门口机。访客进入小区后，来到相应的单元时，通过该门口机与住户再次通话，由住户在室内对访客确认后开启单元电控门。

8.5.2 住户呼叫功能：住户通过室内可视话机可呼叫管理中心，并实现双向通话。该功能可通过管理机将小区内 4000 位住户的呼叫管理起来，实现小区内住户的统一管理。

8.5.3　内部通信功能：系统能使住户之间通过管理员切换，进行相互通话。但由于此功能将会占用专用通道，影响到小区内的正常通话及报警，故应配合情况使用。

8.5.4　模式转换功能：系统具有多种管理模式：白天模式（有管理员）；夜间模式（无管理员）；混合模式（具有白天模式＋夜间模式）的功能。各种模式可满足不同的物业管理要求，使物业管理更加现代、完善。

8.5.5　入口控制功能：系统可容纳 32 个入口控制，符合当今综合型小区管理要求。可对各类出入口：车库，健身房，游泳池，网球场等进行现代管理，并可连接计算机、打印机，实现智能化，一体化物业管理。如需将入口系统联入，则根据具体出入口要求，在已配置的中央器上进行相应的设备增加。

8.5.6　应急功能：MDS 系统带有备用电源，确保小区供电失常情况下，系统可保持一定时间的正常使用，通信通道畅通。

8.5.7　密话功能：系统应确保通信通道安全、保密。

8.5.8　探头联机报警功能：系统管理机除接收住户呼叫外，并可连接各种烟雾、瓦斯、防盗、红外等多种自动报警探头，更符合现代安全防范技术要求。

8.6　入侵报警系统

8.6.1　入侵报警系统是采用现代化红外技术及微波技术，对人体入侵及移动进行探测，同时产生声光报警及联动相关电子设备，阻止盗案的发生。

8.6.2　在小区四周用墙或护栏上安装各类主动式红外对射探头，对小区进行布防，在物业中心值班室设有报警主机，一旦某处有人越入，对射探头自动感应，触发报警，主机显示报警部位，同时联动相应的摄像机，并在主机上自动切换成报警摄像画面，提示值班人员处理。

【说明】设计依据、机房工程（EEEP）、防雷与接地系统和电气节能措施参考写字楼建筑智能化方案设计相关内容编写。

第二章

建筑智能化初步
设计文件编制范本

【摘要】 初步设计是方案设计进一步深化，建筑智能化设计文件一般应包括图纸目录、设计说明书、设计图纸、系统概算等内容。要求设计文件应表述完整，落实智能化系统方案可实施性，要满足初步设计审批和编制施工图设计文件的需要，确保设计质量。

第一节　建筑智能化初步设计文件编制要点

一、建筑智能化初步设计文件编制深度原则

1　初步设计文件，应满足编制施工图设计文件的需要，应满足初步设计审批的需要。

2　在设计中宜因地制宜正确选用国家、行业和地方建筑标准设计，并在设计文件的图纸目录或设计说明中注明所应用图集的名称。重复利用其他工程的图纸时，应详细了解原图利用的条件和内容，并作必要的核算和修改，以满足新设计项目的需要。

3　当设计合同对设计文件编制深度另有要求时，设计文件编制深度应同时满足本规定和设计合同的要求。

4　民用建筑工程一般应分为方案设计、初步设计和施工图设计三个阶段；对于技术要求相对简单的民用建筑工程，当有关主管部门在初步设计阶段没有审查要求，且合同中没有做初步设计的约定时，可在方案设计审批后直接进入施工图设计。

二、建筑智能化初步设计文件编制内容

1　在初步设计阶段，建筑智能化设计文件一般应包括图纸目录、设计说明书、设计图纸。

2　图纸目录。

应按图纸序号排列，先列新绘制图纸，后列选用的重复利用图和标准图。先列系统图，后列平面图。

3　设计说明书。

（1）工程概况：

1）应说明建筑类别、性质、功能、组成、面积（或体积）、层数、高度以及能反映建筑规模的主要技术指标等。

2）应说明本项目需设置的机房数量、类型、功能、面积、位置要求及指标。

（2）设计依据：

1）已批准的方案设计文件（注明文号说明）。

2）建设单位提供有关资料和设计任务书。

3）本专业设计所采用的设计所执行的主要法规和所采用的主要标准（包括标准的名称、编号、年号和版本号）。

4）工程可利用的市政条件或设计依据的市政条件。

5）建筑和有关专业提供的条件图和有关资料。

（3）设计范围：本工程拟设的建筑智能化系统，内容一般应包括系统分类、系统名称，表述方式应符合现行国家标准《智能建筑设计标准》GB 50314 层级分类的要求和顺序。

（4）设计内容：各子系统的功能要求、系统组成、系统结构、设计原则、系统的主要性能指标及机房位置。

（5）节能及环保措施。

（6）相关专业及市政相关部门的技术接口要求。

4 设计图纸。

（1）封面、图纸目录、各子系统的系统框图或系统图。

（2）智能化技术用房的位置及布置图。

（3）系统框图或系统图应包含系统名称、组成单元、框架体系、图例等。

（4）图例应注明主要设备的图例、名称、规格、单位、数量、安装要求等。

5 系统概算。

（1）确定各子系统规模。

（2）确定各子系统概算，包括单位、数量、系统造价。

三、建筑智能化初步设计与相关专业配合输入表

建筑智能化初步设计与相关专业配合输入表见表 2-1。

建筑智能化设计与相关专业配合输入表 表 2-1

提出专业	建筑智能化设计输入具体内容
建筑	建设单位委托设计内容、方案审查意见表和审定通知书、建筑物位置、规模、性质、用途、标准、建筑高度、层高、建筑面积等主要技术参数和指标、建筑使用年限、耐火等级、抗震级别、建筑材料等
	人防工程：防化等级、战时用途等
	总平面位置、建筑物的平面图、立面图、剖面图及建筑做法（包括楼板及垫层厚度）
	吊顶位置、高度及做法
	各设备机房、竖井的位置、尺寸（包括变配电所、冷冻机房、水泵房等）
	防火分区的划分
	电梯类型（普通电梯或消防电梯、有机房电梯或无机房电梯）
结构	主体结构形式
	基础形式
	梁板布置图
	楼板厚度及梁的高度
	伸缩缝、沉降缝位置
	剪力墙、承重墙布置图
给水排水	各类水泵台数、用途、位置、电动机类型及控制要求
	冷却塔风机台数、位置
	各种水箱、水池的位置、液位计的型号、位置及控制要求
	各种用电设备（电伴热、电热水器等）的位置等
	各种水处理设备控制要求
通风与空调	冷冻机房： 1)机房及控制（值班）室的设备布置图； 2)冷水机组的台数、每台机组位置及控制要求； 3)冷水泵、冷却水泵或其他有关水泵的台数及控制要求
	各类风机房（空调风机、新风机、排风机、补风机等）的位置及控制要求
	锅炉房的设备布置及控制要求
	电动阀的及控制要求
	其他设备用电性质及控制要求
电气	柴油发电机房及柴油发电机组数量、容量
	高（低）压系统、变压器的数量和容量
	照明、电力配电系统；防雷接地系统

四、建筑智能化初步设计与相关专业配合输出表

建筑智能化初步设计与相关专业配合输出表见表 2-2。

建筑智能化初步设计与相关专业配合输出表　　　　　　　　　　表 2-2

接收专业	建筑智能化设计输入具体内容
建筑	智能化竖井位置、面积等要求
	主要配电点位置
	各智能化机房位置、层高、面积等要求
	智能化进出线位置及标高
	大型智能化设备的运输通路的要求
	电信引入线做法
	总平面中人孔、手孔位置、尺寸
结构	大型设备的位置
	剪力墙上的大型孔洞（如门洞、大型设备运输预留洞等）
给排水	主要设备机房的消防要求
	水泵房配电控制室的位置、面积
	电气设备用房用水点
通风与空调	冷冻机房控制室位置面积及对环境的要求
	智能化机房对环境温、湿度的要求
	智能化设备的发热量
电气	智能化设备对供电要求、防雷接地要求、电气消防要求
概、预算	设计说明及主要设备材料表
	智能化系统图及平面图

五、建筑智能化初步设计文件验证内容

建筑智能化初步设计文件验证内容见表 2-3。

建筑智能化初步设计文件验证内容　　　　　　　　　　表 2-3

类别	项目	验证岗位			验证内容	备注
		审定	审核	校对		
设计说明	设计依据	•	•	•	建筑类别、性质、结构类型、面积、层数、高度等	
		—	•	•	相关专业提供给本专业的资料	
		•	•	•	采用的设计标准应与工程相适应，并为现行有效版本	关注外埠工程地方规定
	设计分工	•	•	•	智能化系统的设计内容	
		—	•	•	明确设计分工界别	
		—	•	•	市政管网的接入	
	智能化系统	•	•	•	确定各系统末端点位的设置原则	
		—	•	•	确定各系统机房的位置	
		—	•	•	明确各系统的组成及网络结构	
		•	•	•	确定与相关专业的接口要求	
	主要设备表	•	•	•	列出主要设备名称、型号、规格、单位、数量	不应有淘汰产品

类别	项目	验证岗位			验证内容	备注
		审定	审核	校对		
图纸	图纸目录	—	•	•	图号和图名与图签一致性	
		•	•	•	会签栏、图签栏内容是否符合要求	
	图例符号	—	•	•	参照国标图例，列出工程采用的相关图例	
	总平面	•	•	•	明确通信管线接入的位置、接入方式和标高	
		—	—	•	标明智能化机房等位置	
		•	•	•	确定各出线回路变压器容量	
	智能化系统图	•	•	•	建筑设备监控系统图中被控设备与设计说明应一致	
					综合布线系统包括布线机房、设备间、智能化井的设备、末端信息点及数量与设计说明中的标准应一致	
					有线电视系统包括电视机房、智能化小间的设备，末端点位数量与设计说明应一致	
					视频安防系统中摄像头的设置与设计说明应一致	
					出入口控制系统中的门禁点位设置与设计说明应一致	
					防盗报警系统中报警点位设置与设计说明应一致	
					无线通信中的设置与设计说明应一致	
					智能化系统集成包括集成平台、需要集成的各子系统及其接口与设计说明应一致	
	存在问题	•	•	•	列出设计存在的技术问题	

第二节　某博物馆建筑智能化初步设计文件编制实例

一、建筑智能化初步设计说明编制实例

1　工程概况

项目位于＿＿＿＿市＿＿＿＿区。本项目属一类高层建筑，耐火等级为一级，一级风险安全防范单位。工程总建筑面积约115380m²，地下三层，地上三层，建筑高度23.9m。地下一层是车库和综合服务区，地下二层是藏品库区和设备区，地下三层是设备夹层。地面以上为展览厅和管理办公室。

2　设计依据

2.1　建设单位提供有关资料和设计任务书。

2.2　执行的主要设计规范与标准。

2.2.1　《建筑设计防火规范》GB 50016—2014（2018 年版）。

2.2.2　《火灾自动报警系统设计规范》GB 50116—2013。

2.2.3　《智能建筑设计标准》GB 50314—2015。

2.2.4　《综合布线系统工程设计规范》GB 50311—2016。

2.2.5　《民用闭路监视电视系统工程技术规范》GB 50198—2011。

2.2.6　《博物馆和文物保护单位安全防范系统要求》GB/T 16571—2012。

2.2.7 《博物馆照明设计规范》GB/T 23863—2009。

2.2.8 《安全防范工程技术标准》GB 50348—2018。

2.2.9 《博物馆建筑设计规范》JGJ 66—2015。

2.2.10 《民用建筑电气设计规范》JGJ 16—2008。

2.2.11 《文物系统博物馆风险等级和安全防护级别的规定》GA 27—2002。

2.2.12 《博物馆管理办法》（文化部部令第 35 号）。

2.2.13 《博物馆藏品保存环境试行规范》国家文物局。

2.3 建设单位提供的设计任务书、设计要求及相关的技术咨询文件。

2.4 建筑专业提供的作业图。

2.5 给水排水、暖通空调专业提供的资料。

2.6 设计深度。按照中华人民共和国住房和城乡建设部《建筑工程设计文件编制深度规定》（2016）的规定执行。

2.7 设计环境参数。

2.7.1 海拔高度：_____ m。

2.7.2 干球温度。

（1）极端最高温度：_____ ℃。

（2）极端最低温度：_____ ℃。

（3）最冷月月平均温度：_____ ℃。

（4）最热月月平均温度：_____ ℃。

（5）最热月 14 时平均温度：_____ ℃。

2.7.3 最热月平均相对湿度：_____ %。

2.7.4 七月 0.8m 深土壤温度：_____ ℃。

2.7.5 30 年一遇最大风速：_____ m/s。

2.7.6 全年雷暴日数：_____ d/a。

2.7.7 抗震设防烈度为_____ 度。

3 设计范围

3.1 信息化应用系统（IAS），主要包括票务系统等。

3.2 智能化集成系统（IIS）。

3.3 信息设施系统（IFS），包括通信接入系统、信息网络系统、综合布线系统、有线电视系统、用户电话交换系统、无线对讲系统、公共广播系统、信息发布系统、会议系统等。

3.4 建筑设备管理系统（BMS），包括建筑设备监控系统、建筑能效监管系统、电动汽车充电站监控与通信系统等。

3.5 公共安全系统（PSS），包括安全管理平台、入侵报警系统、视频监控系统、身份识别控制系统（含出入口控制、考勤、访客等）、电子巡查管理系统、停车场管理系统、防爆安检系统、应急响应系统等。

3.6 机房工程（EEEP），包括信息网络机房、安防监控室、智能化设备间、通信接入机房等。

4 设计目标与设计原则

4.1 设计目标

4.1.1 本工程智能化系统的建设将为人们提供一个功能完善、舒适优美的公共空间。以网络通信设施为基础，将基础网络与通信设施、有线电视系统、建筑设备监控系统、身份识别与出入口管控、智慧停车、视频监控、智能视频分析、防盗报警、电子巡更、物业管理、建筑商业、多媒体信息发布系统、公共区域管理系统、多媒体会议、智慧音乐公共广播、应急指挥与调度、室内定位及导航、智慧博物馆集成管控平台等多个系统设计为一体的智能化管理系统将使之成为新一代公共建筑的典范。

4.1.2 采用物联网、云计算、大数据以及大平台技术对博物馆所有的人、事、物进行统一管理应用。利用云计算技术、物联网技术、大数据分析技术、综合布线技术、网络通信技术、安全防范技术、自动控制技术、音频视频处理（识别）技术、静脉纹技术、传感器技术、负载均衡技术、灾难备份技术、红外传感技术、温湿度检测技术、亮度检测技术、人体检测技术、声纹技术、语音识别技术、语音识别的全方言自动识别技术、电流检测技术、电压检测技术、电功率检测等技术实现人、事、物之间的万物互联及运用。实现各个设备之间的数据交互、实现各个系统之间的信息交互、实现人与系统数据的相互融合，既能满足博物馆统筹化管理，又能满足每个人的个性化需求，最终实现博物馆的高度智慧化。

4.1.3 配套广播与电视、电话与网络、视听与会议等信息化设施，使用光纤与无线等通信技术，提供多样化、多媒体、时尚性的通信工具，满足人们的社会联系与沟通需求，实现文化建筑服务的便利性目标。

4.1.4 设置集成化系统、预留数字化功能，实现建筑智能化体系的协调运行，规划将智慧城市、数字建筑、云端服务等引入博物馆建筑，追求以人为本、友好环境、绿色发展的社会发展目标，实现文化建筑运行的绿色化目标。

4.1.5 基于上述目标定位，本工程建设采用适度超前、先进、适用、优化组合的成套技术体系，实现建立一个安全、舒适、通信便捷，环境优雅的数字化、网络化、智慧化的博物馆，满足对公众服务、博物馆办公及运营的要求。

4.1.6 无线通信控制技术：局部办公区域采用射频433、315、zigbee、wi-fi、蓝牙、zwave等无线通信控制技术；采用的无线控制协议需金融级的加密算法，有效地解决系统安全保密性差，容易被攻击和破译等致命弱点；无线通信控制技术要求具备良好的稳定性，绕射性，较强的穿透性。

4.1.7 智能控制技术：可做到对局部办公区域内的灯光控制、红外控制、电器控制、安防控制等各类传感设备接入和控制。

4.1.8 控制接口多样化：一般均有电源供应端口、无线遥控接口、电话遥控接口、电脑控制接口、通信控制端口、以太网（TCP/IP）接口、安防控制和安防报警接口。

4.1.9 交互式用户体验服务：通过智能终端（手机APP、PC客户端等）访问服务主机端或云端，进行场景设置、场景控制等用户交互式操作。

4.1.10 可复用、可移植、可迁移性技术：要求智慧博物馆所选用的智能化产品具有可复用、可移植性，场景控制可随个人意愿迁移到其他所属办公区。

4.1.11 基于室内定位及导航系统，实现博物馆展厅自助导览及讲解。

4.2 设计原则

4.2.1 安全性和可靠性：项目必须具有高度的安全性、可靠性和稳定性，包括系统自身安全，以及运行的可靠性。系统设计应严格按照用户需求提供多种安全措施及手段，防止各种形式与途径的非法侵入和机密信息的泄露。在信息通信系统设计中，既考虑信息资源的充分共享，更要注意信息安全的保护和隔离，因此智慧管控平台应分别针对不同的应用和不同的网络通信环境，采取不同的措施，包括平台登录安全机制、安全通信协议控制、非法入侵通信自毁机制、数据存取权限控制、不可否认性以及不可抵赖性等认证设计。

4.2.2 成熟性和实用性：采用被实践证明为成熟、耐久和实用的技术和设备，最大限度地满足博物馆多功能服务及将来业务发展的需要。

4.2.3 先进性与经济性：充分考虑技术的迅速发展的趋势，在技术上应具有一定的超前性，采用国际或国内通行的先进技术，以适应现代科学技术的发展。总体设计要一步到位，要保证项目总体水平达到稳定可靠。以适度超前的意识为指导原则，保障将建成的项目在多年内不落后。选择较高的性能价格比以及经济优化设计方案，综合考虑设备价格、建安成本、软件开发费用以及运行维护费用等因素。

4.2.4 兼容性和可扩展性：为了满足系统所选用的技术和设备的协同运行能力、系统投资的长期效应以及项目发展系统功能不断扩展的需求，必须追求系统的开放性，采用开放的技术标准。设计中尽可能少采用具有垄断性设计、制造的零件，便于设备损坏时零件互换性差，产生昂贵而且周期长的设备维修周期。

4.2.5 标准化和模块化：根据建筑智能化系统总体结构的要求，各子系统符合标准化、模块化的要求，并能够代表时代科技水平。

4.2.6 保密性与可维护性：保持相对独立与封闭特征，避免信息外泄造成损失；具备故障诊断和分析工具，具备有效的维护与自恢复功能。

5 信息化应用系统

5.1 博物馆信息化应用系统以信息设施系统为技术平台，组成文化遗产数字资源系统，藏品管理系统，陈列展示系统、导览服务系统，数字博物馆系统和业务办公自动化等各个功能子系统。系统应支持纪念馆与互联网之间的数据、图像、语音等多媒体快速安全地传输。系统应保证博物馆内电脑的资源共享和信息交流，支持用户认证和数据传输加密，提供互联网访问服务。系统包括公共服务、智能卡应用、物业管理、信息设施运行管理、信息安全管理、基本业务办公和专业业务等信息化应用系统。本工程局域网应根据不同信息传输速率、频度、流量的要求，采取多层，分组模式。

5.2 观众服务系统

5.2.1 预约和验票系统。为规范博物馆预约和验票秩序，方便观众预约参观，提高观众服务效率，设置具备网上预约、现场电脑预约、验票及后台统计管理等功能的预约和验票系统。

5.2.2 多媒体导览系统。为了便于博物馆观众更好地查询博物馆信息、了解服务内容、调取展品信息，获得更好的参展体验，本工程设置多媒体导览系统。多媒体导览设备位于公共区域、展厅出入口或展柜之间等地方，并就近设置网络及电源接口。

5.2.3 讲解系统。为了给观众提供优质讲解服务，本工程设置讲解系统，其中包括：人工讲解扩音系统、自动语音讲解系统，无线定位 PDA 自动讲解系统，以及扫码自动讲解、机器人讲解等方式。

5.2.4 客流分析系统。博物馆客流量大、展示多、展品多，为避免观众拥堵等问题，实时进行客流热度、整体客流、行为轨迹、楼层客流、热点展厅等数据分析，备用观众疏导和疏散，本工程设置客流分析系统。

5.2.5 屏幕发布系统。为了扩大馆内宣传和信息发布，在室内外设置大屏和触摸查询屏。

5.2.6 网络传播系统。为向公众提供信息服务，按照公众和专业人士不同需求，开发网站、APP、公众号等在内的网络传播系统，动态提供博物馆文化史料信息，包括内容录入、建库、检索、发布、电子邮件、论坛等功能。

5.2.7 多媒体后台管理系统。为丰富观众参展体验，加强互动性，展陈中将广泛使用多媒体，同时开发数字化博物馆。为加强多媒体管理，实现视频融合、视频分析功能，对多媒体设备运行状态进行监控，便于内容更新、设备改造和升级服务。

5.3 公共服务系统。公共服务系统应具有访客接待管理和公共服务信息发布等功能，并宜具有将各类公共服务事务纳入规范运行程序的管理功能。系统基于信息网络及布线系统，系统服务器设置于中心网络机房，管理终端设置于相应管理用房。多功能厅的电影播放与配套区电影厅可实现联播共享。

5.3.1 智能卡应用系统。鉴于博物馆人员、物业人员、安保人员等各类人员多、出入频繁的情况，为科学管理、提高效率，设置一卡通管理系统，整合门禁、考勤、就餐、消费、停车场出入、电梯使用、会议签到等多功能，分类别、分权限地用于办公区、库房、车库等监控及管理；在同一软件平台上，实现卡的发行、挂失、充值、资料查询等管理，系统共用一个数据库，软件必须确保出入口控制系统的安全管理要求；各系统的终端接入局域网进行数据传输和信息交换。系统基于信息网络及布线系统，系统服务器设置于中心网络机房，管理终端设置于相应管理用房。

5.3.2 物业管理系统。

（1）应具有对建筑的物业经营、运行维护进行管理的功能。满足物业运维管理需求，包括房产管理、客户管理、收费管理、保洁管理、租赁管理、车辆管理、仓库管理、会议管理、停车场管理、设备设施运行管理、综合信息服务、客户投诉查询、安防、消防、绿化等。

（2）物业管理系统应预留与设备管理系统、车辆管理系统、安全防范系统、消防系统等的接口。

（3）为保障博物馆科学、高效运行，基于物联网技术，建立设备设施台账、管理、运维等功能在内的物业综合系统平台，对水电暖灯光恒温恒湿等系统统一管理控制，统一读取数据。

5.3.3 设置办公自动化系统，实现为保障馆内办公、财务管理、文件与档案管理、图书资料管理等功能。

5.3.4 展品数据采集与制作系统。为保障展品的建档、保护、管理、研究等工作，设置展品数据采集与制作系统，实现采集图片、文字、多媒体的展品数字化信息，开发展品数字化采集与制作。

5.3.5 藏品管理系统。为便于藏品出入库、修复、提用等管理实现数字化管理。建议开发建立藏品数据库，引入藏品管理系统。

5.3.6 信息设施运行管理系统。信息设施运行管理系统应具有对建筑物信息设施的运行状态、资源配置、技术性能等进行监测、分析、处理和维护的功能。系统基于信息网络及布线系统，系统服务器设置于中心网络机房，管理终端设置于相应管理用房。

5.3.7 信息安全管理系统。

（1）信息网络安全管理系统通过采用防火墙、加密、虚拟专用网、安全隔离和病毒防治等各种技术和管理措施，确保经过网络的传输和管理措施，使网络系统正常运行，确保经过网络传输和交换的数据不会发生增加、修改、丢失和泄露。系统基于信息网络及布线系统，系统服务器设置于中心网络机房，管理终端设置于相应管理用房。

（2）基本业务办公系统：应满足建筑基本业务运行的需求，并满足项目信息化办公、移动办公、协同办公，支持定制二次开发。

6 智能化集成系统

6.1 智能化集成系统是本工程建立一套独立的智能化集成平台，其结合计算机技术、网络技术、通信技术、自动控制技术，对建筑内所有相关设备进行全面有效的监控和管理，确保建筑内所有相关设备处于高效、节能、最佳运行状态，从而为工作人员提供一个安全、舒适、便捷、高效的工作环境。系统集成设计遵循"总体规划、分步实施"和"从上而下设计，从下往上实施"的原则，实现集成功能和相关的接口协议界面设计思路，与各集成系统采用的软件互联通信协议是国际标准接口协议。

6.2 本工程 IBMS 考虑到以后系统扩展的需求，智能化集成系统由独立于其他各子系统的第三方集成软件平台实现，多级智能化集成系统之间实时数据、控制命令的传输采用基于 TCP/IP 的开放式协议，由智能化专用网络支持。

6.3 系统支持 OPC/ Modbus 等接口方式，集成子系统有如下：公共广播系统、信息引导及发布系统、无线对讲系统、巡更系统、建筑设备监控系统、能效监管系统、智能照明系统、入侵报警系统、视频安防监控系统、身份识别控制系统、电梯智能控制系统、停车场管理系统等。功能要求如下：

6.3.1 网络浏览功能。智能化集成系统具有充分实现智能化各应用系统信息的网上浏览，通过互联网与建筑智能化控制网连接，就能依权限实时在线浏览智能化各应用系统，甚至各个设备的运行状态以及历史信息。

6.3.2 网络监视功能。智能化集成系统具有通过网站链接调用的方式实现对智能化各应用系统的监视功能。在建筑智能化控制网中的授权用户都可以监视智能化各应用系统的各种设备运行状态及报警/故障状态。

6.3.3 网络控制功能。智能化集成系统具有通过网站链接调用的方式实现对智能化各应用系统的控制功能。在建筑智能化系统控制网中的任一授权用户都可以对智能化各应用系统的各种设备进行授权控制。该网络控制功能只对高级用户开放，无权用户该项网络控制功能在首页上被屏蔽。

6.3.4 信息交互功能。通过综合信息集成数据库系统，实现智能化各应用系统信息和数据的综合集成和数据管理的功能。可实现智能化各应用系统之间信息的交互和数据共享，可通过信息引发相应监控系统的联动响应程序。

6.3.5 信息查询功能。智能化集成系统具有提供多种方式的信息查询，可以查询智能化各应用系统及现场设备监控的各类信息。

7 信息化设施系统

7.1 信息接入系统

本工程设置运营商接入机房，四个运营商（联通、电信、移动、广电）及铁塔公司每个预留 20m² 机房。四家运营商或铁塔公司分别与建设单位协议确定，并独立设计与实施。机房面积仅作初设提资。

7.2 综合布线系统

7.2.1 综合考虑，本项目综合布线系统主要为业务及管理网络、Wi-Fi 及公众服务网络、设备智能网、安防专网、票务专网、视讯专网等供安装条件和运行环境的综合性工程。

7.2.2 业务及管理网中的信息点布置在办公室、网络机房、报告厅、藏品库房、值班室、控制室终端，展厅等处，与业务办公相关的设备均接入业务及管理网中。

7.2.3 Wi-FI 及公众服务网络独立建设，实现本项目所有区域的无线网络全覆盖。

7.2.4 设备智能网接入停车场管理系统、公共广播系统、建筑设备监控系统、无线对讲系统等智能化相关的子系统提供链路。

7.2.5 安防专网主要接入安全防范管理系统、身份识别控制系统、视频监控系统、巡更系统、入侵报警系统等，以减轻对其他网络的影响，也保证了本网络的安全性及稳定性。

7.2.6 票务专网主要给博物馆售检票系统设备联网使用，主要包含售检票服务器、终端设备等互联。

7.2.7　视讯专网主要给信息引导及发布系统、电视直播和视频点播提供链路，考虑信息引导及发布系统、视频点播及直播对带宽要求比较高，特独立组网。

7.2.8　每个子网点位设置原则见表 2-4。

子网点位设置原则　　　　　　　　　　　　　　　　　表 2-4

信　息　网	布　点　原　则
业务及管理网	办公室、网络机房、报告厅、藏品库房、值班室、控制室终端、展厅等处设置信息点（语音数据），普通办公按 5m² 预留一组信息点，有家具根据家具预留
Wi-Fi 及公众服务网	AP 点位全覆盖，按半径 3～6m 一个 AP，特殊区域根据建筑结构预留点位
设备智能网	主要包含信息发布、公共广播、停车场等智能化子系统终端，布点原则详见各子系统
安防专网	详见公共安全子系统
票务专网	主要在观众入口、售票室等设置信息点
视讯专网	主要包含信息引导及发布系统、IPTV 详见有线电视及点播系统

7.2.9　综合布线架构如下：

（1）本工程采用开放式三层架构星形拓扑结构，支持语音、数据、图像、多媒体业务对信息传输的要求，满足建筑物群对信息与布线网络的布线要求。

（2）工作区设置：本次设计按照建筑空间规划信息点容量，办公部分的一般为 5m² 一组语音数据点在楼层配线架预留水平信息点。办公格局固定后，工作区设置集中配线架和无线信息点，满足简单方便对工位有针对性的布线需要和灵活办公需要。针对需要二次装修的部分预留 CP 箱与信息点容量，由二次装修设计单位配套完成区域内的布线设计。

（3）配线子系统：本工程语音与数据部分均采用六类模块与六类线，预留从楼层设备间接至工作区 CP 的水平布线，语音、数据点采用 RJ45 快接式配线架、对带宽和安全性有特别要求采用光纤到桌面，光纤采用 LC 预连接光纤模块，查阅区与库区布线选用高阻燃标准的 UL 认证的 CMP 与 OFNP 标准。

（4）干线子系统：考虑智能化系统运行可靠性，数据主干采用双链路以及将来扩展需要，预留备份链路，每个子网数据主干光缆采用 12 芯多模光纤、OM4 等级，数据点采用快接式配线架、光纤采用 SC 预连接光纤模块，布线选用高阻燃标准的 UL 认证的 CMP 与 OFNP 标准。

（5）根据本工程建筑特点，每个核心筒设置一个垂直竖井，共设四个竖井，每个核心筒两层设置一个楼层设备间，综合布线系统的电信间设置于各个楼层的智能化小间内，面积 6m²，在每个垂直智能化井 B1 层设置汇聚机房，设备间设置于博物馆的信息网络机房内，面积根据设备柜数量计算，每个设备柜面积按 5.5m²/台。进线间设置于地下层，城市电信运营商的接入线与综合布线在设备间/网络机房内交接。以上竖井、楼层设备间、信息网络机房、通信接入机房等本阶段仅做初期提资，后期提资给建筑初设。

（6）线缆、线架、跳线、模块、软件等所有综合布线系统构件均采用同一品牌的原厂配件。

（7）本系统所有设备、管线均给定唯一的标识符与标签，线缆两端采用相同的标识符，电信间/设备间/进线间的设备采用统一的色标。

（8）机柜安装与配线、管线敷设弯曲半径、管槽截面利用率、电气防护与接地等需满足《综合布线系统工程设计规范》GB 50311—2016 的规定。

7.3 移动通信室内信号覆盖系统。本工程移动通信室内信号覆盖系统提供移动通信与公众无线上网业务，由电信、移动、联通、广电四家运营商或铁塔分别与建设单位协议确定，并独立设计与实施。专业化设计应满足现行国家标准《环境电磁波卫生标准》GB 9175、综合布线系统非屏蔽电缆对于敷设环境的条件，避免各家系统设备之间相互干扰。

7.4 用户电话交换系统

7.4.1 用户电话交换系统需具备 IP、模拟、数字、传真等功能，可接入数字中继，电话交换机容量暂按 1000 门配置，根据后期综合布线点位及建设方业务需求确定，满足后期可扩展功能。程控交换机放置于信息网络机房，预留足量面积。

7.4.2 电话业务的内部呼叫和传真业务。对电话公众交换网的自动呼入、呼出。

7.4.3 具有三方通信、会议呼叫、主叫线号码显示等补充业务功能。

7.4.4 具有对电话软交换系统进行统一维护和管理的功能，维护管理包括配置、性能、故障、计费及安全管理等。

7.4.5 对用户按照网内、网外、国内、国际电话等各种业务进行分类，按时间、分时段实时计费，具有定期和脱机计费功能。

7.5 无线对讲系统

7.5.1 本工程采用 400MHz 数字无线对讲系统，覆盖红线内、建筑物内外的公共区域，为消防、保安、维修、清洁等物业管理部门提供工作与应急通信工具。

7.5.2 本工程设置两台信道机，提供保安组、工程组、保洁组、管理组四个独立信道，配置调度台实现调度管理、并提供内部电话通信接口，通过分合路器接入室内分布系统。所有有源设备能被监视运行状态，预留智能化集成系统接口。

7.5.3 本工程为无线对讲系统设置专用的室内分布系统，采用同轴馈线电缆传输网络，通过功分器与耦合器配给各个天线，采用多天线高灵敏度收发模式替代高功率辐射的对讲通信方式。

7.5.4 设计天线出口电平不超过 15dBm，与综合布线系统的间隔不小于 0.15m，满足《电磁环境控制限值》GB 8702—2014、综合布线系统非屏蔽电缆对于敷设环境的条件。

7.5.5 使用无线对讲机应向项目驻地物委会申报相关手续，所选用设备应满足《150MHz、400MHz 频段数字对讲机设备进行无线射频技术指标》的相关规定。

7.5.6 施工单位在项目实施前应进行现场实测，根据实际场强分布状态调整室内天线的布置，以便于满足工程技术规范的要求。

7.6 信息网络系统

7.6.1 本工程设置业务及管理网（以下简称内网）、Wi-Fi 及公众服务网（以下简称外网）、设备智能网、安防专网、票务专网、视讯专网。

7.6.2 外网用于互联网接入及公众上网服务、Wi-Fi 覆盖等。

7.6.3 业务及管理网服务于博物馆的管理和办公。

7.6.4 设备智能网主要为智能化设备和建筑管理服务。

7.6.5 安防专网主要用于安全防范管理系统、身份识别控制系统、视频监控系统、巡更系统、入侵报警系统等。

7.6.6 票务专网主要为票务系统终端设备互联互通提供链路。

7.6.7 视讯专网主要为信息引导及发布和电视直播及点播提供链路。

7.6.8 各网络采用 VLAN 技术实现一虚多功能，支持文字、图表、视频、音频、多媒体信息，提供文件传输、互联网业务、多媒体应用等功能。

7.6.9 外网提供互联网络应用、无线上网服务等，采用 VPN＋VLAN 措施保证各个业务之间的相互独立性与安全性。

7.6.10　内网专用于满足各个部门的内部办公需要，内网通过 VPN 网关与上级部门实现信息联通。为了确保内部办公行为的规范性、内部数据的完整性与安全性，本工程的各子网物理层隔离。

7.6.11　为了使各子网之间数据能互联互通，在各子网间增加网闸、防火墙等相应网络安全设备。

7.6.12　配套网络操作与管理系统构建开放式的网络运行环境，配套信息网络系统规范管理网络行为，要求采取各种措施保障网络信息的安全性与完整性，支持、约束、管理各个网络系统，侦测、警告、阻止各种非法入侵行为，支持、约束、管理内外部上网行为。

7.6.13　各基于 TCP/IP 架构的智能化子系统共享设备智能网的布线系统。

7.7　网络架构设计

7.7.1　票务专网采用双层星型架构，接入至核心采用 10Ge 上行链路。

7.7.2　其他子网采用三层架构，核心、汇聚（每个核心筒做汇聚）、接入层。接入采用千兆接入交换机，用户端口千兆接入，接入层双链路 10Ge 上联汇聚交换机，汇聚至核心采用双链路 40Ge 上联。提供 QoS，具备可扩展性、可管理性、信息安全性，提供网络冗余。

7.7.3　考虑传输可靠性及可扩展性，所有子网采用冗余双核心架构，支持双机虚拟化。

7.8　网络逻辑设计

7.8.1　本网络采用 IP-LAN、全双工交换、IPv 4/IPv6 地址体系，星型双链路拓扑结构，除票务专网外其他子网采用三层交换结构，接入层执行 1000base-SX/802.3u、100base-TX/802.3z 标准。

7.8.2　设置硬件防火墙、入侵报警系统、DMZ 区、网络防毒软件、安全扫描工具、认证计费系统、IP 地址防盗措施、PKI 与 IPsec 策略等信息安全措施。

7.8.3　提供互联网接入、VPN 数字接入、AP 点接入等功能，采用 NAS 存储技术，支持 VLAN 服务。

7.9　网络物理设计

7.9.1　本工程各个信息网络均采用综合布线系统作为通信介质，本部分的具体内容详见综合布线系统。

7.9.2　入网计算机内嵌 100/1000M 自适应网卡，网络服务器内嵌 1000M 服务器网卡，无线接入点 AP 设备支持 IEEE802.11a/b/g/n/ac、支持 Wi-Fi 功能与 POE 接口，执行 IEEE802 协议标准，支持物联网模块，如蓝牙、ZigBee 等。

7.9.3　接入层交换机采用支持 VLAN 协议的可堆叠的机架式交换机，核心交换机采用高速/宽带/大背板带宽的、支持 MPLS L3 VPN、具有容错结构与冗余措施的、机箱式交换机。

7.9.4　在各个网络接口部位设置硬件防毒防火墙、入侵报警系统、规划停火区 DMZ 存放各类互联网服务器系统，提供本网络的信息网络安全管理系统功能。

7.9.5　关键服务器选用支持 IA64 指令架构的 NT 服务器，具备 SMP、cluste、负载均衡、RAID、SCSI、NUMA、热插拔技术、网络监控、EMP、ECC、远程管理、系统灾难恢复等功能。

7.10　网络管理系统、网络操作系统、网络应用系统设计

7.10.1　网络管理系统采用网络设备原厂配置的服务器软件，提供网络性能、网络故障、网络配置、网络安全、网络计费等管理功能。

7.10.2　网络操作系统采用简体中文图形操作界面，支持 C/S 式、B/C 式网络服务模

式，提供文件、数据库、通信、信息、打印、名称、分布式、互联网、网络管理等服务功能。网络应用系统包括 DNS、DHCP、NAT、WWW、FTP、Email、telnet、BBS、建筑信息服务器等网络应用功能。

7.11 无线网络设计

7.11.1 无线网络系统支持 WPA、基于 802.1x 认证机制、MAC 访问控制、WEP 加密等；满足公安部行为审计的要求，做到"落地查人"。

7.11.2 实现博物馆 Wi-Fi 全覆盖，采用瘦 AP 模式，为博物管内提供无线宽带上网服务及其他可扩展服务。

7.11.3 能够同时作为有线网络的无线延伸，为系统扩展提供无线网络保障，其他子网规划独立 SSID 可以使用无线网络，并接入和使用其链路，如无线检票机、现场管理人员利用无线终端接入内部信息系统等。

7.11.4 能够通过 Wi-Fi 分析统计出人员动向、人员聚集情况等数据并与智能视频监控及视频分析系统实现交互。动向或人流数据异常时，视频监控及视频分析系统能够对该区域进行重点管控。同时通过用户所浏览的网页数据获取用户的喜好度，系统能够针对用户喜好提供专属化的服务。

7.11.5 支持 Wi-Fi＋蓝牙室内定位系统，所有蓝牙信标能被 AP 管理。

7.12 网络信息安全设计

7.12.1 信息系统安全涉及物理层、网络层、应用层三个层面的相关措施。

7.12.2 在物理层面上，本工程将网络设备安装于网络机房、智能化小间、电控室等防护区内，各类网络机柜分楼层隔离设置、自带门锁，办公网络机柜接入入侵报警系统。

7.12.3 在网络层面上，本工程各个局域网在互联网接口设置 VPN 网关、防毒防火墙、入侵报警系统、认证计费系统，在 DMZ 停火区设置互联网服务器。

7.12.4 在系统使用过程中，实施安装补丁程序、账号与密码保护、检测日志、关闭不需要的服务与端口、定期备份光盘等措施，网络管理系统纳入智能化集成管理范畴、提高监管力度。

7.13 有线电视系统

7.13.1 本工程有线电视系统由项目城市有线电视网络提供信源，有线电视节目及自办节目通过 IPTV 网传播，不单独设置同轴网络。

7.13.2 在员工餐厅、餐饮、咖啡厅、公众休闲、休息区、展厅展馆、各楼办公室、会议室等处设置 IPTV 点位。

7.13.3 信号传输见综合布线及信息网络系统描述。

7.14 公共广播系统

7.14.1 本工程的公共广播系统、背景音乐系统与应急广播系统互相独立，在公共空间设置公共广播与背景音乐，按照消防规范要求设置应急广播由消防智能化专业配套完成。

7.14.2 整个博物馆的公共广播采用 IP 架构设计，采用的后台设备均接入设备智能网，实现信息的互联互通传递。在每层的电梯厅、走廊区域、展厅以及卫生间等公共区均安装天花吸顶喇叭作为广播喇叭，在室外草地位置设置草地音箱。同时在后台设置功能齐全的信号源和处理设备，IP 数字功放可以按照功能实现要求安装在任意合适位置。公共广播可以进行分区（根据需求进行分区），支持多分区，易管理。有紧急报警时，消防广播可强切。

7.15 多媒体会议系统

7.15.1 展厅区

(1) 音频系统。整个展厅区的音频系统按照高保质音质标准设计，每个展厅区在现场放置设备机柜。整个音频系统拾音部分采用无线头戴话筒和无线手持话筒，满足展厅区拾音的使用要求，通过数字音频处理器对声音进行处理，通过壁挂音箱进行扩声，满足展厅音频处理和扩声的要求。

（2）视频显示系统。展厅的投影显示系统采用高清投影机以及电动幕，或者 LED 屏幕作为显示设备，显示效果高端大气，满足展厅的显示要求。

7.15.2　报告厅

（1）音频系统。报告厅按照国家标准会议类扩声一级标准设计。

1）报告厅可同时使用有线话筒和无线话筒。话筒数量可以根据会场内发言人员和数量来决定，同时可以互为备份。此外，所有的话筒都进入音频处理器，扬声器的信号分别从音频处理器输出。

2）扩声系统采用主扩声为主，吸顶扬声器为辅。主扩扬声器需采用线型壁挂音箱，在屏幕两侧布置，保证声像一致。后场布置辅助天花吸顶扬声器，保持会场内一致的声压级。

3）扩声系统信号的传输及系统的控制上充分考虑并满足报告厅的功能需求；同时满足音、视频信号的记录保存功能，使整个扩声系统音色丰满柔和、明亮通透；音质纯真自然、并有良好的清晰度、足够高而均匀的声压分布。

4）扩声系统采用多点、多方向话筒信号及音视频的输入、输出接口，对于各种信号接口预留也考虑多方向性。有各种信号端口可以接驳，满足各种使用需求。主要周边设备均安装于设备机柜内，方便在各工作点使用。

（2）显示系统。

1）配置高清摄像机拍摄主席台人员的特写图像，安装于报告厅后墙；在观众席侧墙分别安置高清一体化摄像机用于监控。在台口下两侧以及其他区域设置可以移动的摄像机点位信息插座，方便摄像机接入。

2）摄像机及视频切换设备采用 3D-SDI、HD-SDI 及网络信号传输，损耗低。系统采用兼容各种视频接口如 HDMI 信号、网络信号的数字混合矩阵进行信号的切换和分配，可将会场内摄像机输出信号、主席台便携式电脑输出信号、机房内各种视频源信号，通过矩阵分配至各显示末端。

3）在视频显示方面，舞台上设有一套小间距的高亮度 LED 屏幕。另在舞台插座箱预留接口，可流动摆放液晶显示器作为补充或供发言人观看会场图像或流动使用。在机房配置监视器。在报告厅两侧面安装电动投影幕，可以作为辅助显示，也可以单独作为小房间时，作为主显示。灵活使用，多功能显示。

（3）投票表决系统。在会议讨论系统的每台设备上增加投票表决功能，用来进行选举及投票会议。其主要功能是确认代表身份，让参会代表进行表决投票，显示会议议程、会议背景资料和表决结果。

（4）视频会议及录播系统。配置 1 套视频会议系统满足整个报告厅的视频会议的需求，另配置 1 套录播系统用于整个会议的录制。

（5）中控系统。报告厅包含有视频显示设备，音频处理及扩声设备，以及舞台灯光、会议灯光等。为此，报告厅配置 1 套集中控制系统，统一管理，实现智能化控制。通过墙面按键面板或者移动平板电脑，可以对整个报告厅进行一键操控。

（6）同声传译系统。用来进行国际会议交流。使用多语种的参会代表一起开会的过程中，当使用任意一语种的代表发言时，由同声翻译员即时翻译成其他语种，通过语言分配系统送达每一个参会代表前，使其可以选听自己所懂的语言，达到多语言交流的目的。

（7）远程视频会议系统。远程视频会议系统利用通信线路实时传送两地或多个会议地点与会者的形象、声音、以及会议资料图表和相关实物的图像等，使身居不同地点的与会者互相可以闻声见影，如同坐在同一间会议室中开会一样。

7.16 信息引导及发布系统

7.16.1 信息发布系统利用高亮度液晶显示屏、LED屏等将电子报刊、实时通知、服务资讯等全方位展现出来的一种高清多媒体显示技术。系统是将音视频、电视画面、图片、动画、文本、文档、网页、流媒体、数据库数据等组合成一段段精彩的节目，并通过网络将制作好的节目实时的推送到媒体显示终端，从而将精彩的画面、实时的信息全方位的展现。本系统接入视讯专网。

7.16.2 信息发布系统结合室内定位系统，具备人工智能导航、特定人群信息自动推送等功能。

7.16.3 博物馆设置统一的视频服务平台，采用视联网络技术、B/S服务模式，针对信息发布、数字电视、互动点播、媒体展示、人流统计、视讯会议等服务实现集成化管理与集约化应用，实现各个信息设施系统的互联互通，提高信息设施系统的整体功效。

7.16.4 本系统由统一视频服务器与多媒体工作站、磁盘存储阵列、相应的实时操作系统与应用软件等构成，设置于信息网络机房。对平台上的视讯信息实施控制、调度、查询、推送、操作、管理等作业，实现多业务、多媒体、多用户的统一管理与高品质服务。

7.16.5 本工程通过统一视频子系统对信息发布系统实施集成化操作与管理，面向各个显示屏、触摸屏提供内容服务，本次设计在门厅、电梯厅、会议室及报告厅、服务台、公共区域等部位预留视联网信息点及机顶盒。

7.16.6 在信息网络机房设置一套节目编辑系统、采用CPU＋GPU＋I/O非线性编辑技术、提供自办节目的编制制作，规划预留一套节目摄录系统，采用专业级的高清数字摄录机、满足自办采录需要，通过本系统发布的信息必须符合项目驻地的相关法律、法规、条例等规定。

8 建筑设备管理系统

8.1 建筑设备监控系统

8.1.1 建筑设备监控系统（BAS）采用直接数字控制技术，对博物馆内的各类机电设备如制冷机房、空调机组、送排风机、给水排水泵、电梯、公共区域照明、变配电设施的运行、安全状况、能源使用和管理实行自动监视、测量、程序控制与管理，从而提高设备运行效率，节约能源，营造舒适的室内环境。达到管理方便、节能并降低运行成本。

8.1.2 本系统主要包括中央管理站、现场数字控制器（DDC）及各类传感器、执行机构，采用实时监控、分布式管理。主服务器设于信息网络机房，在工程部及安防监控中心设置工作站，在其他需要对系统进行控制的场所设DDC现场控制器，控制器采用点对点通信，具有独立的监测和控制能力。

8.1.3 在冷冻机房、变配电室内、柴油发电机房设有设备监控分站，分别对冷热源系统、空调设备进行监控及对供配电设备进行监测和控制，分站除了对该区域所监控的对象进行实时监控外，还将信号通过通信线路传送至建筑设备监控中心中央管理主机。

8.1.4 该系统具有标准、开放的通信接口协议，可通过通信接口与火灾自动报警系统及安全防范系统实现数据通信。

8.1.5 本层采用B/S服务模式，配置实时操作系统，具有相应的接口与软件实现安全信息集成，运行于集成信息网络VLAN通道。

8.1.6 配置简体中文视窗软件、浏览器软件、OPC服务器软件、BMS实时操作系统、用户工具软件、工程应用软件、专家能源分析软件、开放系统接口软件、实时关系数据库。

8.1.7 具备监控系统的运行参数、检测控制指令响应情况、集中显示监控数据、能源分析、实时报警、报表生成与打印功能，系统故障不影响现场控制器独立运行，至少预留10%的监控点数。

8.1.8 控制网络层。

（1）本层采用DDC控制器对现场设备进行集中控制，并通过网关与上述的其他测控子系统实现通信与集成管理，控制器与网关通过专用星型以太网与管理层通信，在脱机状态下保持独立工作能力。

（2）控制器采用独立CPU技术、模块化结构、图形化工程界面，嵌入操作系统、编程系统，配套仿真系统，系统软件、模块、通信、接口满足控制功能需要，至少预留10%的监控点数。

（3）网关内嵌OPC服务器、操作系统、编程系统、仿真系统，具备与第三方集成通信协议的能力，并提供第三方通信的调试、联动服务。

8.1.9 现场网络层。

（1）本专业提供各种模拟与开关量检测仪表，传感与变送原理满足工艺要求，采用二线制仪表、0～20mA标准电信号，接入DDC控制器的AI、DI接口，检测参数满足相关专业的工艺与工况要求。

（2）由相关专业配套电动调节阀与电动控制阀、以及220/380VAC电源与电控装置，本专业提供阀门调节与开闭信号，从阀门获取阀位开度、与开关状态信号。

（3）由电气专业提供电气设备控制箱及智能化接口，在DDC控制器与电气设备控制箱之间设置强智能化隔离继电器，实现控制与状态信号的24V/220V转化与隔离。

8.1.10 建筑设备控制点表见表2-5。

建筑设备控制点表 表2-5

设备名称		空调机组	新风机组	热回收新风机组	通风机（变频）	通风机	水泵-集水坑	给水泵、水箱	展厅库房	小计
数量		103	12	8	88	30	80	20	—	—
新风温度		103	12	8	—	—	—	—	—	123
新风湿度		103	12	8	—	—	—	—	—	123
送风温度		103	12	8	—	—	—	—	—	123
送风湿度		103	12	8	—	—	—	—	—	123
回风温度		103	—	8	—	—	—	—	—	111
回风湿度		103	—	8	—	—	—	—	—	111
排风温度		—	—	8	—	—	—	—	—	8
排风湿度		—	—	8	—	—	—	—	—	8
水阀开度反馈	AI	206	24	16	—	—	—	—	—	246
风阀开度反馈		206	—	16	—	—	—	—	—	222
变频反馈		103	12	8	88	—	—	20	—	231
CO_2浓度		103	—	—	—	—	—	—	—	103
风速反馈		103	—	—	—	—	—	—	—	103
CO浓度		—	—	—	—	—	—	—	219	219
室内温湿度		—	—	—	—	—	—	—	213	213
二氧化硫传感器		—	—	—	—	—	—	—	219	219
VOC		—	—	—	—	—	—	—	49	49
室内CO_2		—	—	—	—	—	—	—	213	213
PM2.5		—	—	—	—	—	—	—	213	213

设备名称		空调机组	新风机组	热回收新风机组	通风机（变频）	通风机	水泵-集水坑	给水泵水箱	展厅库房	小计
设备故障报警		206	24	24	88	30	160	60	—	592
设备运行状态		206	24	24	88	30	160	60	—	592
手自动状态		206	24	24	88	30	160	60	—	592
初效过滤器堵塞报警		103	12	8	—	—	—	—	—	123
中效过滤器堵塞报警		103	12	8	—	—	—	—	—	123
风机压差报警	DI	103	12	16	—	—	—	—	—	131
防冻开关报警		103	12	8	—	—	—	—	—	123
风阀开度反馈		—	12	—	—	—	—	—	—	12
低液位		—	—	—	—	—	80	60	—	140
高液位		—	—	—	—	—	80	60	—	140
溢流液位		—	—	—	—	—	80	60	—	140
水阀调节		206	24	16	—	—	—	—	—	246
风阀调节	AO	206	—	16	—	—	—	—	—	222
变频器频率调节		103	12	8	88	—	—	—	—	211
设备启停	DO	206	24	24	88	30	160	60	—	592
风阀开关控制		—	12	—	—	—	—	—	—	12
合计		6683								

8.2 智能照明系统。智能照明由电气专业设计，预留接口接入智能化集成系统。

8.3 建筑能效监管系统。建筑能效监管系统由电气专业设计，预留接口接入智能化集成系统。

9 公共安全系统

9.1 安防管理系统

9.1.1 根据博物馆的分布和现场环境条件，遵循"由点、线、面、体全方位、多层次、立体空间防范"的原则，将博物馆防范区域划分为周界、监视区、防护区、禁区四个纵深防护区域，在系统结构上采用四层纵深安全防范体系。根据《文物系统博物馆风险等级和安全防护级别的规定》GA27—2002，博物馆为一级风险单位。按照《安全防范工程技术标准》GB 50348—2018 和《博物馆和文物保护单位安全防范系统要求》GB/T 16571—2012 规范一级风险单位安防系统配置需求，见表2-6。

安防系统配置 表2-6

序号	区域	功能区	技防要求
1	博物馆外周界	外周界	入侵探测、视频监控、拾音、巡更等
2	公共服务区	公共活动区、服务设施、教育用房、停车库等	视频监控（含人流、车流、物流统计）、防爆、报警、拾音、停车场、巡更等
3	陈列展览区	常设展厅、临时展厅、室外展区等	入侵探测、视频监控、拾音、出入口控制、紧急报警、有线对讲等
4	藏/展品卸运交接区（禁区）	—	周界入侵探测、视频监控（清晰、完整地监控藏/展品装卸、交接的全过程）、拾音、紧急报警、有线对讲等

序号	区　　域	功能区	技 防 要 求
5	藏/展品运输通道	—	视频监控、对藏/展品的运输过程进行全程跟踪监控等
6	藏品保护技术区	藏品整理、干燥、实验、修复、摄影、鉴赏等	入侵探测、视频监控、出入口控制等
7	藏品库区/库房（禁区）	—	入侵探测、视频监控、拾音、出入口控制、紧急报警、有线对讲等
8	重要机房、强/智能化小间	—	入侵探测、视频监控、出入口控制等
9	业务与科研区、行政管理区	—	入侵探测、视频监控、出入口控制等
10	监控中心/信息网络机房（禁区）	需单独设置卫生间、休息间，信息网络机房	报警、视频监控、出入口控制、可视对讲

9.1.2　公共安全系统由安全管理系统和若干个相关子系统组成。相关子系统宜包括入侵报警系统、视频安防监控系统、身份识别（出入口控制系统）、电子巡查管理系统、停车库管理系统等。安全防范系统主要在下列区域设置：周界、出入口、通道、公共区、重要部位等设置。

9.1.3　本工程安全管理平台采用B/S服务模式，运行于安防专网上，系统故障不影响各个安防子系统与现场设施的独立运行。

9.1.4　本工程基于安防专网构建公共安全系统，在信息网络机房配置服务器、在监控中心工作站实时操作系统，监控并操作各安防子系统，具有相应的接口与软件实现安全信息集成。

9.1.5　系统软件采用简体中文图形视窗操作界面，支持人机交互工作环境，具备操作员管理、系统状态显示、设备集中监控、处警预案联动、报表生成打印等功能。系统软件优先秩序实施联动要求见表2-7。

系统软件优先秩序实施联动要求　　　　　　　　　　　　　　　表2-7

火灾发生时	联动视频安防监控系统,监视、记录火场信息联动出入口控制系统,释放设置于疏散通道上的门禁与道闸
入侵报警时	联动出入口控制系统封闭相关通道,联动相关部位的视频监控系统,控制优先级低于消防联动
巡查报警时	联动相关部位的视频监控系统,启动应急预案
门禁报警时	联动相关部位的视频监控系统

9.2　入侵报警系统

9.2.1　本系统采用总线制模式，在监控中心设置集中报警主机，集成接入安防管理平台，通过安全管理工作站实时监控。系统自成网络独立运行、并提供异地报警功能。安防监控室可与消防控制室共用。

9.2.2　根据纵深防护体系要求（藏品库预留接口），报警器设置见表2-8。

报警器设置　　　　　　　　　　　　　　　　　　　　　　表2-8

探 测 技 术	设 置 部 位	附 加 要 求
磁开关入侵探测器	设防出入口部位	接入门禁主机

探测技术	设置部位	附加要求
吸顶红外微波双鉴探测器	防护区、禁区	智能识别技术
自锁型紧急报警按钮	财务室、藏品库、博物馆库房、安防控制室	—
视频移动侦测技术	建筑出入口、库房的出入口	信号由视频监控系统提供
求助报警与声光警报装置	残疾人卫生间	接入报警主机
其他报警信号接入模块	防爆安检装置、人流控制装置	采用无线接入措施
红外对射及振动	周界	双技术结合

9.2.3 紧急报警装置设置为不可撤防状态，具有防止误触发措施、触发报警自锁与人工复位功能。

9.2.4 在设防状态下，探测到非法入侵行为时显示报警发生的部位，多路报警时可依次显示报警发生的部位，并在现场与安控中心发出声光报警信号，报警信号保持直到手动复位、但不能自动复位，报警信号应无丢失。

9.2.5 在布防状态下，系统不得有漏报；在撤防状态下，系统不对探测器的报警状态做出响应。

9.2.6 发生下列任何情况时报警控制设备应发出声光报警，报警信号能够保持手动复位，报警信号应无丢失：

（1）在设防或撤防状态下，当入侵探测器机壳被打开或报警控制器机盖被打开时；

（2）报警信号传输线被断路或短路、电源线被切断或主备电源发生故障时。

9.2.7 系统具有报警、故障、被破坏、操作等信息的显示记录功能，记录信息包括事件发生时间、地点、性质等，记录信息不能更改。

9.2.8 系统可手自动布防与撤防，按照时间在全部防区进行任意布撤防，布撤防状态有明显不同的显示。

9.2.9 系统具有自检功能，无漏报、避免误报，系统报警响应时间≤2s。

9.2.10 系统断电时可保存以往的运行参数，再恢复供电后系统不需设置即能恢复原有工作状态。

9.3 视频安防监控系统

9.3.1 通过建筑物模型图、楼层平面图和智能建筑电子地图可选择待操作的监控点设备，对视频监控系统进行快捷操作。安防管理平台可以接收其他应用系统的报警信号或请求信息控制视频监控系统完成相应的切换画面或预置位等动作。

9.3.2 以预防和处置突发事件为核心，实现视频安防监控系统的应急联动和辅助分析决策，及时预警和掌控馆内各种可疑现象、突发事件的发生。

9.3.3 可以对数字视频监控设备进行远程管理、参数设置及调试。

9.3.4 视频监控需要覆盖整个博物馆及博物馆周边区域，监控点覆盖范围大，图像清晰度要求高。在车库入口保安管理中心建立分控系统，可以实时监视车场情况。根据博物馆各层使用性能的不同，对各层的监控采用不同的方式。地下主要监控范围为所有的停车位、车道和车道拐角处、地下出入口、重要公共设施设备用房、以及各层库房、藏品库、材料库等区域为主；在地上（含夹层）以出入口、餐厅、各展厅、展馆、储藏区、各会议室、办公室、重点人群密集公共区域、各通道走廊、消防通道、电梯厅、电梯轿厢、顶层出入口、天台环境监控等区域为主要监控范围。以上区域均需进行全天候的监控，以掌握上述区域的人员活动情况，重点区域需配置拾音功能；在特殊区域可采用智能视频分析手段，以便做到事先预警。

9.3.5 安防监控室设置在首层（以建筑规划为准），控制室内需要配置数字矩阵主机、拼接显示大屏、全维度操控键盘；录像存储等后台设备放置于信息网络机房。对监控室的要求（选位应与建筑设计沟通）：安防监控室使用面积不应小于 64 m²，室内温度要求在 16～28℃，相对湿度宜为 40%～65%，环境噪声应较小，并有必要的安全和消防设施。控制柜正面距墙净距大于 1.2m，背面、侧面距墙大于 0.8m。供电电源：要求安全可靠，采用 220V、50Hz 单相交流电源，电压偏移应小于 10%。防雷与接地：整个接地系统宜采用一点接地方式，接地导线应采用铜芯导线，接地电阻不得大于 4Ω，但系统采用共同接地网时，其接地电阻不得大于 1Ω。

9.3.6 前端摄像机是整个博物馆视频监控系统的原始信号源，主要负责对博物馆周界、监视区、防护区及禁区的各个监控点现场视频信号的采集及网络化处理。前端的选型设计根据博物馆实际监控需要，选择合适的产品和技术方法，保障视频监控的效果。

9.3.7 周界：博物馆周界一般使用固定枪式摄像机，在围墙上的点位设置方向遵循首尾相接的方式。若博物馆周界环境复杂或博物馆所在地区经常出现雾霾、大雪等天气，能见度不高，建议使用红外热成像摄像机进行周界实时监控，遇到翻越围墙等状况，可报警提示，配合防护区内摄像机进行联动切换预案。

9.3.8 监视区：监视区指周界内至博物馆建筑的室外空间。监视区建议使用高清枪机和高清一体化快球配合的方式，监视区内主干道路采用高清固定枪机进行定点监控，大型广场区域采用高清一体化快球摄像机进行大场景监控。同时，需考虑监视区内的最低照度，确定选用普通摄像机或红外摄像机。

9.3.9 防护区：防护区一般指文物馆藏所在的建筑内空间区域。在防护区的对外出入口建议使用高清摄像机，对出入防护区的人员特征可清楚记录，建议适当使用人流统计等智能分析，总结博物馆的参观高峰期，适时安排高峰状态时的保卫力量。

9.3.10 禁区：禁区指未授权不允许进入的区域。在此类区域，一般做好禁区出入口的监控，以及对禁区内部重点部位做到无盲区监控。

9.3.11 视频管理服务器、视频存储服务器设置于信息网络机房，视频工作站、网络键盘等设置于监控中心，视频图像存储不少于 30 天，重要区域图像存储不少于 90 天。

9.3.12 根据纵深防护体系要求，摄像机设置见表 2-9。

摄像机设置　　　　　　　　　　　　　　　　　表 2-9

探 测 技 术	设 置 部 位	附 加 要 求
室外一体化彩色球机	室外、地下车库	墙壁安装、自带红外灯
带云台一体化彩色枪机	地下车库、室外重要出入口、装卸区	自带红外灯
固定彩色摄像机	地下车库、装卸区、通向顶层室外的门口	自带红外灯
固定彩色半球机	首层出口、顶层出口、库房、财务室	带移动视频侦测功能,吸顶安装
	库房、展厅	自带红外灯、带移动视频侦测功能,吸顶安装
	各层通道	吸顶安装
彩色动球机	大公共空间	吸顶安装
电梯轿厢专用摄像机	电梯轿厢	带鱼眼镜头

9.3.13 针对博物馆摄像头数量大、安保工作繁重、维护困难的实际情况，系统需具备视频质量诊断系统，对视频常见故障和图像质量的下降进行自动智能检测，帮助用户快速掌控前端设备运行情况，保证大型视频监控系统的长期稳定的使用。智能分析的点位主要分布如下：

（1）展厅、展馆等重要区域的重要物件24h监控、智能分析预警与报警；

（2）重要出入口打架斗殴、聚集闹事等智能分析、报警功能；

（3）治安环境监控异常等报警功能；

（4）重要公共设施定点监控及异动报警功能；

（5）指定人物反向巡查功能，输入照片，能够搜索到此人的所有历史视频画面，同时博物馆摄像头同步对该人进行寻找，寻找到后进行报警；

（6）车辆乱停乱放预警监控功能（车辆违规停放，视频能够跟踪司机，到了某广告屏后，联动信息发布系统，在该广告屏发布该车主违停通知）；

（7）遗失物品检测并追踪遗失人员功能；

（8）主要出入口及各陈列展览区需设置客流分析系统；

（9）可手/自动遥控操作摄像机系统，手动与编程切换、固定或时序显示视频信号，可根据联动信号切换出相应部位的图像至指定监视器；

（10）具有系统信息存储功能、视频信号丢失报警功能、视频移动侦测报警功能、视频与音频同步切换功能；

（11）显示画面上应有图像编号、地址、时间、日期等，文字显示应采用简体中文，电梯轿厢内的图像显示包含所在楼层和运行状态的信息，监视图像信息和声音信息应具有原始完整性；

（12）具有画面定格功能，具备多重检索、慢动作画面、超静止画面、步进性图像分解功能，具备定时录像、报警自动录像、停电后自动录像功能，可对多路图像信号实时传输与切换显示。

（13）记录发生事件的现场及其全过程的、预定地点发生报警时的、重点区域报警前的图像信息，系统记录的图像信息包含摄像编号、部位、地址、记录时间和日期，记录图像满足资料的原始完整性。

（14）视频图像质量不低于《民用闭路监视电视系统工程技术规范》GB 50198—2011 表4.3.1-1 四级，回放图像质量不应低于表4.3.1-1规定的三级；在显示屏上应能有效识别目标，至少能辨别人的面部特征。

9.4 身份识别控制系统。建立身份识别控制系统，实现一卡通、脸像/指纹/静脉纹等活体生物身份识别的门禁管理、电梯控制、访客管理、停车场管理、物业考勤管理、保安巡更管理、餐厅或其他消费场所消费结算、自助服务等功能。智慧管控平台可以对主要人员出入口、车辆出入口、电梯楼层控制等进行全面管理，包括人员与车辆管理、权限管理、时间表及节假日管理。支持全面的授权管理，支持远程开门管理。

9.5 出入口管理系统

9.5.1 本工程采用单级网结构、多/单出入口控制设备、分体硬件结构、IC卡技术、生物识别技术，基于智能卡技术实现门禁管制、通过设备智能网接入公共安全系统，系统故障不影响现场设备的独立运行。

9.5.2 本工程根据纵深防护体系要求，在防护区、禁区、顶层出入口、地下室核心筒出入口、设备机房与通道上设置门禁装置，具备门磁报警功能，并控制人流闸机的管制系统。

9.5.3 系统的识读、执行、管理与控制等部分均采用防护等级 C 级，主要操作响应时间＜2s，计时精度＜5，s/d 系统软件每天向系统各部分的计时部件提供校时功能。

9.5.4 提供现场报警与异地报警功能，采用声光警报信号；布防工况下，针对门禁开启提供声光警报；任何时间，连续 5 次错误操作、未授权而强行出入、非正常操作开启出入口、强行拆除/打开/断电/短路现场设备时立刻报警。

9.5.5 系统自动记录授权、密钥、刷卡、出入、设备、报警等信息，设备信息包括运行状态、故障状态、运行次数等，报警信息包括年月、日期、时秒、目标、位置、行为等，可记录、检索、显示、打印、生成报表等。

9.5.6 软件与信息保存于中央管理机与现场设备的固态存储器中，能够自动保持系统的密钥信息及各个记录信息，具有篡改、销毁信息的措施，不受非正常供电影响；其他系统不得对出入口控制系统实施现场操作。

9.5.7 系统满足紧急逃生的疏散要求，在安全与疏散通道设置磁力锁，向疏散方向开启；发生火灾时，由消防系统强制释放门禁并发出报警信号；疏散人员无须使用钥匙即可迅速安全通过。

9.5.8 现场设备需安装于智能化小间或防护区内，使用防拆、防破坏、带报警功能的设备箱；设备箱自带直流电源与蓄电池，满足 48h 连续工作且 50 次开启操作功能；由制造厂提供现场门禁应急开启设备与功能，意外情况下可无损开启门禁。

9.5.9 出入口控制系统执行部分的输入电缆在该出入口的对应受控区、同级别受控区或高级别受控区外的部分，应封闭保护，其保护结构的抗拉伸、抗弯折强度应不低于镀锌钢管。

9.5.10 出入口门禁读卡器、生物识别传感器等可作为内部员工考勤使用。

9.6 访客登记管理

9.6.1 访客登记管理主要用于外来访客对馆内工作人员访问管理系统，系统以电子地图、列表菜单及报表等多种方式管理访客信息。

9.6.2 访客登记系统能快速登记来访客人的身份证、驾驶证、军官证等证件，并且可以配置二维码、人脸识别功能，在登记的时候可以捕捉来访客人的图像。身份识别及人脸识别与公安系统异常人员库相连，对异常人员可实时报警提示及上传公安部门。

9.6.3 通过访客系统可以对访客临时发卡，并自动对门禁系统、电梯控制系统进行临时授权。可以自定义各种查询条件，对以往的访客登记数据进行快速检索。

9.6.4 通过自定义统计要求，对以往访客登记数据进行快速统计。

9.6.5 在接收到非法进入访客的报警信息后进行相应的视频监控联动；并及时进行报警，报警可以以闪烁的图标形式在系统主界面上显示。

9.7 梯控系统。梯控系统可根据建筑内功能的需求个性化定制楼层层控功能，如：馆长所在的楼层不想被人打扰则可对该楼层采用刷卡加按楼层的方式（可增加人脸识别）才能选择该楼层，以此限制无关人员闯入。

9.8 电子巡查管理

9.8.1 采集巡查系统的巡查记录及故障报警信息。对于在线巡查支持实时的巡查状态显示和记录。如果巡查人员没有按照预定时间和路线达到预定位置，智能化系统集成可以发出报警和相关联动命令（如：打开有关区域照明、摄像机画面切换等），以便安防人员进行复核。电子巡查采用在线巡更方式，可以结合室内定位系统把巡更路线实时传输到监控中心，联动视频监控在大屏显示巡更人员视频。

9.8.2 本工程在博物馆门口设置人流管制系统、采用电子卡证、接入门禁控制系统，通过出入口的电子门计数，观众凭卡入场。当入场人流达到极限或发生突发事件时，关闭道闸、停止入场。要求在火灾确认后，自动释放道闸系统。

9.8.3 本工程利用公共安全信息的集成与联动、事件现场的视频监控、保安内部的对讲通信、应急广播—信息发布—疏散引导服务、110/120报警电话与异地报警装置提供应急联动服务。

9.9 防爆安检系统

9.9.1 由于博物馆活动规模大、参与人员多，参与人员成分复杂，特别是一些贵重物品展览时，很可能成为恐怖分子实施爆炸恐怖袭击的目标。防爆安全检查作为博物馆安全保卫工作的其中一环。

9.9.2 在观众访客通道、员工通道入口设置防爆安检系统，包括安检门、X光机、手持金属探测器，并提供紧急报警装置，X光机视频信号及报警信号可接入安防管理系统。

9.9.3 在停车场出入口、卸货区出入口设置车底拍照分析系统，出入口及车辆能靠近周界设置自动升降防撞柱，自动升降防撞柱可与消防联动，在出线消防紧急情况时自动打开相关消防通道。

9.10 停车场管理系统

9.10.1 本工程采用视频车牌识别相结合系统实现停车场管理功能，实施出口＋场中＋自助收费模式。车库管理服务器设置于信息网络机房、通过设备智能专网传输数据，系统故障不影响现场设备的独立运行。

9.10.2 具备车辆出入识别/比对/控制、车牌与车型自动识别、自动计费与收费、自动控制道闸等功能。

9.10.3 分别在道闸、收费站设置专用对讲电话，实现与控制中心的对讲、报警功能。此外，可由消防控制模块强制打开出入口道闸。

9.10.4 在入口处、各层即分区设置车位显示器，向车辆提供相关区域的空闲车辆信息，在进出口均设置车管所要求的车辆信息采集传送系统。

9.10.5 系统纳入智能一库通进行管理，自助收费支持自动缴费机、微信缴费、支付宝缴费、APP缴费。

9.11 应急指挥调度管理系统

9.11.1 当发生突发事件时，依托应急指挥调度管理子系统功能，指挥人员能够实时了解现场情况，并对事发地周边物资及人员调度提供科学的决策依据。

9.11.2 应急指挥调度管理在博物馆突发安全事件（如：盗警、抢劫报警、火灾报警等）、紧急事故（如：停水停电，电梯锁人等）、自然灾害（如地震、洪水等）时，启动应急处置预案快速指挥调度，将灾害造成的损失减低到最低限度。智慧管控平台具有实时数据交换和数据共享的能力。当系统接收到应急指挥调度管理内突发事件报警信息，立即将与该突发事件相关的所有信息和相关数据切换到智能化监控中心大屏幕显示屏上。

9.11.3 应急指挥调度管理通过可视化显示，将与突发事件相关的所有信息包括：实时报警滚动信息条（文字）、突发事件位置信息、突发事件实时状态信息、电视监控图像信息、现场语音信息、移动通信信息、与突发事件周边的相关影像信息、相关历史资料和数据信息等分显示区域显示在智能化监控中心大屏幕显示屏上。

9.11.4 应急指挥调度管理可以按照突发事件的实时状态，分别在智能化监控中心大屏幕上自动显示突发事件状态信息（事件滚动信息条）、现场影像、周边道路影像、人员组织情况、现场通信情况、可视对讲影像和语音。为应急调度和指挥提供决策依据。

9.11.5 应急指挥调度管理根据突发事件的等级和分类，系统自动检索和启动应急处理预案。通过应急预案的处理流程和现场实时信息组织调度和指挥，系统根据应急预案自动显示相关资料和数据，辅助提供应急调度和指挥决策的依据。

9.11.6 应急指挥调度管理具有提供对各级和各类突发事件应急处理的预案库。应急预案应分为：预设方案和行动方案，应急处理预案的编制应根据本地的各种可用资源进行合理的调配和组织。

9.11.7 应急指挥调度管理具有集成电话通信、手机通信、无线对讲、专线通信、IP通信、电子邮件等多种通信方式的能力，应急指挥调度可通过上述任何一种方式取得与外界的通信联络。应急信息发布可以实时发布应急信息。应急信息发布可以通过公共广播、信息发布、电话、手机短信的方式进行实时发布。

9.11.8 指挥员通过 GIS 和 BIM 室内导航可迅速明确事故地点，只需点击事故发生地点系统即可呼叫事故地点周围所有相关人员赶赴现场解决问题。

9.11.9 通过射频 RFID、蓝牙或物联网技术定位系统、管理人员定位系统进行定位，实时掌握管理人员目标的位置和动态。

9.11.10 通过标准开放的系统接口，能够与其他管理系统和业务系统对接，方便日常工作的调度指挥。

9.11.11 应急报警信息分为 5 级，用 5 种不同颜色显示报警信息条。可按入侵报警、火灾报警、突发事件等各监控系统分类报警。可选择显示已确认、未确认、全部报警信息。

9.11.12 能够联动导览 APP 与公共 Wi-Fi 提供的人员分布、动向数据进行整合呈现；能够联动身份核验系统，对重点人物进行平台级管控（停留时间、路径、操作等）；能够满足观众多种寻人、寻物等需求。智慧灯光系统、建筑设备监控系统、周界防护系统、安防预警系统、背景音乐系统、信息发布系统等数据进行接入，实现预警、预防、处理、报告的流程化自动实施。

10 机房工程（EEEP）

10.1 般要求

10.1.1 主要设置机房有通信接入机房、信息网络机房、安防监控室及楼层设备间，其中通信接入机房、信息网络机房、楼层设备间等按 C 级机房要求配置，各个系统分区布置互不干扰，与本专业无关的管道线路不得从机房穿越；所有机房条件提资建筑专业。

10.1.2 机房对相关专业的要求见表 2-10。

机房对相关专业的要求 表 2-10

建筑空间	均布荷载（kN/m²）	天棚装修	墙面装修	地面装修	温度（℃）	湿度（%）	通风	照明（lx）
安防监控室	≥6	微孔铝板	轻钢龙骨铝塑板	静电架空地板	18～28	40～70	新风	500
通信接入机房、信息网络机房	≥8，UPS间≥10	微孔铝板	轻钢龙骨铝塑板	静电架空地板	18～28	40～70	新风	300
楼层设备间	≥4.5	防尘漆	防尘漆	静电架空地板	18～28	40～70	新风	200

10.1.3 在机房与外界连接墙体的所有缝隙区管线槽接口处严密堵实，以防止虫、鼠进入机房。房门采用钢质防火门，并做接地处理。

10.1.4 电信机房选用不锈钢网作为机房屏蔽网，与天花龙骨和静电地板形成一个全封闭方式的"法拉第笼"屏蔽系统，实施重复接地。

10.1.5 在机房内均设置火灾自动报警系统，信息网络机房提供半固定柜式气体灭火装置，由施工单位结合智能化产品选型与机房装修环境，完成深化设计。

10.1.6 机房噪声在主操作位≤68dBA，主机房无线电干扰场强≤128dB，磁场干扰环境场强≤800A/m，板表面与垂直振动加速度≤500mm/s²，绝缘体静电电位≤1kV。

10.2 配电、防雷、接地

10.2.1 安防、楼控、通信、网络属于一级负荷中的特别重要负荷，其他为一般负荷，按照通信接入机房、信息网络机房、安防监控室及楼层设备间分区配电，采用TN-S制式、三相四线制或单相两线制。

10.2.2 分别在通信接入机房、信息网络机房、安防监控室设置在线式UPS作为后配电源，楼层设备间由信息网络机房UPS集中供电，容量取设备负载的1.2倍、后备时间为1h、输出电源质量A级，供电范围满足本分区的配电需要。UPS应有双路市电供电。

10.2.3 电子信息系统设备的雷电电磁脉冲防护等级按A级防护。所有从户外引入的、穿越各级雷电防护分区的、引入信息机房的管线均需设置SPD。

10.2.4 智能化机房采用网格引线、M形接地方式，专用接地线≥4mm²，专用接地干线≥25mm²，接入共用接地系统，接地电阻不大于1Ω。

10.2.5 室外天线支架、摄像机立杆均设置防雷措施，并做现场接地处理。

10.3 机房环境监测。智能化系统集成可以对所有机房的动力环境、机房环境、IT设备提供全面管理，监测主要内容如下：

10.3.1 UPS电源系统监测。

10.3.2 UPS后备电池系统监测。

10.3.3 精密空调监测。

10.3.4 配电开关状态监测。

10.3.5 供电系统参数监测。

10.3.6 漏水监测系统。

10.3.7 温湿度监控。

10.3.8 消防监测系统。

11 其他

11.1 防雷与接地系统

11.1.1 本建筑物按二类防雷建筑物设防。

11.1.2 为预防雷电电磁脉冲引起的过电流和过电压，信息设备、电子设备、由室外引入建筑物的线路等装设电涌保护器（SPD）。

11.1.3 本工程采用共用接地装置，以建筑物、构筑物的金属体、构造钢筋和基础钢筋作为接地体，其接地电阻小于1Ω。

11.1.4 建筑物作总等电位连接，在变配电所内安装主等电位连接端子箱，将所有进出建筑物的金属管道、金属构件、接地干线等与总等电位端子箱有效连接。

11.1.5 在所有智能化机房、智能化小间等处作辅助等电位连接。

11.2 智能化抗震设计

11.2.1 智能化设备系统中内径大于等于60mm的配管和重量大于等于15kg/m的电缆桥架及多管共架系统须采用机电管线抗震支撑系统。

11.2.2 刚性管道侧向抗震支撑最大设计间距不得超过12m；柔性管道侧向抗震支撑最大设计间距不得超过6m。

11.2.3 刚性管道纵向抗震支撑最大设计间距不得超过24m；柔性管道纵向抗震支撑最大设计间距不得超过12m。

11.2.4 设在建筑物屋顶上的共用天线等，应设置防止因地震导致设备损坏后部件坠落伤人的安全防护措施。

11.2.5 应急广播系统预置地震广播模式。

11.3 节能措施

11.3.1 采用智能型照明管理系统，以实现照明节能管理与控制。

11.3.2 设置建筑设备监控系统，对建筑物内的设备实现节能控制。

11.3.3 设置智能建筑能源管理系统通过多功能的能耗计量表计、通信网络和计算机软件，实现供配电系统在运行过程中的数据采集、数据计算、电能抄表、报表生成等，完成系统的安全供电、电能计量、设备管理和运行管理。系统由站控管理层、网络通信层和现场设备层构成。系统功能需求：

（1）数据采集及处理：通过间隔层单元实时采集现场各种模拟量、电度抄表等；

（2）画面显示：全部设备的信息、各测量值的实时数据、各种告警信息、计算机监控系统的状态信息；

（3）记录功能：具有对各种历史数据的记忆功能，以供随时查询、回顾、打印；

（4）报警处理：用户可以按照自己的意愿分类、筛选报警，并将报警归纳于不同的报警窗口中，根据不同的报警级别，采用推出画面、光显示、条纹闪烁及不同声音级别的音响进行报警；

（5）应具有完善的用户管理功能，避免越权操作；

（6）历史曲线显示：可显示存于历史数据库中的任意模拟量、电度量；

（7）报表打印功能：可召唤打印、定时打印各种历史数据，运行参数，事故报告统计，能耗量统计报表。

二、建筑智能化系统概算编制实例

1 信息接入系统概算见表 2-11。

信息接入系统概算 表 2-11

序号	项目	规格型号	单位	数量	单价	合计
1	线槽	100mm×100mm	m	若干	□	□□□
2	线槽	200mm×100mm	m	若干	□	□□□
3	线槽	300mm×100mm	m	若干	□	□□□
4	线槽	400mm×100mm	m	若干	□	□□□
5	室外线管	PC50	m	若干	□	□□□
	共计					□□□

2 综合布线系统概算见表 2-12。

综合布线系统概算 表 2-12

序号	项目	规格型号	单位	数量	单价	合计
	1.1 工作区					□□□
1	单口面板	86mm×86mm	个	3014	□	□□□
2	六类模块	RJ45，CAT6 模块	个	3014	□	□□□
3	数据跳线	RJ45，CAT6，3m	条	3014	□	□□□
	1.2 水平子系统					□□□
1	六类网线	UTP CAT6	m	若干	□	□□□
2	镀锌钢管 JDG20	JDG20	m	若干	□	□□□

序号	项目	规格型号	单位	数量	单价	合计
		1.2 水平子系统				□□□
3	镀锌钢管 JDG25	JDG25	m	若干	□	□□□
4	镀锌钢管 JDG32	JDG32	m	若干	□	□□□
		1.3 管理间子系统				□□□
1	24 口六类非屏蔽配线架	24 口,1U,含 CAT6 模块	台	220	□	□□□
2	48 口六类非屏蔽配线架	48 口,1U,含 CAT6 模块	台	65	□	□□□
3	理线器	1U,19 寸	台	285	□	□□□
4	数据跳线	RJ45,CAT6,3m	条	7076	□	□□□
5	12 口光纤配线架	12 口,1U,含耦合器	套	204	□	□□□
6	24 口光纤配线架	24 口,1U,含耦合器	套	8	□	□□□
7	LC 光纤跳线	LC 型,3m,多模	条	250	□	□□□
8	LC 光纤跳线	LC 型,5m,多模	条	160	□	□□□
9	LC 尾纤	LC 型,2m,多模	条	1210	□	□□□
10	42U 标准机柜	600mm×800mm×2000mm	台	40	□	□□□
		1.4 垂直子系统				□□□
1	4 芯 OM4 多模光纤	4 芯,OM4,多模	m	若干	□	□□□
2	12 芯 OM4 多模光纤	12 芯,OM4,多模	m	若干	□	□□□
		1.5 设备间子系统				□□□
1	12 口光纤配线架	12 口,1U,含耦合器	套	44	□	□□□
2	24 口光纤配线架	24 口,1U,含耦合器	套	4	□	□□□
3	光纤跳线	LC 型,3m,多模	条	30	□	□□□
4	LC 光纤跳线	LC 型,5m,多模	条	30	□	□□□
5	LC 尾纤	LC 型,2m,多模	条	624	□	□□□
6	42U 机柜	800mm×1200mm×2000mm	台	24	□	□□□
7	辅材	—	项	若干	□	□□□

3 移动通信室内信号覆盖系统概算见表 2-13。

移动通信室内信号覆盖系统概算　　　　　　表 2-13

序号	项目	规格型号	单位	数量	单价	合计
1	运营商负责,预留接入机房及管槽	—	—	—	□	□□□

4 用户电话交换系统概算见表 2-14。

用户电话交换系统概算　　　　　　表 2-14

序号	项目	规格型号	单位	数量	单价	合计
1	程控交换机	电话交换机容量暂按 1000 门配置,根据后期综合布线点位及建设方业务需求确定,满足后期可扩展功能	台	1	□	□□□
2	计费管理服务器	i7、16G、2T	台	1	□	□□□

5 无线对讲系统概算见表 2-15。

无线对讲系统概算 表 2-15

序号	项目	规格型号	单位	数量	单价	合计
		1.1 基站部分				□□□
1	管理工作站	i5,16G,2T,26 寸显示器,鼠标,键盘	台	1	□	□□□
2	调度软件	实现单呼、组呼、遥闭、遥开等功能	套	1	□	□□□
3	设备监测软件	支持集群	套	1	□	□□□
4	专用数据线	连接遥距控制器与工作站	根	1	□	□□□
5	转接电源	220V 转 13.8V	台	1	□	□□□
6	中继台	支持集群,每台信道数≥2,操作频带：VHF（144～174MHz）、（403～470MHz）	台	2	□	□□□
7	中继台集群 LICENSE	License 满足设备可被管理	套	2	□	□□□
8	集群互联单元	支持集群	套	1	□	□□□
9	分路器	支持集群,工作频率与选择与中继台一致	台	1	□	□□□
10	合路器	支持集群,工作频率与选择与中继台一致	台	1	□	□□□
11	双工器	支持集群,工作频率与选择与中继台一致	台	1	□	□□□
12	路由器	双主控、双电源,交换容量≥70Tbps,包转发率≥12Gpps	台	1	□	□□□
13	专用跳线	用于信号汇接控制器与合路器、分路器等主设备连接	根	9		
14	手持式对讲机	支持集群,工作频率与选择与中继台一致	台	30	□	□□□
15	管理对讲机	支持集群,工作频率与选择与中继台一致	台	4	□	□□□
16	对讲机集群 LICENSE	支持集群,License 满足所有设备可被管理	套	20	□	□□□
17	遥距控制器	工作频率与选择与中继台一致	台	1	□	□□□
18	遥距控制器集群 LICENSE	支持集群,License 满足所有设备可被管理	套	1	□	□□□
		1.2 天馈部分				□□□
1	耦合器	定向,用于信号耦合	个	400	□	□□□
2	室内全向吸盘天线	频率范围：400～470MHz；增益1.5db, 阻抗 50Ω	套	320	□	□□□
3	室外全向玻璃钢天线	频率范围：400～470MHz；增益1.5db,阻抗 50Ω	套	1	□	□□□
4	避雷器组组件	用于室外天线	套	1	□	□□□
5	物理发泡射频线缆	HCAAYZ-50-12	m	若干	□	□□□
6	线缆专用接头	N 型,1/2	个	若干	□	□□□
7	4 芯 OM4 多模光纤	4 芯,OM4,多模	m	若干	□	□□□

6 信息网络系统概算见表 2-16。

信息网络系统概算   表 2-16

序号	项目	规格型号	单位	数量	单价	合计
		1.1 业务及管理网				□□□
1	24 口接入交换机	固化 10/100/1000M 以太网端口≥24,固化 1G/10G SFP+光接口≥4 个, 交换容量≥175Gbps,包转发率≥95Mpps	台	30	□	□□□
2	48 口接入交换机	固化 10/100/1000M 以太网端口≥48,固化 1G/10G SFP+光接口≥4 个, 交换容量≥175Gbps,包转发率≥130Mpps	台	35	□	□□□
3	多模光模块	10GE,多模,LC 型	台	260	□	□□□
4	多模光模块	40GE,多模,LC 型	台	34	□	□□□
5	业务及管理网汇聚交换机	双主控、双电源,交换容量≥85Tbps,包转发率≥28Gpps,不少于 6 业务槽位	台	8	□	□□□
6	业务及管理网核心交换机	双主控、双电源,交换容量≥290Tbps,包转发率≥70Gpps,不少于 10 业务槽位	台	2	□	□□□
7	网管服务器及软件	License 满足所有设备可被管理	套	1	□	□□□
8	业务及管理服务器	满足对业务应用、服务器、存储、数据库、网络设备、虚拟化资源、机房等 IT 资源统一融合管理	台	1	□	□□□
9	上网行为管理服务器	千兆电口≥6 个,扩展卡槽≥1 个,扩展千兆接口≥14 个,吞吐量≥2.5Gbps	台	1	□	□□□
10	防火墙	支持双机状态热备,千兆电口数量≥10 个;千兆光口数量≥8 个,64 字节小包性能≥16G, IPSEC VPN 吞吐量≥14Gbps	台	2	□	□□□
11	路由器	双主控、双电源,交换容量≥70Tbps,包转发率≥12Gpps	台	2	□	□□□
		1.2 Wi-Fi 及公众服务网络				□□□
1	24 口 POE 接入交换机	固化 10/100/1000M 以太网端口≥24 个, 1G/10G SFP+端口≥4 个,支持单端口支持 POE 输出功率≥60W,交换容量≥175Gbps,转发性能≥95Mpps	台	27	□	□□□
2	48 口 POE 接入交换机	固化 10/100/1000M 以太网端口≥48 个,1G/10G SFP+端口≥4 个,交换容量≥175Gbps,转发性能≥130Mpps	台	31	□	□□□
3	多模光模块	10GE,多模,LC 型	台	232	□	□□□
4	多模光模块	40GE,多模,LC 型	台	34	□	□□□
5	无线 AP	整机最大接入速率≥2966Mbps,支持 802.11a/b/g/n/ac 模式,支持物联网模块(蓝牙、ZigBee 等)	台	1504	□	□□□
6	室外无线 AP	整机最大接入速率≥2533Mbps,支持 802.11a/b/g/n/ac 模式,支持物联网模块(蓝牙、ZigBee 等),防护等级:IP68	台	160	□	□□□
7	蓝牙信标	支持蓝牙 4.0	台	16544	□	□□□

序号	项目	规格型号	单位	数量	单价	合计
		1.2 Wi-Fi 及公众服务网络				□□□
8	无线 AC 控制器（含足量 license）	千兆电口≥8,千兆光口≥8,万兆端口≥4,支持热备,电源冗余	台	2	□	□□□
9	定位服务器	采用虚拟化服务器	套	1	□	□□□
10	定位软件	实时定位,室内精度小于 4m	套	1	□	□□□
11	Wi-Fi 及公众服务网汇聚交换机	双主控、双电源,交换容量≥85Tbps,包转发率≥28Gpps,不少于 6 业务槽位		8	□	□□□
12	Wi-Fi 及公众服务网核心交换机	双主控、双电源,交换容量≥290Tbps,包转发率≥70Gpps,不少于 10 业务槽位	台	2	□	□□□
13	上网行为管理服务器	千兆电口≥6 个,扩展卡槽≥1 个,扩展千兆接口 14 个,吞吐量≥2.5Gbps	台	1	□	□□□
14	网管服务器及软件	License 满足所有设备可被管理	套	1	□	□□□
15	防火墙	支持双机状态热备,千兆电口数量≥10 个;千兆光口数量≥8 个,64 字节小包性能 ≥ 16G, IPSEC VPN 吞吐量≥14Gbps	台	2	□	□□□
16	路由器	双主控、双电源,交换容量≥70Tbps,包转发率≥12Gpps	台	2	□	□□□
		1.3 票务系统				□□□
1	24 口 POE 接入交换机	固化 10/100/1000M 以太网端口≥24 个,1G/10G SFP+端口≥4 个,支持单端口支持 POE 输出功率≥60W,交换容量≥175Gbps,转发性能≥95Mpps	台	4	□	□□□
2	多模光模块	10GE,多模,LC 型	台	2	□	□□□
3	票务系统核心交换机	双主控、双电源,交换容量≥85Tbps,包转发率≥28Gpps,不少于 6 业务槽位	台	1	□	□□□
4	网管服务器及软件	License 满足所有设备可被管理	套	1	□	□□□
5	防火墙	支持双机状态热备,千兆电口数量≥10 个;千兆光口数量≥8 个,64 字节小包性能≥16G	台	1	□	□□□
6	路由器	双主控、双电源,交换容量≥70Tbps,包转发率≥12Gpps	台	1	□	□□□
		1.4 设备智能网				□□□
1	24 口 POE 接入交换机	固化 10/100/1000M 以太网端口≥24 个,1G/10G SFP+端口≥4 个,支持单端口支持 POE 输出功率≥60W,交换容量≥175Gbps,转发性能≥95Mpps	台	20	□	□□□
2	48 口 POE 接入交换机	固化 10/100/1000M 以太网端口≥48 个,1G/10G SFP+端口≥4 个,交换容量≥175Gbps,转发性能≥130Mpps	台	10	□	□□□
3	多模光模块	10GE,多模,LC 型	台	80	□	□□□

序号	项目	规格型号	单位	数量	单价	合计
		1.4 设备智能网				□□□
4	多模光模块	40GE,多模,LC 型	台	34	□	□□□
5	设备智能网汇聚交换机	双主控、双电源,交换容量≥85Tbps,包转发率≥28Gpps,不少于 6 业务槽位	台	8	□	□□□
6	设备智能网核心交换机	双主控、双电源,交换容量≥290Tbps,包转发率≥70Gpps,不少于 10 业务槽位	台	2	□	□□□
7	网管服务器及软件	License 满足所有设备可被管理	套	1	□	□□□
		1.5 安防专网				□□□
1	24 口 POE 接入交换机	固化 10/100/1000M 以太网端口≥24个,1G/10G SFP+端口≥4 个,支持单端口支持 POE 输出功率≥60W,交换容量≥175Gbps,转发性能≥95Mpps	台	32	□	□□□
2	48 口 POE 接入交换机	固化 10/100/1000M 以太网端口≥48个,1G/10G SFP+端口≥4 个,交换容量≥175Gbps,转发性能≥130Mpps	台	37	□	□□□
3	多模光模块	10GE,多模,LC 型	台	276	□	□□□
4	多模光模块	40GE,多模,LC 型	台	34	□	□□□
5	安防专网汇聚交换机	双主控、双电源,交换容量≥85Tbps,包转发率≥28Gpps,不少于 6 业务槽位	台	8	□	□□□
6	安防专网核心交换机	双主控、双电源,交换容量≥290Tbps,包转发率≥70Gpps,不少于 10 业务槽位	台	2	□	□□□
7	网管服务器及软件	License 满足所有设备可被管理	套	1	□	□□□
		1.6 视讯专网				□□□
1	24 口接入交换机	固化 10/100/1000M 以太网端口≥24,固化 1G/10G SFP+光接口≥4 个,交换容量≥175Gbps,包转发率≥95Mpps	台	5	□	□□□
2	48 口接入交换机	固化 10/100/1000M 以太网端口≥48,固化 1G/10G SFP+光接口≥4 个,交换容量≥175Gbps,包转发率≥130Mpps	台	13	□	□□□
3	多模光模块	10GE,多模,LC 型	台	72	□	□□□
4	多模光模块	40GE,多模,LC 型	台	34	□	□□□
5	视讯专网汇聚交换机	双主控、双电源,交换容量≥85Tbps,包转发率≥28Gpps,不少于 6 业务槽位	台	8	□	□□□
6	视讯专网核心交换机	双主控、双电源,交换容量≥290Tbps,包转发率≥70Gpps,不少于 10 业务槽位	台	2	□	□□□
7	网管服务器及软件	License 满足所有设备可被管理	套	1	□	□□□
8	防火墙	支持双机状态热备,千兆电口数量≥10 个;千兆光口数量≥8 个,64 字节小包性能≥16G	台	2	□	□□□
9	路由器	双主控、双电源,交换容量≥70Tbps,包转发率≥12Gpps	台	2	□	□□□

7 票务系统概算见表 2-17。

票务系统概算　　　　　　　　　　　　　　　　　　　　　　表 2-17

序号	项目	规格型号	单位	数量	单价	合计
1	票务管理服务器	工控机机箱；CPU：i7，2.8GHz；内存：16GB；存储：2T 硬盘；10M/100/1000M 网卡	台	1	☐	☐☐☐
2	票务管理软件	—	套	1	☐	☐☐☐
3	手持检票机	支持 Wi-Fi、4G	台	16	☐	☐☐☐
4	通道闸	不锈钢外壳、600mm	台	12	☐	☐☐☐
5	自助售票机	—	台	8	☐	☐☐☐
6	人工售票	—	台	8	☐	☐☐☐

8 IPTV 系统概算见表 2-18。

IPTV 系统概算　　　　　　　　　　　　　　　　　　　　　　表 2-18

序号	项目	规格型号	单位	数量	单价	合计
1	视讯专网服务器	工控机机箱；CPU：i7，2.8GHz；内存：16GB；存储：2T 硬盘；10M/100/1000M 网卡	台	2	☐	☐☐☐
2	播放终端	—	套	253	☐	☐☐☐

9 公共广播系统概算见表 2-19。

公共广播系统概算　　　　　　　　　　　　　　　　　　　　表 2-19

序号	项目	规 格 型 号	单位	数量	单价	合计
1	数字广播主机	背景音乐及紧急广播控制主机，具有 8 路音频输入和 4 路音频输出的全数字化系统，内置 DSP 处理功能，可调节参数均衡、限幅器、增益，系统可控制 4 路音频通道，8 个控制输入和 5 个控制输出，具有配置、控制、诊断和记录的以太网接口，通过 TCP/IP 可与第三方系统做集成，可以处理 99 级优先，和配置超过 200 个分区，2×16 字符 LCD 状态显示屏，可存储最新 200 个故障信息，通过电脑可存储系统所有操作信息，2 个网络光纤电缆，信噪比＞87dBA，频率响应：20Hz—20kHz（—3dB）	台	1	☐	☐☐☐
2	分区管理器	可将 4 路数字音频总线信号通过 8 个 100V 音频输入至少 24 个扬声器线路输出，每个区域输出功率可在 2～500W 间自适应，每 6 个分区，允许配置为双通道运行模式，以确保在不同分区播放持续的音乐及广播	台	1	☐	☐☐☐
3	广播管理综合软件	实现自动定时定区播放不同音源，即时呼叫，播放语音信息，定时播放，自定义组合分区，控制背景音乐在分区的播放行为，重置主机错误警告	套	1	☐	☐☐☐
4	广播管理计算机	I5 处理器，4G 内存，500G 硬盘，19 寸液晶显示器	台	1	☐	☐☐☐
5	强插电源	16 通道（DC24V/1A）输出；有短路报警激活信号输入时自动切换到相对应通道	个	1	☐	☐☐☐

序号	项目	规 格 型 号	单位	数量	单价	合计
6	带强插音控开关	12W	个	8	□	□□□
7	带强插音控开关	36W	个	8	□	□□□
8	呼叫站	RJ45 接口,3 个 LED 状态指示灯,配合键盘或广播软件实现呼叫,呼叫站带有 15 个可编程按键,每个呼叫站最多可接 5 个键盘,呼叫站可设置 224 个优先级,额定声效输入电平:75~90dB SPL,信噪比:>60dB,85dB SPL,话筒长度:380mm,话筒带有扬声器及耳机接口,支持故障安全操作,网络控制器发生故障,该呼叫站仍然能播放紧急呼叫	台	1	□	□□□
9	呼叫站键盘	配合呼叫站话筒使用,具有 20 个按键,每个按键均有激活指示灯,每个按键均可定义,如区域、区域组、故障确认、故障复位、音量升、音量降、音源、消防优先等,键盘由连接的话筒供电	个	1	□	□□□
10	远程呼叫站	通过 CAT-5/CAT-6 电缆连接至呼叫站,传输距离可达 1km,由 CAT-5/CAT-6 电缆和/或本地电源供电,含接口	台	1	□	□□□
11	呼叫站键盘	配合呼叫站话筒使用,具有 20 个按键,每个按键均有激活指示灯,每个按键均可定义,如区域、区域组、故障确认、故障复位、音量升、音量降、音源、消防优先等,键盘由连接的话筒供电	个	1	□	□□□
12	功率放大器 (含备份 2 台)	全数字功率放大器 2×500W,2 个通道功放,每通道 500W,4 路音频总线输入,2 路本地音频输入,可接入本地音源或话筒,具有功放监测及备用功放切换功能,可选择 100V、70V、50V 输出,2×16 字符 LCD 状态显示屏,频响:50~20kHz(-3dB),信噪比>85dB,失真<0.3%,1kHz,串扰:<80dB,额定负载,1kHz,具备 DSP 数字音频处理功能,每个通道可处理 3 个参量均衡和搁架均衡,以及可配置音频延迟功能,具备防过载、防过热和防短路功能	台	8	□	□□□
13	网络线缆	网络线缆,用于连接广播主设备	条	若干	□	□□□
14	广播天花喇叭	不少于 3W 吸顶扬声器,额定输出功率:6/3/1.5W,最大声压:106dB,额定电压:100V,配有陶瓷接线盒、温度保险丝及耐热高温导线,有效频响(-10dB):80~18kHz,带防火罩	个	660	□	□□□
15	草地音箱	草地音箱,额定功率不小于 10W,频响(-10dB):180~20kHz,声压级:100dB/92dB	个	81	□	□□□
16	15W,ABS 音箱扬声器,白色	15W 壁挂音箱,有效频响(-10dB):95~19.5kHz,灵敏度 15W(4kHz,1m):101dB,工作电压 70/100V 以及 8Ω,额定功率:15W、7.5W、3.75W 以及 1.9W	个	15	□	□□□
17	SD 卡播放器/调谐接收器 背景音源	MP3 播放器及调谐器,从 SD 卡和 USB 输入接口获取 MP3 进行回放,具有 RDS,预设和数控功能的 FM 调谐器,可同时操作 SD/USB 播放器和 FM 调谐器,用于数字音源和 FM 调谐器的独立输出	台	1	□	□□□

序号	项目	规格型号	单位	数量	单价	合计
18	DVD 播放机	3 碟连播型	台	1	☐	☐☐☐
19	监听音箱	监听,不少于 30W	台	2	☐	☐☐☐
20	机柜	42U 标准机柜,600mm×800mm×2000mm, 玻璃门,带风扇,电源插座 2 个	台	1	☐	☐☐☐
21	广播音频线	ZRRVS-2×1.5	m	若干	☐	☐☐☐
22	广播音频线	ZRRVS-2×2.5	m	若干	☐	☐☐☐

10 会议系统概算见表 2-20。

会议系统概算　　　　　　　　　　　表 2-20

序号	项目	规格型号	单位	数量	单价	合计
		(一)展厅区				☐☐☐
		1.1 音频扩声、处理设备				☐☐☐
1	主扩扬声器	与音箱配套,功率配比≥1.5 倍,可至少分 2 个回路独立控制	台	2	☐	☐☐☐
2	主扩扬声器用功放	与音箱配套	台	1	☐	☐☐☐
3	天花扬声器功放	与音箱配套,功率配比≥1.5 倍,可至少分 2 个回路独立控制	台	1	☐	☐☐☐
4	天花扬声器	(1)4″及以上低音单元;(2)0.75″及以上同轴波导耦合高音单元;(3)频率范围:≤100Hz,≥18000Hz;(4)灵敏度:≥86dB,1W/1m;(5)功率(最大值):≥30W	只	8	☐	☐☐☐
5	声卡	支持音频信号转换,不少于一进一出	个	1	☐	☐☐☐
6	数字音频处理器	(1)≥12 路 AEC 平衡话筒/线路输入;(2)≥8 路平衡话筒/线路输出;(3)可选择的数字音频处理模块包括:混音器、均衡器、滤波器、分频器、动态处理器、路由分配器、延时器	台	1	☐	☐☐☐
7	无线手持话筒套装	心形指向电容领夹话筒	台	1	☐	☐☐☐
8	无线头戴话筒套装	(1)可调的头戴电容话筒;(2)频响范围:35～20000Hz	台	1	☐	☐☐☐
9	鹅颈话筒	(1)80°拾音角度;(2)超心型电容话筒	台	1	☐	☐☐☐
		1.2 显示设备				☐☐☐
1	融合幕	大约 13m×3m,白色	块	1	☐	☐☐☐
2	高清投影机	(1)亮度:不低于 20000ANSI 流明;(2)投影机类型:三芯片 DLP 数字投影机;(3)分辨率:不低于 1920×1200;(4)输入:HDMI/DVI 等	台	2	☐	☐☐☐
3	HDMI 信号双绞线延长信号接收器	(1)通过单根 CAT5 类电缆在 330′(100m)远的距离内接收带嵌入式音频的视频,双向 RS-232 和红外以及以太网信号;(2)可选择的输出分辨率,从 640×480 至 1920×1200,包括 HDTV 1080p/60	台	2	☐	☐☐☐

序号	项目	规格型号	单位	数量	单价	合计
	(一)展厅区					□□□
	1.2 显示设备					□□□
4	HDMI 信号双绞线延长信号发送器	(1)通过单根 CAT 5 电缆传输视频、音频、双向 RS-232 和红外及以太网信号至100m 远的距离;(2)支持 1080p/60 深色和 1920×1200 信号	台	2	□	□□□
5	投影机安装支架	负载重量:100kg 以上	台	2	□	□□□
6	工作站	(1)Intel® Xeon® E5-2600 and E5-2600 v2;(2)双显卡输出,输出分辨率不低于 4K;(3)内存不低于 32GB 1600 DDR4	台	1	□	□□□
7	融合器	支持不少于 4 进 2 出;	台	1	□	□□□
	1.3 中控系统					□□□
1	中控主机	(1)不低于 3 个 RS-232/422/485 串口带软件和硬件握手;(2)不低于 8 个红外/串口,8 个继电器,8 个 I/O 端口;(3)支持串口扩展槽	台	1	□	□□□
2	IPAD 编程费	授权软件,＊IPAD 中控授权软件,定制编程界面	套	1	□	□□□
3	按键面板	控制面板不低于 6 个按键	台	1	□	□□□
4	IPAD 无线触摸屏	不低于 7 寸 IPAD 无线触摸屏	台	1	□	□□□
5	无线 AP	整机最大接入速率≥2966Mbps,支持802.11a/b/g/n/ac 模式	台	1	□	□□□
6	继电控制器	(1)采用国际通用的 RS485 以及触点方式,可以兼容其他品牌中控系统或第三方控制设备;(2)继电器采用交流市电220V/50Hz 直接供电,不需要另配电源;(3)内置 8 通道 30A(常开)、20A(常闭)大功率继电器模块	台	1	□	□□□
7	千兆网交换机	固化 10/100/1000M 以太网端口≥24,固化 1G/10G SFP+光接口≥4 个,交换容量≥175Gbps,包转发率≥95Mpps	台	1	□	□□□
8	时序电源控制器	(1)最大输出电流 10A;(2)延迟时间开启;(3)最低不小于 8 回路	台	1	□	□□□
	1.4 线材及辅材					□□□
1	机柜	42U 机柜	台	1	□	□□□
2	线材辅材	满足项目需求	批	1	□	□□□
	(二)报告厅					□□□
	1.1 音频扩声、处理设备					□□□
1	主扩扬声器	与音箱配套,功率配比≥1.5 倍,可至少分 2 个回路独立控制	台	4	□	□□□

序号	项目	规格型号	单位	数量	单价	合计
		(二)报告厅				□□□
		1.1 音频扩声、处理设备				□□□
2	超低音扬声器	(1)4″及以上低音单元;(2)0.75″及以上同轴波导耦合高音单元;(3)频率范围:≤100Hz,≥18000Hz;(4)灵敏度:≥86dB,1W/1m;(5)功率(最大值):≥30W	只	2	□	□□□
3	扬声器功放	与音箱配套,功率配比≥1.5倍,可至少分2个回路独立控制	台	2	□	□□□
4	天花扬声器	(1)4″及以上低音单元;(2)0.75″及以上同轴波导耦合高音单元;(3)频率范围:≤100Hz,≥18000Hz;(4)灵敏度:≥86dB,1W/1m;(5)功率(最大值):≥30W	只	12	□	□□□
5	流动返听扬声器	峰值最大声压级:不低于120dB	只	2	□	□□□
6	环绕音箱	峰值最大声压级:不低于120dB	只	6	□	□□□
7	扬声器吊架	配套	套	4	□	□□□
8	主扩扬声器用功放	与音箱配套	台	2	□	□□□
9	超低音扬声器用功放	与音箱配套	台	1	□	□□□
10	天花扬声器用功放	与音箱配套	台	2	□	□□□
11	环绕音箱用功放	与音箱配套	台	3	□	□□□
12	数字音频处理器	(1)≥12路 AEC 平衡话筒/线路输入;(2)≥8 路平衡话筒/线路输出;(3)可选择的数字音频处理模块包括:混音器、均衡器、滤波器、分频器、动态处理器、路由分配器、延时器	台	3	□	□□□
13	数字调音台	不少于64路单声道以及8路立体声混音通道	台	1	□	□□□
14	无线话筒天线	与无线话筒原厂配套	台	2	□	□□□
15	无线话筒天线分配器	与无线话筒原厂配套	台	3	□	□□□
16	无线领夹话筒套装	心形指向电容领夹话筒	台	4	□	□□□
17	无线头戴话筒套装	(1)可调的头戴电容话筒;(2)频响范围:35~20000Hz	台	4	□	□□□
18	有线手持话筒	(1)有线话筒;(2)超心型电容话筒	台	2	□	□□□
19	鹅颈话筒	(1)80°拾音角度;(2)超心型电容话筒	台	8	□	□□□
20	专业音频跳线排	48 路	个	3	□	□□□
		1.2 显示设备				□□□
1	LED屏	(1)大约 45m²;(2)点间距小于 3mm;(3)寿命大于 10 万小时	m²	45	□	□□□
2	高清投影机	(1)亮度:不低于20000ANSIlm;(2)投影机类型:三芯片 DLP 数字投影机;(3)分辨率:不小于 2048×1080;(4)输入:HDMI/DVI 等	台	4	□	□□□

序号	项目	规格型号	单位	数量	单价	合计
	(二)报告厅					□□□
	1.2 显示设备					□□□
3	电动投影幕	(1)比例16:9;(2)尺寸大小:不少于180寸	块	4	□	□□□
4	投影机安装支架	负载重量:100kg以上	台	3	□	□□□
5	辅助显示屏	(1)亮度:不低于500cd/m²;(2)屏幕尺寸:55寸以上;(3)分辨率:不低于1080P	台	2	□	□□□
6	监视显示屏	(1)屏幕尺寸:24寸及以上;(2)分辨率:不低于1080P	台	2	□	□□□
7	摄像机	(1)成像器件:≥1/2.8 Exmor CMOS;(2)光学变焦:≥30倍;(3)分辨率:支持高清 1080/59.94i,1080/50i,1080/29.97PsF,1080/25PsF,720/59.94p,720/50p	台	3	□	□□□
8	录播主机	(1)同时处理5路输入中的2路高分辨率视音频信号;(2)接收 HDMI、分量视频、复合视频和可选的3G-SDI信号	台	1	□	□□□
9	视频会议主机	(1)同时双流;(2)支持分辨率1080P	台	1	□	□□□
10	蓝光DVD	支持播放1080P视频	台	1	□	□□□
11	PC	Windows系统,满足使用即可	台	1	□	□□□
12	HDMI信号双绞线延长信号接收器	(1)通过单根 CAT 5 类电缆在330′(100m)远的距离内接收带嵌入式音频的视频、双向 RS-232 和红外及以太网信号;(2)可选择的输出分辨率,从640×480至1920×1200,包括 HDTV 1080p/60	台	6	□	□□□
13	拼接处理器	(1)支持不少于2进2出的拼接;(2)支持分辨率不低于1080P	台	1	□	□□□
14	高清混合矩阵	(1)支持使用双绞线电缆或光纤提供无损的高清视音频信号输入和输出;(2)插卡式,最多支持32路输入和32路输出;单台矩阵支持复合视频,HD-SDI,HDMI,DVI-I,光纤,流媒体等输入接口面板;(3)输入分辨率:支持 WUXGA 1920×1200 和高清 1080p60;(4)输入输出总路数:满足输入输出要求	台	1	□	□□□
15	HDMI信号双绞线延长信号发送器	(1)通过单根 CAT 5 电缆传输视频、音频、双向 RS-232 和红外及以太网信号至100m远的距离;(2)支持 1080p/60 深色和1920×1200信号	台	4	□	□□□
	1.3 舞台灯光系统					□□□
1	三基色会议灯(顶光)	光源:55W三基色灯管	只	7	□	□□□
2	成像灯(面光)	光源:≥750W卤素灯泡	只	12	□	□□□
3	LED染色灯(顶光)	LED光源:≥LED 6W RGB三合一	只	12	□	□□□

序号	项目	规格型号	单位	数量	单价	合计
	(二)报告厅					□□□
	1.3　舞台灯光系统					□□□
4	灯光控台	配套	台	1	□	□□□
5	信号分配放大器	配套	台	1	□	□□□
6	数字调光硅箱	配套	台	1	□	□□□
7	直通箱	配套	台	1	□	□□□
8	线缆	配套	批	1	□	□□□
	1.4　中控系统					□□□
1	中控主机	(1)不低于 6 个 RS-232/422/485 串口带软件和硬件握手;(2)不低于 8 个红外/串口,8 个继电器,8 个 I/O 端口;(3)支持串口扩展槽	台	1	□	□□□
2	串口扩展卡	4 路 RS232	台	2	□	□□□
3	IPAD 编程费	授权软件,＊IPAD 中控授权软件,定制编程界面	套	1	□	□□□
4	按键面板	控制面板不低于 6 个按键	台	3	□	□□□
5	IPAD 无线触摸屏	不低于 7 寸 IPAD 无线触摸屏	台	1	□	□□□
6	无线 AP	整机最大接入速率≥2966Mbps,支持 802.11a/b/g/n/ac 模式	台	4	□	□□□
7	继电控制器	(1)采用国际通用的 RS485 以及触点方式,可以兼容其他品牌中控系统或第三方控制设备;(2)继电器采用交流市电 220V/50Hz 直接供电,不需要另配电源;(3)内置 8 通道 30A(常开)、20A(常闭)大功率继电器模块	台	5	□	□□□
8	千兆网交换机	固化 10/100/1000M 以太网端口≥24,固化 1G/10G SFP＋光接口≥4 个,交换容量≥175Gbps,包转发率≥95Mpps	台	2	□	□□□
9	时序电源控制器	(1)最大输出电流 10A;(2)延迟时间开启;(3)最低不小于 8 回路	台	3	□	□□□
	1.5 线材及辅材					□□□
1	机柜	42U 机柜	台	3	□	□□□
2	线材辅材	满足项目需求	批	1	□	□□□

11　信息导引及发布系统概算见表 2-21。

信息导引及发布系统概算

表 2-21

序号	项目	规格型号	单位	数量	单价	合计
1	LCD 显示屏	支持 1080P 分辨率	台	204	□	□□□
2	LED 显示屏	点距不小于 2.5mm	台	8	□	□□□
3	多媒体触摸查询屏	屏幕尺寸不小于 32 寸,支持 1080P 分辨率;引导屏建议由标识标牌提供	台	88	□	□□□

序号	项目	规 格 型 号	单位	数量	单价	合计
4	播放器	CPU：intel J1900CPU 1.9GHz 主频；内存：4GB；存储：64GB SSD；二路 HDMI 输出，显示效果可输出 1920×1080 常规分辨率外，需支持 3840×1080 或特殊分辨率，如 3150×580 等异形分辨率。1 个 RJ45 网线口，一组音频输入输出；功耗设计；采用无风扇机身散热设计、低功耗工业设计，支持 7×24h 应用	套	34	□	□□□
5	管理工作站	内存：8GB；存储：1T 硬盘；电源：220V 输入；10M/100/1000M 网卡	台	1	□	□□□
6	信息发布服务器	工控机机箱；CPU：i7, 2.8GHz；内存：16GB；存储：2T 硬盘；10M/100/1000M 网卡	台	1	□	□□□
7	管理软件	基于 TCP/IP 网络，通过 WEB 方式登录系统；实现多用户不同位置操作和权限分配管理功能，能够对显示终端进行管理；支持和第三方系统对接等	套	1	□	□□□
8	端控软件	接收和执行中心控制的信息，支持横屏、竖屏播放；支持信息发布播放功能	套	32	□	□□□
9	3D 导购与查询系统	配置不低于 i5,16G, 2T，屏幕大小不少于 32 寸，含触摸功能，支持有线无线模块；支持 3D 显示	套	1	□	□□□

12 建筑设备监控系统概算见表 2-22。

建筑设备监控系统概算　　　　　　　　　　　　表 2-22

序号	项目	规 格 型 号	单位	数量	单价	合计
1	系统服务器	工控机机箱；CPU：i7, 2.8GHz；内存：16GB；存储：2T 硬盘；10M/100/1000M 网卡	台	1	□	□□□
2	系统工作站	CPU：i7, 2.8GHz；内存：16GB；存储：2T 硬盘	台	1	□	□□□
3	打印机	A4 激光	台	1	□	□□□
4	中央管理软件	对空调、通风、给水排水、空气质量系统监测、控制、统计、分析；图形显示数据对比；实时、历史报表；设备异常报警；设备分布位置，权限管理。开放第三方系统接口，支持如下但不限于 OPC、Modbus TCP、BACnet TCP 等标准通信协议	套	1	□	□□□
5	冷源群控系统接口	OPC 或 Modbus TCP 接口	项	1	□	□□□
6	风机盘管接口	OPC 或 Modbus TCP 接口	项	1	□	□□□
7	柴油发电机系统接口	OPC 或 Modbus TCP 接口	项	1	□	□□□
8	电梯系统接口	OPC 或 Modbus TCP 接口	项	1	□	□□□
9	电力监控系统接口	OPC 或 Modbus TCP 接口	项	1	□	□□□
10	能源站监控系统接口	OPC 或 Modbus TCP 接口	项	1	□	□□□

序号	项目	规格型号	单位	数量	单价	合计
11	智能照明系统接口	OPC 或 Modbus TCP 接口	项	1	☐	☐☐☐
12	DDC 控制器	以太网 BACnet/IP；内置电源，为输入输出点和传感器提供 24V 直流电源；控制器 RAM 内存中的程序和数据库受到电池保护，外部断电不必重新编写程序和录入数据库	个	380	☐	☐☐☐
13	DDC 控制箱	含断路器、24V 电源、中间继电器、接线端等辅材	套	260	☐	☐☐☐
14	联网型温控器	二/四管制，支持 Modbus RTU 协议，液晶屏	台	345	☐	☐☐☐
15	温控器网关控制箱	含 RS485 转以太网网关，低压配电及电气辅材；Modbus RTU 协议转 TCP 协议	套	20	☐	☐☐☐
16	调节型风阀执行器	AC24V 供电、0～10V 或 4～20mA 控制、反馈信号，扭矩 10Nm 以上	个	222	☐	☐☐☐
17	开关型风阀执行器	AC24V 供电，开、关控制接口，开、关状态反馈接口，扭矩 10Nm 以上	个	12	☐	☐☐☐
18	过滤网压差开关	0～400Pa	个	246	☐	☐☐☐
19	风机压差开关	0～400Pa	个	131	☐	☐☐☐
20	液位开关	单刀双掷，5m 线长	个	420	☐	☐☐☐
21	防冻开关	单刀双掷，3m 线长，铜毛细管	个	123	☐	☐☐☐
22	风管温湿度传感器	量程 0～50℃/5-95％ RH；精度 ≤±0.2℃/5％RH；输出 4～20mA/0～10V。	个	365	☐	☐☐☐
23	室内温湿度传感器	量程 0～50℃/5-95％ RH；精度 ≤±0.2℃/5％RH；输出 4～20mA/0～10V。	个	150	☐	☐☐☐
24	一氧化碳传感器	量程 100ppm；输出 0～10VDC/4～20mA	个	219	☐	☐☐☐
25	风管二氧化碳传感器	量程 2000ppm，精度（40＋读数的 3％)ppm，输出 4～20mA&0-10VDC	个	103	☐	☐☐☐
26	室内二氧化碳传感器	量程 2000ppm，精度（40＋读数的 3％)ppm；输出 4～20mA&0～10VDC	个	213	☐	☐☐☐
27	空气质量变送器	挂墙型输出 0-10VDC/4-20mA	个	49	☐	☐☐☐
28	室内 PM2.5 变送器	量程 0～500$\mu g/m^3$，精度 10％FS，输出 4～20mA&0～10VDC	个	213	☐	☐☐☐
29	二氧化硫探测器	测量范围 0～1000ppb；输出信号：4000±15000nA/ppm	个	213	☐	☐☐☐
30	新风流量传感器	风管型，输出（风速）0～10VDC&4～20mA	个	103	☐	☐☐☐
31	线缆及辅材	—	项	若干	☐	☐☐☐

148

13　入侵报警系统概算见表 2-23。

入侵报警系统概算　　　　　　　表 2-23

序号	项目	规格型号	单位	数量	单价	合计
1	报警管理工作站	i5,16G,2T,26 寸显示器,鼠标,键盘	台	1	☐	☐☐☐
2	报警及求助主机	大型多功能安防主机,可划分 8 个子系统,扩展到 128 防区,带防拆开关及变压器	台	1	☐	☐☐☐
3	报警管理软件	报警监控软件,支持 4 台以下报警主机(含 4 台)	套	1	☐	☐☐☐
4	总线扩展模块	总线扩展	台	1	☐	☐☐☐
5	网络通信模块	支持报警管理软件双向通信	台	1	☐	☐☐☐
6	控制键盘	微处理器控制,4 个可编辑密码,5 个不同的安全级别	台	133	☐	☐☐☐
7	单防区扩展模块	内置 1 个防区	台	1137	☐	☐☐☐
8	单防区扩展模块(继电器输出模块)	内置 1 个防区带,带 1 个继电器	台	133	☐	☐☐☐
9	电源模块	12V	台	1270	☐	☐☐☐
10	声光报警器	防火 ABS 阻燃外壳	个	133	☐	☐☐☐
11	紧急求助按钮	UL 认证,防火 ABS 阻燃外壳	个	478	☐	☐☐☐
12	红外双鉴探测器	双元红外＋微波探测技术,防止误报	个	643	☐	☐☐☐
13	红外对射	光束水平调整范围≥180°,光束垂直调整方范围≥10°,报警响应时间35～500ms	个	16	☐	☐☐☐
14	电源线	ZRRVV-3×1.5	m	若干	☐	☐☐☐
15	报警按钮线	ZRRVV-2×1.0	m	若干	☐	☐☐☐
16	总线传输线	ZRRVV-2×1.0	m	若干	☐	☐☐☐
17	镀锌钢管	JDG20	m	若干	☐	☐☐☐

14　视频安防监控系统概算见表 2-24。

视频安防监控系统概算　　　　　　　表 2-24

序号	项目	规格型号	单位	数量	单价	合计
		1.1 前端部分				☐☐☐
1	网络高清枪式摄像机	≥300 万像素,超星光,红外,H.265 编码,3.7～11mm 自动变焦	台	100	☐	☐☐☐
2	室外网络高清枪式摄像机	≥300 万像素,超星光,红外,H.265 编码,3.7～11mm 自动变焦,IP67	台	80	☐	☐☐☐
3	枪机镜头	电动变焦	个	180	☐	☐☐☐
4	枪机护照	与摄像机匹配	个	180	☐	☐☐☐
5	枪机支架	壁装或吊装支架	个	180	☐	☐☐☐
6	12V 摄像机电源	DC12V,10A	个	80	☐	☐☐☐
7	人员密度检测摄像机	≥300 万像素,1/1.8″ Progressive Scan CMOS,星光,红外,H.265/H.264/MJPEGH.265/H.264/MJPEG,8～32mm 自动变焦,IP67,带人数统计功能	台	30	☐	☐☐☐

序号	项目	规 格 型 号	单位	数量	单价	合计
		1.1前端部分				□□□
8	人脸抓拍摄像机	≥300万像素,1/1.8″ Progressive Scan CMOS,星光,红外,H.265/H.264/MJPEGH.265/H.264/MJPEG,8～32mm 自动变焦,IP67,带人脸抓拍功能	台	129	□	□□□
9	人脸布控摄像机	≥300万像素,1/2.8″ Progressive Scan CMOS,星光,红外,H.265/H.264/MJPEG,4～8mm 自动变焦,IP67	台	145	□	□□□
10	徘徊和滞留检测摄像机	≥300万像素,1/3″ Progressive Scan CMOS,星光,红外,H.265,	台	35	□	□□□
11	客流统计摄像机	支持 TCP/IP 标准以太网通信	台	484	□	□□□
12	网络高清半球型摄像机	≥300万像素,超星光,红外,H.265 编码,3.7～11mm 自动变焦	台	660	□	□□□
13	网络高清电梯专用摄像机	≥300万像素,超星光,红外,H.265 编码,2.8mm 自动变焦	台	28	□	□□□
14	网络高清电动快球摄像机	≥600万像素,超星光,红外,H.265 编码,不小于 30 倍光学变倍	台	26	□	□□□
15	球机支架	与摄像机匹配	个	26	□	□□□
16	24V摄像机电源	AC24V,3A	个	26	□	□□□
17	拾音器	—	个	486	□	□□□
18	室外立杆	定制 4m	套	56	□	□□□
19	室外防水箱	600mm×700mm×200mm	套	4	□	□□□
20	光纤收发器	千兆,8 口,含模块	对	12	□	□□□
21	防雷器	千兆二合一网络、电源	套	4	□	□□□
		1.2控制部分				□□□
1	视频管理服务器	19″机架安装服务器,并安装有导轨	台	2	□	□□□
2	视频管理平台软件	使用许可证满足所有视频路数、20 个客户端	套	2	□	□□□
3	流媒体服务器	19″机架安装服务器,并安装有导轨	台	2	□	□□□
4	存储服务器	19″机架安装服务器,并安装有导轨	台	2	□	□□□
5	视频分析服务器	19″机架安装服务器,并安装有导轨	台	2	□	□□□
6	客流统计系统分析授权	License 满足所有设备可被管理	套	2	□	□□□
7	客流统计数据服务器	i5,16G,2T,19 寸显示器	台	2	□	□□□
8	磁盘阵列	支持不小于接入 128 路 1080P 或 256 路 720P;转发及回放码流不小于于 128 路 1080P 或 256 路 720P,支持磁盘扩展柜,可再扩展不低于 24 盘位;SATA/1TB、2TB、3TB、4TB、6TB;2 个千兆以太网口	套	若干	□	□□□
9	硬盘	企业级存储硬盘(6TB),配套视频存储系统使用	台	若干	□	□□□

序号	项目	规 格 型 号	单位	数量	单价	合计
		1.2控制部分				□□□
10	控制键盘	控制模式:TCP/IP,RS485,RS232	台	2	□	□□□
11	单路视频解码器	1路DVI或VGA或HDMI端口输出	台	若干	□	□□□
12	60寸DLP拼接屏	60寸,DLP,拼缝不大于0.1,LED光源 900~1500 ANSI,60000 小时寿命, 1920×1080	套	18	□	□□□
13	图形拼接控制器	≥12路HDMIH或DVI输入,≥12路 DVI输出。支持多种信号格式输入和输 出;窗口可任意漫游、叠加、缩放;可整屏 显示,单屏显示	套	1	□	□□□
14	大屏幕显示系统软件	满足使用功能	套	1	□	□□□
15	电视墙	3m×6m,底座柜子800mm高	套	1	□	□□□
16	工作台	6工位	套	1	□	□□□
17	视频监控管理工作站	i5,16G,2T,26寸显示器,鼠标,键盘	套	3	□	□□□
		1.3管线部分				□□□
1	六类网线	UTP CAT6	m	若干	□	□□□
2	电源线	RVV3×1.0	m	若干	□	□□□
3	镀锌钢管	JDG20	m	若干	□	□□□

15 身份识别系统概算见表2-25。

身份识别系统概算   表2-25

序号	项目	规 格 型 号	单位	数量	单价	合计
		1.1身份识别系统平台				□□□
1	身份识别系统管理服务器	i5,16G,2T,19寸显示器	台	2	□	□□□
2	身份识别系统管理 服务端软件	实现开户、授权、撤户、换卡、挂失/解 挂、冻结/解冻、查询等综合业务	套	2	□	□□□
3	管理工作站	i5,16G,2T,26寸显示器,鼠标,键盘	台	1	□	□□□
		1.2卡务管理中心				□□□
1	管理工作站	i5,16G,2T,26寸显示器,鼠标,键盘	台	1	□	□□□
2	卡务管理系统软件	实现开户、授权、撤户、换卡、挂失/解 挂、冻结/解冻、查询等综合业务	台	1	□	□□□
3	发卡器	支持人脸,指纹,声纹,NFC蓝牙,IC卡	台	1	□	□□□
4	报表打印机	激光黑白打印机A4	台	1	□	□□□
5	证卡打印机	激光黑白打印机A4	台	1	□	□□□
6	IC卡片	符合 ISO 14443 标准;工作频 率:13.56MHz	张	1	□	□□□
		1.3身份识别系统管理				□□□
1	单门控制器	通信方式:支持 TCP/IP 标准以太网 通信	台	601	□	□□□
2	双门控制器	通信方式:支持 TCP/IP 标准以太网 通信	台	42	□	□□□

序号	项目	规 格 型 号	单位	数量	单价	合计
		1.3 身份识别系统管理				□□□
3	开门按钮	选用可安装在标准86底盒的大键按钮,明显、美观	个	601	□	□□□
4	单门锁	12VDC,需根据现场门的情况确定锁类型	把	64	□	□□□
5	双门锁	12VDC,需根据现场门的情况确定锁类型	把	579	□	□□□
6	门禁读卡器	支持IC卡	台	299	□	□□□
7	人脸识别门口机	200万像素,3000张人脸,10/100Mbps自适应网口	台	193	□	□□□
8	指静脉	—	台	193	□	□□□
9	消费机	最大5万条消费数据,TCP/IP,读写时间IC卡小于0.5s	台	7	□	□□□
10	电源线	ZRRVV-3×1.5	m	若干	□	□□□
11	读头信号线	ZRRVVP-6×1.0	m	若干	□	□□□
12	电锁信号线	ZRRVV-4×1.0	m	若干	□	□□□
13	开门按钮连接线	ZRRVV-2×1.0	m	若干	□	□□□
14	六类线网线	UTP CAT6	m	若干	□	□□□
15	镀锌钢管	JDG20	m	若干	□	□□□
		1.4 可视对讲				□□□
1	可视对讲主机	CMOS高清	台	15	□	□□□
2	可视对讲室内机	10寸显示屏	台	15	□	□□□
		1.5 访客管理系统				□□□
1	访客管理服务器	—	套	1	□	□□□
2	访客工作站	—	套	1	□	□□□
3	访客管理软件	—	套	1	□	□□□

16 电子巡查系统概算见表2-26。

电子巡查系统概算　　　　　　　　表2-26

序号	项目	规 格 型 号	单位	数量	单价	合计
1	巡更按钮	安全保密:ID号码具备唯一性,不会重复,支持标准	个	200	□	□□□
2	感应式巡更棒	支持在线定位	个	30	□	□□□
3	感应人员卡	白卡	张	若干	□	□□□
4	数据通信器	数据通信线与计算机通过USB口进行通信	台	若干	□	□□□
5	巡更管理软件	管理软件	套	1	□	□□□
6	管理工作站	i5,16G,2T,26寸显示器,鼠标,键盘	台	1	□	□□□
7	打印机	激光黑白打印机A4	台	1	□	□□□

17 防爆安检系统概算见表 2-27。

防爆安检系统概算

表 2-27

序号	项目	规 格 型 号	单位	数量	单价	合计
1	防爆安检服务器	—	台	1	□	□□□
2	X 射线安检机	根据物质材质,24 位真彩色显示;L 形光电二极管阵列探测器(单能量),24bit 深度;噪声级＜55dB	台	8	□	□□□
3	金属探测门安检门	区位探测金属物精度范围,最高灵敏度≥10g 金属;灵敏度 0～200 级可调	台	8	□	□□□
4	手持金属探测器	声光同步报警/震动报警	把	8	□	□□□
5	车底扫描	采用黑白/彩色线阵 CCD 扫描技术动态方式成像;全自动、非外不触发条件扫描方式;扫描速率≥18kHz;承重≥30T	台	6	□	□□□

18 停车库管理系统概算见表 2-28。

停车库管理系统概算

表 2-28

序号	项目	规 格 型 号	单位	数量	单价	合计
		1.1 岗亭部分				□□□
1	管理工作站	i5,16G,2T,26 寸显示器,鼠标,键盘	台	2	□	□□□
2	停车场管理软件	实现车牌识别入库、离场费用计算、月/年度车辆统计、长时间未离场车辆报警提示	套	2	□	□□□
3	停车场管理系统(客户端)	停车场管理软件专用,含一体机硬识别加密功能,保护数据安全	套	1	□	□□□
4	通信转换器模块	485 通用产品通信联网专用,输入信号:RS-232.RS-422.RS-485,输出信号:RS-422.RS-485	台	4	□	□□□
5	地面剩余车位引导屏	显示地面剩余车位数,输入电压:AC220V;通信接口:RS485;通信频率:9600/4800	块	2	□	□□□
6	管理岗亭	不锈钢,1.2m×1.5m,含桌椅及插座	套	2	□	□□□
7	自助缴费机	反向寻车功能,微信、支付宝支付功能	台	2	□	□□□
8	UPS	5kVA	台	2	□	□□□
		1.2 图像部分				□□□
1	高清车牌识别一体机	≥200 万像素,1/1.9″逐行扫描 CMOS 传感器	台	6	□	□□□
2	千兆网络交换机	8 口,千兆	台	2	□	□□□
		1.3 入口设备				□□□
1	智能道闸	3s≤4m(不带压力电波),3s≤3.3m(带压力电波)直杆	台	3	□	□□□
2	双路车辆探测器	工作电源 AC22OV	个	2	□	□□□
3	入口显示屏	主要用来提示车主的直观信息	个	1	□	□□□
4	压力电波	车辆通过时给予组件一定压力,该组件产生一脉冲波,能有效防止砸车事件发生	个	1	□	□□□

序号	项目	规 格 型 号	单位	数量	单价	合计
		1.4 出口设备				□□□
1	智能道闸	3s≤4m(不带压力电波),3s≤3.3m(带压力电波)直杆	台	3	□	□□□
2	双路车辆探测器	工作电源 AC220V	个	2	□	□□□
3	出口显示屏	主要用来提示车主的直观信息	个	1	□	□□□
4	压力电波	车辆通过时给予组件一定压力,该组件产生一脉冲波,能有效防止砸车事件发生	个	1	□	□□□
		1.5 管线				□□□
1	电源线	ZRRVV-3×1.5	m	若干	□	□□□
2	信号线	ZRRVV-4×0.5	m	若干	□	□□□
3	信号线	ZRRVV-2×0.5	m	若干	□	□□□
4	六类网线	UTP CAT6	m	若干	□	□□□
5	单模光纤	4 芯 OS2	m	若干	□	□□□
6	PC20 管	PC20	m	若干	□	□□□
7	PC25 管	PC25	m	若干	□	□□□

19 IBMS 系统概算见表 2-29。

IBMS 系统概算　　　　　　　　　　　　　　　　　　　　　　　表 2-29

序号	项目	规 格 型 号	单位	数量	单价	合计
		1.1 IBMS 系统平台				□□□
1	系统服务器	—	台	2	□	□□□
2	系统工作站		台	1	□	□□□
3	智能化集成系统总控平台	总体软件平台,支持 B/S 架构,支持多种接口协议	套	1	□	□□□
4	智能化集成系统总控平台客户端套件	浏览器端发布、访问	套	1	□	□□□
5	设备监控界面管理模块	监控界面集成	项	1	□	□□□
6	集中监视管理模块	监控设备监视管理	项	1	□	□□□
7	设备运行数据管理模块	设备运行数据管理	项	1	□	□□□
8	数据分析功能模块	设备运行数据、历史数据分析	项	1	□	□□□
9	设备资料管理模块	设备信息数据记录、管理	项	1	□	□□□
10	设备运维功能模块	设备运作维护管理	项	1	□	□□□
11	智能联动模块	跨系统联动	项	1	□	□□□
12	安全认证机制模块	系统安全防护功能	项	1	□	□□□
13	用户权限管理模块	用户访问权限管理	项	1	□	□□□
14	电子地图自动生成工具	设备电子地图分布显示	项	1	□	□□□
15	应用软件加载模块	辅助应用软件调用	项	1	□	□□□
		1.2 IBMS 平台接口				□□□
1	建筑设备管理系统接口模块	支持如下但不限于 OPC、Modbus TCP、BACnet TCP 等标准通信协议	项	1	□	□□□

序号	项目	规格型号	单位	数量	单价	合计
		1.2 IBMS平台接口				□□□
2	建筑能效监管系统接口模块	支持如下但不限于 OPC、Modbus TCP、BACnet TCP 等标准通信协议	项	1	□	□□□
3	智能照明系统接口模块	支持如下但不限于 OPC、Modbus TCP、BACnet TCP 等标准通信协议	项	1	□	□□□
4	公共广播系统接口模块	支持如下但不限于 OPC、Modbus TCP、BACnet TCP 等标准通信协议	项	1	□	□□□
5	信息引导及发布系统接口模块	支持如下但不限于 OPC、Modbus TCP、BACnet TCP 等标准通信协议	项	1	□	□□□
6	视频安防监控系统接口模块	支持如下但不限于 OPC、Modbus TCP、BACnet TCP 等标准通信协议	项	1	□	□□□
7	入侵报警系统接口模块	支持如下但不限于 OPC、Modbus TCP、BACnet TCP 等标准通信协议	项	1	□	□□□
8	电梯智能控制系统接口模块	支持如下但不限于 OPC、Modbus TCP、BACnet TCP 等标准通信协议	项	1	□	□□□
9	身份识别系统接口模块	支持如下但不限于 OPC、Modbus TCP、BACnet TCP 等标准通信协议	项	1	□	□□□
10	无线对讲系统接口模块	支持如下但不限于 OPC、Modbus TCP、BACnet TCP 等标准通信协议	项	1	□	□□□
11	访客管理系统接口模块	支持如下但不限于 OPC、Modbus TCP、BACnet TCP 等标准通信协议	项	1	□	□□□
12	停车场管理系统接口模块	支持如下但不限于 OPC、Modbus TCP、BACnet TCP 等标准通信协议	项	1	□	□□□
13	电子巡查系统	支持如下但不限于 OPC、Modbus TCP、BACnet TCP 等标准通信协议	项	1	□	□□□
14	消防报警系统	支持如下但不限于 OPC、Modbus TCP、BACnet TCP 等标准通信协议	项	1	□	□□□
15	电气火灾报警系统	支持如下但不限于 OPC、Modbus TCP、BACnet TCP 等标准通信协议	项	1	□	□□□
16	防雷接地系统	支持如下但不限于 OPC、Modbus TCP、BACnet TCP 等标准通信协议	项	1	□	□□□
17	机房监控系统	支持如下但不限于 OPC、Modbus TCP、BACnet TCP 等标准通信协议	项	1	□	□□□

20 机房工程概算见表 2-30。

机房工程概算　　　　表 2-30

序号	项目	规格型号	单位	数量	单价	合计
		（一）信息网络机房				□□□
		1.1机房装修				□□□
1	机房装修	墙面、地面、天花	项	1	□	□□□
		1.2配电				□□□
1	ATS切换柜	双电源输入配电柜，带玻璃门	项	1	□	□□□

序号	项目	规格型号	单位	数量	单价	合计
						□□□
		（一）信息网络机房				□□□
		1.2 配电				□□□
2	市电配电柜	AA2/AA5,带玻璃门	台	1	□	□□□
3	UPS输出配电总柜	AA3/AA,600mm×500mm×150mm	台	1	□	□□□
4	配电列头柜	600mm×600mm×1400mm	台	2	□	□□□
		1.3 UPS				□□□
1	UPS电源	200kVA,后备时间1h	台	1	□	□□□
2	电池	12V,120AH	节	若干	□	□□□
3	电池架	承重大于1500kg	套	若干	□	□□□
4	电池连线	—	套	1	□	□□□
5	电池组散力架	承重大于500kg	套	1	□	□□□
6	UPS支架	承重大于500kg	套	1	□	□□□
		1.4 精密空调				□□□
1	精密空调	140kW冷量	套	1	□	□□□
2	新风机	6000m³/h	套	1	□	□□□
3	窗式排风机	5P	套	1	□	□□□
		1.5 环境监控				□□□
1	供配电监测	定制	项	1	□	□□□
2	UPS系统监测	定制	项	1	□	□□□
3	空调系统监测	定制	项	1	□	□□□
4	漏水监测	定制	项	1	□	□□□
5	温湿度监测	定制	项	1	□	□□□
6	消防监测	定制	项	1	□	□□□
7	管理站工控机	i5,16G,2T,26寸显示器,鼠标,键盘	台	1	□	□□□
8	液晶显示器	19寸	台	1	□	□□□
9	多设备驱动板	支持485,modbus	套	1	□	□□□
10	管理软件	定制	套	1	□	□□□
11	远程浏览WEB软件模块	定制	套	1	□	□□□
12	多媒体语音报警系统	定制	套	1	□	□□□
13	短信报警系统	定制	套	1	□	□□□
14	电话报警系统	定制	套	1	□	□□□
15	采集柜	定制	个	1	□	□□□
		1.6 防雷接地				□□□
1	B级防雷器	电源防雷,B级	个	若干	□	□□□
2	C级防雷器	电源防雷,C级	个	若干	□	□□□
3	接地铜排	40mm×4mm	m	若干	□	□□□
4	设备接地软线	ZRBVR-1×10	m	若干	□	□□□
5	设备接地软线	ZRBVR-1×6	m	若干	□	□□□
		（二）安防监控室				□□□
		1.1 机房装修				□□□
1	机房装修	墙面、地面、天花	项	1	□	□□□
		1.2 配电				□□□
1	ATS切换柜	双电源输入配电柜,带玻璃门	项	1	□	□□□
2	市电配电柜	AA2/AA5,带玻璃门	台	1	□	□□□
3	UPS输出配电总柜	AA3/AA,600mm×500mm×150mm	台	1	□	□□□

序号	项目	规格型号	单位	数量	单价	合计
		(二)安防监控室				□□□
		1.3UPS				□□□
1	UPS电源	200kVA	台	1	□	□□□
2	电池	12V,120AH	节	若干	□	□□□
3	电池架	承重大于1500kg	套	若干	□	□□□
4	电池连线	—	套	1	□	□□□
5	电池组散力架	承重大于500kg	套	1	□	□□□
6	UPS支架	承重大于500kg	套	1	□	□□□
		1.4空调				□□□
1	多联机	一拖六	套	1	□	□□□
2	新风机	6000m³/h	套	1	□	□□□
3	窗式排风机	5P	套	1	□	□□□
		1.5防雷接地				□□□
1	B级防雷器	电源防雷,B级	个	若干	□	□□□
2	C级防雷器	电源防雷,C级	个	若干	□	□□□
3	接地铜排	40×4	m	若干	□	□□□
4	设备接地软线	ZRBVR-1×10	m	若干	□	□□□
5	设备接地软线	ZRBVR-1×6	m	若干	□	□□□
		(三)智能化小间				□□□
1	装修	墙面、地面、天花	项	1	□	□□□
2	机柜支架	定制	套	44	□	□□□
3	接地铜排	40×4	m	若干	□	□□□
4	设备接地软线	ZRBVR-1×10	m	若干	□	□□□
5	设备接地软线	ZRBVR-1×6	m	若干	□	□□□

三、建筑智能化初步设计图纸编制实例

建筑智能化初步设计图纸实例详见表2-31。

图纸目录 表2-31

序号	图号	图纸名称	图纸规格	备注
1	T-01	智能化图例	B5	
2	T-02	智能化总平面	B5	
3	T-03	智能化集成系统图	B5	
4	T-04	信息网络系统图	B5	
5	T-05	综合布线系统图	B5	
6	T-06	有线电视系统图	B5	
7	T-07	报告厅会议系统图	B5	
8	T-08	建筑设备管理系统图	B5	
9	T-09	建筑设备管理原理图(一)	B5	
10	T-10	建筑设备管理原理图(二)	B5	
11	T-11	公共广播系统图	B5	
12	T-12	入侵报警系统图	B5	
13	T-13	视频安防监控系统图	B5	
14	T-14	出入口控制系统图	B5	
15	T-15	电子巡查系统图	B5	
16	T-16	停车场管理系统图	B5	
17	T-17	机房综合管理系统图	B5	
18	T-18	机房布置图	B5	

序号	符号	说明	备注
1	△	室外自动彩转景一体化球型摄像机	
2	△	室外彩色枪型摄像机	
3	△	室内彩色枪型摄像机	
4	△	室内彩色半球型摄像机	
5	△	室内一体化球型摄像机	
6	△	高灵敏拾音器	
7	△	电梯专用彩色摄像机	
8	◇	非接触卡读卡器	
9	◎	磁力锁	
10	◎	门磁开关	
11	△	吸顶式被动红外/微波双鉴探测器	
12	▽	室外微波探测器	
13	◁	红外幕帘探测器	
14	○	紧急报警按钮	
15	◇	玻璃破碎探测器	
16	◎	震动探测器	
17		有线对讲分机	
18	AF	安全防范系统楼层供电箱	
19	As	出入口管理系统协议转换器	
20	AC-S2	出入口管理系统双门控制模块	
21	AC-S4	出入口管理系统四门控制模块	
22		24口楼层交换机	
23		单口语音信息插座	
24		单口语音信息地面插座	
25		语音、内部计算机网络数据双口信息插座	
26		语音、内部计算机网络数据双口地面插座	
27		外部计算机网络数据单口信息插座	
28		外部计算机网络数据单口地面插座	
29		信息发布与查询网络数据单口信息插座	
30		无线计算机网络数据信息插座	
31		双口多模光缆墙面信息插座	
32		区域语音、数据配线箱	
33		单口有线电视信息插座	
34	△	有线电视双向放大器	
35		有线电视二分配器	
36		有线电视三分配器	
37		有线电视四分配器	
38		有线电视四分支器	
39		有线电视六分支器	
40		有线电视75欧终端电阻	
41		通信转换模块	
42		采控模块	
43		温湿度传感器	
44		电量仪	
45	✕	水阀	
46		机房监控主机	
47		数据信息插座(X)	系统图
48		语音信息插座(Y)	系统图
49		直通对讲电话	系统图
50		计算机	系统图
51		紧急广播机	系统图
52		联动台	系统图
53		打印机	系统图
54		卫星天线	系统图
55		保安巡更打卡器	系统图

设计单位	审定	审核	校对	设计	图名	智能化图例	图号	T-01	比例	无

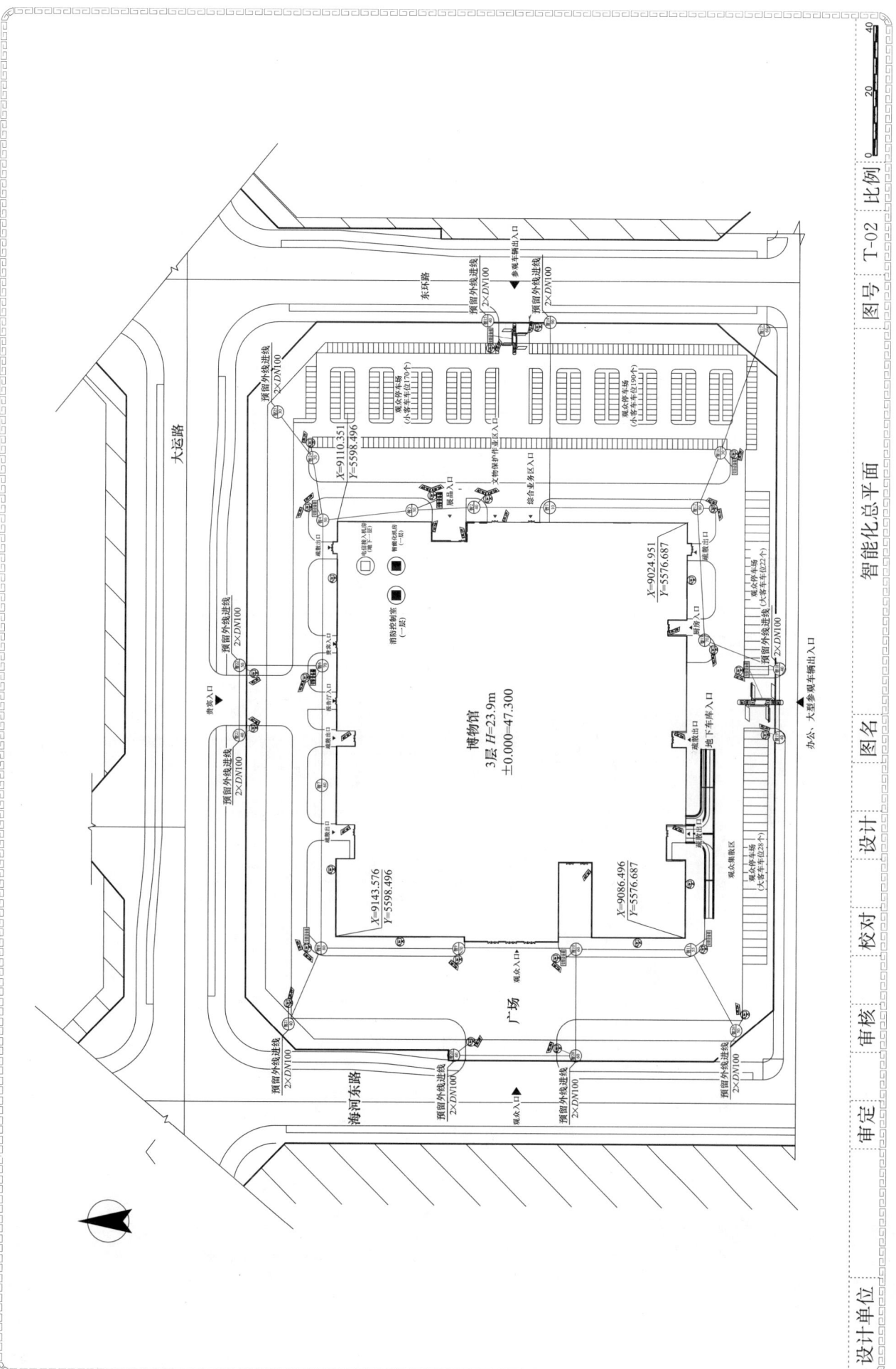

博物馆
3层 H=23.9m
±0.000=47.300

大运路

东环路

海河东路

广场

预留外线进线
2×DN100

预留外线进线
2×DN100

预留外线进线
2×DN100

预留外线进线
2×DN100

预留外线进线
2×DN100

预留外线进线
2×DN100

预留外线进线
2×DN100

预留外线进线
2×DN100

观众停车场
(小客车车位170个)

观众停车场
(小客车车位190个)

观众停车场
(大客车车位22个)

观众停车场
(大客车车位28个)

观众集散区

X=9110.351
Y=5598.496

X=9024.951
Y=5576.687

Y=9143.576
Y=5598.496

X=9086.496
Y=5576.687

消防控制室
(一层)

智能化机房
(地下一层)

售票入口

售票入口

展品入口

文物保护中业区入口

综合业务区入口

厨房入口

地下车库入口

观众入口

观众入口

观众入口

参观车辆出口

办公、大型参观车辆出口

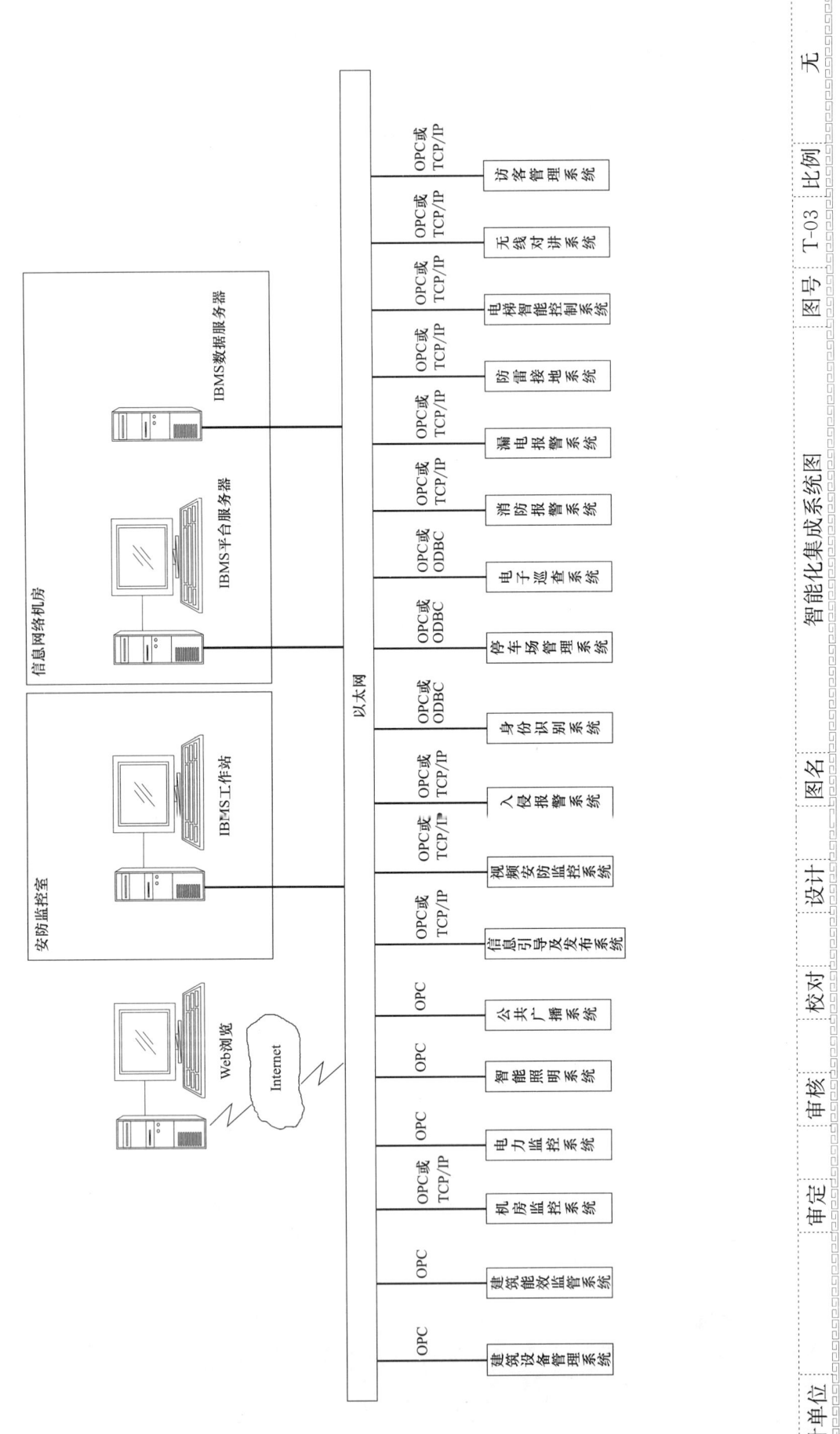

信息网络机房

安防监控室

Web浏览
Internet

IBMS数据服务器
IBMS平台服务器
IBMS工作站

以太网

OPC或TCP/IP 访客管理系统
OPC或TCP/IP 无线对讲系统
OPC或TCP/IP 电梯智能控制系统
OPC或TCP/IP 防雷接地系统
OPC或TCP/IP 漏电报警系统
OPC或TCP/IP 消防报警系统
OPC或ODBC 电子巡查系统
OPC或ODBC 停车场管理系统
OPC或ODBC 身份识别系统
OPC或TCP/IP 入侵报警系统
OPC或TCP/IP 视频安防监控系统
OPC或TCP/IP 信息引导及发布系统
OPC 公共广播系统
OPC 智能照明系统
OPC 电力监控系统
OPC或TCP/IP 机房监控系统
OPC 建筑能效监管系统
OPC 建筑设备管理系统

| 设计单位 | 审定 | 审核 | 校对 | 设计 | 图名 | 智能化集成系统图 | 图号 | T-03 | 比例 | 无 |

信息网络系统图

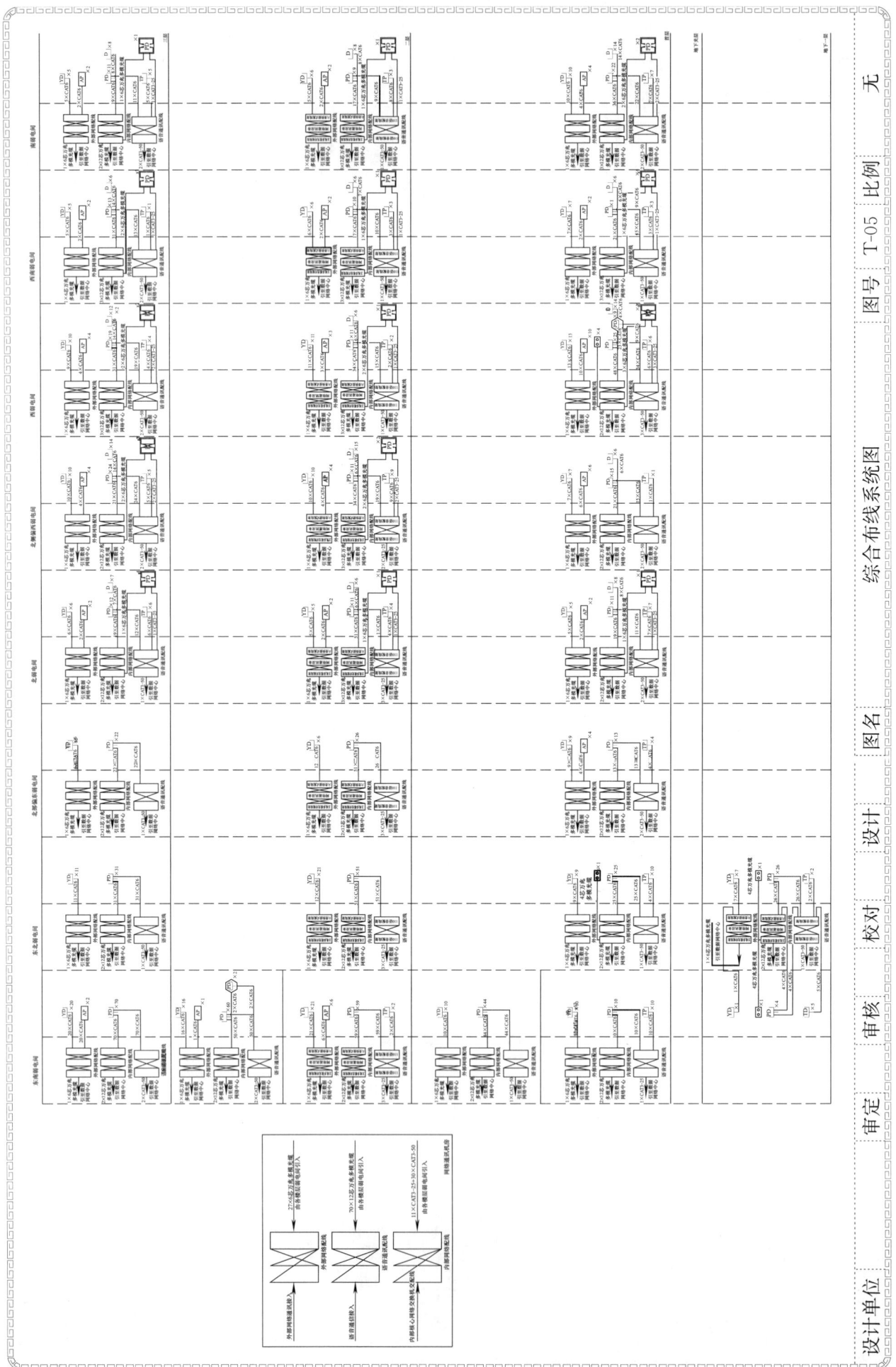

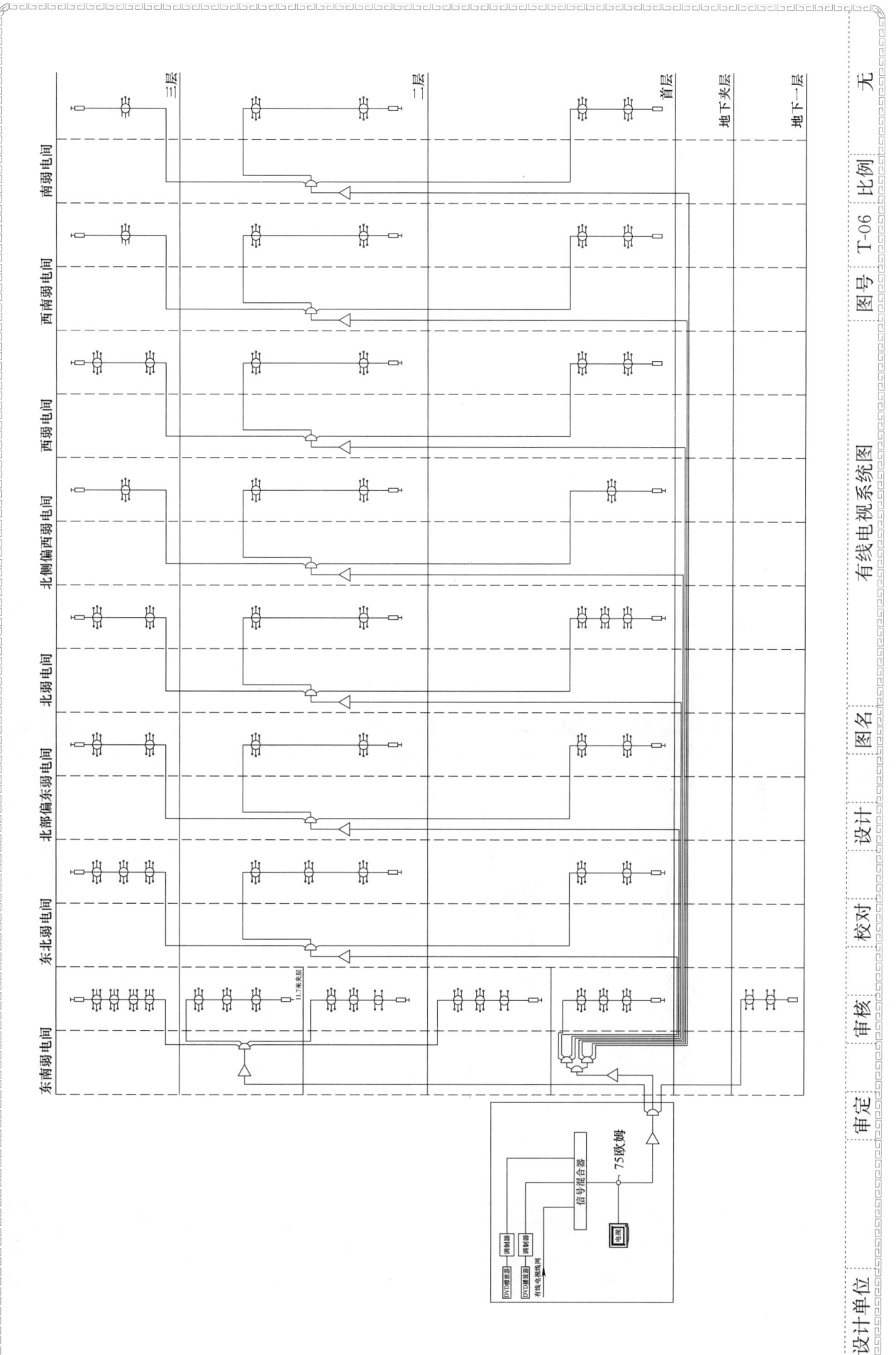

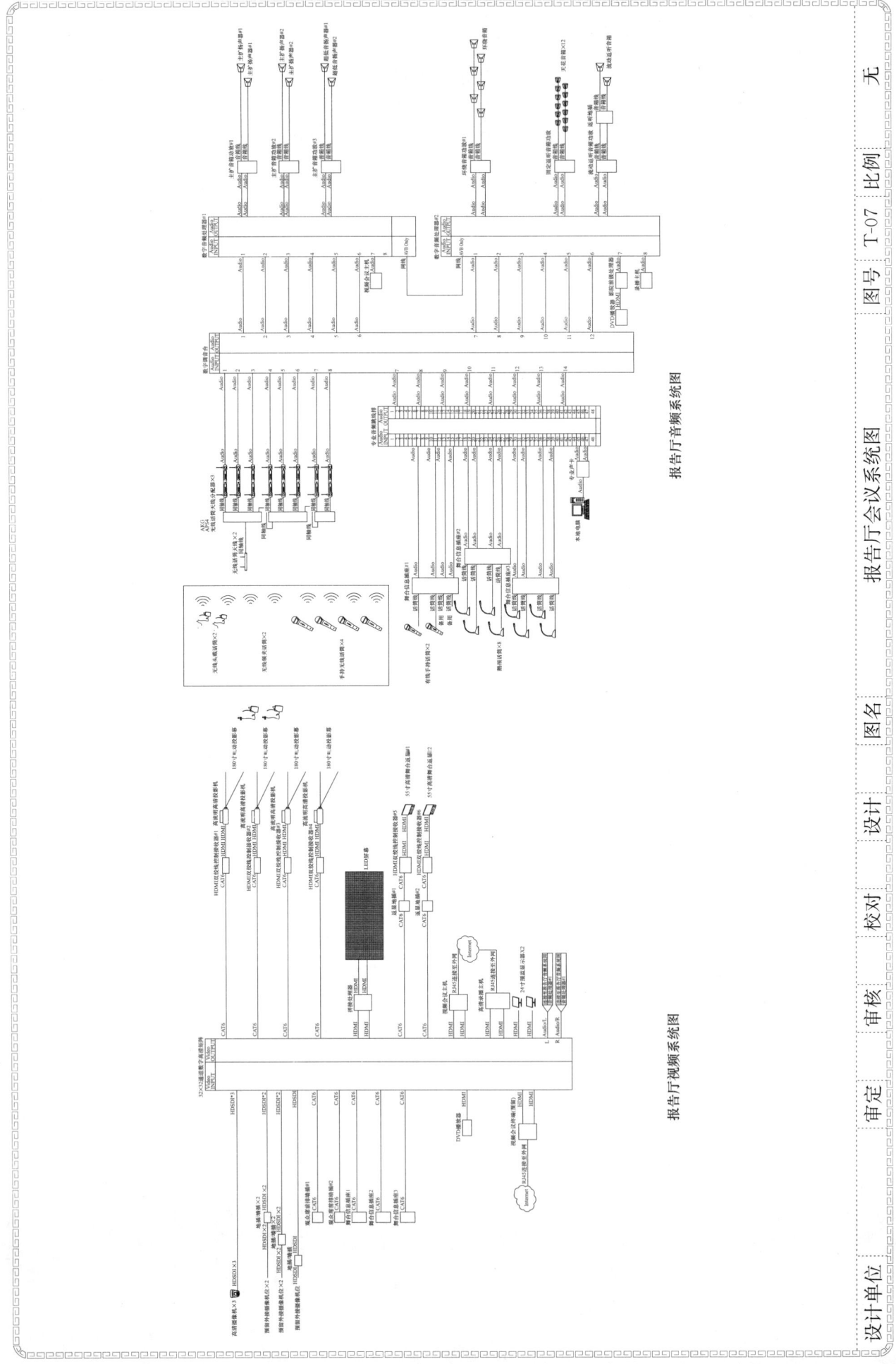

报告厅音频系统图

报告厅会议系统图

报告厅视频系统图

设计单位　审定　审核　校对　设计　图名　报告厅会议系统图　图号　T-07　比例　无

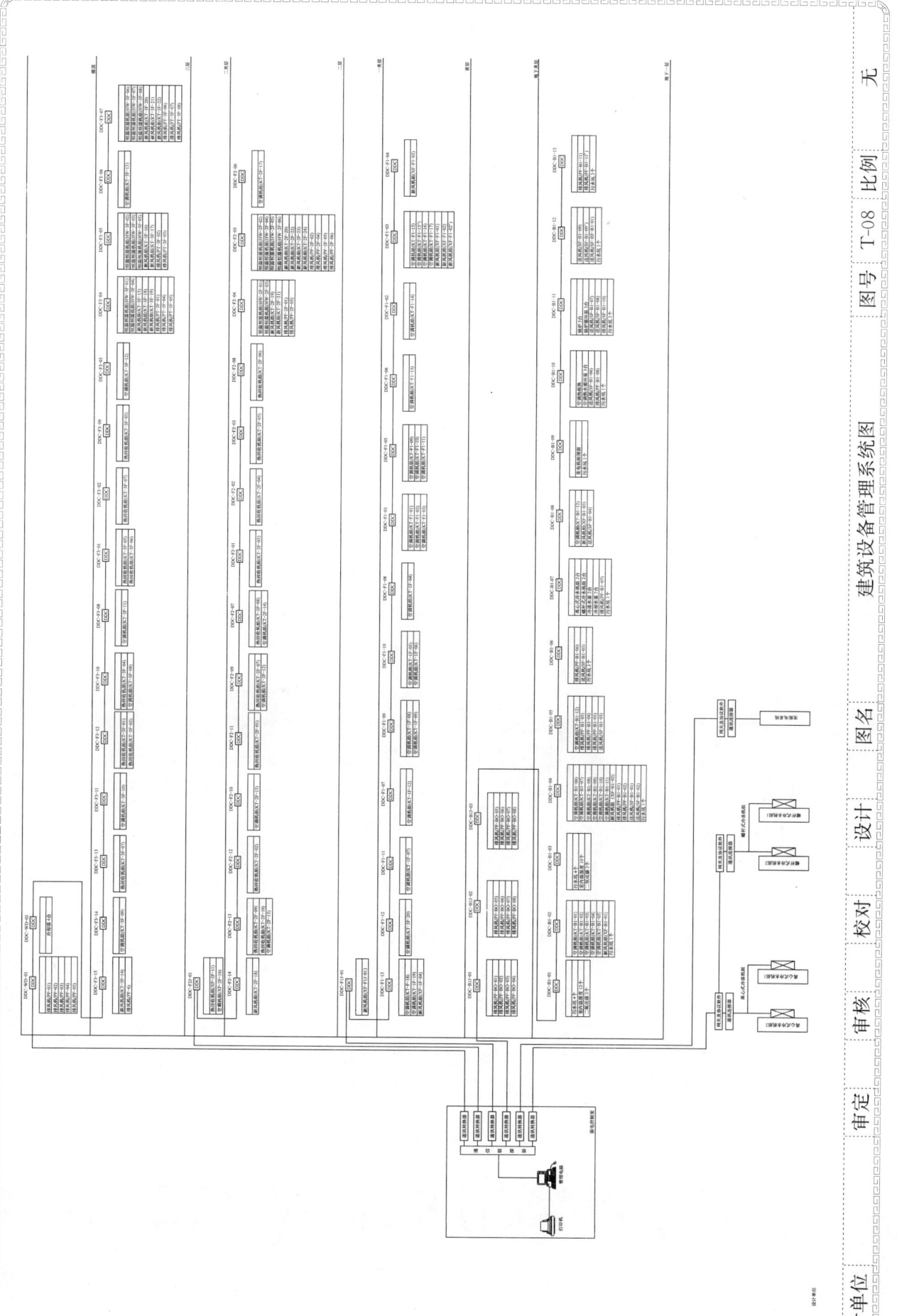

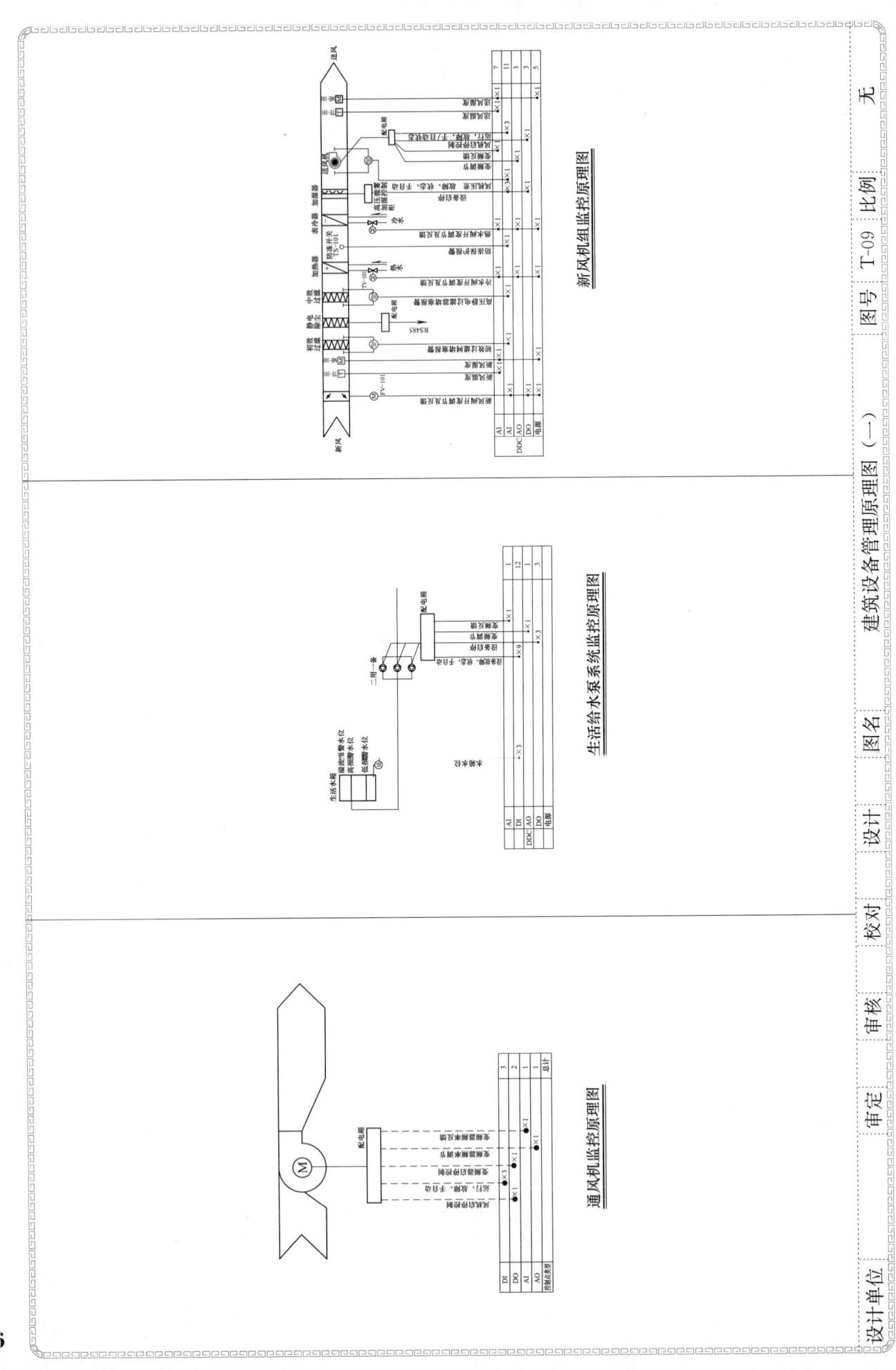

新风机组监控原理图

生活给水泵系统监控原理图

通风机监控原理图

建筑设备管理原理图（一）　图号　T-09　比例　无

设计单位　审定　审核　校对　设计　图名

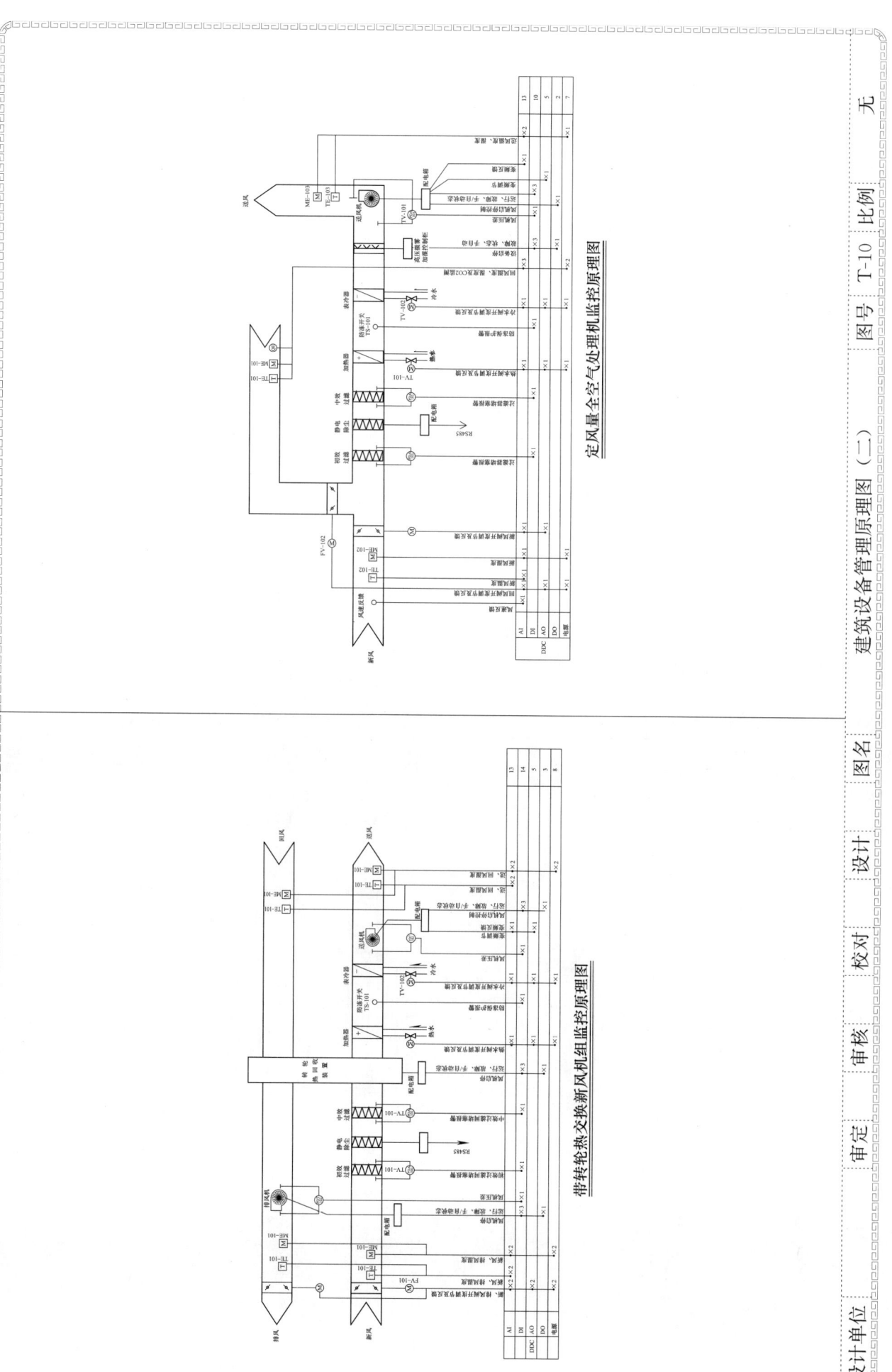

定风量全空气处理机监控原理图

带转轮热交换新风机组监控原理图

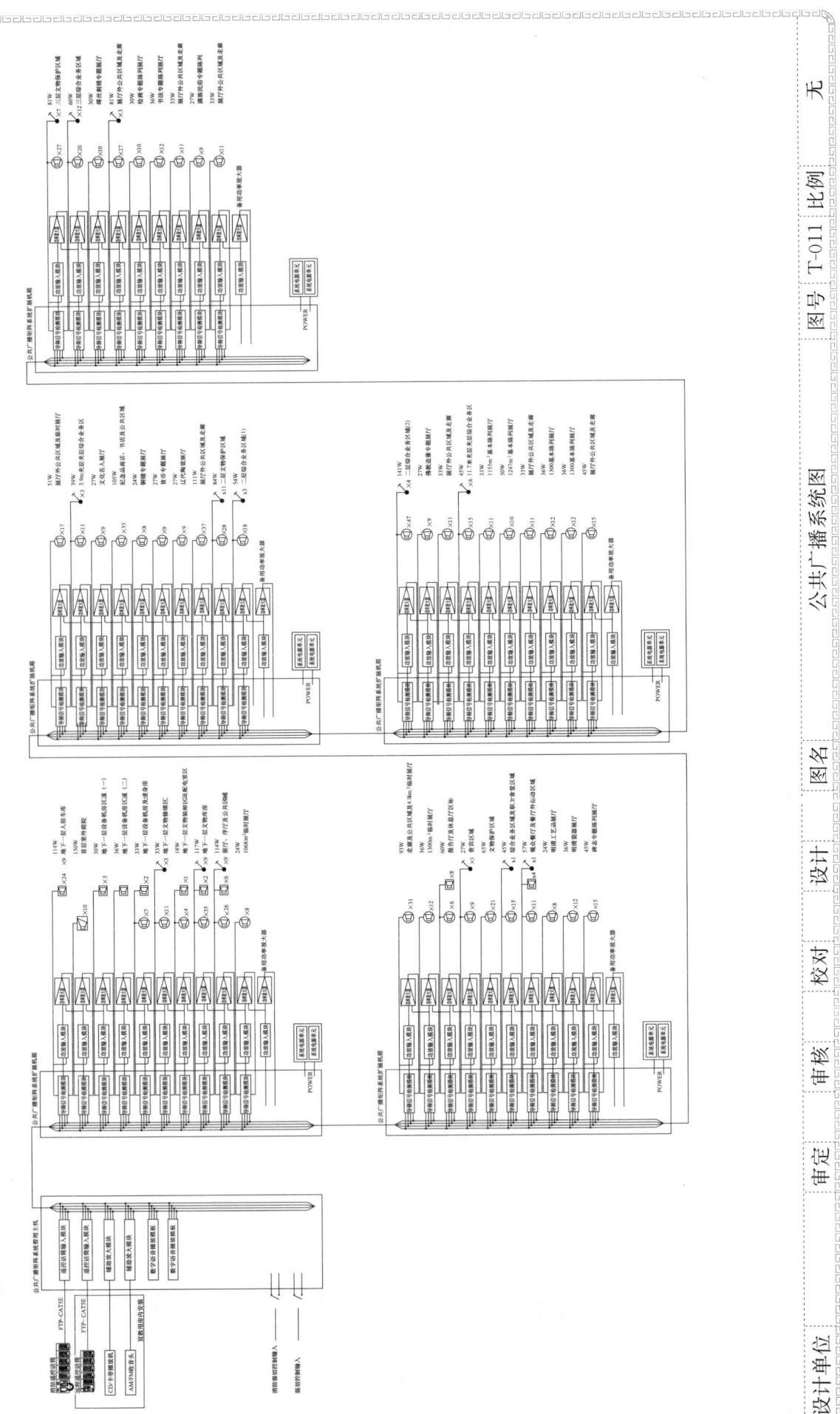

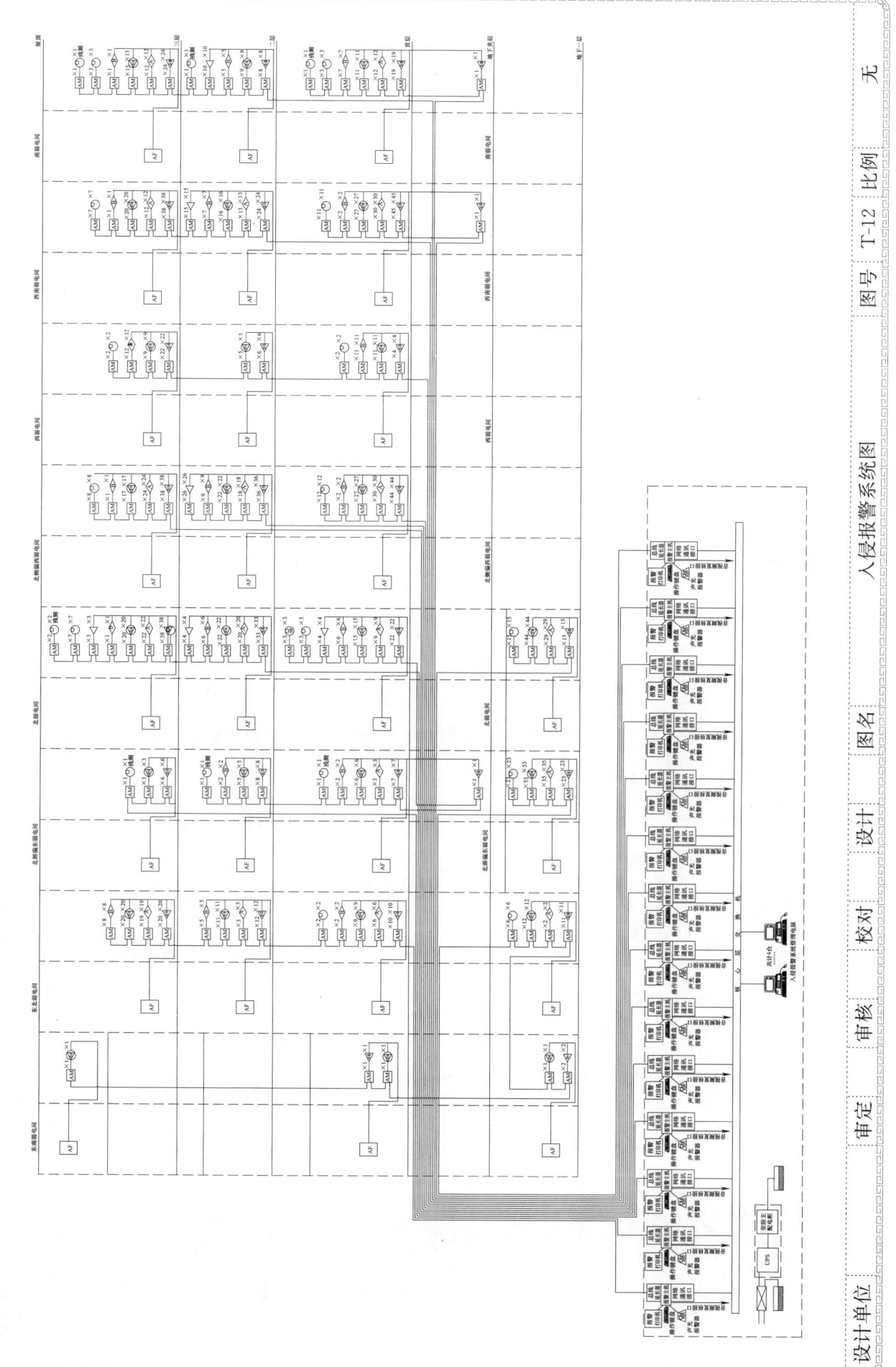

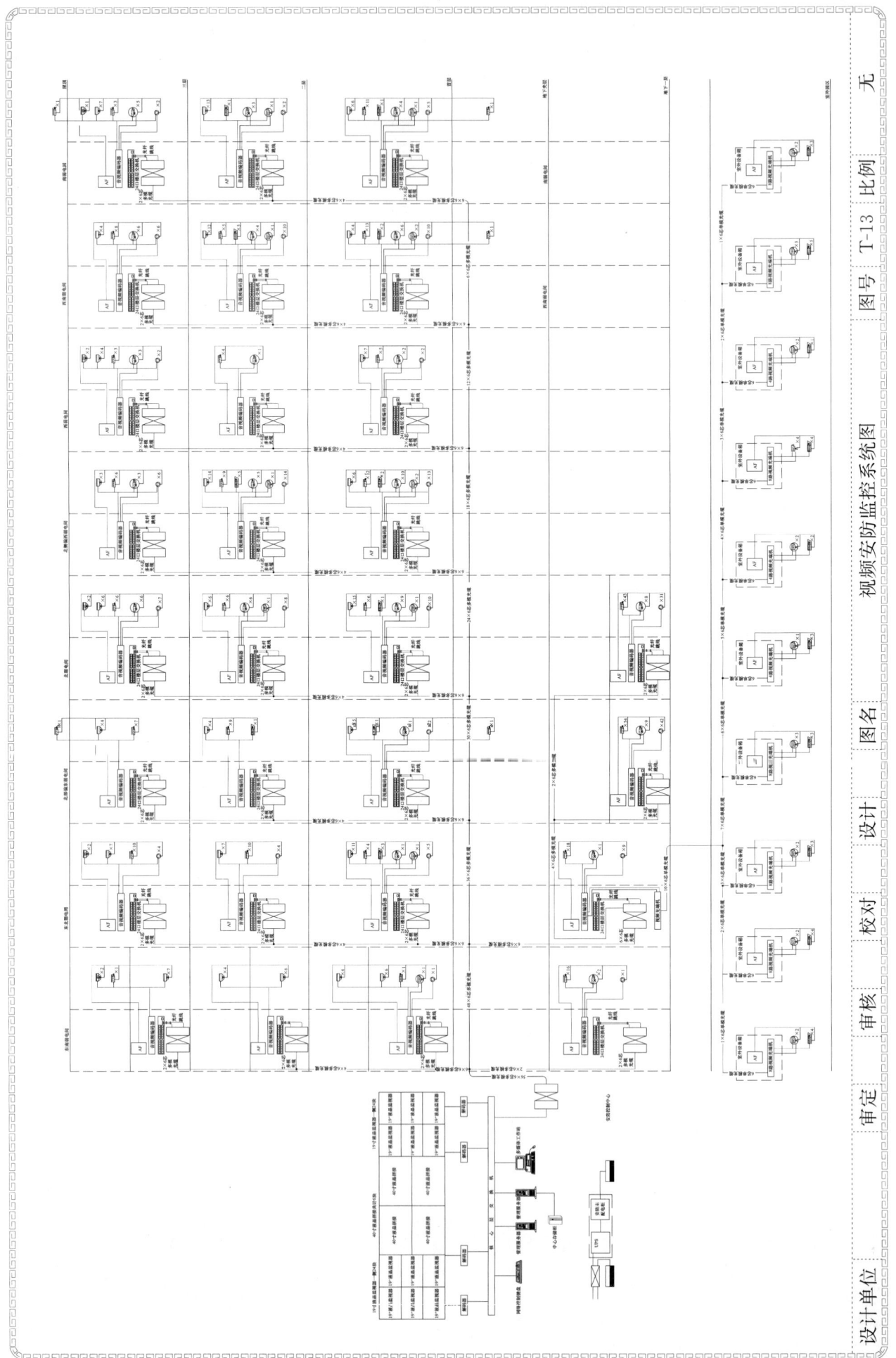

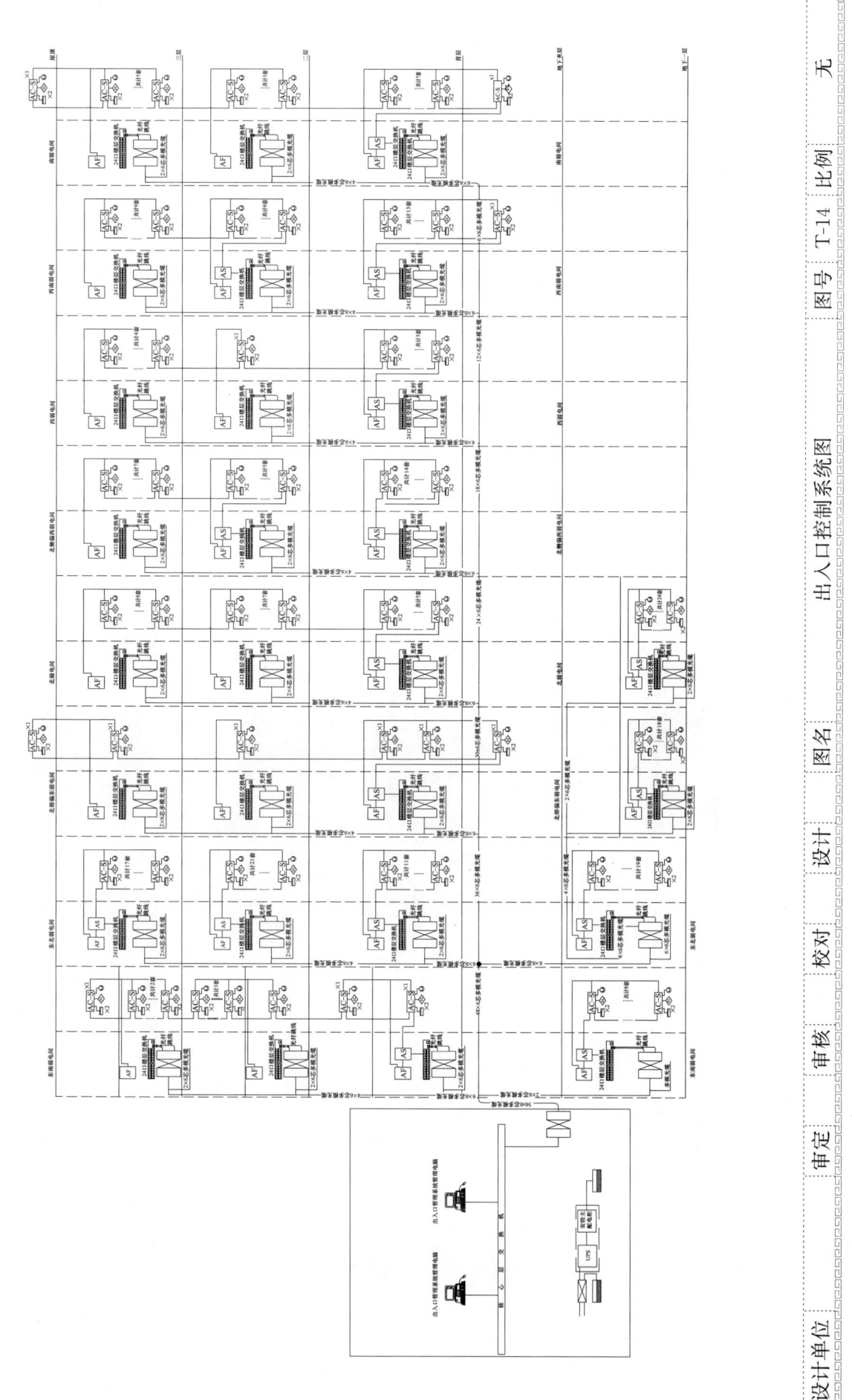

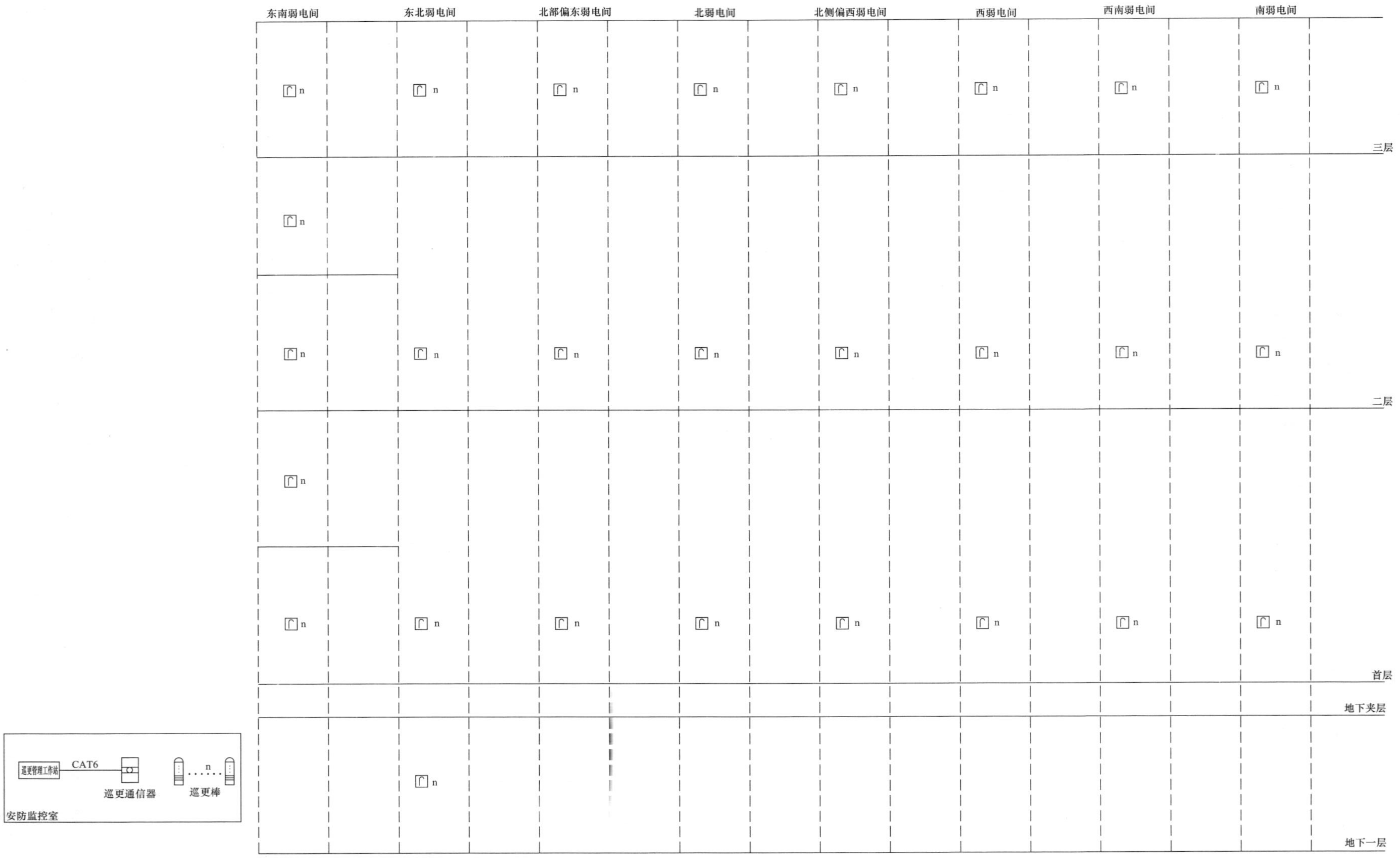

東南弱電間 　東北弱電間 　北部偏東弱電間 　北弱電間 　北側偏西弱電間 　西弱電間 　西南弱電間 　南弱電間

三层

二层

首层
地下夹层

地下一层

巡更通信器
巡更棒
弱电机房工作站
CAT6
安防监控室

设计单位　审定　审核　校对　设计　图名　电子巡查系统图　图号　T-15　比例　无

172

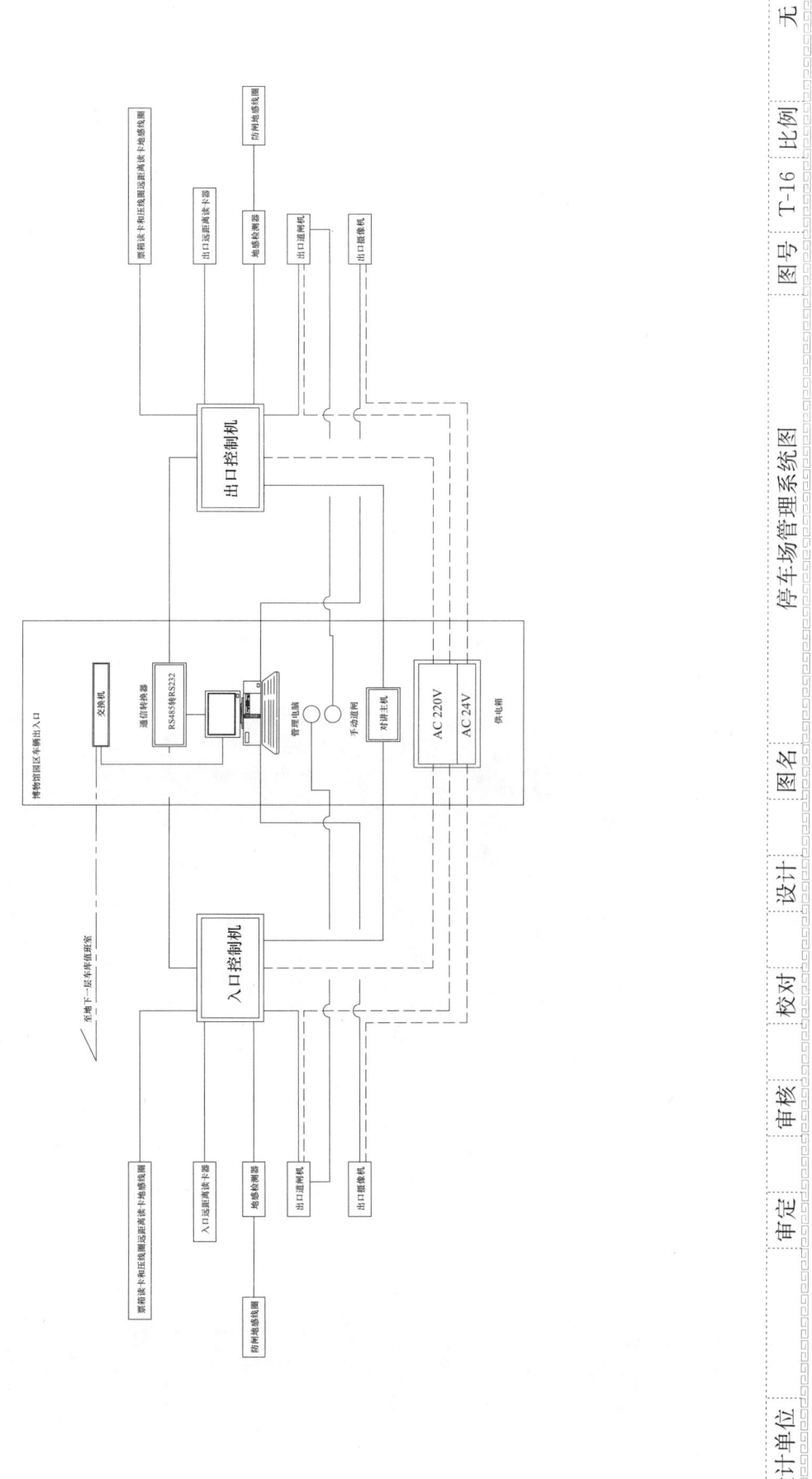

停车场管理系统图

| 设计单位 | | 审定 | 审核 | 校对 | 设计 | 图名 | 停车场管理系统图 | 图号 | T-16 | 比例 | 无 |

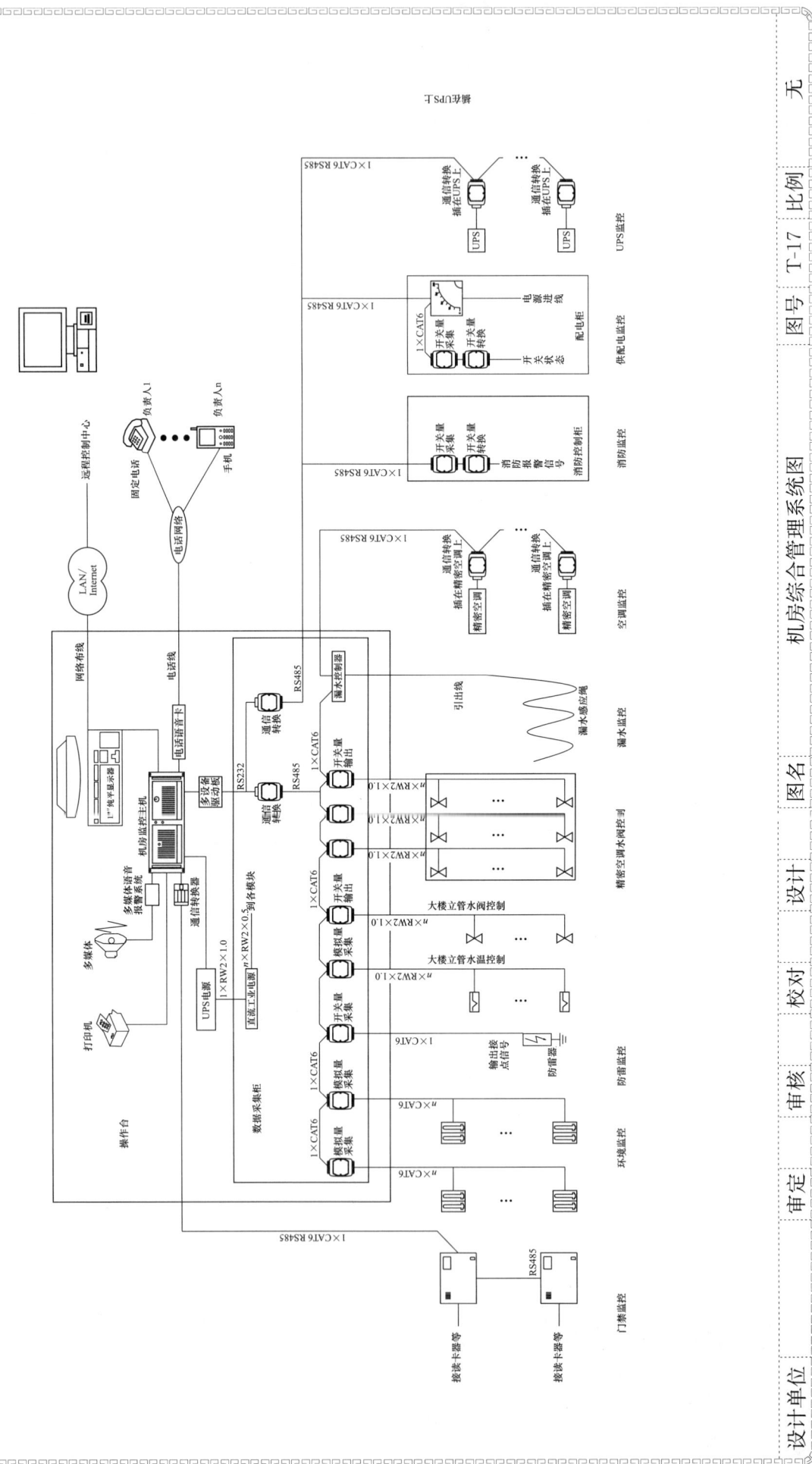

机房综合管理系统图

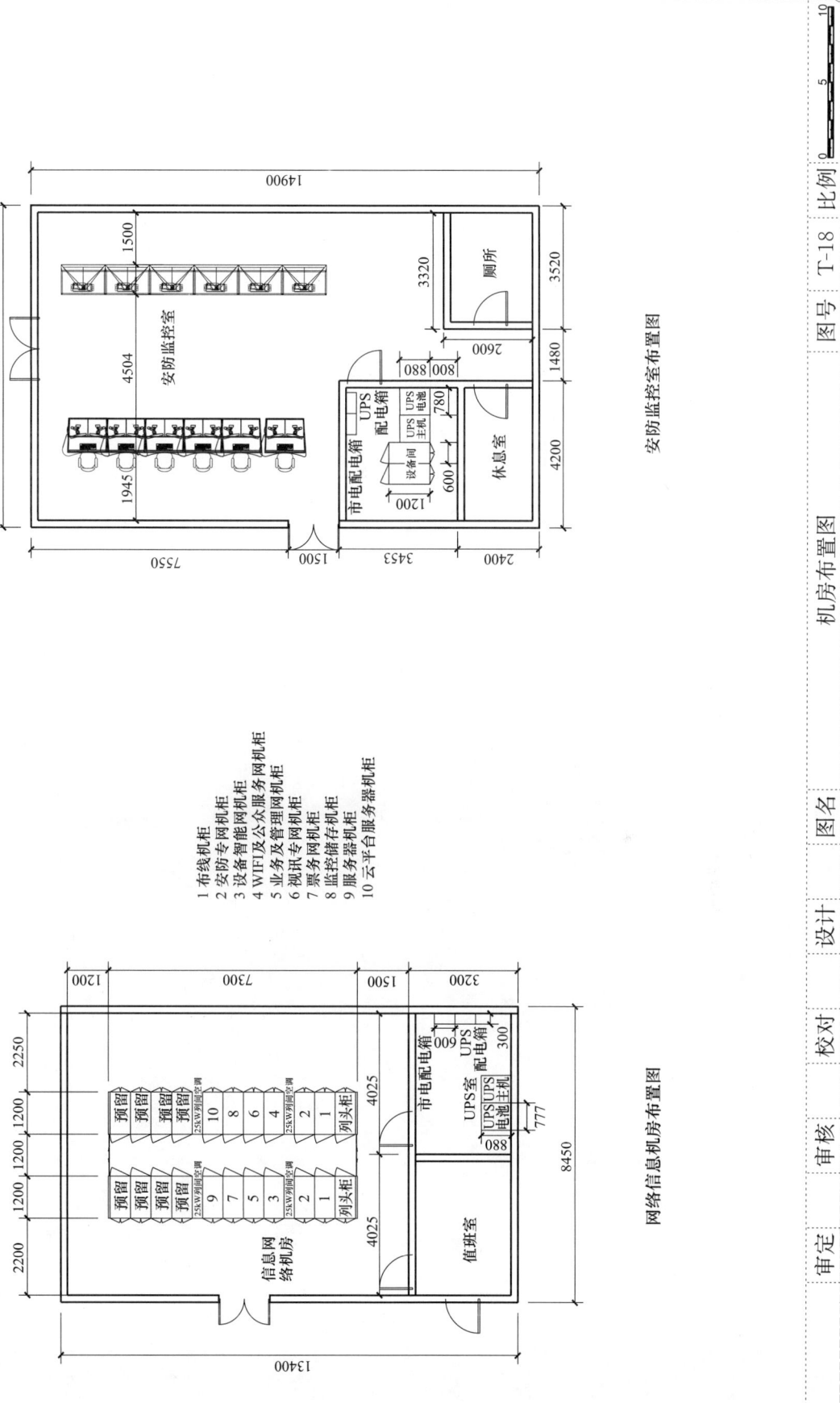

安防监控室布置图

网络信息机房布置图

安防监控室

1500
9200
4504
安防监控室
1945
7550
1500
14900

市电配电箱
UPS配电箱
设备间
UPS电池 UPS主机
休息室
厕所
3320
3520
2600
1480
4200
880 800
780
600
1200
2400
3453

1 布线机柜
2 安防专网机柜
3 设备智能网机柜
4 WIFI及公众服务网机柜
5 业务及管理网机柜
6 视讯专网机柜
7 票务专网机柜
8 监控储存机柜
9 服务器机柜
10 云平台服务器机柜

信息网络机房

预留 预留 预留 预留
25kW列间空调
10 8 6
25kW列间空调
4 2 1 列头柜

预留 预留 预留 预留
25kW列间空调
9 7 5
25kW列间空调
3 2 1 列头柜

市电配电箱
UPS室
UPS配电箱
UPS电池 UPS主机
值班室

1200
2250
1200 1200
1200 1200
2200
7300
1500
3200
4025
4025
8450
600
300
777
880
1340

设计单位   审定   审核   校对   设计   图名   机房布置图   图号 T-18   比例

175

第三章

建筑智能化施工图设计文件编制范本

【摘要】 在施工图设计阶段，建筑智能化专业设计文件图纸部分应包括封面、图纸目录、设计说明、设计图及点表、设备清单、系统预算、技术需求书。设计文件应保证各阶段的质量，表述完整，避免文件中不清晰或出现矛盾的现象，特别在影响建筑物和人身安全、环境保护上更应有详尽的表达，以便于对电气设备进行安装、使用和维护，以杜绝对社会、环境和人类健康造成危害，提高经济效益，使其更好地服务工程建设。

第一节　建筑智能化施工图设计文件编制要点

一、建筑智能化施工图设计文件编制深度原则

1　施工图设计文件，应满足设备材料采购、非标准设备制作和施工的需要。对于将项目分别发包给几个设计单位或实施设计分包的情况，设计文件相互关联处的深度应满足各承包或分包单位设计的需要。

2　在设计中宜因地制宜正确选用国家、行业和地方建筑标准设计，并在设计文件的图纸目录或设计说明中注明所应用图集的名称。重复利用其他工程的图纸时，应详细了解原图利用的条件和内容，并作必要的核算和修改，以满足新设计项目的需要。

3　设计单位在设计文件中选用的建筑材料、建筑构配件和设备，应当注明规格、性能等技术指标，其质量要求必须符合国家规定的标准。

4　民用建筑工程一般应分为方案设计、初步设计和施工图设计三个阶段；对于技术要求相对简单的民用建筑工程，当有关主管部门在初步设计阶段没有审查要求，且合同中没有做初步设计的约定，可在方案设计审批后直接进入施工图设计。

5　当设计合同对设计文件编制深度另有要求时，设计文件编制深度应同时满足本规定和设计合同的要求。

二、建筑智能化施工图设计文件编制内容

1　在施工图设计阶段，建筑智能化专业设计文件图纸部分应包括封面、图纸目录、设计说明、设计图及点表。

2　图纸目录。

应按图纸序号排列，先列新绘制图纸，后列选用的重复利用图和标准图。先列系统图，后列平面图。

3　设计说明书。

（1）工程概况：

1）应将经初步（或方案）设计审批定案的主要指标录入。

2）应说明建筑类别、性质、功能、组成、面积（或体积）、层数、高度以及能反映建筑规模的主要技术指标等。

3）应说明本项目需设置的机房数量、类型、功能、面积、位置要求及指标。

（2）设计依据：

1）已批准的初步设计文件（注明文号或说明）。

2）建设单位提供的有关资料和设计任务书。

3）本专业设计所采用的设计所执行的主要法规和所采用的主要标准（包括标准的名称、编号、年号和版本号）。

4）工程可利用的市政条件或设计依据的市政条件。

5）建筑和有关专业提供的条件图和有关资料。

（3）设计范围：本工程拟设的建筑智能化系统，内容一般应包括系统分类、系统名称，表述方式应符合现行国家标准《智能建筑设计标准》GB 50314 层级分类的要求和顺序。

（4）设计内容：应包括智能化系统及各子系统的用途、结构、功能、功能、设计原则、系统点表、系统及主要设备的性能指标。

（5）各系统的施工要求和注意事项（包括布线、设备安装等）。

（6）设备主要技术要求及控制精度要求（亦可附在相应图纸上）。

（7）防雷、接地及安全措施等要求（亦可附在相应图纸上）。

（8）节能及环保措施。

（9）与相关专业及市政相关部门的技术接口要求及专业分工界面说明。

（10）各分系统间联动控制和信号传输的设计要求。

（11）对承包商深化设计图纸的审核要求。

（12）凡不能用图示表达的施工要求，均应以设计说明表述。

（13）有特殊需要说明的可集中或分列在有关图纸上。

4 图例。

（1）注明主要设备的图例、名称、数量、安装要求。

（2）注明线型的图例、名称、规格、配套设备名称、敷设要求。

5 主要设备及材料表。分子系统注明主要设备及材料的名称、规格、单位、数量。

6 智能化总平面图。

（1）标注建筑物、构筑物名称或编号、层数或标高、道路、地形等高线和用户的安装容量。

（2）标注各建筑进线间及总配线间的位置、编号；室外前端设备位置、规格以及安装方式说明等。

（3）室外设备应注明设备的安装、通信、防雷、防水及供电要求，宜提供安装详图。

（4）室外立杆应注明杆位编号、杆高、壁厚、杆件形式、拉线、重复接地、避雷器等（附标准图集选择表），宜提供安装详图。

（5）室外线缆应注明数量、类型、线路走向、敷设方式、人（手）孔规格、位置、编号及引用详图。

（6）室外线管注明管径、埋设深度或敷设的标高，标注管道长度。

（7）比例、指北针。

（8）图中未表达清楚的内容可附图做统一说明。

7 设计图纸。

（1）系统图应表达系统结构、主要设备的数量和类型、设备之间的连接方式、线缆类型及规格、图例。

（2）平面图应包括设备位置、线缆数量、线缆管槽路由、线型、管槽规格、敷设方式、图例。

（3）图中应表示出轴线号、管槽距、管槽尺寸、设计地面标高、管槽标高（标注管槽底）、管材、接口形式、管道平面示意，并标出交叉管槽的尺寸、位置、标高；纵断面图比例宜为竖向1：50或1：100，横向1：500（或与平面图的比例一致）。对平面管槽复杂的位置，应绘制管槽横断面图。

（4）在平面图上不能完全表达设计意图以及做法复杂容易引起施工误解时，应绘制做法详图，包括设备安装详图、机房安装详图等。

（5）图中表达不清楚的内容，可随图作相应说明或补充其他图表。

8 系统预算。

（1）确定各子系统主要设备材料清单。

（2）确定各子系统预算，包括单位、主要性能参数、数量、系统造价。

9 智能化集成管理系统设计图。

（1）系统图、集成型式及要求。

（2）各系统联动要求、接口要求、通信协议要求。

10 通信网络系统设计图。

（1）根据工程性质、功能和近远期用户需求确定电话系统形式。

（2）当设置电话交换机时，确定电话机房的位置、电话中继线数量及配套相关专业技术要求。

（3）传输线缆选择及敷设要求。

（4）中继线路引入位置和方式的确定。

（5）通信接入机房外线接入预埋管、手（人）孔图。

（6）防雷接地、工作接地方式及接地电阻要求。

11 计算机网络系统设计图。

（1）系统图应确定组网方式、网络出口、网络互联及网络安全要求。建筑群项目，应提供各单体系统联网的要求。

（2）信息中心配置要求。

注明主要设备图例、名称、规格、单位、数量、安装要求。

（3）平面图应确定交换机的安装位置、类型及数量。

（4）图例说明：

12 布线系统设计图。

（1）根据建设工程项目的性质、功能和近期需求、远期发展确定布线系统的组成以及设置标准。

（2）系统图、平面图。

（3）确定布线系统结构体系、配线设备类型，传输线缆的选择和敷设要求。

13 有线电视及卫星电视接收系统设计图。

（1）根据建设工程项目的性质、功能和近期需求、远期发展确定有线电视及卫星电视接收系统的组成以及设置标准。

（2）系统图、平面图。

（3）确定有线电视及卫星电视接收系统组成、传输线缆的选择和敷设要求。

（4）确定卫星接收天线的位置、数量、基座类型及做法。

（5）确定接收卫星的名称及卫星接收节目，确定有线电视节目源。

14 公共广播系统设计图。

（1）根据建设工程项目的性质、功能和近期需求、远期发展确定系统设置标准。

（2）系统图、平面图。

（3）确定公共广播的声学要求、音游、设置要求及末端扬声器的设置原则。

（4）确定末端设备规格、传输线缆的选择和敷设要求。

15 信息导引及发布系统设计图。

（1）根据建设工程项目的性质、功能和近期需求、远期发展确定系统功能、信息发布屏类型和位置。

（2）系统图、平面图。

（3）确定末端设备规格、传输线缆的选择和敷设要求。

（4）设备安装详图。

16 会议系统设计图。

（1）根据建设工程项目的性质、功能和近期需求、远期发展确定会议系统建设标准和系统功能。

（2）系统图、平面图。

（3）确定末端设备规格、传输线缆的选择和敷设要求。

17 时钟系统设计图。

（1）根据建设工程项目的性质、功能和近期需求、远期发展确定子钟位置和形式。

（2）系统图、平面图。

（3）确定末端设备规格、传输线缆的选择和敷设要求。

18 专业工作业务系统设计图。

（1）根据建设工程项目的性质、功能和近期需求、远期发展确定专业工作业务系统类型和功能。

（2）系统图、平面图。

（3）确定末端设备规格、传输线缆的选择和敷设要求。

19 物业运营管理系统设计图。根据建设项目性质、功能和管理模式确定系统功能和软件架构图。

20 智能卡应用系统设计图。

（1）根据建设项目性质、功能和管理模式确定智能卡应用范围和一卡通功能。

（2）系统图。

（3）确定网络结构、卡片类型。

21 建筑设备管理系统设计图。

（1）系统图、平面图、监控原理图、监控点表。

（2）系统图应体现控制器与被控设备之间的连接方式及控制关系。

（3）平面图应体现控制器位置、线缆敷设要求，绘至控制器上。

（4）监控原理图有标准图集的可直接标注图集方案号或者页次，应体现被控设备的工艺要求，应说明监测点及控制点的名称和类型，应明确控制逻辑要求，应注明设备明细表、外接端子表。

（5）监控点表应体现监控点的位置、名称、类型、数量以及控制器的配置方式。

（6）监控系统模拟屏的布局图。

（7）图中表达不清楚的内容，可随图作相应说明。

（8）应满足电气、给水排水、暖通等专业对控制工艺的要求。

22 安全技术防范系统设计图。

（1）根据建设工程的性质、规模确定风险等级、系统架构、组成及功能要求。

（2）确定安全防范区域的划分原则及设防方法。

（3）系统图、设计说明、平面图、不间断电源配电图。

（4）确定机房位置、机房设备平面布局，确定控制台、显示屏详图。

（5）传输线缆选择及敷设要求。

（6）确定视频安防监控、入侵报警、出入口管理、访客管理、对讲、车库管理、电子巡查等系统设备位置、数量及类型。

（7）确定视频安防监控系统的图像分辨率、存储时间及存储容量。

（8）图中表达不清楚的内容，可随图作相应说明。

（9）应满足电气、给水排水、暖通等专业对控制工艺的要求。

注明主要设备图例、名称、规格、单位、数量、安装要求。

（10）图例说明：

23 机房工程设计图。

（1）说明智能化主机房（主要为消防监控中心机房、安防监控中心机房、信息中心设备机房、通信接入设备机房、智能化间）设置位置、面积、机房等级要求及智能化系统设置的位置。

（2）说明机房装修、消防、配电、不间断电源、空调通风、防雷接地、漏水监测、机房监控要求。

（3）绘制机房设备布置图，机房装修平面图、立面图及剖面图，屏幕墙及控制台详图，配电系统（含不间断电源）及平面图，防雷接地系统及布置图，漏水监测系统及布置图、机房监控系统及布置图、综合布线系统及平面图。

（4）图例说明：注明主要设备名称、规格、单位、数量、安装要求。

24 其他系统设计图。

（1）根据建设工程项目的性质、功能和近期需求、远期发展确定专业工作业务系统类型和功能。

（2）系统图、设计说明、平面图。

（3）确定末端设备规格、传输线缆的选择和敷设要求。

（4）图例说明：注明主要设备名称、规格、单位、数量、安装要求。

25 设备清单。

（1）分子系统编制设备清单。

（2）清单编制内容应包括序号、设备名称、主要技术参数、单位、数量及单价。

26 技术需求书。

（1）技术需求书应包含工程概述、设计依据、设计原则、建设目标以及系统设计等内容。

（2）系统设计应分系统阐述，包含系统概述、系统功能、系统结构、布点原则、主要设备性能参数等内容。

三、智能化设计团队统一技术规定（内部使用）

1 设计文件编制原则。

（1）建筑工程设计文件的编制，必须符合国家有关法律法规和现行工程建设标准规范的规定，其中工程建设强制性标准必须严格执行。

（2）设计文件编制深度按中华人民共和国住房和城乡建设部《建筑工程设计文件编制深度规定》（2016 年版）的规定执行。

1）方案设计文件，应满足编制初步设计文件的需要。

2）初步设计文件，应满足编制施工图设计文件的需要。

3）施工图设计文件，应满足设备材料采购、非标准设备制作和施工的需要。对于将项目分别发包给几个设计单位或实施设计分包的情况，设计文件相互关联处的深度应满足各承包或分包单位设计的需要。

（3）遇见疑难问题应与项目负责人讨论，确定合理可行的设计方案。

（4）智能化设计组成员与其他专业密切配合，发现有变动时，及时通知组内成员，避免重复劳动。

（5）按照设计分工和工程进度，认真完成本职工作，确保工程质量和工期要求。遇到不可预见原因，影响设计工期时，应与项目负责人协商确定具体解决办法。

（6）平面设计与系统设计同期进行，保证工程设计的完整性。

（7）强调团队精神、从自身做起，树立高素质的智能化设计人员形象。

（8）所有智能化设计文件没有经得主管部门许可不得外传。

2　工程质量与进度要求。

（1）严格执行工程项目组制定的设计进度。发现问题及时与项目负责人协商确定具体解决办法。

（2）根据设计分工，制定个人工作安排，合理规划工作内容和时间。

（3）与业主、其他专业的设计要求和设计条件应有文字记录（如：时间、人员、讨论内容和结论等）。

（4）根据需要召开研讨会，讨论工程中的疑难问题。根据问题疑难程度确定参加人员。

（5）根据工程项目组制定的设计进度，督促相关专业提供技术资料。

（6）保障校对、审核和审定时间，确保工程质量及对审核人、审定人的尊重。

3　设计分工（见图纸目录）。

4　设计内容（见中华人民共和国住房和城乡建设部《建筑工程设计文件编制深度规定》（2016 年版）要求）。

5　设计文件编制深度要求及设计注意事项。

（1）通信网络系统

1）电话站总配线设备及其容量的选择和确定。

2）确定市话中继线路的设计分工、线路敷设和引入位置。

3）防电磁脉冲接地、工作接地方式及接地电阻要求。

（2）综合布线系统

1）根据工程项目的性质、功能、用户要求确定综合类型及配置标准。

2）系统组成及设备选型。

3）导体选择及敷设方式。

（3）有线电视系统

1）系统规模、网络组成、用户输出口电平值的确定。

2）节目源选择。

3）机房位置、前端设备配置。

4）用户分配网络、导体选择及敷设方式、用户终端数量的确定。

（4）背景音乐系统

1）系统组成。

2）输出功率、馈送方式和用户线路敷设的确定。

3）广播设备的选择，并确定广播室位置。

4）导体选择及敷设方式。

（5）建筑设备监控系统

1）根据建筑设备特点，确定控制要求，并进行控制点统计（AI、AO、DI、DO）。

2）系统组成、监控点数及其功能要求。

3）明确控制室位置、房间内设备布置。

（6）安防系统

1）系统防范等级、组成和功能要求。

2）保安监控及探测区域的划分、控制、显示及报警要求。

3）摄像机、探测器安装位置的确定。

4）机房位置的确定。

5）设备选型、导体选择及敷设方式。

（7）会议系统

1）系统组成。

2）机房位置的确定。

3）系统规模、网络组成的确定。

（8）无线通信增强系统

（9）信息发布系统

（10）集成管理等

（11）防雷与接地系统

1）根据建筑物性质、外形尺寸等确定防雷等级。

2）根据防雷等级确定防雷措施（内部防雷、外部防雷）。

3）明确防雷电脉冲措施。

4）建筑物作等电位连接。在所有智能化机房等处作等电位连接。

6 设备选型。

（1）应按安全、可靠、经济、节能原则选择智能化设备。

（2）智能化设备技术指标不应是独家产品，业主可以按其技术指标进行多家招标采购。

7 制图表示方法与打印图纸要求。

（1）文字标注。

1）对于 1：100 比例图纸：图纸中西文字高最小不得小于 250；

汉字，字体为楷体，字高最小不得小于 400。

2）对于 1：150 比例图纸：图纸中西文字高最小不得小于 350；

汉字，字体为楷体，字高最小不得小于 500。

3）对于 1：200 比例图纸：图纸中西文字高最小不得小于 600；

汉字，字体为楷体，字高最小不得小于 750。

（2）图签图名字高、字体应统一。

1）图纸中图名字高、字体应统一。

2）图例按图例表执行，若有增加需通知项目负责人。

（3）线形。

1）智能化线路笔宽不得小于 0.4。

2）建筑外框笔宽不得大于 0.2。

3）文字标注笔宽为 0.2。

4）图纸绘制软件采用 Auto CAD2012 以上版本。利用参考绘制。

（4）打印图纸要求。

1）按照约定核实笔宽。

2）建筑外形线条和混凝土柱、墙不能颜色太重，应涂布达与 30% 灰度。

3）智能化线条应在建筑外形线条之上，不能有遮挡。

4）打印文件应与序号或者图号名称一致。

8 注意事项。

（1）1 认真阅读本规定内容，对不明确处，应及时提出。

（2）对不能完成的本规定要求，应提前通知项目负责人，不得私自减低设计标准和运用不合时宜的设计理念。

（3）认真阅读设计任务书，按照业主设计要求和国家法规、标准进行设计。

（4）智能化设计组成员应精心设计，确保工程质量，信守勘察设计职工职业道德准则。

（5）智能化设计组成员应与本专业和相关专业人员，协同团结，相互帮助，精诚合作，共同完成任务。工作期间应遵守劳动纪律。

（6）遇见突发不可预见事件不能完成本职工作时，应尽早通知项目负责人，确定下一步工作安排。

（7）如有本规定没有确定方案或者需要对本规定进行修改时，应举行本项目智能化设计组讨论会，统一意见后，进行设计，并形成文字记录。不得擅自自作主张，不执行本规定中的规定。

（8）不得做出任何影响工程质量和进度以及影响设计单位声誉的行为。

（9）目标：

1）保证设计进度。

2）确保工程质量。

3）创造精品建筑。

四、建筑智能化施工图设计与相关专业配合输入表

建筑智能化施工图设计与相关专业配合输入表见表 3-1。

建筑智能化施工图设计与相关专业配合输入表　　　　　　　　表 3-1

提出专业	智能化计输入具体内容
建筑	建设单位委托设计内容、初步设计审查意见表和审定通知书、建筑物位置、规模、性质、用途、标准、建筑高度、层高、建筑面积等主要技术参数和指标、面图建筑使用年限、耐火等级、抗震级别、建筑材料等
	人防工程：防化等级、战时用途等
	总平面位置、建筑平面图、立面图、剖面图及尺寸（承重墙、填充墙）及建筑做法
	吊顶平面图及吊顶高度、做法、楼板厚度及做法
	二次装修部位平面图
	防火分区平面图，卷帘门、防火门形式及位置、各防火分区疏散方向
	沉降缝、伸缩缝的位置
	各设备机房、竖井的位置、尺寸
	室内外高差（标高）、周边环境、地下室外墙及基础防水做法、污水坑位置
	电梯类型（普通电梯或消防电梯；有机房电梯或无机房电梯）
结构	柱子、圈梁、基础等主要的尺寸及构造形式
	梁、板、柱、墙布置图及楼板厚度
	护坡桩、铆钎形式
	基础板形式
	剪力墙、承重墙布置图
	伸缩缝、沉降缝位置
给水排水	各种水泵、冷却塔设备布置图及工艺编号、设备名称、型号、外形尺寸、电动机型号及控制要求等
	电动阀的容量、位置及控制要求
	各种水箱、水池的位置、液位计的型号、位置及控制要求
	变频调速水泵控制柜位置及控制要求
	各场所的消防灭火形式及控制要求

提出专业	智能化计输入具体内容
通风与空调	所有用电设备(含控制设备、送风阀、排烟阀、温湿度控制点、电动阀、电磁阀、电压等级及相数、风机盘管、诱导风机、风幕、分体空调等)的平面位置并标出设备的编(代)号、电功率及控制要求
	电采暖用电位置(包括地热电缆、电暖器等)
	电动阀的位置及其所对应的风机及控制要求
	各用电设备的控制要求(包括排风机、送风机、补风机、空调机组、新风机组、排烟风机、正压送风机等)
	锅炉房的设备布置及控制要求等
电气	柴油发电机房及柴油发电机组数量、容量
	高(低)压系统、变压器的数量和容量
	照明、电力配电系统;防雷接地系统

五、建筑智能化施工图设计与相关专业配合输出表

建筑智能化施工图设计与相关专业配合输出表见表 3-2。

建筑智能化施工图设计与相关专业配合输出表 表 3-2

接收专业	智能化设计输入具体内容
建筑	智能化机房的位置、房间划分、尺寸标高及设备布置图
	智能化设备通路上留洞位置、尺寸、标高
	特殊场所的维护通道(马道、爬梯等)
	各智能化设备机房的建筑做法及对环境的要求
	智能化竖井的建筑做法要求
	设备运输通道的要求(包括吊装孔、吊钩等)
	控制室的位置、尺寸、层高、建筑做法及对环境的要求 总平面中人孔、手孔位置、尺寸
结构	地沟、夹层的位置及结构做法
	剪力墙留洞位置、尺寸
	进出线留洞位置、尺寸
	机房、竖井预留的楼板孔洞的位置及尺寸
	各智能化机房荷载要求
	设备基础、吊装及运输通道的荷载要求
	微波天线、卫星天线的位置及荷载与风荷载的要求
	利用结构钢筋的规格、位置及要求
给水排水	智能化用房的用水、排水及消防要求
	水泵房配电控制室的位置、面积
通风与空调	冷冻机房控制室位置面积及对环境、消防的要求
	空调机房、风机房控制箱的位置
	空调机房、冷冻机房电缆桥架的位置、高度
	对空调有要求的房间内的发热设备用电容量(如 UPS、机柜等)
	各智能化设备机房对环境温、湿度的要求
	主要智能化设备的发热量
电气	智能化设备对供电要求、防雷接地要求、电气消防要求
概、预算	设计说明及主要设备材料表
	智能化系统图及平面图

六、建筑智能化施工图设计文件验证内容

建筑智能化施工图设计文件验证内容见表 3-3。

建筑智能化施工图设计文件验证内容　　　　　　　　　　表 3-3

类别	项目	验证岗位 审定	验证岗位 审核	验证岗位 校对	验证内容	备注
设计说明	设计依据	●	●	●	建筑类别、性质、结构类型、面积、层数、高度等	
		●	●	●	引入有关政府主管部门认定的工程设计资料,如:供电方案、消防批文、初步设计批文等	
		—	●	●	相关专业提供给本专业的资料	
		●	●	●	采用的设计标准应与工程相适应,并为现行有效版本	关注外埠工程地方规定
	设计分工	●	●	●	电气系统的设计内容	
		—	●	●	明确设计分工界别	
		—	●	●	市政管网的接入	
	智能化系统	●	●	●	确定各系统末端点位的设置原则	
		●	●	●	确定各系统机房的位置	
		—	●	●	明确各系统的组成及网络结构	
		●	●	●	确定与相关专业的接口要求	
		●	●	●	明确智能化系统机房土建、结构、设备及电气条件需求	
	电气设备选型	●	●	●	明确主要电气设备技术要求、环境等特殊要求	
	电气节能	●	●	●	明确拟采用的电气系统节能措施	
		●	●	●	确定节能产品	
		●	●	●	明确提高电能质量措施	
	绿色建筑设计	●	●	●	绿色建筑电气设计目标	
		●	●	●	绿色建筑电气设计措施及相关指标	
	主要设备表	●	●	●	列出主要设备名称、型号、规格、单位、数量	有无淘汰产品
图纸	图纸目录	—	●	●	图号和图名与图签一致性	
		●	●	●	会签栏、图签栏内容是否符合要求	
	图例符号	—	●	●	参照国标图例,列出工程采用的相关图例	
	总平面	●	●	●	明确市政通信管线接入的位置、接入方式和标高	
		—	●	●	标明智能化机房等位置	
		—	●	●	线缆型号规格及数量、回路编号和标高	
	智能化系统	●	●	●	标注系统主要技术指标、系统配置标准	
		—	●	●	表达各相关系统的集成关系	
		—	●	●	表示水平竖向的布线通道关系	
		—	●	●	明确线槽、配管规格应与线缆数量	
		—	●	●	明确电子信息系统的防雷措施	
		●	●	●	建筑设备监控系统绘制监控点表,注明监控点数量、受控设备位置、监控类型等	

类别	项目	验证岗位			验证内容	备注
		审定	审核	校对		
图纸	智能化系统	●	●	●	有线电视和卫星电视接收系统明确与卫星信号、自办节目信号等的系统关系	
		●	●	●	安全技术防范系统明确与火灾报警及联动控制系统等的接口关系	
		●	●	●	广播、扩声、会议系统明确与消防系统联动控制关系	
图纸	智能化平面	—	●	●	注明接入系统与机房的设置位置	
		—	●	●	标明室外线路走向、预留管道数量、电缆型号及规格、敷设方式	
		—	●	●	系统类信号线路敷设的桥架或线槽应齐全,与管网综合设计统筹规划布置	
		—	●	●	智能化各子系统接地点布置、接地装置及接地线做法,以及与建筑物综合接地装置的连接要求,与接地系统图标注对应	
		—	●	●	各层平面图应包括设备定位、编号、安装要求,线缆型号、穿管规格、敷设方式,线槽规格及安装高度等	
		—	●	●	采用地面线槽、网络地板敷设方式时,应核对与土建专业配合的预留条件	

七、建筑智能化施工技术交底主要内容

建筑智能化施工技术交底主要内容见表3-4。

建筑智能化施工技术交底主要内容　　　　　　　　　　表3-4

类型	内容	备注
综合	建筑概况:建筑分类、面积、层数、层高、室内外高差、吊顶分布情况	
	结构基本情况:地基、结构形式,如箱基、桩基、条基、现浇、预制、预应力、钢结构等	
	建筑物防雷防护等级要求及施工时注意事项	
	配电系统的接地系统形式	
	等电位连接方式等	
智能化系统	系统的简介及设计要求	
	系统的机房要求、敷设通道要求	
	系统的线路敷设要求、设备安装要求	
	系统间的联动及集成要求	
	系统的供电要求	
	系统的防雷接地要求	
	系统进出建筑物的预留管线	
	系统订货、加工时注意事项	

第二节　某办公楼建筑智能化施工图设计文件编制实例

一、建筑智能化施工图设计说明编制实例

1　总论

1.1　基本原则

1.1.1　施工图设计说明是施工图设计文件的一部分，是工程招投标与施工的重要依据。施工单位应结合施工图设计图纸、合同约定、建设方要求以及其他相关技术文件共同阅读。施工单位应全面理解设计的总体意图与目的，贯彻执行各项技术要求，同时应充分了解其他协作施工单位的技术做法、标准与要求，以利于施工的总体配合与协调。

1.1.2　施工图设计说明表述了电气工程师施工图设计的主要技术性能标准，提出了相应的施工要求，施工单位应按照相关要求选用适合的材料、工艺和技术。

1.1.3　施工单位在各自承担的施工深化/翻样详图和工程施工中，应全面满足本设计说明、施工图设计图纸及其他相关设计文件的各项性能标准要求。

1.1.4　施工图设计说明所注明的性能标准为施工单位所应遵守的最低标准。

1.2　定义

以下定义适用于本施工图设计说明：

1.2.1　"施工图设计文件"：合同要求所涉及的设计说明、设计图纸、主要设备表、计算书。

1.2.2　"施工图设计说明"：即本文件。

1.2.3　"施工图设计图纸"：由电气工程师根据建设方使用要求，依据国家、地方相关规范和标准绘制的用于工程施工的设计图纸。此设计图纸在正式交付施工前，已按照国家、地方相关要求，完成相关施工图设计审查。此设计图纸须由设计单位正式签字、加盖相应印章后提交建设方，交付工程施工。

1.2.4　"设计变更通知单"：根据国家、地方工程资料管理规程、办法的相关规定，在工程建设过程中，根据建设方要求或经建设方批准认可，一般由设计单位提出的针对原设计文件部分内容的深化、调整或修改文件。应由建设单位、设计单位、监理单位、施工单位签字盖章后方可正式生效。

1.2.5　"图纸会审记录"：根据建设方和工程建设的要求，在正式施工前，由建设方或工程监理单位组织，设计单位就包括监理、施工单位提出的图纸问题及意见在内的问题进行交底，由施工单位进行汇总、整理，形成图纸会审记录。应由建设单位、监理单位、设计单位、施工单位四方签字盖章后方可正式生效。

1.2.6　"工程洽商记录"：根据国家、地方工程资料管理规程、办法的相关规定，在工程建设过程中，为妥善解决现场施工问题，一般由施工单位提出而进行的针对原设计文件部分内容的修改文件。应由建设单位、设计单位、监理单位、施工单位四方签字盖章后方可正式生效。

1.2.7　"施工深化/翻样详图"：由施工单位根据相关合同约定，依据国家、地方、行业相关规范、规定、标准，以及本施工图设计图纸和设计说明的各项要求，全面满足制造、加工、安装、工艺等各项技术标准和要求的技术图纸。其中应包括但不限于用于制造、组装、安装和固定的各类平面图、立面图、剖面图以及必要的多比例大样详图，应体现工程所有要素的制造、生产和安装，施工所需的必要信息，并体现设计意图。在制造、加工、施工前，施工深化/翻样详图应提交电气工程师审核确认。

1.2.8　"竣工图"：工程竣工验收后，真实反映建设工程项目施工结果的图样。一般需由施工单位绘制完成并加盖公章，应由编制单位负责准确、全面地反映施工过程中对施工图的修改、变更情况。

1.2.9　"检验机构"：能胜任的独立机构，政府部门或相关机构，对现场施工是否与本设计说明的各项技术要求相一致进行验证。

1.2.10　"检测机构"：能胜任的、经授权、认证的独立检测实体或相关机构，提供合适的检测设备、检测环境和独立的检测结果，用于验证现场施工是否与电气工程师设计意图相符合。检测机构应被建设方、电气工程师认可。

1.3 知识产权与保密条款

1.3.1 除工程设计合同另有约定外，工程设计文件的知识产权属于设计单位，未经书面认可，其他各方不得将工程设计文件转让、出卖或用于其他工程。

1.3.2 在工程设计、建设过程中，根据施工图设计图纸及本设计说明相关要求，在电气工程师指导下，利用设计单位物质技术条件所完成的发明创造或技术成果，其知识产权属于设计单位。在施工及相关施工投标之前已经存在的标准的产品和设计除外。

1.3.3 在本工程设计和施工中，任何归设计方所有的技术、经营、管理信息，包括各项专有技术信息、各类专用做法，将被视为商业秘密，未经设计单位书面同意，不得以任何形式公开。未经设计单位事先同意，不得出版任何与此工程建筑或构造相关的图纸、草图或照片。

1.3.4 本工程其他相关知识产权的内容，以《著作权法》《专利法》《商标法》和《工程勘察设计咨询业知识产权保护与管理导则》等我国相关法律、法规及部门规章的规定为准。

1.4 施工图设计图纸的使用要求

1.4.1 施工图设计图纸应配合本设计说明共同使用。针对其中的设计图示或相关技术标准说明，如有疑问，相关施工单位必须与设计人员技术沟通后，由设计人员提供书面确认后实施。

1.4.2 根据合同中相关设计范围约定，施工图设计图纸中部分内容尚需施工单位等完成必要的施工深化/翻样详图。

1.4.3 相关施工单位应提供施工深化/翻样详图和技术信息，完成必要的细节设计，以表明符合施工图设计图纸和本设计说明的各项技术要求，并履行规定的审批程序。

1.4.4 施工单位应注意对施工图设计图纸中所有与电气相关尺寸的现场核实（包括对先前工程的校核），确定工程中所有关键尺寸。现场测量应为后期的工程实施提供充足的时间，以保证完成必要的工程校正，使各项工程在给定误差范围内满足所需的精确度。

1.4.5 施工图等效文件。在施工前、施工过程中，由本工程设计人员书面确认、签章后出具的各类设计图纸、技术要求等，如"设计变更通知单""图纸会审记录""工程变更洽商记录"等均为施工图等效文件。

1.5 对施工单位的要求

1.5.1 法定条例。施工单位应严格遵守国家、地方、行业的所有相关施工操作、材料、设备与工艺的各类规范、标准、工程建设条例、安全规则和其他任何适用于施工、安装的要求、规则、规定，以及所有相关的法律、法规，和其他适用于工程设计和施工的强制性条文。

1.5.2 设计文件要求。应满足施工图设计图纸及本设计说明的各项技术要求，任何未经设计人员书面确认的修改都将不被接受。施工单位如对其中技术信息存有疑问，或根据现场情况和相关技术条件、标准而确实无法达到设计文件的规定时，必须与设计人员沟通并得到相应的书面确认后方可实施。任何未经设计协调、确认而不满足设计文件要求的做法将不被接受。

1.6 施工深化/翻样详图

1.6.1 为保证工程完成后的最终质量和使用要求，在建设方和设计单位认为必要的情况下，按照相关设计要求，施工单位需对其中部分工程进行必要的施工深化，提供相关施工深化/翻样详图。

1.6.2 施工深化/翻样详图图纸应是基于现场实际情况完成，必须完成对先前工程的实测与检验，并已与各个专业系统设计界面进行了协调一致。相关图纸必须得到设计人员书面确认方可实施。

1.6.3 电气工程师对施工深化/翻样详图所进行的审核，并不免除相关施工单位对施工深化/翻样详图的责任，以及施工单位履行现场协调（包括必要的先前工程检验、现场尺寸校核等）的责任。

1.6.4 经建设方、设计单位确定的施工深化/翻样详图应封存并作为最终施工验收的依据之一。相关施工单位应保证施工深化/翻样详图图纸符合法律、法规、规范及相关设计文件的要求，应及时报送设计单位审查并获得批准，必要的审查程序与周期不能成为工程延期的理由。

1.7 质量控制

1.7.1 施工单位应依据相关施工规范、标准，并依据施工图设计图纸及本设计说明相关技术要求，制定相应的质量控制体系与实施技术细则与办法，现场施工质量控制应为施工单位责任。

1.7.2 施工单位应依据相关施工规范、标准，并依据施工图设计图纸及本设计说明相关技术要求，严格控制现场施工及设备安装误差，误差不能累积。非允许误差将不被接受。

1.7.3 各施工单位除完成本单位合同规定的所承担工程外，应与所有相关工程（包括本专业工程，以及与其他各专业工程之间）进行准确协调，并应在各自施工深化/翻样详图中明确所有设计界面条件的细节，阐明工程邻接项目的兼容性。任何未经设计协调、确认而不满足设计文件要求的做法将不被接受。

1.7.4 施工单位应负责实施所有规定的检验与测试。应履行国家、地方、行业等相关规范、规定、标准、程序的要求，完成、提供必要的由相关检验机构、检测机构出具的各类检验、检测报告。

1.8 设备加工订货技术要求

1.8.1 为保证工程完成后的最终质量和视觉效果，对于工程材料、产品的选用，施工单位均应根据设计文件的有关技术要求，提供拟采用材料、产品的样品、样本，并征询建设方、设计单位的意见。经建设方、设计单位确定的材料和产品的样品、样板等应封存并作为最终施工验收的依据。

1.8.2 由于被选用材料、产品的具体技术因素而产生的相关施工要求，不应被看作额外的设计要求。

1.9 设备加工订货技术要求

1.9.1 所有设备、材料的供应和施工，必须符合下列各机关、部门（包括但不限于）所发的最新的法定职责、条例、规范、规格、标准、施工准则和业务条例：

（1）供电局；

（2）电信局；

（3）消防局；

（4）环境保护局；

（5）煤气公司；

（6）技术监督局；

（7）安全局；

（8）交通局；

（9）地震局。

1.9.2 当上述标准或当地部门的特别要求，在技术要求上与本加工订货技术要求所规定的发生抵触时，承包单位必须向建设方或其指定代表及电气工程师反映，由智能化工程师给出决定遵从哪个准则。

1.9.3 工程所用材料应有产品合格证，特殊材料必须由国家主管部门认可的检测机构出具检测合格报告或认证书。

1.9.4 实行生产许可证和强制认证的产品，应有许可证编号和强制性产品认证标志（3C）。

1.9.5 实施进网许可证制度的产品应出具工业和信息化部颁发的进网许可证。

1.10 样品与样板

1.10.1 根据施工图设计图纸及本设计说明的各项技术要求，在施工前和过程中，结合建设方要求，施工单位需对部分建筑材料、机电产品、做法等提供样品，原则上相关样品在得到建设方和设计单位确认后方可实施。

1.10.2 样品将审查智能化设备性能及其视觉特征，如颜色、质地或其他特性。

1.10.3 当涉及有外观要求的构件，包括部分直接外露于有装修要求区域的各类机电设备时，建筑师需参与审查相关样品。

1.10.4 样品在经各方确认后，应保管备件以便校核。

1.10.5 对部分工程在正式施工前，按照相关要求，在智能化设备、灯具或智能化小间桥架等批量安装前做样板，经各方确认后再全面施工。

2 设计依据

2.1 建筑概况。

项目位于_____市_____区。项目总建筑面积为112809m²，高度168.9m。其中地上建筑面积为75261m²，地下建筑面积41548m²。地上建筑共40层，地下三层、裙楼三层、办公楼四十层，该项目集办公、会议于一体，其中地下室为停车场、机房、餐厅，办公和裙楼的F1～F3层为功能用房，办公楼F37～F40层为自用办公层，F15和F28为机房层，F16和F29为功能用房，其余楼层用于出租办公。

2.2 建设单位提供的设计任务书、设计要求及相关的技术咨询文件。

2.3 建筑专业提供的作业图。

2.4 给水排水、暖通空调专业提供的资料。

2.5 国家现行有关设计规程、规范及标准，主要包括：

2.5.1 《民用建筑电气设计规范》JGJ 16—2008。

2.5.2 《智能建筑设计标准》GB 50314—2015。

2.5.3 《智能建筑工程施工规范》GB 50606—2010。

2.5.4 《安全防范工程技术标准》GB 50348—2018。

2.5.5 《入侵报警系统工程设计规范》GB 50394—2007。

2.5.6 《视频安防监控系统工程设计规范》GB 50395—2007。

2.5.7 《出入口控制系统工程设计规范》GB 50396—2007。

2.5.8 《公共广播系统工程技术规范》GB 50526—2010。

2.5.9 《民用闭路监视电视系统工程技术规范》GB 50198—2011。

2.5.10 《视频显示系统工程技术规范》GB 50464—2008。

2.5.11 《视频显示系统工程测量规范》GB/T 50525—2010。

2.5.12 《综合布线系统工程设计规范》GB 50311—2016。

2.5.13 《通信管道与通道工程设计规范》GB 50373—2006。

2.5.14 《节能建筑评价标准》GB/T 50668—2011。

2.5.15 《绿色建筑评价标准》GB/T 50378—2014。

2.5.16 《民用建筑绿色设计规范》JGJ/T 229—2010。

2.6 设计深度。

按照中华人民共和国住房和城乡建设部《建筑工程设计文件编制深度规定》（2016）的规定执行。

2.7 设计环境参数。

2.7.1 海拔高度：＿＿＿＿＿m。

2.7.2 干球温度。

（1）极端最高温度：＿＿＿℃。

（2）极端最低温度：＿＿＿℃。

（3）最冷月月平均温度：＿＿＿℃。

（4）最热月月平均温度：＿＿＿℃。

（5）最热月 14 时平均温度：＿＿＿℃。

2.7.3 最热月平均相对湿度：＿＿＿＿％。

2.7.4 七月 0.8m 深土壤温度：＿＿＿℃。

2.7.5 30 年一遇最大风速：＿＿＿＿m/s。

2.7.6 全年雷暴日数：＿＿＿＿d/a。

2.7.7 抗震设防烈度为＿＿＿＿度。

3 设计范围、设计基本原则

3.1 设计范围。

3.1.1 信息化应用系统（IAS）：公共服务系统；智能卡应用系统；物业管理系统；信息设施运行管理系统；信息安全管理系统；基本业务办公系统。

3.1.2 智能化集成系统（IIS）：智能化信息集成（平台）系统。

3.1.3 信息设施系统（IFS）：信息接入系统；布线系统；移动通信室内信号覆盖系统；用户电话交换系统；卫星通信系统；无线对讲系统；信息网络系统；有线电视；公共广播系统；会议系统；信息引导发布管理系统。

3.1.4 建筑设备管理系统（BMS）：建筑设备监控系统；建筑能效监管系统；电动汽车充电站监控与通信系统。

3.1.5 公共安全系统（PSS）：安全防范系统；入侵报警系统、视频安防监控系统、出入口管理系统、电子巡查系统、防冲撞系统、访客管理系统；停车库（场）管理系统；安全防范综合管理（平台）系统；应急响应系统。

3.1.6 机房工程（EEEP）：信息接入机房；建筑信息网络机房（数据机房）；综合配线机房；运营商机房、有线电视机房及移动通信室内信号覆盖系统放大机房（由运营商及有线自行设计及建设）；消防、安防监控中心；智能化设备间（智能化间）等。

3.1.7 电气节能措施。

3.1.8 绿色建筑电气设计。

3.1.9 抗震电气设计。

3.2 设计基本原则。

3.2.1 标准化：必须采用符合或高于国家现行标准 GB/T 19666、GB 12666 和 GB/T 18380（IEC 60331、IEC 60332 和 BS 4066）标准的产品。

3.2.2 可靠性：系统的可靠性是一个系统最重要的指标，直接影响系统的各项功能的发挥和系统的寿命。系统必须保持每天 24h 连续工作。子系统故障不影响其他子系统运行，也不影响集成系统除该子系统之外的其他功能的运行。

3.2.3 实用性：以实用为第一原则。在符合需要的前提下，合理平衡系统的经济性与超前性。

3.2.4 先进性：充分利用当代先进的科学技术和手段，基于办公业务的要求，以信息系统为平台，构建一套先进实用的业务数据共享和交换的业务系统，以计算机集成和专用软件来补充纯硬件系统功能方面上的不足。

3.2.5 灵活性：在同一设备间内连接和管理各种设备，以便于维护和管理，节省各种资源及费用。

3.2.6 开放可扩展性：要采用各种国际通用标准接口，可连接各种具有标准接口的设备，支持不同的应用。系统应留有一定的余量，满足以后系统扩展升级的需要。

3.2.7 易维护性：因为要保证日常运行，系统必须具有高度的可维护性和易维护性，尽量做到所需维护人员少，维护工作量小，维护强度低，维护费用低。

3.2.8 独立性：作为一套完整的无源系统，它与具体采用何种网络应用、设备无关，具备相对的独立性。

3.2.9 经济性：本项目所选用的设备与系统，以现有成熟的设备和系统为基础，以总体目标为方向，局部服从全局，力求系统在初次投入和整个运行生命周期获得优良的性能/价格比。

4 设计范围

4.1 信息化应用系统（IAS）

4.1.1 公共服务系统。

4.1.2 智能卡应用系统。

4.1.3 物业管理系统。

4.1.4 信息设施运行管理系统。

4.1.5 信息安全管理系统。

4.1.6 基本业务办公系统。

4.2 智能化集成系统（IIS）

4.3 信息设施系统（IFS）

4.3.1 信息接入系统。

4.3.2 布线系统。

4.3.3 移动通信室内信号覆盖系统。

4.3.4 用户电话交换系统。

4.3.5 卫星通信系统。

4.3.6 无线对讲系统。

4.3.7 信息网络系统。

4.3.8 有线电视及卫星电视接收系统。

4.3.9 公共广播系统；会议系统。

4.3.10 信息引导发布及会议室预定系统。

4.4 建筑设备管理系统（BMS）

4.4.1 建筑设备监控系统。

4.4.2 建筑能效监管系统。

4.5 公共安全系统（PSS）

4.5.1 火灾自动报警系统。

4.5.2 安全防范系统。

（1）入侵报警系统；

（2）视频安防监控系统、出入口管理系统、电子巡查系统、停车库（场）管理系统、车位引导及反向寻车系统；安全防范综合管理（平台）系统；应急响应系统。

4.6 机房工程（EEEP）

4.6.1 信息接入机房。

4.6.2 运营商机房。

4.6.3 消防、安防监控中心。

4.6.4 智能化设备间（智能化间）等。

5 信息化应用系统（IAS）

5.1 信息化应用系统功能应满足建筑物运行和管理的信息化需要，并提供建筑业务运营的支撑和保障。系统包括公共服务、智能卡应用、物业管理、信息设施运行管理、信息安全管理、基本业务办公和专业业务等信息化应用系统。

5.2 公共服务系统。公共服务系统应具有访客接待管理和公共服务信息发布等功能，并宜具有将各类公共服务事务纳入规范运行程序的管理功能。系统基于信息网络及布线系统，系统服务器设置于中心网络机房，管理终端设置于相应管理用房。

5.3 智能卡应用系统。根据建设方物业信息管理部门要求对出入口控制、电子巡查、停车场管理、考勤管理、消费等实行一卡通管理。"一卡"，在同一张卡片上实现开门、考勤、消费等多种功能；"一库"，在同一软件平台上，实现卡的发行、挂失、充值、资料查询等管理，系统共用一个数据库，软件必须确保出入口控制系统的安全管理要求；"一网"，各系统的终端接入局域网进行数据传输和信息交换。系统基于信息网络及布线系统，系统服务器设置于中心网络机房，管理终端设置于相应管理用房。

5.4 信息设施运行管理系统。信息设施运行管理系统应具有对建筑物信息设施的运行状态、资源配置、技术性能等进行监测、分析、处理和维护的功能。系统基于信息网络及布线系统，系统服务器设置于中心网络机房，管理终端设置于相应管理用房。

5.5 信息安全管理系统。信息网络安全管理系统通过采用防火墙、加密、虚拟专用网、安全隔离和病毒防治等各种技术和管理措施，确保经过网络的传输和管理措施，使网络系统正常运行，确保经过网络传输和交换的数据不会发生增加、修改、丢失和泄漏。系统基于信息网络及布线系统，系统服务器设置于中心网络机房，管理终端设置于相应管理用房。

6 智能化集成系统（IIS）

6.1 系统集成是对大楼内的多个智能化子系统进行集中监控，从而保障大楼的安全、高效、稳定的运行。构建智能化集成管理平台，系统建设应具备安全性、先进性、稳定性、开放性、实用性、可扩充性及可升级的实用、全面而且具有高度可操作性的应用系统。

6.2 在本系统中，要将建筑设备自控系统、火灾报警系统、闭路电视监控及防盗报警系统、门禁/一卡通系统、智能停车场系统等多个子系统集中在一个集成平台上进行集中监控和管理。以下是要求集成平台在集成各自系统的过程中需要实现的功能，在进行深化设计的过程中，根据子系统的实际情况可以灵活调整。以下是在集成平台上，针对每个子系统实现的基本功能：

6.2.1 建筑设备自控系统：

（1）监视功能：监视给水排水系统、空调、高低压变配电系统、电梯系统、泛光照明机航空指示灯系统等机电设备的运行状态（如开关状态，手自动状态，故障报警等）、机电设备运行参数的数值（如流量、压力、电流、电压等）及过限报警（如高/低液位报警等）及各种统计信息；

（2）控制功能：控制制冷系统、给水排水系统等设备的开/关控制或启/停控制。环境控制的风机盘管、窗帘开关、灯光的启/停控制。设备运行参数的设定和修改（如连续启停次数设置，连续启停间隔设置等）；

（3）实现跨系统的联动功能。

6.2.2　火灾报警系统：

（1）监视功能：监视各类火警探头的正常/报警状态（含位置或编号），手动报警（含位置或编号），以及火灾报警系统中硬联动设备的工作状态（消防广播开关状态，排烟机开关状态，消火栓开关状态等），并在报警时通过消防广播进行通知。

（2）控制功能：本系统对火灾报警系统不含任何控制功能。

（3）实现跨系统的联动功能。

6.2.3　视频安防监控：

（1）监视功能：获取 CCTV 矩阵主机的有关信息，并能根据用户需要切换实时视频信号，对重点区域的状态等进行监视；

（2）控制功能：控制 CCTV 系统矩阵主机的摄像机图像的切换，控制云台的转动等功能；

（3）实现跨系统的联动功能：中央集成管理 IBMS 系统接到防盗报警系统主机的报警信息时，要求在电子地图上可以动态显示报警区域、自动记录保存报警信息。

6.2.4　防盗报警系统。

（1）监视功能：监视防盗报警系统中各种探头的工作状态，并能根据需要对重要防区状态进行实时的监视；

（2）控制功能：当系统监测到某防区报警，则智能大厦集成管理 IBMS 系统可以联动 CCTV 系统进行联动录像，实现跨系统的联动控制功能。要求在电子地图上可以动态显示报警区域、自动记录保存报警信息，同时还可以进行布防、撤防等功能；

（3）实时显示防盗报警系统的实时报警情况；

（4）实时显示防盗报警系统的探测器工作状况。

6.2.5　门禁/一卡通系统：

（1）监视功能：实时监控智能一卡通系统的运行状态与报警事件，采集各控制器的运行参数；

（2）门禁：对重要区域或通道的出入口进行管理与控制，可根据持卡人情况对其活动范围的照明区域的灯光开启，并在超过预置时间段后自动关闭；

（3）实现跨系统的联动功能。

6.2.6　智能停车场系统：

（1）监视功能：实时监控车库管理系统的运行状态与报警事件；

（2）实现跨系统的联动功能。

7　信息设施系统（IFS）

7.1　信息接入系统

7.1.1　系统接入机房设置于建筑通信机房内，通信机房可满足三家运营商入户。本工程需输出入中继线 300 对（呼出呼入各 50%）。另外申请直拨外线 500 对（此数量可根据实际需求增减）。

7.1.2 电视信号接自城市有线电视网，在顶层设有卫星电视机房，对建筑内的有线电视实施管理与控制。有线电视节目和卫星电视节目经调制后，经电视信号干线系统传送至每个电视输出口处，使获得技术规范所要求的电平信号，达到满意的收视效果。

7.2 通信自动化系统

7.2.1 本工程在地下一层设置电话交换机房。

7.2.2 通信自动化系统中，程控自动数字交换机起着重要的作用。随着通信技术的发展，现今的PABX应将传统的语音通信、语音信箱、多方电话会议、IP技术、ISDN（B-ISDN）应用等通信技术融会在一起，向用户提供全新的通信服务。

7.3 综合布线系统。

7.3.1 综合布线系统（GCS）应为一套完善可靠的支持语音、数据、多媒体传输的开放式的结构，作为通信自动化系统和办公自动化系统的支持平台，满足通信和办公自动化的需求。

7.3.2 系统能支持综合信息（语音、数据、多媒体）传输和连接，实现多种设备配线的兼容，综合布线系统能支持所有的数据处理（计算机）的供应商的产品，支持各种计算机网络的高速和低速的数据通信，可以传输所有标准的模拟和数字的语音信号，具有传输ISDN的功能，可以传输模拟图像、数字图像以及会议电视等的多媒体信号。完全能承担建筑内的信息通信设备与外部的信息通信网络相连。

7.3.3 本工程综合布线系统由以下五个子系统组成。

（1）工作区子系统。

1）工作区应由配线（水平）布线系统的信息插座延伸到工作站终端设备处的连接电缆及适配器组成。工作区子系统的设计，主要包括信息点数量、信息模块类型、面板类型以及信息插座至终端设备的连线接头类型等组成；

2）综合布线系统信息点的类型分为：语音点、数据点两种类型。采用六类信息插座（CAT6），能够满足高速数据及语音信号的传输，传输参数可测试到250MHz。信息面板应有明显的语音及数据的标识；

3）终端设备与工作区模块的连接全部采用原厂六类软跳线，数量与实际应用点数相等，长度为3m；

4）除特别注明外，模块是8针RJ45插座。电缆连接须按TIA/EIA-568B.2-1和ISO11801标准执行；

5）面板颜色为白色，并带有防尘盖；

6）各信息插座输出口须为模块式结构，以便更换及维护；

7）按需提供单位及双位或多位插座，并提供话音/数据识别符号；

8）电气性能达到六类标准TIA/EIA CAT6的要求，测试指标≥250MHz；

9）信息模块卡接金属片应能保持良好的导电及电气性能。

（2）水平子系统。根据TIA/EIA-568-B的水平线独立应用原则，水平子系统采用符合TIA/EIA-568B.2-1和ISO11801标准等国际标准拟定的六类UTP铜缆指标值；铜缆信息点为全六类配置，具有较高的性能价格比，既考虑到经济性又兼顾到将来的网络发展需求。水平布线是整个布线系统的主要部分，它将干线子系统线路延伸到用户工作区。

1）水平布线采用六类24AWG非屏蔽双绞线（UTP）；

2）所采用的六类双绞线必须具备"十字隔板"；

3）在大开间的办公室采用预留分配线架方式，即终端信息点先集中到分配线架，再由分配线架连接到楼层配线间FD；

4）带宽：≥250MHz；

5）水平子系统电缆长度为 90m 以内；

6）接线采用 TIA/EIA-568B.2-1 和 ISO11801 标准；

7）六类 UTP 四对铜缆具有 UL 等第三方国际实验室认证其符合六类标准 TIA/EIA-568B.2-1 和 ISO11801 标准性能要求的证书。

（3）主干子系统。

1）主机房中心配线间 MDF（Main Distribution Frame）位于中心机房内，MDF 与各楼层配线间（楼层设备间）IDF 之间的连接，数据主干部分采用 8 芯多模室内光缆，语音主干部分采用大对数铜缆；

2）数据主干 8 芯多模室内光缆需满足 IEEE802.3ae 技术标准；

3）100/1000/10000Mbps 的应用；

4）所用材料必须符合 IEC 对抗拉力、压力和拉力的承受标准；

5）语音主干三类 25 对或 50 对大对数非屏蔽 UTP 双绞线铜缆，除必须符合对所有产品要求的标准外，还必须符合 EN50167，EN50168 对三类线缆的其他技术要求，以满足中速网络应用的需求；

6）各楼层配线间 IDF 之间需配置 1 条多模室内光缆，并配置相应的光纤配线架，以完成楼层配线间 IDF 之间的环型连接，为大楼计算机网络的万兆环型冗余架构提供连接通道。各楼层配线间 FD 之间需预留 30 根六类 UTP 铜缆，用于构建汇接层链路冗余。

（4）设备间子系统。

1）数据主配线间及各 IDF 分配线间全部采用标准 19″机柜安装配线架及相应的网络设备，内备风扇、电源及门锁并应考虑以后网络设备的放置，机柜数量按照现有设备计算并有一定预留为宜。机柜内网络设备全部采用 UPS 电源供电；

2）IDF 分配线间与水平子系统连接的配线架采用 6 类模块式配线架来管理水平数据铜缆信息点。应根据数据信息点的数量配备原厂管理区六类 RJ45 铜缆跳线，长度尺寸适合；

3）IDF 分配线间内与语音垂直主干相连接的语音配线架必须是 19 寸机架式配线架，以便于在标准的 19″机柜内安装。而语音配线架模块要求采用标准的 RJ45 口语音模块，并配有足够的安装背板，以方便用同一条数据 RJ45 跳线完成终端信息点数据与语音功能的转换，从而实现终端信息点数据、语音一体化的功能要求；

4）光纤采用 19″机柜式 24 口光纤配线架，可以端接多芯光纤。光纤接头及相应的耦合器应采用先进的高性能，低衰耗，高密度型小型光纤接头，并配置适宜长度的 SC-SC 头的原厂光纤跳线；

5）实现配线管理，使用颜色编码，易于追踪和跳线；

（5）管理子系统。楼层配线间管理子系统由各层分设的楼层配线系统及主机房中的主配线系统构成，负责楼层内及信息通道的统一管理。主要由跳线面板、跳线管理器、跳线、光缆端接面板、机柜（或机架）等组成。

7.3.4 本工程综合布线系统信息点分布见表 3-5。

综合布线系统信息点分布　　　　　　　　　　　　表 3-5

位置	楼层	面板	数据点	语音	无线点
地下室	B3 层	4	2	2	—
	B2 层	2	2	2	—
	B1 层	16	16	16	1

位置	楼层	面板	数据点	语音	无线点
裙楼	1层	74	74	74	3
	2层	54	90	18	3
	3层	132	196	68	2
塔楼	4层～36层	80×33	80×33	80×33	4×33
	37层	43	43	43	1
	38层	50	50	50	1
	39层	71	111	31	1
	40层	40	60	24	1
总计		2902	3060	2744	145

7.4 计算机网络系统

7.4.1 项目内规划无线 AP，无线 Wi-Fi 接入网络覆盖各个区域。

7.4.2 综合布线系统为开放式网络拓扑结构，支持语音、数据、图像、多媒体业务等信息的传递。

7.4.3 综合布线系统设备间在地下网络机房，设总配线架；在各层通信间设置语音以及网络配线架。

7.4.4 系统采用基于光纤的万兆以太网解决方案，到信息点铜缆为千兆宽带，逻辑总线为星型拓扑结构。垂直数据及语音干线采用单模光纤；水平语音、数据系统采用 6 类布线。

7.4.5 配置办公通信网络以及智能化专网两套综合布线系统。

7.4.6 计算机网络数据点、交换机分布见表 3-6。

计算机网络数据点、交换机分布　　　　表 3-6

位置	楼层	数据点	48口交换机	24口交换机	无线点
地下室	B3层	2	—	—	—
	B2层	2	—	—	—
	B2层	4	—	—	—
	B1层	14	—	1	1
裙楼	1层	74	2	—	3
	2层	90	2	—	3
	3层	196	4	1	3
塔楼	15层	28	1	—	1
	16层	20	—	1	1
	28层	28	1	—	1
	29层	20	—	1	1
	37层	43	1	—	1
	38层	50	1	1	1
	39层	111	2	1	1
	40层	62	1	1	1
总计		740	15	7	18

7.5 有线电视系统及自办电视节目

7.5.1 本工程四层设置卫星电视机房，对本工程内的有线电视实施管理与控制。

7.5.2 有线电视系统及自办电视节目主要用于召开全体大会、传达重要会议的会议精神，以及集体业务学习等任务。

7.5.3 有线电视线路由市政网络引入。设置卫星接收系统，接收卫星电视节目。有线电视节目和卫星电视节目经调制后，经电视信号干线系统传送至每个电视输出口处，使获得技术规范所要求的电平信号，达到满意的收视效果。系统设备包括：卫星接收天线、功分器、接收机、解密器、制式转换器、前置放大器、频道放大器、频道转换器、有源混合器、供电单元、宽带放大器、分配器、分支器、终端电阻等。

7.5.4 根据＿＿＿＿＿市有线电视的现状和全国有线电视的双向网络发展趋势，此次大楼有线电视系统采用860MHz双向邻频传输方式，采用集中分配形式，终端电平为 $69\pm6dB$，图像质量达到国家四级标准。系统下传电视信号，包括市线电视信号、自办节目等。系统要具有扩展为多功能网络的功能。

在大楼的领导办公室、会议室、餐厅、接待大厅等地方配置点位，以便大楼内部工作管理人员和外来人员都能根据不同的需要收看有线电视节目，保证整个大楼在信息方面的开放性和先进性。同时楼内部的一些消息和通告的发布或者是内部一些宣传、组织、展览以及娱乐性节目都可以以自办节目的形式通过有线网络传播到达整个大楼。

7.5.5 系统带宽及频段设置。为了适应有线电视综合信息网的最新发展，根据GY/T 106的带宽划分标准，本系统采用5～862MHz邻频双向传输技术，频带划分采用低分割配置，上行频带为5～65MHz，下行频带为87～862MHz，下行频道容量为80个PAL-D制式模拟电视频道，上行频段反向传输数据电话及其他综合业务。

7.5.6 节目源。本系统节目源共约42套，由市有线电视节目和自办节目两部分组成。有线电视节目取自市有线电视台对外输送的全套有线电视节目，自办节目是作为调度中心的自办频道及行政会议之用。具体包括：有线电视系统的节目源包括有线电视台共约40套节目；自办节目2套。

7.5.7 系统根据用户情况采用分配—分支分配方式。

7.5.8 有线电视系统分布见表3-7。

有线电视系统分布   表 3-7

位置	楼层	有线电视点	备注
地下室	B1层	25	
裙楼	1层	20	
	2层	10	
	3层	11	
塔楼	4层～14层	4×11	竖井预留4分支
	15层	2	
	16层	11	
	17层～27层	4×11	竖井预留4分支
	28层	2	
	29层	11	
	30层～36层	4×7	竖井预留4分支
	37层	6	

位置	楼层	有线电视点	备注
塔楼	38层	3	
	39层	8	
	40层	15	
总计		240	

7.6 卫星电视接收系统。为满足建筑内收看/听国内外电视节目，以及自办节目等需要，预留卫星电视接收天线，配置860MHz双向传输宽带交互式服务，为系统数字化提供条件。卫星电视节目经调制后，经电视频服务系统传送至每个电视输出口处，使获得技术规范所要求的电平信号，达到满意的收视效果。

7.7 信息导引及发布系统。本工程信息导引及发布系统主机设置于建筑物业管理室内。本系统由视频显示屏系统、传输系统、控制系统和辅助系统组成。可实现一路或多路视频信号同时或部分或全屏显示。通过计算机控制，在公共场所显示文字、文本、图形、图像、动画、行情等各种公共信息以及电视录像信号，并利用信息系统作为电子导向标识，辅助人员出入导向服务。本工程信息导引及发布系统信息屏分布见表3-8。

信息导引及发布系统信息屏分布 表3-8

楼层	安装位置	19寸LCD	26寸LCD	42寸LCD	LED	触摸查询一体机
B1层	餐厅门口	—	—	1	—	—
1层	3个大厅	—	—	3	—	—
	屋面花园	—	—	—	1	—
	花园两侧	—	—	—	—	2
	写字楼门厅	—	—	1	—	—
2层	大会议室门口	—	2	—	—	—
	2个小会议室门口	2	—	—	—	—
	大会议厅门口	—	—	2	—	—
3层	2个中会议室门口	—	2	—	—	—
	2个小会议室门口	2	—	—	—	—
	大会议厅门口	—	2	—	—	—
	2个贵宾会议室门口	—	2	—	—	—
16层	中餐厅	—	2	—	—	—
29层	中餐厅	—	2	—	—	—
总计		4	12	7	1	2

7.8 无线通信增强系统

为避免无线基站信道容量有限，忙时可能出现网络拥塞，手机用户不能及时打进或接进电话。另外由于大楼内建筑结构复杂，无线信号难于穿透，室内易出现覆盖盲区。因此，大楼内应安装无线信号室内天线覆盖系统以解决移动通信覆盖问题，同时也可增加无线信道容量。无线通信增强系统天线分布见表3-9。

楼层	安装区域	天线数量
B3 层	主楼南公共走廊、车库西侧公共区、车库东侧公共区	3
B2 层	主楼南公共走廊、车库西侧公共区、车库东侧公共区	3
B1 层	主楼北公共走廊、车库西侧公共区、车库东侧公共区	3
1 层	主楼南公共走廊、裙楼西侧公共走廊、裙楼东侧公共走廊	3
2 层	主楼北公共走廊、裙楼西侧公共走廊、裙楼东侧公共走廊	3
3 层	主楼南公共走廊、裙楼西侧公共走廊、裙楼东侧公共走廊	3
4 层～40 层	主楼北公共走廊	1×37
合计		55

7.9 背景音乐及紧急广播系统

7.9.1 本工程在一层设置广播室（与消防控制室共室）。

7.9.2 在一层走道、大堂、餐厅等均设有背景音乐。背景音乐及紧急广播系统采用 100 伏定压式输出。当有火灾时，切断背景音乐，接通紧急广播。

7.9.3 多功能厅设置独立的音响设备。会议扩声系统配备多台多路混音放大器、扬声器箱等专业设备。调音台应有多路音源输入通道，每通道均可预选话筒或线路输入。各通道均应有语音滤波，衰减低音成分，增加语音的清晰度。可接入 CD、AM/FM 收音机、话筒等，并具备录音设备。扬声器的配置应满足会场声压级的需要，并应保证会场内声压的均匀度。

7.9.4 背景音乐及紧急广播系统扬声器及音量控制器分布见表 3-10。

背景音乐及紧急广播系统扬声器及音量控制器分布　　　　　　表 3-10

楼层	区域说明	3W 吸顶扬声器	6W 壁挂扬声器	音量控制器
B2 层	地下室	—	30	—
B1 层	地下室	25	15	1
1 层	裙楼	18	—	3
2 层	裙楼	18	—	6
3 层	裙楼	18	—	4
1 层	塔楼	10	—	1
2 层	塔楼	10	—	0
3 层	塔楼	10	—	4
4 层～14 层	塔楼	1×11	—	1×11
15 层～16 层	塔楼	10×2	—	1×2
17 层～27 层	塔楼	1×11	—	1×11
28 层	塔楼	10	—	1
29 层	塔楼	10	—	1
30 层～36 层	塔楼	1×7	—	1×7
38 层～40 层	塔楼	10×3	—	1×3
屋顶层	塔楼	4	—	1
合计		222	45	57

7.10 会议系统

7.10.1 多媒体会议系统包括：大屏幕投影系统、同声传译系统、会议发言及括声系统、音响系统、视频会议系统、讨论系统、表决系统，影视音频系统（电声、建声）、视频系统（投影、摄像、录制）等多系统的综合设计，所选用的音频设备、视频设备、计算机等的网络传输、语音与数字设备接口、终端等应符合相应的国家和部颁标准、规范和协议等，实现计算机语音、文字、图形、图像、自动监管、多媒体实时同步网络传输、系统控制一体化功能。参加会议的各地参会人员通过实时、可视、加护的多媒体通信，进行静态/动态图像、语音、文字、图片等多种信息交流，增进多方对会议内容的理解，使参会人员产生犹如身临其境在同一会场中参加会议的感受。

7.10.2 本工程利用先进的集中管理平台有效地将报告厅、会议室建成一套可集中管理、也可独立进行会议的方便实用会议室。在会议区设置会议总控中心，通过办公专网对大楼内的所有会议室的音视频设备及外围设备统一管理、集中控制、分级使用等操作。

7.10.3 会议系统扬声器的声压级、混响时间、扬声器声压、功率计算及导线选择应符合规范要求，扬声器必须采取安全保障措施，且不应产生机械噪声。扬声器系统承重结构改动或荷载增加时，必须由原结构设计单位或具备相应资质的设计单位核查有关原始资料，并应对既有建筑结构的安全性进行核验、确认。

7.10.4 根据不同规格会议室以及专用会议区（主要用于接待访客，同时兼顾内部需要）的使用需要可以设置多种标准、多种功能需求的会议系统，以满足各种会议的差异化需求，对会议室进行了基本的配置，在基本配置的基础上增加了各会议功能的可选项，可选项越多会议功能越强大。

7.10.5 标准会议室会议系统功能要求：

（1）标准会议室会议系统功能需求主要以国内会议功能为主，同时满足国际会议等需求，满足国际会议的会议系统设计配备数字红外传输标准的同声传译使用的现场工作室和专用接口；

（2）视频显示系统：用于显示会议报告资料及其他视频资料；

（3）音响系统：用于满足会议扩音要求；

（4）会议室两侧各安装若干块红外线辐射板接口，辐射角度可灵活调整，确保红外线信号均匀布满会议室每个角落；

（5）会议室配备数字会议系统。音频信号采用专用的高性能 DSP 进行数字处理；

（6）主席台装配一定数量的会议发言单元，会议单元具备 LCD 屏幕及表决等功能；

（7）装配专业云台摄像和现场集中视频控制室，配合会议系统自动跟踪发言者摄像及会场全景；

（8）有音响、灯光现场控制室：用于会议设备开启和切换调整功能；

（9）安装有现场空调温度调节控制器；

（10）当发生火灾时，切断会议系统广播，接通应急广播。

7.10.6 本工程会议室分布见表 3-11。

会议室分布 表 3-11

楼层	会议室名称	数量(间)	类型
2层	大会议室	1	满足大、中型国际会议的使用要求
	中会议室	1	满足一般规模的中型会议的培训及新闻发布使用要求
	小会议室	2	满足小型内部会议

楼层	会议室名称	数量(间)	类型
3层	带同传会议室	1	满足中、小型国际会议的使用要求
	贵宾会议室	2	满足小型讨论会议的使用要求
	中会议室	2	满足中型国际范围的演讲、讨论、报告、培训等会议的使用要求
	小会议室	2	满足小型会议
37层	小会议室	1	满足小型会议
38层	小会议室	1	满足小型会议
39层	中会议室	1	满足内部培训会议的使用要求
	小会议室	2	满足小型会议
40层	小会议室	1	满足小型会议

8 建筑设备管理系统

8.1 建筑设备监控系统

8.1.1 本工程建筑设备监控系统监控室（与中央控制室共室）设在地下一层。

8.1.2 本工程变配电所设置独立的变配电管理系统，预留与建筑设备监控系统联网的网关接口。

8.1.3 系统结构。

（1）本工程建筑设备监控系统为全开放式系统，在满足本工程高度智能化和系统资源共享技术要求的同时，又要满足系统升级换代、系统扩展和可替换性的要求。

（2）建筑设备监控系统的设计应遵循分散控制、集中管理、信息资源共享的基本思想。采用分布式计算机监控技术，计算机网络通信技术完成。系统必须为管理层和监控层两级网络结构的系统。

1）管理层网络

① 管理层网络采用 Ethernet 技术构建，以 10M/100MBPS 的数据传输速度，支持 TCP/IP 传输协议，能方便容易地与建筑物中相关系统、以及独立设置的楼宇控制系统或设备之间以开放的数据通信标准进行通信，实现系统的中央监控管理功能，跨系统联动及系统集成；

② 本大楼的监控中心的任何一台或者全部 BAS 工作站/服务器停止工作不会影响监控层现场控制器和设备的正常运行，也不应中断其所在地局域网络通信控制和其他工作站。

2）监控层网络

① 监控层网络采用 Lonwork 或者 BACnet 方式实现；

② 为了确保系统的稳定性和安全性，监控层网络仅允许采用一级现场总线的结构；现场控制器不得进行二级子网扩展，而且要求只对控制器所在楼层的控制对象实施监控，以避免故障发生时的大面积连锁反应和减少损失及影响面；

③ 监控层由现场控制器完成实时性的控制和调节功能，任意一台现场控制器的故障或者中止运行，不得影响系统内其他部分控制器及其受控设备的正常运行，或者影响全部或者局部的网络通信功能；

④ 如采用 Lonworks 总线型的监控层网络，其总线通信协议必须符合 Lonworks 标准，以便使系统具有良好的开放性和自由拓扑的能力，便于日后系统的升级和更新，现场总线上所有控制器须具备 Lonmark 认证标志。

3）中央监控管理中心。建筑设备监控系统对相关的设备实行信息共享的综合管理。本大楼监控中心对大楼内各机电设备的运行、安全、能源使用状况及节能等实现综合监测和管理。建筑设备自动监控系统管理员在中控中心屏幕上可直接看到所有关联设备的网络结构和物理布局，能保证操作权限管理和监测内容的直观性。

① 建筑设备监控系统自身的通信标准应满足当今世界最流行的开放协议，以实现与安防、消防等专项系统间的通信联网，联动控制和实现信息资源共享的要求；

② 软件采用动态中文图形界面，软件平台的选择应运行稳定可靠。能快速进行信息检索，并对监控点参数进行查询、修改、控制等；

③ 该系统应能及时反映故障的部位，记录和打印发生事件的时间、地点和故障现象，故障报警自动恢复，且能提供故障排除的方法和措施。与其他系统配合，根据故障级别，能够自动完成向不同级别管理人员发送故障报警信息，并根据管理要求将维修内容发送给相关人员。系统应该能够进行设备故障的智能预测，制定维护计划；

④ 对上述所有设备工作状态、运行参数、运行记录、报警记录等做模拟趋势实时显示、打印报表、存档，并定期打印各种汇总报告。

(3) 本工程纳入建筑设备监控系统的机电设备有：

1) 冷热源系统和其他动力机房监控；

2) 空调与通风系统；

3) 变配电系统监测；

4) 给水排水系统的监控；

5) 照明系统；

6) 室外环境参数监测；

7) 电梯系统监视；

8) 泛光照明及航空指示灯系统；

9) 领导层环境控制系统；

10) 其他系统。

(4) 冷冻站系统监控功能要求：

1) 自动检测冷却水供、回水温度；

2) 自动检测冷冻水供、回水温度及压力；

3) 根据冷冻水供、回水压力，自动控制冷冻水供、回水间旁通阀的开度，以保证整个系统的压力平衡；

4) 自动检测冷却水泵、冷冻水泵的运行状态，故障报警；

5) 自动检测冷却塔的运行状态，故障报警，手/自动状态，自动控制冷却塔启停；

6) 自动监控补水泵的状态、故障报警；

7) 通过冷水机组控制系统的通信接口，自动检测并显示机组运行参数，监视其运行状态，故障报警。

(5) 空调机组监控功能要求：

1) 自动检测各机组送、回风温度、湿度；

2) 自动检测其初中效过滤器压差状态，实现过滤器阻塞报警；

3) 自动检测各机组热盘管回水温度，以实现防冻保护；

4) 根据送、回风湿度及设定值自动调节电动二通调节阀的开度，以保证送风湿度，满足房间湿度的要求；

5) 根据送、回风温度及设定值，自动调节冷/热盘管回水管上的电动二通水阀的开度，从而保证送风温度，以满足相应房间温度的要求；

6) 自动检测机组各机组送、排风机运行状态，并控制其启停，多台启动延迟，避免电力波动；

7）根据新、回风温度及设定值，自动调节新、回风阀的开度，控制其新风量，最大限度的利用回风，以节约能源；

8）可实现手/自动转换；

9）故障报警；

10）可通过中央管理工作站对其进行远动配置、控制、管理。

（6）新风机组监控功能要求：

1）自动检测各机组送风温、湿度；

2）自动检测其过滤器压差状态，实现过滤器阻塞报警；

3）自动检测各机组冷/热盘管回水温度，以实现防冻保护；

4）根据送风温度及设定值，自动调节冷/热盘管回水管上的电动二通水阀的开度，从而保证送风温度，以满足相应房间温度的要求；

5）自动检测机组各机组送风机运行状态，并控制其启停；

6）当机组停止运行时，所有阀门处于关闭状态；

7）可实现手/自动转换；

8）故障报警；

9）可通过中央管理工作站对其进行远动配置、控制、管理。

（7）排风机监控功能要求：

1）监测风机的运行状态，并控制其启停；

2）可实现手/自动转换；

3）故障报警；

4）部分风机需与风阀联动控制；

5）部分停车场的送、排风机可通过检测二氧化碳浓度自动启停；

6）记录时间，开列维护保养，显示、打印运行参数报告及动态控制流程图；

7）可通过中央管理工作站对其进行远动配置、控制、管理。

（8）给水排水系统监控功能要求：

1）自动检测污水池或水箱的高、低水位液位状态；

2）自动检测水泵的运行状态；

3）故障报警；

4）可通过中央管理工作站对其进行远动配置、管理；

（9）照明系统监控功能要求。设有智能照明系统，BA通过网关与其连接。

（10）变配电系统监控功能要求。高低压配电监控自成一个独立的控制系统，BAS系统对以上信息和参数的监测通过网关与其系统连接来获得。

（11）电梯系统监控功能要求。BA系统对整个办公楼的电梯进行监测（通过网关实现）。

（12）本工程建筑设备监控系统监控点数合计为2596控制点，其中AI＝771点、AO＝49点、DI＝1324点、DO＝452点。建筑设备监控点统计见表3-12。

建筑设备监控点统计 表3-12

序号	DDC 编号	用电设备组名称	控制点统计				合计
			AI	A0	DI	DO	
1	B3D1	冷水机房	27	9	68	40	160
		EAF-B3-8	0	0	2	1	

序号	DDC 编号	用电设备组名称	控制点统计				合计
			AI	A0	DI	DO	
1	B3D1	废水泵	0	0	2	1	160
		PAU-B3-6	1	2	6	1	
2	B3D2	EAF-B3-4	0	0	2	1	18
		废水泵	0	0	2	1	
		冷却塔变频补水泵	2	0	0	0	
		PAU-B3-1	1	2	6	1	
3	B3D3	EAF-B3-5	0	0	2	1	20
		PAU-B3-2	1	1	9	2	
		生活给水变频泵	1	0	0	0	
		废水泵	0	0	2	1	
4	B3D4	废水泵	0	0	2	1	19
		PAU-B3-3	1	1	9	2	
		EAF-B3-6	0	0	2	1	
5	B3D5	废水泵	0	0	2	1	17
		中水给水变频泵	1	0	0	0	
		EAF-B3-7	0	0	2	1	
		PAU-B3-5	1	2	6	1	
6	B3D6	PAU-B3-4	1	2	6	1	13
		废水泵	0	0	2	1	
7	B3D7	废水泵	0	0	2	1	6
		EAF-B3-3	0	0	2	1	
8	B3D8	EAF-B3-2	0	0	2	1	6
		废水泵	0	0	2	1	
9	B3D9	废水泵(3处)	0	0	2	1	15
		雨水泵	0	0	2	1	
		FAF-B3-1	0	0	2	1	
10	B3D10	废水泵(7处)	0	0	14	7	24
		EAF-B3-1	0	0	2	1	
11	B3D11	FAF-B3-1	0	0	2	1	35
		废水泵(4处)	0	0	8	4	
		PAU-B2-8	1	2	6	1	
		PAU-B2-10	1	2	6	1	
12	B3D12	FAF-B3-1	0	0	2	1	9
		废水泵(2处)	0	0	2	1	
13	B2D1	FAF-B2-1	0	0	2	1	3
14	B2D2	FAF-B2-3	0	0	2	1	3
15	B2D3	EAF-B2-1	0	0	2	1	3
16	B2D4	FAF-B2-4	0	0	2	1	3

序号	DDC 编号	用电设备组名称	控制点统计				合计
			AI	A0	DI	DO	
17	B2D5	EAF-B2-2	0	0	2	1	3
18	B2D6	EAF-B2-3	0	0	2	1	3
19	B2D7	FAF-B2-2	0	0	2	1	3
20	B1D1	EAF-B1-5	0	0	2	1	6
		EAF-B1-4	0	0	2	1	
21	B1D2	FAF-B1-2	0	0	2	1	3
22	B1D3	EAF-B1-1	0	0	2	1	3
23	B1D4	FAF-B1-1	0	0	2	1	3
24	B1D5	EAF-B1-2	0	0	2	1	3
25	B1D6	PAU-B1-1	2	1	12	3	18
26	B1D7	EAF-B1-3	0	0	2	1	6
		FAF-B1-3	0	0	2	1	
27	B1D8	PAU-B1-2	1	2	6	1	10
28	B1D9	AHU-B1-1	7	3	12	1	23
29	B1D10	PAU-B1-3	2	1	12	3	36
		EAF-B1-4	0	0	2	1	
		PAU-B1-4	2	1	10	2	
30	1D1	PAU-F1-1	14	0	19	6	39
31	1D2	PAU-F1-2	14	0	19	6	39
32	1D3	PAU-F1-3	14	0	19	6	39
33	1D4	PAU-F1-4	14	0	19	6	39
34	2D1	PAU-F2-1	14	0	19	6	39
35	2D2	PAU-F2-2	14	0	19	6	39
36	2D3	AHU-F2-1	7	5	6	1	19
37	3D1	PAU-F3-1	14	0	19	6	39
38	3D2	PAU-F3-2	14	0	19	6	39
39	3D3	PAU-F3-3	14	0	19	6	39
		EAF-F4-1- EAF-F4-8	0	0	16	8	105
		冷却塔	2	8	24	8	
40	3D4	AHU-F3-1	7	5	6	1	19
41	4D11-13D1	PAU-F4-1- PAU-F13-1	140	0	190	60	390
42	14D1	PAU-F14-1	14	0	19	6	57
		EAF-F14-1- EAF-F14-6	0	0	12	6	
43	15D1-26D1	PAU-F15-1- PAU-F26-1	168	0	228	72	468
44	27D1	PAU-F27-1- PAU-F27-4	56	0	76	24	198
		EAF-F27-1- EAF-F27-14	0	0	28	14	
45	28D1-40D1	PAU-F28-1- PAU-F40-1	182	0	247	78	507

序号	DDC 编号	用电设备组名称	控制点统计				合计
			AI	A0	DI	DO	
46	RD1	PAU-F41-1	14	0	19	6	47
		测温点	2	0	0	0	
		EAF-R2-1	0	0	2	1	
		EAF-R2-2	0	0	2	1	
合计			771	49	1324	452	2596

8.2 建筑能效监管系统

本工程建筑能效监管主机设置于各个建筑物业管理室。系统可对冷热源系统、供暖通风和空气调节、给水排水、供配电、照明、电梯等建筑设备进行能耗监测。根据建筑物业管理的要求及基于对建筑设备运行能耗信息化监管的需求，应能对建筑的用能环节进行相应适度调控及供能配置适时调整。

8.2.1 实时监测空调冷源供冷水负荷（瞬时、平均、最大、最小），计算累计用量，费用核算。

8.2.2 实时监测自来水/中水供水流量（瞬时、平均、最大、最小），计算累计用量，费用核算。

8.2.3 根据管理需要，设置计量热表，计算租户累计用量，费用核算。

8.2.4 根据管理需要，设置电量计量，计算租户累计用量，费用核算。

8.2.5 实现对采集的建筑能耗数据进行分析、比对和智能化的处理。对经过数据处理后的分类、分项能耗数据进行分析、汇总和整合，通过静态表格和动态图表方式将能耗数据展示出来，为节能运行、节能改造、信息服务和制定政策提供信息服务。

8.3 电力监控系统

8.3.1 系统采用分散、分层、分布式结构设计，整个系统分为现场监控层、通信管理层和系统管理层，工作电源全部由 UPS 提供。

8.3.2 10kV 开关柜：采用微机保护测控装置对高压进线回路的断路器状态、失压跳闸故障、过电流故障、单相接地故障遥信；对高压出线回路的断路器状态、过电流故障、单相接地故障遥信；对高压联络回路的断路器状态、过电流故障遥信；对高压进线回路的三相电压、三相电流、零序电流、有功功率、无功功率、功率因数、频率、电度等参数，高压联络及高压出线回路的三相电流进行遥测；对高压进线回路采取速断、过流、零序、欠电压保护；对高压联络回路采取速断、过流保护；对高压出线回路采取速断、过流、零序、变压器超温跳闸保护。

8.3.3 变压器：高温报警，对变压器冷却风机工作状态、变压器故障报警状态遥信。

8.3.4 低压开关柜：对进线、母联回路和出线回路的三相电压、电流、有功功率、无功功率、功率因数、频率、有功电度、无功电度、谐波进行遥测；对电容器出线的电流、电压、功率因数、温度遥测；对低压进线回路的进线开关状态、故障状态、电操储能状态、准备合闸就绪、保护跳闸类型遥信；对低压母联回路的进线开关状态、过电流故障遥信；对低压出线回路的分合闸状态、开关故障状态遥信；对电容器出线回路的投切步数、故障报警遥信。

8.3.5 直流系统。提供系统的各种运行参数：充电模块输出电压及电流、母线电压及电流、电池组的电压及电流、母线对地绝缘电阻；监视各个充电模块工作状态、馈线回路状态、熔断器或断路器状态、电池组工作状态、母线对地绝缘状态、交流电源状态。提供各种保护信息：输入过电压报警、输入欠电压报警、输出过电压报警、输出低电压报警。

8.3.6　变电所电力监控系统控制点分布见表3-13。

变电所电力监控系统控制点分布　　表3-13

用途	监测设备	数量	监测内容					监测设备输入/输出					智能接口	接入系统	
			电压	电流	功率因数	电能	电能质量	DI			DO			电力监控	能源管理
								断路器状态							
								合	断	备用	合	断			
电源进线	多功能仪表	2	★	★	★	★	★	★	★	★	★	★	★	★	—
联络	多功能仪表	1	★	★	★	★	—	★	★	★	★	★	★	★	—
馈线	多功能仪表	12	★	★	★	★	★	★	★	★	★	★	★	★	—
直流屏	直流监测仪	1	—	—	—	—	—	—	—	—	—	—	★	★	—
高压源进线	多功能仪表	2	★	★	★	★	★	★	★	★	★	★	★	★	—
变压器	温控仪	2	—	—	—	—	—	—	—	—	—	—	★	★	—
直流屏	直流监测仪	1	—	—	—	—	—	—	—	—	—	—	★	★	—
电源进线	多功能仪表	2	★	★	★	★	★	★	★	★	★	★	★	★	—
联络	多功能仪表	1	★	★	★	★	—	★	★	★	★	★	★	★	—
馈线	多功能仪表	72	★	★	★	★	—	★	★	★	★	★	★	★	—
合计		96													

8.4　电梯监控系统

8.4.1　电梯监控系统是一个相对独立的子系统，纳入设备监控管理系统进行集成。

8.4.2　电梯现场控制装置应具有标准接口（如RS485、RS232等）。

8.4.3　在安防消防中心设电梯监控管理主机，显示电梯的运行状态。

8.4.4　监控系统配合运营，启动和关闭相关区域的电梯；接收消防与安防信息，及时采取应急措施。

8.4.5　系统自动监测各电梯运行状态，紧急情况或故障时自动报警和记录，自动统计电梯工作时间，定时维修。

8.4.6　电梯对讲电话主机及对讲电话分机由电梯中标方成套提供，要求满足工程管理需要。

8.4.7　电梯轿厢内设暗藏式对讲机，对讲总机设在消防控制室，用于紧急对讲。

8.5　智能照明系统

8.5.1　智能照明系统基于智能化专网设置。各区域智能照明系统网关接口模块接入智能化网络。并视运行管理需要纳入建筑设备监控系统进行集成。

8.5.2　采用完全分布式集散控制系统，集中监控，分区实现程序控制（分层、分区域、分性质、分功能），对灯光美观要求较高的会议室、报告厅、门厅、外立面、绿化带等，需要设置调光控制功能。

8.5.3　照明监控系统接收消防与安防信息，采取灯光应急措施。

8.5.4　智能照明系统控制点分布见表3-14。

区域		开关回路	调光回路	窗帘控制	面板	场景
B3 层	停车场	18	—		2	—
B2 层	停车场	18	—		2	—
	走廊公共区	6	—		1	—
B1 层	停车场	24	—		2	—
首层	贵宾休息	2	4	4	2	2
	入口	2	8		1	1
2 层	大会议室	10	20	4	2	1
	中会议室	1	2	2	1	1
	小会议室	2	4	4	2	2
	电梯厅	3	—			—
	走廊公共区	7	—		1	—
3 层	贵宾会议室	2	4	4	2	2
	中会议室	2	4	4	2	2
	贵宾会议室	1	2	2	1	1
	带同传会议室	1	2	2	1	1
	小会议室	2	4	4	2	2
	走廊公共区	7	—	—	1	—
4 层～36 层	走廊公共区	231	—	—	33	—
	电梯厅	99	—	—	—	—
37 层	会议室	1	2	2	1	1
	梯厅	3	—	—	—	—
	走廊公共区	7	—	—	1	—
38 层	会议室	1	2	2	1	1
	电梯厅	3	—	—	—	—
	走廊公共区	7	—	—	1	—
39 层	会议室	1	2	2	1	1
	会议室	1	2	2	1	1
	电梯厅	3	—	—	—	—
	走廊公共区	7	—	—	1	—
40 层	会议室	1	2	2	1	1
	电梯厅	3	—	—	—	—
	走廊公共区	7	—	—	1	—
合计		483	64	40	67	20

9 公共安全系统

9.1 视频监控系统

9.1.1 本工程设置保安室（与消防控制室共室），内设系统矩阵主机、视频录像、打印机，监视器及 AC24V 电源设备等。视频自动切换器接受多个摄像点信号输入，定时自动轮换（1～30s）输出监控信号，也可手动任选一个摄像机的画面跟踪监视、录像、打印。系统矩阵主机带输入、输出板；云台控制及编程、控制输出时、日、字符叠加等功能。

9.1.2 在建筑的大堂、各层电梯厅、电梯轿厢等处设置摄像机，电梯轿厢内采用广角镜头，要求图像质量不低于四级。图像水平清晰度：黑白电视系统不应低于400线，彩色电视系统不应低于270线。图像画面的灰度不应低于8级。保安闭路监视系统各路视频信号，在监视器输入端的电平值应为1Vp-p±3dB VBS。保安闭路监视系统各部分信噪比指标分配应符合，摄像部分：40dB；传输部分：50dB；显示部分：45dB。保安闭路监视系统采用的设备和部件的视频输入和输出阻抗以及电缆阻抗均应为75Ω。

9.1.3 摄像机分布见表3-15。

摄像机分布 表3-15

部位	楼层	电梯摄像机	室内半球	枪机	室内快球	室外快球	电源箱
室外	外围	—	—	—	—	6	3
地下室	B3层	—	—	13	—	3	3
	B2层	—	—	13	—	3	3
	B1层	—	—	17	—	2	3
裙楼	1层		16	—	3		3
	2层		13	—	—		1
	3层		10	—	—		1
塔楼	4层～27层	20	3×24	—	—		1×12
	28层		3	—	—		1
	29层		5	—	—		
	30层～36层		3×7	—	—		1×3
	37层		8	—	1		1
	38层		8	—	—		
	39层		8	—	—		1
	40层		8	—	—		
	顶层		4	—	—		1
合计		20	173	43	4	14	36

9.2 出入口控制系统。系统主机设置于建筑消防控制室。系统构成与主要技术功能：

9.2.1 出入口控制系统由识读部分、传输部分、管理/控制部分和执行部分以及相应的系统软件组成。

9.2.2 本工程在重要机房、物业用房车库、出入口安装读卡机、电控锁以及门磁开关等控制装置。系统设置于各建筑内消防控制室内。

9.2.3 系统的信息处理装置应能对系统中的有关信息自动记录、打印、储存，并有防篡改和防销毁的措施。

9.2.4 出入口控制系统应能独立运行，并能与火灾自动报警系统、视频监控系统联动。当发生火警或需紧急疏散时，人员不使用钥匙应能迅速安全通过。

9.2.5 出入口控制系统控制点分布见表3-16。

出入口控制系统控制点分布 表3-16

序号	楼层	门数	门禁控制器（双门）	读卡器
1	B1层	7	4	7
2	B2层	8	4	8

序号	楼层	门数	门禁控制器（双门）	读卡器
3	1层	10	13	26
4	3层	6	4	8
5	4层、6层、8层、10层	1×4	1×4	1×4
6	5层、7层、9层、11层	1×4	—	1×4
7	12层	1	1	1
8	13层、14层	1×2	—	1×2
9	15层	2	2	2
10	17层、19层、21层、23层	1×4	—	1×4
11	20层、22层、24层、26层	1×4	1×4	1×4
12	25层、27层、30层	1×3	—	1×3
13	28层	2	2	2
14	31层、33层、36层	1×3	1×3	1×3
15	32层～35层	1×3	—	1×3
16	屋顶机房	4	4	7
	合计	67	45	88

9.3 停车场管理系统及通道闸

9.3.1 本工程停车场管理系统主机就近管理用房内设置。工程停车场管理系统采用影像全鉴别系统，对进出的内部车辆采用车辆影像对比方式，防止盗车；外部车辆采用临时出票机方式。

9.3.2 本工程在入口设置人流管制系统、采用电子卡证、接入门禁控制系统，通过出入口的电子门计数。当入场人流达到极限，或发生突发事件时，关闭道闸、停止入场。要求在火灾确认后，自动释放道闸系统。

9.3.3 停车场管理系统及通道闸控制点分布见表3-17。

停车场管理系统及通道闸控制点分布　　　　　　　表3-17

序号	名称及位置车库	数量
1	地下二层	1进1出

通道闸		
序号	名称及位置	数量
1	一层大厅北侧电梯口	2通道＋1残障门
2	一层大厅南侧电梯口	2通道
3	一层大厅东侧电梯口	2通道＋1残障门
4	三层裙楼与主楼连接处	1通道

9.4 电子巡查系统。电子巡查系统由信息采集器、信息下载器、信息钮和中文管理软件等组成。并可实现以下功能：

9.4.1 可按人名、时间、巡查班次、巡查路线对巡查人的工作情况进行查询，并可将查询情况打印成各种表格，如：情况总表、巡查事件表、巡查遗漏表等。

9.4.2 巡查数据储存，定期将以前的数据储存到软盘上，需要时可恢复到硬盘上。

9.4.3 用户要求可定制其他功能，如各种巡更事件的设置、员工考勤管理等。

9.5 报警系统

9.5.1 本系统由手动报警按钮、报警主机及报警提示装置组成。

9.5.2 残疾人卫生间设置紧急报警按钮，并在门口设置声光报警器，如遇突发事件可通过手动报警按钮向控制中心求救，并联动门口声光报警器动作，提醒附近人员第一时间提供救助。

9.5.3 在入口大堂等位置设紧急报警按钮，如遇紧急事件可第一时间通知控制中心。

9.5.4 当系统确认报警信号后自动发出报警信号提示管理人员及时处理报警信息，同时在电子地图上显示报警位置及类型。

9.5.5 报警系统控制点分布见表3-18。

报警系统控制点分布　　　　　　　　　　　　　　　　表 3-18

位置	双鉴探测器	紧急按钮	蜂鸣器
B3层	4	1	—
B2层	4	1	—
B1层	10	1	—
1层	9	1	1
2层	6	1	1
3层	6	1	1
4层、5层	4	2	
6层～14层	18	—	
15层～18层	2×4	—	
19层～27层	18	—	
28层～31层	2×4	—	
32层～36层	10	—	
37层～40层	2×4	—	
屋顶	4	2	—
合计	117	10	3

9.6 智能化应急指挥调度系统设计

9.6.1 智能化应急指挥调度子系统在建筑内突发安全事件、紧急事故、自然灾害时，启动应急处置预案快速指挥调度，将灾害造成的损失减低到最低限度。通过智慧建筑平台、建筑设备管理系统、综合安防监控系统、火灾报警系统信息互联互通，并具有实时数据交换和数据共享的能力。当系统接收到本规程内突发事件报警信息，立即将与该突发事件相关的所有信息和相关数据切换到智能化监控中心大屏幕显示屏上。

9.6.2 智能化应急指挥调度子系统通过楼层电子地图可视化图形页面，将与突发事件相关的所有信息包括：实时报警滚动信息条（文字）、突发事件位置信息、突发事件实时状态信息、电视监控图像信息、现场语音信息、移动通信信息、与突发事件周边的相关影像信息、相关历史资料和数据信息等显示在智能化监控中心大屏幕显示屏上。

9.6.3 智能化应急指挥调度子系统具有根据应急事件等级和处理的轻重缓急，自动联动和通知与突发事件处理相关的部门和主管人员的能力；并具有通过网络举行视频会议的能力，参与应急处理的各单位、部门和个人都可以通过可上网笔记本电脑调用应急事件相关影像和语音信息，并具有与应急处理指挥中心进行多方实时图像显示和语音对讲功能。

9.6.4 智能化应急指挥调度子系统图形工作站采用19″以上触摸屏，可以显示和调用与应急事件相关的所有信息，并可实现应急多方可视对讲功能；系统具有实时记录应急处理指挥中心现场影像和现场语音的功能。

9.6.5 智能化应急指挥调度子系统可以按照突发事件的实时状态，分别在智能化监控中心大屏幕上自动显示突发事件状态信息（事件滚动信息条）、现场影像、周边道路影像、人员组织情况、现场通信情况、可视对讲影像和语音。为应急调度和指挥提供决策依据。

9.6.6 智能化应急指挥调度子系统根据突发事件的等级和分类，系统自动检索和启动应急处理预案。通过应急预案的处理流程和现场实时信息组织调度和指挥，系统根据应急预案自动显示相关资料和数据，辅助提供应急调度和指挥决策的依据。

9.6.7 智能化应急指挥调度子系统具有提供对各级和各类突发事件应急处理的预案库。应急预案应分为：预设方案和行动方案，应急处理预案的编制应根据本地的各种可用资源进行合理的调配和组织。

9.6.8 智能化应急指挥调度子系统应具有集成电话通信、手机通信、无线对讲、内部通信、专线通信、IP通信、电子邮件等多种通信方式的能力，智能化应急指挥调度可通过上述任何一种方式取得与外界的通信联络。应急信息发布可以实时发布应急信息。应急信息发布可以通过公共广播、有线电视、电话、手机短信的方式进行实时发布。

9.6.9 应急指挥调度子系统，必须配置与上一级应急响应系统信息互联的通信接口。

10 机房工程（EEEP）

10.1 机房工程是一个系统集成工程。系统主要包括：所属系统设备及管线、控制台及辅助设备、防雷接地系统、UPS供电系统以及配套的空调系统、机房装修系统、供配电系统等。以确保各设备能够安全、可靠、稳定地运行，并发挥其效益。

10.2 本楼机房工程包括信息接入机房；信息网络机；综合配线机房；运营商机房（三大运营商机房、有线电视机房、移动信号覆盖系统放大机房）；消防、安防监控中心；消防安防分控室；智能化设备间（智能化间）等。其中运营商机房由运营商设计及建设。

10.3 机房工程各个子系统的技术要求：

10.3.1 用600mm×600mm，板厚0.8mm（含涂层）的素面铝合金微孔吸音明龙骨跌级方板吊顶，做好隔热保温效果，防止结露。

10.3.2 隔断、隔墙：网络机房和安保消控机房内各功能间隔断、隔墙装修目的是为了保证室内舒适美观而整洁的环境，其材料选择应满足防尘、防火、防潮等要求。

10.3.3 墙面、柱面：网络机房和安保消控机房内各功能间墙面、柱面装修也要保证室内舒适美观而整洁的环境，其材料选择应满足防尘、防火、防潮等要求。

10.3.4 门窗工程：机房与外界主通道之间安装防火防盗门，用于疏散和设备进出，防火等级均要达到甲级。

10.3.5 地面工程：所有机房设置架空地板。地板铺设在机房的建筑地面上，地板上安装系统设备及机柜，地板与建筑地面之间用以敷设连接设备的各种管线。架空地板应可拆卸，所有电缆管线的连接、检修、更换均应便捷。地板下管线敷设路径应尽可能做到距离最短，以减少信号在传输过程中的损耗。

10.4 机房供配电系统

10.4.1 对机房内设备负载的配电系统，是各类信息通信畅通无阻、整个信息系统安全可靠运行的保证。所有机房的供电为两路智能化专用供电，末端自动切换，并根据需要备有应急备用电源UPS（其容量应满足安全完成正常工作状态下所有必须操作的要求）。

10.4.2 机房电源进线按现行国家标准《建筑物防雷设计规范》GB 50057采取防雷措施。

10.5 机房 UPS 系统

10.5.1 本工程中各个机房选用中大功率的三相在线双转换式 UPS，UPS 性能为各类环境及应用提供全年 365 天全天候高质量电源。

10.5.2 本次设计采用分散式 UPS，UPS 设置于：消防/安防控制室、智能化间，供电范围为本机房、闭路电视监控系统摄像机、防盗探测器等。

10.5.3 UPS 不间断电源装置订货时要求带通信接口，可纳入 BA 系统管理。

10.6 机房空调新风系统

10.6.1 本工程机房按 C 级标准设计，空调系统及相应通风设备应保证机房内相应设备运行所需温度、湿度等环境要求。

10.6.2 精密空调：为使网络机房能达到 C 级机房要求，需在该区域采用精密空调机组。采用主备工作模式。精密空调应采用大风量小焓差的设计，自动对机房进行制冷、加热、加湿、除湿等控制调节来维持机房的恒温恒湿，有效去除计算机因运算而产生的显热。

10.6.3 VRV 舒适型空调：在消防控制机房采用 VRV 舒适型空调。

10.6.4 新风系统：在主机房（即精密空调区域）设计新风系统。

10.7 机房照明系统

机房照明系统分成正常照明和紧急停电状态下的应急照明。正常照明对机房照明的均匀度、稳定性、光源的显色性、眩光和阴影等指标应认真考虑，使工作人员在机房内即使长期工作，眼睛也不会感觉疲劳。照明材料要求选择无启辉器或电子镇流器的无眩光日光灯盘和日光灯管灯具，照明灯光为反射式，工作台与显示墙之间的监视视角空间应在 1.5m 以上。主机房照度为 500Lx；其他功能间照度不小于 300Lx；应急备用照明照度不小于 10Lx。在停电时通过 UPS 供电来提供应急照明。所有机房照明应将适合机房操作与管理的需要。

10.8 接地系统

10.8.1 建筑本身具有集中接地系统，机房接地系统建立在集中接地系统的基础上。在消防安防控制中心/分控制室、信息网络机房、综合布线机房、运营商机房、进线间及各层智能化管井内设置等电位连接箱，并用 50mm² 绝缘导线就近与联合接地系统接地端可靠连接。

10.8.2 交流工作地：在机房中，交流工作地可以作为隔离变压器的二次接地，用以解决零地电压超标的问题。交流工作地接地母线由配电柜用不低于 50mm² 绝缘导线引致大楼联合接地系统（接地电阻应小于 0.5Ω）。

10.8.3 安全保护地：在机房地板下敷设接地汇流排（30×3 紫铜带），再用不低于 50mm² 绝缘导线引致大楼联合接地系统（接地电阻应小于 0.5Ω）。

10.8.4 防雷接地：当机房电源系统遭到雷击时，防雷保护地为雷电流建立通往大地的释放通道。由大楼集中接地系统引上来一根不低于 50mm² 绝缘铜线，作为电源防雷和通信防雷的接地母线。

10.8.5 机房等电位连接：机房地网可作为机房等电位连接、屏蔽接地和防静电接地用。机柜外壳、防静电活动地板支架、机房内金属构件都应用绝缘铜导线与机房地网相连接；除了尽量降低接地电阻，均压和等电位连接是防地电位反击的有效方法。在一定的范围内做一个封闭的均压环、把进入建筑物的各种金属管道和线缆的屏蔽层做等电位连接，可以消除可能存在的破坏力极强的电位差。

10.8.6 所有智能化电缆桥架、线槽均应保持良好的电气连通，并做接地处理。

10.9 防雷系统

10.9.1 根据机房的供电系统情况，电源系统采用三级的防雷保护，可分别在配电柜、

UPS、服务器供电端安装不同通流量的电源防雷器。进入建筑物大楼的电源线和通信线，应在 LPZ0 与 LPZ1、LPZ1 与 LPZ2 区交界处，以及终端设备的前端，按照 IEC 1312—雷电电磁脉冲防护标准，安装不同类别及防护等级的 SPD（瞬态过电压保护器），SPD 是用以防护电子设备遭受雷电闪击及其他干扰造成的传导电涌过电压的有效手段。

10.9.2　智能化防雷接地系统需要采取有效的保障措施，确保智能化系统的稳定、可靠运行。

10.9.3　智能化系统的防雷包括直击雷防护和感应雷防护两大部分，强调全方位防护、综合治理、层层设防的原则。

10.9.4　雷电侵入监控、计算机、通信等网络系统的途径主要有四个方面：电源系统引入；信号传输通道引入；地电位反击及因机房屏蔽不良而造成的雷电电磁脉冲的直接影响等。为了确保电子设备及网络系统稳定可靠运行以及保障机房工作人员有安全的工作环境，除了电源系统防雷，天馈系统、信号采集传输系统、网络交换系统等所有机房进行可靠有效的保护，在拦截、分流、均衡、屏蔽、接地、布线六大方面均作完整的多层次防护。

智能化信号系统雷电浪涌防护：

（1）室外监控系统防雷：摄像机端口的雷电浪涌防护应以视频线的屏蔽层作为等电位汇集点，在电源线、视频线和信号线上安装三合一、二合一等组合型电涌防护器。并制作相应地网接地（要求接地电阻小于 10Ω，最好小于 4Ω）。保护摄像机的电源、视频和控制信号线路；

（2）室外广播系统防雷：由于与信号传输线相连接的设备接口工作电压较低，而且耐压水平也很低，对于由信号传输线引入的感应雷电波特别敏感，极易损坏，因此设计音频信号防雷器；

（3）有线电视系统防雷：有线电视线路上安装 1 套射频信号防雷器；

（4）室外网络布线防雷：在室外网络线进入室内处安装网络信号防雷器；

（5）智能化各系统线路在进出建筑物处应加装防雷电涌保护装置，并做好等电位联接。

10.9.5　机房气体灭火系统。通信网络主机房采用气体灭火系统。

10.9.6　机房环境监测系统。在信息网络机房采用机房环境监测系统对机房供配电、精密空调、机房温湿度、UPS 系统、消防系统、机房漏水检测系统等环境设备进行实时的监测（或控制），并融合机房的管理措施，对发生的各种事件都结合机房的具体情况给出处理信息，提示值班人员执行相应操作，实现机房设备的统一监控，实时事件记录，有效提高系统的可靠性，实现机房有效科学的管理，为机房的安全可靠运行提供有力的保障。

11　防雷、抗震、节能设计

11.1　防雷与接地系统

11.1.1　本建筑物按二类防雷建筑物设防。

11.1.2　为预防雷电电磁脉冲引起的过电流和过电压，信息设备、电子设备、装设、由室外引入建筑物的线路等装设电涌保护器（SPD）。

11.1.3　本工程采用共用接地装置，以建筑物、构筑物的金属体、构造钢筋和基础钢筋作为接地体，其接地电阻小于 1Ω。

11.1.4　建筑物做总等电位连接，在变配电所内安装主等电位连接端子箱，将所有进出建筑物的金属管道、金属构件、接地干线等与总等电位端子箱有效连接。

11.1.5　在所有智能化机房、智能化小间等处作辅助等电位连接。

11.2　智能化系统抗震设计

11.2.1　智能化设备系统中内径大于等于 60mm 的配管和重量大于等于 15kg/m 的电缆

桥架及多管共架系统须采用机电管线抗震支撑系统。

11.2.2　刚性管道侧向抗震支撑最大设计间距不得超过 12m；柔性管道侧向抗震支撑最大设计间距不得超过 6m。

11.2.3　刚性管道纵向抗震支撑最大设计间距不得超过 24m；柔性管道纵向抗震支撑最大设计间距不得超过 12m。

11.2.4　设在建筑物屋顶上的共用天线等，应设置防止因地震导致设备损坏后部件坠落伤人的安全防护措施。

11.2.5　应急广播系统预置地震广播模式。

11.3　节能措施

11.3.1　采用智能型照明管理系统，以实现照明节能管理与控制。

11.3.2　设置建筑设备监控系统，对建筑物内的设备实现节能控制。

11.3.3　设置智能建筑能源管理系统通过多功能的能耗计量表计、通信网络和计算机软件，实现供配电系统在运行过程中的数据采集、数据计算、电能抄表、报表生成等，完成系统的安全供电、电能计量、设备管理和运行管理。系统由站控管理层、网络通信层和现场设备层构成。系统功能需求：

（1）数据采集及处理：通过间隔层单元实时采集现场各种模拟量、电度抄表等；

（2）画面显示：全部设备的信息、各测量值的实时数据、各种告警信息、计算机监控系统的状态信息；

（3）记录功能：具有对各种历史数据的记忆功能，以供随时查询、回顾、打印；

（4）报警处理：用户可以按照自己的意愿分类、筛选报警，并将报警归纳于不同的报警窗口中，根据不同的报警级别，采用推出画面、光显示、条纹闪烁及不同声音级别的音响进行报警；

（5）应具有完善的用户管理功能，避免越权操作；

（6）历史曲线显示：可显示存于历史数据库中的任意模拟量、电度量；

（7）报表打印功能：可召唤打印、定时打印各种历史数据，运行参数，事故报告统计，能耗量统计报表。

12　智能化系统施工

12.1　综合布线系统

12.1.1　施工条件及技术准备。

（1）熟悉施工图纸的技术资料。

（2）施工方案编制完毕，并经审批。

（3）施工前应组织施工人员熟悉图纸、方案及专业设备安装使用说明书，并进行有针对性的培训及安全、技术交底。

12.1.2　综合布线系统线缆敷。

1.管路采用地下通信管网时，应符合现行国家标准《通信管道工程施工及验收技术规范》YDJ 39 中相关规定。

2.线缆敷设一般应符合下列要求：

（1）线缆的布放应自然平直，线缆间不得缠绕、交叉等。

（2）线缆不应受到外力的挤压，且与线缆接触的表面应平整、光滑，以免造成线缆的变形与损伤。

（3）线缆在布放前两端应贴有标签，以表明起始和终端位置，标签书写应清晰。

（4）对绞电缆、光缆及建筑物内其他智能化系统的线缆应分隔布放，且中间无接头。

（5）线缆端接后应有余量。在交接间、设备间对绞电缆预留长度，一般为 0.5～1m；工作区为 10～30mm；光缆在设备端预留长度一般为 3～5m，有特殊要求的应按设计要求预留长度。

（6）线缆的弯曲半径应符合下列规定：

1）对绞电缆的弯曲半径应大于电缆外径的 8 倍；

2）主干对绞电缆的弯曲半径应少于电缆半径的 10 倍；

3）光缆的弯曲半径应大于光缆外径的 20 倍。

（7）采用牵引方式敷设大对数电缆和光缆时，应制作专用线缆牵引端头。

（8）布放光缆时，光缆盘转动应与光缆布放同步，光缆牵引的速度一般为 10m/min。

（9）布放线缆的牵引力，应小于线缆允许张力的 80%，对光缆瞬间最大牵引力不应超过光缆允许的张力，主要牵引力应加在光缆的加强芯上。

（10）对绞电缆与电力电缆最小净距应符合表 3-19 的规定，与其他管线最小净距应符合表 3-20 的规定。

对绞电缆与电力电缆最小净距　　　　　　　表 3-19

条件 \ 单位 范围	最小净距(mm)		
	<2kV・A(AC380V)	2～5kV・A(AC380V)	5kV・A(AC380V)
对绞电缆与电力线平行敷设	130	300	600
有一方在接地的槽道或钢管中	70	150	300
双方均在接地的槽道或钢管中	10	80	150

对绞电缆与其他管线最小净距　　　　　　　表 3-20

管线种类	平行净距/mm	垂直交叉净距/mm
防雷引下线	1000	300
保护地线	50	20
热力管(不包封)	500	500
热力管(包封)	300	300
给排水管	150	20
煤气管	300	20

3. 暗管敷设线缆应符合下列规定：

（1）敷设管道的两端应有标志，并做好带线。

（2）敷设暗管采用钢管，暗管敷设对绞电缆时，管道的截面积利用率应为 25%～30%。

（3）地面槽盒应采用金属槽盒，槽盒的截面积利用率应不超过 40%。

（4）采用钢管敷设的管路，应避免出现超过 2 个 90°的弯曲（否则应增加过线盒），且弯曲半径大于管径的 6 倍。

4. 安装电缆桥架和槽盒敷设线缆应符合下列规定：

（1）桥架顶部距顶棚或其他障碍物不小于 300mm，桥架内横断面利用率不应超过 50%。

（2）电缆桥架、槽盒内线缆垂直敷设时，在线缆的上端和每间隔 1.5m 处，应将线缆固定在桥架内支撑架上；水平敷设时，线缆应顺直，尽量不交叉，进出槽盒部位、转弯处的两侧 300mm 处设置固定点。

（3）在水平、垂直桥架和垂直槽盒中敷设线缆时，应对线缆进行绑扎。4 对对绞电缆以

24 根为束，25 对或以上主干对绞电缆、光缆及其他电缆应根据线缆的类型、缆径、线缆芯数分束绑扎。绑扎间距不大于 1.5m，绑扣间距应均匀、松紧适度。

5. 在竖井内采用明配管、桥架、金属槽盒等方式敷设线缆，应符合以上有关条款要求。竖井内楼板孔洞周边应设置 50mm 的防水台，洞口用防火材料封堵严实。

12.1.3 设备安装

1. 机柜安装

（1）按机房平面布置图进行机柜定位，制作基础槽钢并将机柜稳装在槽钢基础上。

（2）机柜安装完毕后，垂直度偏差应不大于 2mm，水平偏差应不大于 2mm；成排距顶部平直度偏差应不大于 4mm。

（3）机柜上的各种零部件不得脱落或损坏。漆面如有脱落，应予以补漆，各种标志完整清晰。

（4）机柜前面应留有 1.5m 操作空间，机柜背面离墙距离应不小于 1m，以便于操作和检修。

（5）壁挂式箱体底边距地应符合设计要求，若设计无要求，安装高度为 1.4m。

（6）在机柜内安装设备时，各设备之间要留有足够的间隙，以确保空气流通，有助于设备的散热。

2. 配线架安装

（1）采用下出线方式时，配线架底部位置应与电缆线孔相对应。

（2）各直列配线架垂直偏差应不大于 2mm。

（3）接线端子各种标志齐全。

3. 各类配线部件安装

（1）各部件应完整无损，安装位置正确，标志齐全。

（2）固定螺钉紧固，面板应保持在一个水平面上。

4. 接地要求：安装机柜、配线机柜、配线设备、金属钢管及槽盒接地体的接地电阻值应不大于 0.5Ω，接地导线截面、颜色应符合规范要求。

12.1.4 线缆端接

1. 线缆端接的一般要求：

（1）线缆在端接前，必须检查标签编号，并按顺序端接。

（2）线缆终端处必须卡接牢固、接触良好。

（3）线缆终端安装应符合设计和产品厂家安装手册要求。

2. 对绞电缆和连接硬件的端接应符合下列要求：

（1）使用专用剥线器剥除电缆护套，注意不得刮伤绝缘层，且每对对绞线缆应尽量保持扭绞状态。非扭绞长度对于 5 类线应不大于 13mm；4 类线应不大于 25mm。对绞线间应避免缠绕和交叉。

（2）对绞线与 8 位模块式通用插座（RJ45）相连时，必须按色标和线对顺序进行卡接，然后采用专用压线工具进行端接。

（3）对绞电缆与 RJ45 8 位模块式通用插座的卡接端子连接时，应按先近后远、先下后上的顺序进行卡接。

（4）对绞电缆的屏蔽层与插接件终端处屏蔽罩必须可靠接触，线缆屏蔽层应与插件屏蔽罩 360°圆周接触，接触长度不小于 10mm。

3. 光缆芯线端接应符合下列要求：

（1）光纤熔接处应加以保护，使用连接器以便于光纤的跳接。

（2）连接盒面板应有标志。

（3）光纤跳线的活动连接器在插入适配器之前应进行清洁，所插位置符合设计要求。

（4）光纤熔接的平均损耗值为 0.15dB，最大值为 0.3dB。

4. 各类跳线的端接：

（1）各类跳线和插件间接触良好，接线无误，标志齐全。跳线选用类型应符合设计要求。

（2）各类跳线长度应依据现场情况确定，一般对绞电缆应不超过 5m，光缆应不超过 10m。

12.1.5　调试

1. 综合布线系统测试包括：电缆系统电气性能测试及光纤系统性能测试，测试记录表格参见现行国家标准《综合布线系统工程验收规范》GB/T 50312，通常测试仪器具有存储测试记录功能，可自动输出打印记录。

2. 电气性能测试仪按照二级精度，应达到表 3-21 的要求。

电缆电气性能　　　　　　　　　　　　表 3-21

性能参数	$1{\sim}100\mathrm{MHz}$
随机噪声最低值	$65-15\log(f/100)\mathrm{dB}$
剩余近端串音（NEXT）	$55-15\log(f/100)\mathrm{dB}$
平衡输出信号	$37-15\log(f/100)\mathrm{dB}$
共模抑制	$37-15\log(f/100)\mathrm{dB}$
动态精确度	$\pm0.75\mathrm{dB}$
长度精确度	$\pm1\mathrm{m}\pm4\%$
回损	$15\mathrm{dB}$

3. 电缆、光缆测试仪器必须经过计量部门校验，并取得合格证后，方可在工程中使用。

4. 测试仪应能测试 3 类和 5 类对绞电缆布线系统和光纤链路。

5. 测试仪表对于一个信息插座的电气性能测试时间在 20～50s 之间。

12.1.6　安装注意问题

1. 安装应牢固，对不合格地方应及时修理好。

2. 预埋管线、盒应加强保护，及时安装保护盖板，防止污染阻塞管路或地面槽盒。

3. 施工前按图纸核查线缆长度是否正确，调整信号频率，使其衰减符合设计要求，以免信号衰减严重。

4. 施工中应严格按照施工图核对色标，防止因系统接线错误不能正常工作。

5. 线缆的屏蔽层应可靠接地，同一槽盒内的不同种类线缆应加隔板屏蔽，以防出现信号干扰。

6. 柜（盘）的平直超出允许偏差时，应及时纠正。

7. 应将柜（盘）清理干净。

12.2　有线电视系统

12.2.1　技术准备

1. 熟悉施工图纸和技术资料。

2. 施工方案编制完毕并经审批。

3. 施工前应组织施工人员熟悉方案及专业设备安装使用说明书，并进行有针对性的施工前培训及安全、技术交底。

12.2.2　前端设备安装

1. 稳机柜。

（1）按机房平面布置图进行机柜定位，制作基础槽钢并将机柜稳装在槽钢基础上。

（2）机柜安装完毕，垂直度偏差不应大于 2mm，水平偏差应不大于 2mm；成排柜顶部平直度应不大于 4mm。

（3）机柜上的各种零件不得脱落或碰坏。漆面如有脱落应予以补漆，各种标志完整、清晰。

（4）机柜前面应留有 1.5m 空间，机柜背面离墙距离应不小于 0.8m，以便于操作和检修。

2. 设备安装：在机柜上安装设备应根据使用功能进行有机的组合排列。使用随机柜配置的螺栓、垫片和弹簧垫片将设备固定在机柜上。每个设备的上下应留有不小于 50mm 的空间，以保证设备的散热，空隙处采用专用空白面板封装。对于非标准机柜安装的设备，可采用标准托盘安装；彩色监视器，应采用专用的电视机专用托盘和面板安装。

3. 设备布线与标识

（1）机房内通常采用地面槽盒，电缆由机柜底部引入。电缆敷设应顺直，无扭绞；电缆进出槽盒部位、转弯处两侧 300mm 处应设置固定点。

（2）按图纸进行机房设备布线。机房供电电源引至净化电源后，再分别供机房内设备使用。机柜背侧各电视电缆和电源线应分别布放在机柜的两侧槽盒内，按回路分束绑扎。安装于机柜内的设备应标识设备所接收的频道；电缆的两端应留有适当余量，并做永久性标记。

4. 设备接地：室外架空电缆应先经过避雷器后才能引入机房设备。机房内的避雷器、机柜/箱、设备金属外壳、电缆金属护套（或屏蔽层）的接地线均应汇接在机房总接地母排上。前端机房的总接地装置接地电阻不大于 0.5Ω。

12.2.3　传输部分安装

1. 有源设备（干线放大器、分支干线放大器、延长放大器、分配放大器）的安装：

（1）安装位置应严格按照施工图纸进行确定。

（2）明装：电视电缆需要通过电线杆架空时，野外型放大器吊装在电线杆上或左右 1m 以内的地方，且固定在电缆吊线上，室外型放大器应采用密封橡皮垫圈防水密封，并采用散热良好的铸铝外壳，外壳的连接面采用网状金属高频屏蔽圈，保证良好接地，插接件要有良好的防水、防腐蚀性能，最外面采用橡皮套防水。不具备防水条件的放大器及其他器件要安装在防水金属箱内。

（3）放大器箱内应留有检修电源。

2. 电缆敷设：

（1）干线电缆的长度应根据图纸设计长度进行选配或定做，以避免干线电缆传输过程中的电缆接续。

（2）电缆采用穿管敷设时，应扫清管路，将电缆和管内预留的带线绑扎在一起，用带线将电缆拉到管道内。

3. 分支分配器的安装：分支分配器应安装在分支分配器箱内或放大器箱内，并用机螺栓固定在箱内配电板上；箱体尺寸应根据箱内设备的数量而定，箱体采用铁制，可装有单扇或双扇箱门，箱体内预留接地螺栓。

12.2.4　用户终端安装

1. 检查修理盒口：检查盒口是否平整。暗盒的外口应与墙面齐平；盒子标高应符合设计要求，若无要求时，电视用户终端插座距地面为 0.3m。

2. 接线压接：先将盒内电缆剪成 100～150mm 的长度，然后将 25mm 的电缆外绝缘护套剥去，再把外导线铜网打散，编成束，留出 3mm 的绝缘台和 12mm 芯线，将芯线压住端子，用 Ω 卡压牢铜网处。

3. 固定面板：用户插座的阻抗为 75Ω，用机螺栓将面板固定。

12.2.5　有线电视系统接地

1. 屏蔽层及器件金属接地：为了减少对有线电视系统内器件的干扰（包括高频干扰和交流电干扰）和防止雷击，器件金属外壳要求接地良好，全部连通。

2. 金属管路及槽盒应与建筑防雷接地连为整体的接地。

12.2.6　调试

1. 前端设备：

（1）将各频道的电视信号接入混合器，用场强仪测试混合器的检测口，调整各频道的输出电平值，使各频道的输出电平差在 2dB 以内。若调整混合器的调整旋钮无法达到 2dB 的电平差时，可对电平值高的频道增加衰减器。

（2）调整设置卫星接收机的接收频率及其他参数，适当调整调制器的输出电平至该设备的标称电平值，并通过混合器的输出检测口测试，再适当调整混合器的信道调谐旋钮和放大器输出电平，最终使混合器的输出电平差在 ±1dB，且电平值符合设计要求。

（3）机房前置放大器（或干线放大器）的调试：按设计要求，调整放大器的输出电平旋钮、均衡旋钮（或更换适当衰减值、均衡值插片）达到设计的电平值，通常做法，放大器的输出电平不大于 100dB，对于系统规模大、传输链路长的系统，建议采用更低电平。相邻频道的电平差在 ±0.75dB 以内，各频道间的电平差在 ±2dB 以内。

（4）前端设备调试合格后，应填写前端测试记录表，并将信号传输至干线系统。

2. 干线放大器的调试：依据设计的电平值进行调试，调整输出电平及输出电平的斜率，并填写放大器电平测试记录表。

3. 分配网的调试：按照设计要求，调整分配放大器的输出电平和斜率，填写放大器电平测试记录表。

4. 检测用户终端电平，并填写用户终端电平记录表，用户终端电平应控制在 69±6dB。使用彩色监视器，观察图像品质是否清晰，是否有雪花或条纹、交流电干扰等。

12.2.7　安装注意问题

1. 为处理无电视信号的问题，可采取以下措施：

（1）前端电源失效或有源设备失效，应检查供电电压或测量有无输入信号。

（2）线路放大器的电源失效，检查输入插头是否开路，再检测电源保险、电源等，从故障端至信号源端检查各放大器的输出信号和工作电源是否正常。

（3）干线电缆故障，检查首端至各级放大器间的电缆是否开路或短路，并检查各种电缆插头。

2. 为避免电视图像有雪花的问题，可采取以下措施：

（1）前端设备有故障，检查有源设备的输入、输出是否正常；若设备正常，检测电缆馈线等是否短路。

（2）传输线路故障，由故障源向节目源方向检查每台放大器的输出信号和放大器供电电源是否正常。

（3）分配网络中的无源器件是否短路，电缆是否损坏。

3. 为避免电视图像重影的问题，可采取以下措施：

（1）对前端的信号变换频道进行传输处理，以免因接收信号的场强过强，形成前重影。

（2）调整天线的位置，避开反射造成的后重影。

4. 为防止图像出现条纹、横道干扰，可采取以下措施：

（1）调整（降低）放大器的输出电平，且不超过放大器的标称值。

（2）调整各频道的电平，使各频道间的电平差在允许的范围内。

（3）对有源设备、无源设备外壳及电缆的屏蔽层做可靠接地。

5. 柜（盘）的平直超出允许偏差时，应及时纠正。

12.3 广播系统

12.3.1 技术准备

1. 熟悉施工图纸的技术资料。

2. 施工方案编制完毕并经审批。

3. 施工前应组织施工人员熟悉图纸、方案，并进行安全、技术交底。

12.3.2 广播系统分线箱安装

1. 安装箱体面板应与建筑装饰面配合严密。严禁采用电焊或气焊将箱体与预埋管口焊接。

2. 分线箱安装高度设计有要求时以设计要求为准，设计无要求时，底边距地面不低于 1.4m。

3. 明装壁挂式分线箱、端子箱或声柱箱时，先将引线与箱内导线用端子做过渡压接，然后将端子放回接线箱。找准标高进行钻孔，埋入膨胀螺栓进行固定。要求箱底与墙面平齐。

4. 线管不便于直接敷设到位时，线管出线口与设备接线端子之间，必须采用金属软管连接，不得将线缆直接裸露，金属软管长度不大于1m。

12.3.3 广播系统线缆敷设

1. 布防线缆应排列整齐，不拧绞，尽量减少交叉，交叉处粗线在下，细线在上。

2. 管内穿线不应有接头，接头必须在盒（箱）处接续。

3. 进入机柜后的线缆应分别进入机架内分槽盒或分别绑扎固定。

4. 所敷设的线缆两端必须做标记。

12.3.4 广播系统终端设备安装

1. 扬声器的安装应符合设计要求，固定要安全可靠，水平和俯、仰角应能在设计要求的范围内灵活调整。

2. 吊顶内、夹层内利用建筑结构固定扬声器箱支架或吊杆时，必须检查建筑结构的承重能力，征得设计同意后方可施工；在灯杆等其他物体上悬挂大型扬声器时，也必须根据其承重能力，征得设计同意后安装。

3. 以建筑装饰为掩体安装的扬声器箱，其正面不得直接接触装饰物。

4. 具有不同功率和阻抗成套扬声器，事先按设计要求将所需接用的线间变压的端头焊出引线，剥去 10～15mm 绝缘外皮待用。

12.3.5 机房设备安装

1. 大型机柜采用槽钢基础时，应先检查槽钢基础的平直度及尺寸是否满足机柜安装要求。

2. 根据机柜底座固定孔距，在基础槽钢上钻孔，用镀锌螺栓将柜体与基础槽钢固定牢固。多台机柜并列时，应拉线找直，从一端开始顺序安装，机柜安装应横平、竖直。

3. 机柜上设备安装顺序应符合设计要求，设备面板排列整齐，带轨道的设备应推拉灵活。

4. 安装控制台要摆放整齐，安装位置应符合设计要求。

12.3.6 调试

1. 接线前，将已布放的线缆再次进行对地与线间绝缘摇测，绝缘电阻值必须大于0.5MΩ。机房设备采用专用接头与线缆进行连接，且压接牢固。设备及电缆屏蔽层应压接好保护地线，接地电阻值应不大于0.5Ω。

2. 设备安装完后，各设备先进行单机调试，然后按音源、系统回路进行系统调试。调试时分别在机房内和现场监听各路广播的音质效果并调整各路功放的输出，以保证各路音源的音量一致。

12.3.7 安装注意问题

1. 安装应牢固，对不合格地方应及时修理好。

2. 应将扬声器、柜（盘）清理干净。

3. 设备之间、干线与端子处应压接牢固，防止导线松动或脱落。

4. 各种节目信号源应采用屏蔽线并穿钢管。屏蔽线的外铜网应与芯线分开，以防信号短路。钢管外皮应接保护地线。

5. 应将屏蔽线和设备外壳可靠接地，以防噪声过大。

6. 柜（盘）的平直超出允许偏差时，应及时纠正。

12.4 建筑设备监控系统

12.4.1 施工条件及技术准备

1. 施工图纸和技术资料齐全。

2. 槽盒、管线、箱、预埋盒施工完毕。

3. 导线间绝缘电阻经摇测符合国家要求，并编号完毕。

4. 中央控制室内土建装修完毕，温度、湿度达到使用要求。

5. 空调机组、冷却塔及各类阀门等安装完毕。

6. 暖通、水系统管道、变配电设备等安装完毕。

7. 电梯安装完毕。

8. 接地端子箱安装完毕。

9. 熟悉施工图纸和技术资料。

10. 施工方案编制完毕并经审批。

11. 施工前应组织施工人员熟悉方案及专业设备安装使用说明书，并进行有针对性的施工前培训及安全、技术交底。

12.4.2 控制室设备的安装

1. 设备在安装前应进行检验，并符合下列要求。

2. 设备外形完好无损，内外表面漆层完好。

3. 设备外形尺寸、设备内主板及接线端口的型号、规格符合设计要求，备品、配件齐全。

4. 按照图纸连接主机、不间断电源、打印机、网络控制器等设备。

5. 设备安装应紧密、牢固，安装用的紧固件应做防锈处理。

6. 设备底座应与设备相符，其上表面应保持水平。

7. 中央控制室及网络控制器等设备的安装要符合下列规定：

（1）控制台、网络控制器应按设计要求进行排列，根据柜的固定孔距在基础槽钢上钻孔，安装时从一端开始逐台就位，用螺栓固定，用小线找平找直后再将各螺栓紧固。

（2）对引入的电缆或导线进行校线，按图纸要求编号。

（3）标志编号与图纸一致，字迹清晰，不易褪色。配线应整齐，避免交叉，固定牢固。

（4）交流供电设备的外壳及基础应可靠接地。

（5）中央控制室一般应根据设计要求设置接地装置。当采用联合接地时，接地电阻必须按接入设备中要求的最小值确定。

12.4.3 传感器安装

1. 温度、湿度传感器的安装。

（1）室内外温度、湿度传感器的安装位置应符合以下要求。

1）温度、湿度传感器应尽可能远离窗、门和出风口位置。

2）并列安装的传感器，距地高度应一致，高度差应不大于1mm，同一区域内高度差应不大于5mm。

3）温、湿度传感器应安装在便于调试、维修的地方。

（2）温度传感器至现场控制器之间的连接应符合设计要求，应尽量减少因接线引起的误差，对于镍温度传感器的接线电阻值应小于3Ω，1kΩ铂温度传感器的接线总电阻值应小于0.5Ω。

（3）风管型温度、湿度传感器的安装应符合下列要求。

1）传感器应安装在风速平稳、能反映温度、湿度变化的位置。

2）风管型温度、湿度传感器应在做风管保温层时完成安装。

（4）水管温度传感器安装应符合下列要求。

1）水管温度传感器在暖通水管路完毕后进行安装。

2）水管温度传感器的开孔与焊接工作，必须在工艺管道防腐、衬里、吹扫和压力试验前进行。

3）水管温度传感器的安装位置应在水流温度变化灵敏和具有代表性的地方，不选择在阀门等阻力件附近、水流流束死角和振动较大的位置。

4）水管型温度传感器安装在管道的侧面或底部。

5）水管型温度传感器不在管道焊缝及其边缘上开孔和焊接。

2. 压力、压差传感器、压差开关安装。

（1）传感器安装在便于调试、维修的位置。

（2）传感器应安装在温度、湿度传感器的上侧。

（3）风管型压力、压差传感器应做风管保温层时完成安装。

（4）风管型压力、压差传感器应安装在风管的直管段，如不能安装在直管段，则应避开风管内通风死角和蒸汽排放口的位置。

（5）水管型压力、压差传感器应在暖通水管路安装完毕后进行安装，其开孔与焊接工作必须在工艺管道的防腐、衬里、吹扫和压力试验前进行。

（6）水管型压力、压差传感器不在管道焊缝及其边缘处开孔及焊接。

（7）水管型压力、压差传感器安装在管道底部和水流流束稳定的位置，不安装在阀门附近、水流流束死角和振动较大的位置。

（8）风压压差开关安装。

1）安装压差开关时，将薄膜处于垂直于平面的位置。

2）风压压差开关的安装应在做风管保温层时完成安装。

3）风压压差开关安装在便于调试、维修的地方。

4）风压压差开关安装完毕后应做密闭处理。

5）风压压差开关的线路应通过软管与压差开关连接。

6）风压压差开关应避开蒸汽排放口。

3. 水流开关安装。

（1）水流开关的安装，应与工艺管道预制、安装同时进行。

（2）水流开关的开孔与焊接工作，必须在工艺管道的防腐、衬里、吹扫和压力试验前进行。

（3）水流开关安装在水平管段上，不应安装在垂直管段上。

4. 风机盘管温控器、电风阀的安装。

（1）温控开关与其他开关并列安装时，距地面高度应一致。

（2）电动阀阀体上箭头的指向应与介质流动方向一致。

（3）风机盘管电动阀应安装于风机盘管的回水管上。

（4）四管制风机盘管的冷热水管电动阀共用线应为中性线。

12.4.4 建筑设备监控系统安装应注意的质量问题

1. 安装应牢固，对不合格地方应及时修理好。

2. 避免传感器内部接线出错。

3. 应将探测器清理干净。

4. 现场控制器与各种配电箱、柜和控制柜之间的接线应严格按照图纸施工，严防强电串入现场控制器。

5. 严格检查系统接地电阻值及接线，消除或屏蔽设备及连线附近的干扰源，防止通信不正常。

6. 柜（盘）的平直超出允许偏差时，应及时纠正。

12.5 闭路电视监控系统

12.5.1 技术准备

1. 熟悉施工图纸和技术资料。

2. 施工方案编制完毕并经审批。

3. 施工前应组织施工人员熟悉图纸、方案及专业设备安装使用说明书，并进行有针对性的培训及安全、技术交底。

12.5.2 闭路电视监控系统分线箱的安装

1. 分线箱安装位置应符合设计要求，当设计无要求时，高度为底边距地 1.4m。

2. 箱体暗装时，箱体板与框架应与建筑物表面配合严密。严禁采用电焊或气焊将箱体与预埋管焊在一起，管入箱应用螺母固定。

3. 明装分线箱时，应先找准标高再钻孔，埋入膨胀螺栓固定箱体。要求箱体背板与墙面平齐。然后将引线与盒内导线用端子做过渡压接，并放回接线端子箱。

4. 解码器箱一半安装在现场摄像机附近。安装在吊顶内时，应预留检修口；室外安装时应有良好的放水性，并做好防雷接地措施。

5. 当传输线路超长需用放大器时，放大器箱安装位置应符合设计要求，并具有良好的防水、防尘性。

12.5.3 线缆敷设

1. 布放线缆前应对其进行绝缘测试（光缆、同轴电缆除外），线缆线间和线对地间的绝缘电阻值必须大于 $0.5M\Omega$，测试合格后方可敷设。

2. 敷设光缆的长度，应根据施工图选配。

3. 布放线缆应排列整齐，顺直不拧绞，尽量减少交叉，交叉处粗线在下，细线在上。电源线应与控制线、视频线分开敷设。

4. 管内穿入多根线缆时，线缆间不得拧绞，管内不得有接头，接头必须在线盒（箱）处连接。

5. 管内不能直接进入设备接线盒时，线管出线口与设备接线端子之间，必须采用金属软管过渡连接，软管长度不得超过 1m，并不得将线缆直接裸露。

6. 线缆与电力线缆平行或交叉敷设时，其间距不得小于 0.3m；与通信线缆平行或交叉敷设时，其间距不得小于 0.1m。

7. 进入机柜后的线缆应分槽绑扎固定。

8. 敷设线缆时，光缆弯曲半径应不小于光缆外径的 20 倍，光缆的牵引端头应做技术处理，光缆接头的预留长度应不小于 8m；同轴电缆敷设时弯曲半径应大于电缆外径的 15 倍。

9. 架空敷设电缆时，应将电缆吊索固定在电杆上，再用电缆挂钩把电缆挂在吊索上。挂钩间距为 0.5～0.6m。根据气候条件，每一杆应留有余量。

10. 光缆架设完后，应将余缆端头包扎，盘成圈置于光缆预留盒中，预留盒应固定在杆上。地下光缆引上电杆时，必须采用钢管保护。

11. 室外管道光缆在引出地面时，应采用钢管保护。钢管伸出地面应不小于 2.5m，埋入地下应为 0.3～0.5m。

12. 引至摄像机终端的线缆应从设备的下部进线，并留有不影响摄像头转动操作的余量，摄像机的同轴电缆、电源线及控制线应穿缠绕管固定，不应使终端摄像机插头承受电缆自重。

13. 所敷设线缆两端必须作好标记。屏蔽型控制电缆和同轴电缆的屏蔽层应单端可靠接地。

14. 槽盒配线应符合以下要求：

（1）在同一槽盒内的导线截面积总和不应超过内部截面积的 40%。

（2）不同电压、不同回路、不同频率的导线若放在同一槽盒内，中间应加隔板。

（3）在穿越建筑物变形缝时，导线应留有补偿余量。

（4）接线盒内的导线预留长度应不超过 150mm；盘、箱内的导线预留长度应为其周长的 1/2。

15. 监控室内电缆敷设应符合下列要求：

（1）采用地槽或墙槽时，电缆应从机架或控制台底部进线，将电缆顺着所盘方向理直，拐弯处应符合电缆曲率半径要求。电缆在弯曲处两侧不大于 30mm 成捆绑扎，根据电缆数量应每隔 100～200mm 绑扎一次。

（2）采用活动地板时，电缆在地板下应沿槽盒敷设，且顺直无扭绞。

12.5.4 终端设备安装

1. 终端设备安装操作步骤如下：

（1）支、吊架安装：安装前依据施工图，确定具体安装位置，再进行支、吊架的安装固定。固定要牢固，并达到承载要求。支架支撑面应保持水平。

（2）云台安装：云台应在支架上稳固固定，且使之位置保持水平。

（3）摄像机、护罩安装：参照设备安装说明书的安装要求，将带镜头的摄像机套装于护罩内，再整体安装在云台上（无云台则直接安装于支、吊架上），安装应牢靠、稳固。

（4）解码器安装：解码器应安装在摄像机附近且便于固定和维修处，如露天安装则需要做好防雨、防雷措施。

2. 摄像机安装前应将摄像机逐个通电进行检测和粗调，工作正常后方可安装。安装时首先根据设计要求把支（吊）架预先安装到位。

3. 固定式摄像机安装前，应先调节好光圈、镜头，再对摄像机进行初装，经通电试看、细调，检查各项功能，观察监视区的覆盖范围和图像质量，符合要求后方可固定。

4. 固定式摄像机采用螺栓固定在支架上，摄像机方向的调节有一定范围。

5. 摄像机与镜头的选择应相互匹配。固定式摄像机与镜头调试好方可安装。

6. 摄像机支架及云台的安装应依据产品技术文件的要求，结合现场实际情况进行安装，固定要安全可靠，方位和俯仰角及云台的转动起点方向应能在设计要求的范围内灵活调整。

7. 摄像机应安装在监视目标附近且不易受外界损伤的地方，安装位置不应影响现场设备运行和人员正常活动。安装高度，室内应距地面2.5~5m或吊顶下0.2m处，室外应距地面3.5~10m。

8. 摄像机需要隐蔽时，可采用针孔镜头，将摄像机隐藏在顶棚内。电梯内摄像机应安装在电梯轿厢顶部电梯操作的对角处，并应能监视电梯内全景。

9. 摄像机镜头应顺光源方向监视目标，避免逆光安装；当需要逆光安装时，应降低监视区的对比度。

12.5.5 机房设备安装

1. 电视墙固定在墙上时，应加设支架固定；电视墙落地安装时，其底座应与地面固定。电视墙安装应竖直平稳，垂直度偏差不得超过1/1000。多个电视墙并排在一起时，面板应在同一平面上，并与基准线平行，前后偏差不大于2mm，两个机架间缝隙不大于2mm。安装在电视墙内的设备应固定牢固、端正；电视墙机架上的固定螺栓、垫片和弹簧垫圈均应紧固不得遗漏。

2. 控制台安装位置应符合设计要求。控制台安放竖直，台面平整，台内插接件和设备接触应可靠，安装应牢固，内部接线应符合设计要求，无扭曲、脱落现象。

3. 监视器应安装在电视墙或控制台上。其安装位置应使屏幕不受外来光直射，当有不可避免的光照时，应加遮光罩遮挡；监视器、矩阵主机、长延时录像机、画面分割器、控制键盘等设备外部可操作部分，应暴露在控制台面板外。

12.5.6 设备接线和调试

1. 接线前，将已布放的线缆再次进行对地与线间绝缘测试，绝缘电阻值应大于0.5MΩ。

2. 机房设备应采用专用接头与线缆连接，并压接牢固，设备及电缆的屏蔽层应压接好保护地线，接地电阻值应不大于0.5Ω。

3. 摄像机（三可变）初装后，除对光圈、镜头、转向进行测试外，还应现场检测其噪声、温度变化、转动角度范围等，完全符合设备技术文件指标后，方可固定。

4. 单体调试完成后对系统进行调试，对所有设备进行通电联调，检测系统的录像回放效果，视频切换功能，标准照度下的摄像效果，矩阵主机的切换、控制、编程、巡检、记录等功能完全达到设计要求，图像质量主观评价按照现行国家标准不低于4分，方可投入使用。

5. 系统调试后，还需进行子系统报警信号的联网上传功能。

6. 系统检测。

（1）系统功能检测：云台转动、镜头、光圈的调节、调焦、变倍，图像切换，防护罩功能达到设计要求。

（2）图像质量检测：在摄像机的标准照度下进行图像的清晰度及抗干扰能力的检测。

（3）系统整体功能检测：监控范围矩阵监控主机的切换、控制、编程、巡检、记录等功能；数字视频录像监控系统还应检查主机死机记录、图像显示和记录速度、图像质量、对前端设备的控制功能以及通信接口功能、远端联网功能；数字硬盘录像监控子系统除检测其记录速度外，还检测记录的检索、回放等功能。

（4）系统联动功能的检测：联动功能应包括与其他安全防范子系统的联动控制功能。

（5）系统功能和软件全部检测，功能符合设计要求为合格，合格率为100％时为系统功能检测合格。

12.5.7　安装注意问题

1. 安装应牢固，对不合格地方应及时修理好。

2. 导线压接应牢固，以防导线松动或脱落。

3. 使用屏蔽线时，应将外铜网与芯线分开，以防信号短路。

4. 在同一区域内安装摄像机时，在安装前应找准位置再安装，以免安装标高不一致。

5. 柜（盘）的平直超出允许偏差时，应及时纠正。

6. 应将柜（盘）清理干净。

12.6　车库管理系统

12.6.1　技术准备

1. 熟悉施工图纸和技术资料。

2. 施工方案编制完毕并经审批。

3. 施工前应组织施工人员熟悉图纸、方案及专业设备安装使用说明书，并进行有针对性的培训及安全、技术交底。

12.6.2　收费管理主机的安装

1. 在安装前对设备进行检验，设备外形尺寸、设备内主板及接线端口的型号、规格应符合设计要求，备品配件齐全。

2. 按施工图压接主机、不间断电源、打印机、出入口读卡设备间的线缆，线缆压接应准确、可靠。

12.6.3　出入口设备安装

1. 出入口设备采用红外光电式检测车辆出入，安装应符合下列规定：

（1）检测设备的安装应按照厂商提供的产品说明书进行。

（2）两组检测装置的距离及高度应符合设计要求，如设计无要求时，两组检测装置的距离一般为1.5m±0.1m，安装高度一般为0.7m±0.02m。

（3）收、发装置应相互对准且光轴上不应有固定的障碍物，接收装置应避免被阳光或强烈灯光直射。

2. 读卡机、闸门机的安装应根据设备的安装尺寸制作混凝土基础，并埋入地脚螺栓，然后将设备固定在地脚螺栓上，固定应牢固、平直。

3. 满位指示设备安装：在车库入口处可安装满位指示灯，落地式满位指示灯可用地脚螺栓或膨胀螺栓固定于混凝土基座上，壁装式满位指示灯安装高度大于2.2m。

12.6.4　调试

1. 车辆探测器对出入车辆的探测灵敏度检测，抗干扰性能检测。

2. 自动栅栏升降功能检测，防砸车功能检测。

3. 读卡器功能检测，对无效卡的识别功能，对非接触IC卡读卡器，还应检测读卡距离和灵敏度。

4. 发卡（票）器功能检测，吐卡功能是否正常、入场日期、时间等记录是否正确。

5. 满位显示器功能是否正常。

6. 管理中心的计费、显示、收费、统计、信息储存等功能的检测。

7. 出入口管理工作站及与管理中心站的通信是否正常。

8. 管理系统的其他功能，如"防折返"功能检测。

9. 对具有图像对比功能的停车场（库）管理系统，应分别检测出入口车牌和车辆图像记录的清晰度、调用图像信息的符合情况。

10. 检测停车场（库）管理系统与消防系统报警时联动功能，电视监视系统摄像机对进出车库的车辆的监视等。

11. 空车位及收费显示。

12. 管理中心监控站的车辆出入数据记录保存时间应满足管理要求。

13. 车库管理系统功能和软件全部检测功能符合设计要求为合格，合格率100％时为系统功能检测合格。

12.6.5　安装注意问题

1. 应及时清除盒、箱内的杂物，以防盒、箱内管路堵塞。

2. 导线在箱内、盒内应预留适当余量，并绑扎成束，防止箱内导线杂乱。

3. 导线压接应牢固，以防导线松动或脱落。

4. 柜（盘）的平直超出允许偏差时，应及时纠正。

12.7　门禁系统

12.7.1　技术准备

1. 熟悉施工图纸和技术资料。

2. 施工方案编制完毕并经审批。

3. 施工前应组织施工人员熟悉图纸、方案及专业设备安装使用说明书，并进行有针对性的培训及安全、技术交底。

12.7.2　设备箱安装

1. 设备箱安装位置、高度应符合设计要求，在无设计要求时，安装于较隐蔽或安全的地方，底边距地为1.4m。

2. 暗装设备箱时，箱体框架应紧贴建筑物表面。严禁采用电焊或气焊将箱体与预埋管焊在一起。管入箱应用螺母固定。

3. 明装设备箱时，应找准标高，进行钻孔，埋入金属膨胀螺栓进行固定。箱体背板与墙面平齐。

4. 控制器箱的交流电源应单独敷设，严禁与信号线或低压支流电源线穿在同一管内。

12.7.3　线缆敷设

1. 布放线缆前应对其进行绝缘测试，电线与电缆线间和线对地间的绝缘电阻值必须大于0.5MΩ，测试合格后方可敷设。

2. 布放线缆应排列整齐，不拧绞，尽量减少交叉，交叉处粗线在下，细线在上。

3. 管内线缆不得有接头，接头必须在盒（箱）处连接。

4. 所敷设的线缆两端必须作好标记。同轴电缆的屏蔽层均需单端可靠接地。

12.7.4　终端设备安装

1. 安装电磁锁、电控锁、门磁前，应核对锁具、门磁的规格、型号是否与其安装的位置、标高、门的种类和开关方向相匹配。

2. 电磁锁、电控锁、门磁等设备安装时应预先在门框、门扇对应位置开孔。

3. 按设计及产品说明书的接线要求，将盒内甩出的导线与电磁锁、电控锁、门磁等设备接线端子进行压接。

4. 电磁锁安装：首先将电磁锁的固定平板和衬板分别安装在门框和门扇上，然后将电磁锁推入固定平板的插槽内，即可用螺钉固定，按图连接导线。

5. 在玻璃门的金属门框安装电控锁，一般置于门框的顶部。

6. 读卡器、出门按钮等设备的安装位置和标高应符合设计及要求。如果无设计要求，读卡器和出门按钮的安装高度为 1.4m，与门框的水平距离为 100mm。

7. 按设计及产品说明书的接线要求，将盒内甩出的导线与读卡器等设备的接线端子进行压接。

8. 使用专用螺栓将读卡器固定在暗装预埋盒上，固定应牢固可靠，面板端正，紧贴墙面，四周无缝隙。

12.7.5　设备接线和调试

1. 接线前，将已敷设的线缆再次进行对地与线间绝缘摇测，合格后按照设备接线图进行设备端接。

2. 门禁控制主机采用专用接头与线缆进行连接，且压接牢固。设备及电缆屏蔽层应压接好保护地线，接地电阻值不应大于 1Ω。

3. 按照施工图纸及产品说明书，连接系统打印机、UPS 电源等外围设备。

4. 在系统管理主机上安装系统管理软件，并进行初始化设置。

5. 系统的软件检测。

1）演示软件的所有功能，以证明软件功能与任务书或合同书要求一致。

2）根据需求说明书中规定的性能要求，包括精度、时间、适应性、稳定性、安全性以及图形化界面友好程度，对所验收的软件逐项进行测试，或检查已有的测试结果。

3）对软件系统操作的安全性进行测试，包括系统操作人员的分级授权、系统操作人员操作信息的详细只读存储记录等。

4）在软件测试的基础上，对被验收的软件进行综合评审，给出综合评价，包括软件设计与需求的一致性、程序与软件设计的一致性、文档（含培训软件、教材和说明书）描述与程序的一致性、完整性和标准化程度等。

12.7.6　安装注意问题

1. 安装应牢固，对不合格地方应及时修理好。

2. 安装电锁前应核对锁具的规格、型号是否与其安装的位置、高度、门的种类和开关方向相适应，防止错装。

3. 在门框、门扇上的开孔位置、开槽深度、大小应符合锁具的安装要求，防止返工和破坏成品。

4. 电磁锁、电控锁等锁具及配件安装后应进行调校，防止锁具卡涩、失灵。

5. 设备端子应压接牢固，以防导线松动或脱落。端子箱安装完毕后，应上锁。

6. 使用屏蔽线时，外铜网应与芯线分开，以防信号短路。

7. 应将探测器、柜（盘）清理干净。

8. 柜（盘）的平直超出允许偏差时，应及时纠正。

13　线路敷设

13.1　金属槽盒配线

13.1.1　施工条件及技术准备

1. 施工图纸和技术资料齐全。

2. 土建的结构施工，预留孔洞、预埋铁和预埋吊杆、吊架等全部完成。

3. 土建湿作业全部完成。

4. 土建地面施工过程中进行。

5. 熟悉施工图纸和技术资料。

6. 施工方案编制完毕并经审批。

7. 施工前应组织施工人员进行安全、技术交底

13.1.2　金属槽盒的支、吊架制作及安装

（1）支、吊架安装要求。

1）支架与吊架所用钢材应平直，无显著扭曲。下料后长短偏差应在 5mm 范围内，切口处应无卷边、毛刺。

2）支、吊架应焊接牢固，焊缝均匀平整。

3）支架与吊架应安装牢固，保证横平竖直，在有坡度的建筑物上安装支架与吊架应与建筑物有相同坡度。

4）支架与吊架的规格一般应不小于扁铁 30mm×3mm，扁钢 25mm×25mm×3mm，圆钢不小于 Φ8mm，自制吊支架必须按设计要求进行防腐处理。

5）严禁用电气焊切割钢结构或轻钢龙骨任何部位，焊接后均应做防腐处理。

6）万能吊具应采用定型产品，对槽盒进行吊装，并应有各自独立的吊装卡具或支撑系统。

7）轻钢龙骨上敷设槽盒应各自有单独卡具吊装或支撑系统，吊杆直径应不小于 8mm。支撑应固定在主龙骨上，不允许固定在辅助龙骨上。

（2）预埋吊杆、吊架。

1）采用直径不小于 8mm 的圆钢，经过切割、调直、煨弯及焊接等步骤制作成吊杆、吊架。其端部应攻螺纹以便于调整。在配合土建结构中，应随着钢筋上配筋的同时，将吊杆或吊架锚固在所标出的固定位置。在混凝土浇筑时，要留有专人看护以防吊杆或吊架移位。拆模板时不得碰坏吊杆端部的螺纹。

2）预埋铁的自制加工尺寸应不小于 120mm×60mm×6mm。其锚固圆钢的直径不应小于 5mm。紧密配合土建结构的施工，将预埋铁的平面放在钢筋网片下面，紧贴模板，可以采用绑扎或焊接的方法将锚固圆钢固定在钢筋网上。模板拆除后，预埋铁的平面应明露，或埋进深度一般在 10~20mm，再将用扁钢或角钢制成的支架、吊架焊在上面固定。

（3）钢结构支、吊架安装：可将支架或吊架直接焊在钢结构上的固定位置处，也可利用万能吊具进行安装。支、吊架应选用定型产品，若结构为轻钢龙骨，支、吊架可自制。

（4）金属膨胀螺栓安装方法。

1）沿着墙壁或顶板根据设计图进行弹线定位，标出固定点的位置。

2）根据支架式吊架承受的荷重，选择相应的金属膨胀螺栓及钻头，所选钻头长度应大于套管长度。

3）打孔的深度应以将套管全部埋入墙内或顶板内后，表现平齐为准。

4）应先清除干净打好的孔洞内的碎屑，然后再用木锤或垫上木块后，用铁锤将膨胀螺栓敲进洞内，应保证套管与建筑物表面平齐，螺栓端部外露，敲击时不得损伤螺栓的螺纹。

5）埋好螺栓后，可用螺母配上相应的垫圈将支架或吊架直接固定在金属膨胀螺栓上。

13.1.3　金属槽盒的安装

（1）槽盒敷设安装。

1）槽盒直线段连接应采用连接板，用垫圈、弹簧垫圈、螺母紧固，接茬处应缝隙严密平齐。

2）槽盒进行交叉、转弯、丁字连接时，应采用单通、二通、三通、四通或平面二通、平面三通等进行变通连接，导线接头处应设置接线盒或将导线接头放在电气器具内。

3）应加装封堵。

4）槽盒通过钢管引入或引出导线时，应采用分管器。

5）建筑物的表面如有坡度时，槽盒应随其变化坡度。待槽盒全部敷设完毕后，应在配线之前进行调整检查。确认合格后，再进行槽内配线。

（2）槽盒安装要求。

1）槽盒应平整，无扭曲变形，内壁无毛刺，各种附件齐全。

2）槽盒的接口应平整，接缝处应紧密平直。槽盖装上后应平整，无翘角，出线口的位置准确。

3）在吊顶内敷设时，如果吊顶无法上人时应留有检修孔。

4）不允许将穿过墙壁的槽盒与墙上的孔洞一起抹死。

5）槽盒的所有非导电部分的铁件均应相互连接和跨接，使之成为一个连续导体，并做好整体接地。

6）槽盒不应作为保护导体的接续导体；槽盒全长不大于 30m 时，不应少于 2 处与保护导体可靠连接，全长大于 30m 时，应每隔 20～30m 增加连接点，起始端和终点端均应可靠接地。

7）槽盒经过建筑物的变形缝（伸缩缝、沉降缝）时，槽盒本身应断开，槽内用内连接板搭接，不需固定。保护地线和槽内导线均应留有补偿余量。

8）敷设在竖井、吊顶、通道、夹层及设备层等处的槽盒应符合《建筑设计防火规范》GB 50016—2014 的有关防火要求。

（3）吊装金属槽盒安装：万能型吊具一般应用在钢结构中，如工字钢、角钢、轻钢龙骨等结构，可预先将吊具、卡具、吊杆、吊装器组装成一整体，在标出的固定点位置处进行吊装，逐件地将吊装卡具压接在钢结构上，将顶丝拧牢。

1）槽盒直线段组装时，应先做干线，再做分支线，将吊装器与槽盒用蝶形夹卡固定在一起。按此方法，将槽盒逐段组装成形。

2）槽盒与槽盒可采用内连接头或外连接头，配上平垫和弹簧垫用螺母紧固。

3）槽盒交叉、丁字、十字应采用二通、三通、四通进行连接，导线接头处应设置接线盒放置在电气器具内，槽盒内绝对不允许有导线接头。

4）转弯部位应采用立上弯头和立下弯头，安装角度要适合。

5）出线口处应利用出线口盒进行连接，末端部位要装上封堵，在盒、箱、柜进出线处应采用抱脚连接。

13.1.4　金属槽盒内配线

（1）槽盒内配线方法。

1）清扫槽盒：清扫明敷槽盒时，可用抹布擦净槽盒内残存的杂物和积水，使槽盒内外保持清洁。清扫暗敷于地面内的槽盒时，可先将带线穿至出线口，然后将布条绑在带线一端，从另一端将布条拉出，反复多次就可将槽盒内的杂物和积水清理干净。也可用空气压缩机将槽盒内的杂物和积水吹出。

2）放线。

放线前应先检查管与槽盒连接处的护口是否齐全。导线和保护地线的选择是否符合设计图的要求。管进入盒、槽时，内外根母是否锁紧，确认无误后再放线。

放线方法：先将导线抻直、捋顺，盘成大圈或放在放线架（车）上，从始端到终端（先干线，后支线）边放边整理，不应出现挤压背扣、扭结、损伤导线等现象。每个分支应绑扎成束，绑扎时应采用尼龙绑扎带，不允许使用金属导线进行绑扎。放好线后，将槽内导线整理好，盖上盖板。

（2）槽盒内配线要求。

1）槽盒内配线前应消除槽盒内的积水和污物。

2）在同一槽盒内（包括绝缘在内）的导线截面积总和应该不超过内部截面积的40％。

3）槽盒底向下配线时，应将分支导线分别用尼龙绑扎带绑扎成束，并固定在槽盒底板下，以防导线下坠。

4）不同电压、不同回路、不同频率的导线应加隔板放在同一槽盒内。

5）导线较多时，除采用导线外皮颜色区分相序外，也可利用在导线端头和转弯处做标记的方法来区分。

6）在穿越建筑物的变形缝时，导线应留有补偿余量。

7）接线盒内的导线预留长度应不超过15cm，盘、箱内的导线预留长度应为其周长的1/2。

8）从室外引入室内的导线，穿过墙外的一段应采用橡胶绝缘导线，不允许采用塑料绝缘导线。穿墙保护管的外侧应有防水措施。

13.1.5　金属槽盒保护地线

（1）保护地线应敷设在槽盒内一侧，接地处螺栓直径应不小于6mm。并且加平垫和弹簧垫圈，用螺母压接牢固。非镀锌槽盒连接板两侧需跨接地线，跨接地线可采用铜编织带或塑铜软线。

（2）金属槽盒的宽度在100mm以内，两段槽盒用连接板连接处（即连接板做地线时），每端螺栓固定点不少于4个。宽度在200mm以上两端槽盒用连接板连接的保护地线每端螺栓固定点不少于6个。镀锌槽盒在连接板的两端可不跨接地线，但连接板两端需用不少于两个防松螺栓紧固。

（3）槽盒盖板应做好保护接地。

（4）金属槽盒配线安装应注意的质量问题。

1）配线前应将槽盒内清理干净，以防槽盒内有灰尘和杂物。

2）在线缆敷设前事先排列好，敷设时应将导线理顺，绑扎成束。

3）槽盒应选用合格产品。安装时采用胀管法固定牢固，以防槽盒底板松动、有翘边。

4）应按照图纸及规范要求将不同电压等级的线路分开敷设，以防不同电压等级的电路放置在同一槽盒内。

5）按要求配线，使槽盒内导线截面和根数在规定允许的范围内，以防槽盒内导线截面和根数超出槽盒的允许规定。

6）操作时应将盖板接口对好，以防槽盒盖板接口不严密，缝隙过大或有错茬。

7）金属槽盒、槽盒的外壳分别用纺织铜带与保护接地干线做好电气连接。

13.2　钢管布线

13.2.1　施工条件及技术准备

（1）施工图纸的技术资料齐全。

（2）明管敷设。

1）预埋件、支架及穿墙孔洞施工完毕。

2）土建初装修完毕。

（3）暗管敷设。

1）土建砌体施工过程中。

2）土建混凝土结构钢筋绑扎过程中。

3）预制楼板就位完毕。

（4）吊顶内或护墙板内、管路敷设：

1）预埋件安装完毕。

2）吊顶标高线已弹好。

（5）熟悉施工图纸和技术资料。

（6）施工方案编制完毕并经审批。

（7）施工前应组织施工人员进行安全、技术交底。

13.2.2　预制加工

（1）钢管煨弯可采用冷煨法或热煨法。

1）冷煨法：管径为20mm及其以下时，用手动煨管器。先将管子插入煨管器，均匀用力至煨出所需弯度。管径为25mm及其以上时，使用液压煨管器，即先将管子放入模具，然后操作煨管器，煨出所需弯度。

2）热煨法：首先堵住管子一端，将预先炒干的砂子灌满灌实，再将另一端管口堵住放在火上均匀加热，烧红后煨成所需弯度，及时冷却。要求管路的弯曲处弯扁程度应不大于管外径的1/10。明配管时，弯曲半径应不小于管外径的6倍。埋设于地下或混凝土楼板内时，应不小于管外径的10倍。

一般来讲，硬皮电缆转弯处不穿钢管敷设。特殊情况下经设计允许钢管作为穿电缆导管时，其弯曲半径应不小于电缆最小允许的弯曲半径，电缆最小允许的弯曲半径应符合表3-22的要求。

电缆最小允许的弯曲半径　　　　　　　　　　　表3-22

序号	电缆种类	最小允许的弯曲半径
1	无铅包钢铠护套的橡皮绝缘电力电缆	10D
2	有钢铠护套的橡皮绝缘电力电缆	20D
3	聚氯乙烯绝缘电力电缆	10D
4	交联聚氯乙烯绝缘电力电缆	15D
5	多芯控制电缆	10D

注：D为电缆外径。

（2）管子切断：用钢锯、割管器、无齿锯或砂轮锯进行切管，严禁用电气焊断管。将管子放在钳口内卡牢固，沿垂直于管子的方向切割。断口处平齐不歪斜，管口刮铣光滑，管内铁屑除净。

（3）管子攻螺纹：采用套管机，根据管外径选择相应板牙进行攻螺纹。要求丝扣干净清晰，丝扣不乱不过长，消除渣屑。管径20mm及其以下时，应分二板套成。管径在25mm及其以上时，应分三板套成。

（4）非镀锌金属导管防腐：导管内外壁应做防腐处理：埋设于混凝土内的导管内壁应做防腐处理，外壁可不做防腐处理，但应除锈。

13.2.3　管路敷设

（1）管路连接：金属导管严禁对口熔焊连接，镀锌和壁厚小于等于2mm的钢导管不得套管熔焊连接。防爆导管不应采用倒扣连接，当连接有困难时，应采用防爆活接头，其接合面严密。

1）管路连接方法。

①管箍攻螺纹连接：攻螺纹不得有乱扣现象。管箍必须使用通丝管箍。上好管箍后，管口应对严。外露螺纹应不多于2扣。

② 套管连接：用于暗配管，壁厚大于 2mm 非镀锌导管，套管长度为连接管径的 2.2 倍。连接管口的对口处应在套管的中心，焊口应焊接牢固严密。

③ 坡口（扬声器口）焊接：管径 80mm 以上钢管，先将管口除去毛刺，找平齐。用气焊加热管口，边加热边用手锤沿管周边，逐点均匀向外敲打出坡口，把两管坡口对平齐，周边焊严密。

2）管与管的连接：金属导管严禁对口熔焊连接，镀锌和壁厚小于等于 2mm 的钢导管不得套管熔焊连接。镀锌钢导管、可挠性导管不得熔焊跨接接地线，接地线采用专用接地卡做跨接连接。截面积不小于 4mm² 软铜导线。壁厚大于 2mm 及其以上的非镀锌钢管，可采用管箍连接或套管焊接。管口锉光滑、平整，接头应牢固紧密。

（2）钢管敷设时应在适当的长度（包括垂直部分）加装接线盒，其位置应考虑便于穿线，接线盒当分线盒设置时，还应考虑到美观，做到实用与效果相结合。

（3）电线管路与其他管道最小距离见表 3-23。

电线管路与其他管道最小距离　　　　　　　　　　表 3-23

管 道 名 称		最小距离/mm
蒸汽管	平行	1000（500）
	交叉	300
暖、热水管	平行	300（200）
	交叉	100
通风、上下水、压缩空气管	平行	100
	交叉	50

注：1. 表内有括号者为在管道下边的数据。
　　2. 达不到表中距离时，应采取下列措施：
　　① 蒸汽管在管外包隔热层后，上下平行净距可减至 200mm。交叉距离须考虑便于维修，但管线周围温度应经常在 35℃以下。
　　② 暖、热水管包隔热层。

（4）管进盒、箱连接：管入盒、箱必须煨灯叉弯，并应里外带锁紧螺母。采用内护口，管进盒、箱以内锁紧螺母平为准。吊顶内灯头盒至灯位可采用阻燃型普里卡金属软管过渡，长度应符合验收规范规定。其两端应使用专用接头。吊顶各种盒、箱的安装盒箱口的方向应朝向检查口以利于维修检查。

1）盒、箱开孔应整齐并与管径相吻合，要求一管一孔，不得开长孔。铁制盒、箱严禁用电、气焊开孔，并应刷防锈漆。

2）管口入箱位置应排列在箱体二层板内，跨接地线应焊在暗装配电箱预留的接地扁钢上，管入盒跨接地线可焊在暗装盒的棱边上，管入盒、箱应采用螺母锁紧，严禁管口与敲落孔焊接露出锁紧螺母的螺纹为 3 个扣。两根以上管入盒、箱要长短一致，间距均匀，排列整齐。

（5）钢管与设备连接：应将钢管敷设到设备内，若不能直接进入时，应符合下列要求：

1）在干燥房屋内，可在钢管出口处加保护软管引入设备，管口应包扎严密。

2）室内进入落地式柜、台、箱内的导管管口，应高出柜、台、箱、盘、基础面 50～80mm，或排配电箱（柜）的导管管口高度一致。

3）在室外或潮湿房间内，可在管口处装设防水弯头，由防水弯头引出的导线应套绝缘保护软管，经弯成防水弧度后再引入设备。

4）管口距地面高度一般不低于 200mm。

5）埋入土层内的钢管，应刷沥青包缠玻璃丝布后，再刷沥青油。或应采用水泥砂浆全面保护。

（6）暗管敷设。

1）随墙（砌体）配管：砖墙、加气混凝土砌块墙、空心砖墙配合砌墙立管时，该管最好放在墙中心。管口向上者要堵好。为使盒子平整，标高准确，可将管先立偏高 200mm 左右，然后将盒子稳好，再接短管。往上引管有吊顶时，管上端应煨成 90°弯直进吊顶内。由顶板向下引管不过长，以达到开关盒上口为准。等砌好隔墙，先稳盒后接短管。

2）大模板混凝土墙配管：可将盒、箱焊在该墙的钢筋上，接着敷管。每隔 1m 左右，用铅丝绑扎固定。管进盒、箱要煨灯叉弯。向上引管不过长，以能煨弯为准。

3）现浇混凝土楼板配管。先找灯位，根据房间四周墙的厚度，弹出十字线，将堵好的盒子固定牢固，然后敷设管路。有两个以上盒子时，要拉直线。如为吸顶灯或荧光灯（配置荧光灯时，导管入盒从侧面进盒，以防安装膨胀螺栓时打坏管路），应预下木砖或金属胀管。

（7）明管敷设：明管敷设与暗管敷设相同处见相关部分。在多粉尘，易爆等场所敷管，应按设计和有关防爆规程施工。防爆导管敷设应符合下列规定：

1）导管间及灯具、开关、线盒等的螺纹连接处紧密牢固，除设计有特殊要求外，连接处不跨接接地线，在螺纹上涂以电力复合脂或导电性好防锈脂。

2）安装牢固顺直，镀锌层锈蚀或剥落处防腐处理。

（8）变形缝处理：导管在变形缝处应做补偿处理。

1）变形缝处理做法：变形缝两侧各预埋一个接线盒，先把管的一侧固定在接线盒上，另一侧接线盒底部的垂直方向开长条形孔，其宽度尺寸不小于被接入管直径的 2 倍。

2）普通接线箱在地板上（下）部做法：箱体底口距离地面应不小于 300mm，管路弯曲 90°后，管进箱应加内、外锁紧螺母。在板下部时，接线箱距顶板距离应不小于 150mm。

13.2.4 接地线安装

（1）焊接法：管路接地如采用焊接跨接地线的方法连接，跨接地线两端焊接面不得小于该跨接线截面的 6 倍。焊缝均匀、无夹渣，焊接处要清除药皮，刷防腐漆。地线焊接及处理办法见防雷接地有关部分。明配管跨接线应紧贴管箍，焊接处均匀美观牢固。管路敷设应保证畅通，并刷好防锈漆、调和漆，无遗漏。跨接线的规格见表 3-24。

<table>
<tr><td colspan="3" align="center">跨接线的规格</td><td align="right">表 3-24</td></tr>
<tr><td align="center">管　径</td><td align="center">圆　钢</td><td colspan="2" align="center">扁　钢</td></tr>
<tr><td align="center">15～25</td><td align="center">φ6</td><td colspan="2" align="center">—</td></tr>
<tr><td align="center">32～40</td><td align="center">φ8</td><td colspan="2" align="center">—</td></tr>
<tr><td align="center">50～70</td><td align="center">φ10</td><td colspan="2" align="center">25×3</td></tr>
<tr><td align="center">≥80</td><td align="center">φ8×2</td><td colspan="2" align="center">25×3×2</td></tr>
</table>

（2）卡接法：镀锌钢管或可挠金属电线保护管，应用专用接地线卡连接，不得采用熔焊连接地线，截面积不小于 4mm²，铜芯软线明敷设时，采用铜芯双色软线。

（3）当非镀锌钢导管采用螺纹连接时，连接处的两端焊跨接接地线；当镀锌钢导管采用螺纹连接时，连接处的两端用专用接地卡固定跨接接地线。

13.2.5 管内穿线

（1）穿线前应首先检查各个管口，以保证护口齐全，无遗漏、破损。

（2）当管路较长或转弯较多时，往管内吹入适量的滑石粉。

（3）导线在管内不得有接头和扭结。

（4）管内导线包括绝缘层在内的总截面积应不大于管子内空截面积的40％。

（5）导线经变形缝处应留有一定的余度。

（6）不进入接线盒（箱）的垂直向上管口，穿入导线后应将管口密封。

13.2.6 管内绝缘导线敷设放线与断线

（1）放线。

1）放线前应根据设计图对导线的规格、型号、颜色、质量进行核对。

2）放线时导线应置于放线架或放线车上，放线避免出现死扣和背花。

（2）断线。

1）导线在接线盒、开关盒、灯头盒等盒内应预留14～16cm的余量。

2）导线在配电箱内应预留约相当于配电箱箱体周长的一半的长度作余量。

3）公用导线（如竖井内的干线）在分支处不断线时，采用专用绝缘接线卡卡接。

13.2.7 线路检查和绝缘摇测

（1）线路检查：接、焊、包全部完成后，应进行自检和互检。检查导线接、焊、包是否符合施工验收规范及质量评标准的规定。检查无误后再进行绝缘摇测。

（2）绝缘摇测：照明线路的绝缘摇测一般选用500V，量程为1～500MΩ兆欧表。照明绝缘线路绝缘摇测按下面的两步进行。

1）电气器具未安装前应进行线路绝缘摇测时，首先将灯头盒内导线分开，开关盒内导线连通。摇测应将干线和支线分开，一人摇测，一人应及时读数并记录。摇动速度应保持在120r/min左右，读数应采用1min后的读数为宜。

2）电气器具全部安装完在送电前进行摇测时，按系统、按单元、按户摇测一次线路的绝缘电阻。应先将线路上的开关、刀闸、仪表、设备等用电开关全部置于断开位置，摇测方法同上所述，确认绝缘摇测无误后再进行送电试运行。

13.2.8 钢管布线应注意的质量问题

（1）为了避免煨弯处出现凹扁过大或弯曲半径不够倍数的现象，施工时应注意以下几点：

1）热煨时，砂子要灌满，受热均匀，煨弯冷却要适度。

2）使用油压煨管器或煨管机时，模具要配套，管子的焊缝应在背面。

3）使用手扳煨管器时，移动要适度，用力不要过猛。

（2）暗配管路弯曲过多，敷设管路时，应按设计图要求及现场情况，沿最近的路线敷设，不绕行。

（3）预埋盒、箱、支架、吊杆歪斜，或者盒、箱里进外出严重，应根据具体情况进行修复。

（4）一次结构预理的盒子收口不好，稳住盒、箱出现空、收口不好，应在稳住盒、箱时，其周围灌满灰浆，盒、箱口应及时收好后再穿线上器具。

（5）预留管口的位置不准确。配管时未按设计图要求，找出轴线尺寸位置，造成定位不准。应根据设计图要求进行修复。

（6）钢导管在焊跨接地线时，将管焊漏，焊接不牢、漏焊、焊接面不够倍数，主要是操作者责任心不强，或者技术水平太低，应加强操作者责任心和技术教育，严格按照规范要求进行焊接。

（7）明配管、吊顶内或护墙板内配管、固定点不牢、螺栓松动铁卡子、固定点间距过大或不均匀。应采用配套管卡，固定牢固，挡距应找均匀。

（8）暗配管路堵塞，配管后应及时扫管，发现堵管及时修复。配管后应及时加管堵把管口堵严实。

（9）管口不平齐有毛刺，断管后未及时铣口，应用锉把管口锉平齐，去掉毛刺再配管。

（10）焊口不严，破坏镀锌层，应将焊口焊严，受到破坏的镀锌层处，应及时补刷防锈漆。

（11）穿线前应及时检查，发现护口破损与管径不符者应及时更换。以防护口遗漏、脱落、破损及与管径不符等现象。

（12）导线连接时，焊锡的温度要适当，刷锡要均匀，以防出现虚焊、夹渣。

（13）削线时不应用力过猛且应根据线径选用剥线钳相应的刀口，以防导线线芯受损。

（14）应选用与导线截面相应的合格产品，同时线芯的预留长度适宜，以防螺旋接线钮松动和线芯外露。

（15）应选用配套的压模压接，以防套管压接后，压模的位置不在中心线上或深度不够。

（16）敷设前应将管路中的泥水清理干净，以防导线受潮。

13.3 光缆的敷设

13.3.1 光缆敷设一般应符合下列要求

（1）光缆在设备端预留长度一般为 3～5m，有特殊要求的应按设计要求预留长度。

（2）光缆的弯曲半径应大于光缆外径的 20 倍。

（3）光缆、建筑物内其他智能化系统的线缆应分隔布放，且中间无接头。

（4）光缆采用牵引方式敷设时，应制作专用线缆牵引端头。

（5）布放光缆时，光缆盘转动应与光缆布放同步，光缆牵引的速度一般为 10m/min。

（6）对光缆瞬间最大牵引力不应超过光缆允许的张力，主要牵引力应加在光缆的加强芯上。

13.3.2 光缆芯线端接应符合下列要求：

（1）光纤熔接处应加以保护，使用连接器以便于光纤的跳接。

（2）连接盒面板应有标志。

（3）光纤跳线的活动连接器在插入适配器之前应进行清洁，所插位置符合设计要求。

（4）光纤熔接的平均损耗值为 0.15dB，最大值为 0.3dB。

（5）各类跳线的端接：

1）各类跳线和插件间接触良好，接线无误，标志齐全。跳线选用类型应符合设计要求。

2）各类跳线长度应依据现场情况确定，一般对绞电缆应不超过 5m，光缆应不超过 10m。

14 其他

14.1 工程建设过程中，应遵循以下原则：

14.1.1 根据国务院签发的《建设工程质量管理条例》进行施工，确保工程质量。

14.1.2 本设计文件需报建设行政主管部门或其他有关部门审查批准后，方可使用。

14.1.3 建设方必须提供电源等市政原始资料，原始资料必须真实、准确、齐全。

14.1.4 由建设单位采购建筑材料、建筑构件和设备的，建设单位应当保证建筑材料、建筑构件和设备符合设计文件和合同的要求。

14.1.5 施工单位必须按照工程设计图纸和施工技术标准施工，不得擅自修改工程设计，不得偷工减料。施工单位在施工过程中发现设计文件和图纸有差错的，应当及时提出意见和建议。

14.1.6 对于隐蔽工程，施工完毕后，施工单位应和有关部门共同检查验收，并做好隐蔽工程记录。

14.1.7 建设工程竣工验收时，必须具备设计单位签署的质量合格文件。

15 主要设备材料表和预算（参见建筑智能化系统设备清单编制）

二、建筑智能化系统设备清单编制实例

1 建筑系统集成管理系统清单见表3-25。

建筑系统集成管理系统清单 表3-25

序号	设备名称	技术性能要求	单位	数量	单价	合价
1	系统服务器	Xeon DP 5504,2G×2,146G×2 RAID1,DVD,22'LCD	台	1	□	□□□
2	服务器操作系统	Windows 2008 Server 中文标准版 10 用户	套	1	□	□□□
3	数据库软件	SQL Server 2008 中文工作组版 10 用户	套	1	□	□□□
4	杀毒软件	简体中文版 10 用户（SEP11.0）	套	1	□	□□□
5	集成系统软件平台	—	套	1	□	□□□
6	绘图软件	—	套	1	□	□□□
7	系统联动模块	—	套	1	□	□□□
8	建筑设备监控系统接口	与第三方系统集成	套	1	□	□□□
9	闭路电视监控系统接口	与第三方系统集成	套	1	□	□□□
10	防盗报警系统接口	与第三方系统集成	套	1	□	□□□
11	门禁系统接口	与第三方系统集成	套	1	□	□□□
12	停车场系统接口	与第三方系统集成	套	1	□	□□□
13	信息发布系统接口	与第三方系统集成	套	1	□	□□□
14	消防报警系统接口	与第三方系统集成	套	1	□	□□□
15	智能照明系统接口	与第三方系统集成	套	1	□	□□□
总计						□□□

2 网络交换机系统清单见表3-26。

网络交换机系统清单 表3-26

序号	设备名称	技术性能要求	单位	数量	单价	合价
核心交换机部分						□□□
1	核心交换机	1. 主机机箱（含系统软件、热拔插风扇盘）×1;2. 管理主控模块×2;3. 交流电源×2;4.24 千兆光口×1;5.24 千兆电口×1;6.12 万兆光口×1;7.2 个 40G 光口	台	2	□	□□□
		万兆光纤 LC 接口模块(1310nm,10km)	个	10	□	□□□
		40G SR 光模块,MPO 接口（850m,OM3 型光纤 100m)	个	2	□	□□□
2	防火墙业务板模块	—	块	2	□	□□□
3	无线控制器业务板模块	—	块	2	□	□□□
4	光模块	1000BASE-SX mini GBIC 多模模块（850nm,0.55km)	个	26	□	□□□

序号	设备名称	技术性能要求	单位	数量	单价	合价
		接入交换机部分				□□□
1	48口接入交换机	1. 千兆电口≥48 个 10/100/1000M 以太口;2. 千兆光口≥4;3. 提供多模模块≥2	台	15	□	□□□
2	24口接入交换机	1. 千兆电口≥24 个 10/100/1000M 以太口;2. 千兆光口≥4;3. 提供千兆电口≥2;4. 提供多模模块≥2	台	7	□	□□□
3	光模块	多模模块-(850nm,0.55km,LC)	个	26	□	□□□
		路由器部分				□□□
1	出口路由器	1. 业务模块插槽数≥8 个;2. 交换容量≥70Tbps;3. 包转发率≥12Gpps;4. NAT 最大并发连接数≥1600 万;5. 内存≥2GB;6. 整机支持 CPOS 接口≥4;7. 整机支持 GE 接口≥32;8. 支持 USB 接口 2 个;9. 支持接口模块热插拔;10. 支持 RIP/RIPng、OSPF/OSPF v3、IS-IS/IS-I	台	1	□	□□□
		管理部分				□□□
1	网络管理	1. 提供基础网管平台(100 设备);2. 提供专业无线管理组件;3. 提供无线 license-管理 50 台 AP 设备	台	1	□	□□□
		无线部分				□□□
1	无线 AP	1. 整机最大接入速率≥2966Mbps,支持 802.11 a/b/g/n/ac模式,支持 802.11ac wave2;2. 两路射频分别支持 2.4GHz 和 5GHz;3. 提供千兆以太网电口一个	台	18	□	□□□
		合计				□□□

3 综合布线系统清单见表 3-27。

综合布线系统清单　　　　　　　　　　　　　　表 3-27

序号	设备名称	技术性能要求	单位	数量	单价	合价
1	单孔 86 面板	1. 自带弹簧门,防水防尘,有可方便更换的嵌入式彩色标签条;2. 双层结构,螺丝不外露,边角柔性设计;3. 采用热塑料制成,符合 UL 要求,高强度,阻燃级别符合 94V-0 的要求,UV 耐腐蚀	个	18	□	□□□
2	双孔 86 面板	1. 自带弹簧门,防水防尘,有可方便更换的嵌入式彩色标签条;2. 双层结构,螺丝不外露,边角柔性设计;3. 采用热塑料制成,符合 UL 要求,高强度,阻燃级别符合 94V-0 的要求,UV 耐腐蚀	个	582	□	□□□
3	地插	铜制、材料为纯铜耐氧化	个	180	□	□□□
4	六类模块	1. 指压式免工具安装;2. 任选 90°直角或 45°斜插安装;3. UL 94V-0,耐抗击强冲击;4. KEYSTONE 国际标准类型	个	1182	□	□□□
5	6 类双绞线	1. 23AWG,0.57mm 铜芯线,305m/箱;2. CMR 防火外皮,整体外径 6.3mm 以上;3. 内部带十字骨架结构;4. 工业和信息化部性能认证	箱	290	□	□□□
6	6 芯多模室内光纤,62.5/125	1. OM1 等级,支持千兆传输;2. OFNR 防火外皮	m	17690	□	□□□

序号	设备名称	技术性能要求	单位	数量	单价	合价
7	3类50对大对数	1. 室内结构,支持3类语音应用,CMR防火等级;2. 最大直流阻抗:9.38Ω/100m,工作温度范围:−20～60℃;3. 每25对线缆含撕裂拉索和彩色芯线束,外护套上有连续米标,方便安装	轴	7	□	□□□
8	3类100对大对数	1. 室内结构,支持3类语音应用,CMR防火等级;2. 最大直流阻抗:9.38Ω/100m,工作温度范围:−20～60℃;3. 每25对线缆含撕裂拉索和彩色芯线束,外护套上有连续米标,方便安装	轴	22	□	□□□
9	六类24口快捷式配线架	1. 每端口带嵌入式标识条并可以彩色编码;2. 每端口带防尘盖设计,后部带理线支架;3. UL 94V-0,耐抗击强冲击	个	64	□	□□□
10	理线器	1. 单面线缆管理器,带扣入式盖板,提供良好的跳线存储和管理性能;2. 可防灰和防刮伤;3. 材质延展性好,抗冲击	个	127	□	□□□
11	110型100对配线架	1. 110机架式配线架,100对,含背板,标签;2. 支持卡接22～26AWG规格的芯线;3. 采用阻燃PVC,材质符合UL94V-0阻燃标准	套	79	□	□□□
12	24口光纤配线架	1. 抽屉式,黑色1U高度;2. 含尾纤熔接盘	个	63	□	□□□
13	多模SC耦合器	多模SC双工耦合器,采用氧化锆陶瓷芯	个	504	□	□□□
14	多模SC尾纤(1m)	1. 符合OM1类型62.5/125um多模千兆尾纤;2. 双芯,1m长	条	504	□	□□□
15	SC-LC多模光纤跳线(2m)	1. 符合OM1类型62.5/125um多模千兆光纤;2. 双芯LC-SC类型,2m	条	168	□	□□□
16	1对110-RJ45语音跳线(2m)	1. 原厂1对110-RJ45类型,长度2m;2.110插头带极性,防止反插	条	424	□	□□□
17	六类数据跳线(2m)	1. 24AWG多股带T字骨架软线制作,兼容T568A/B;2. 外护套一次注塑成型制作,减少插头部分应力;3. 插头几何外形符合FCC及IEC相应规范,8针模块化插头有50um的镀金层	条	758	□	□□□
18	5对打线工具	110连接块打线工具,支持同时多对端接	把	2	□	□□□
19	机柜	42HU	个	46	□	□□□
		合计				□□□

4 程控交换机系统清单见表3-28。

程控交换机系统清单　　　　　　　　　　　　　　表3-28

序号	设备名称	技术性能要求	单位	数量	单价	合价
1	HiPath3800 V7.0主机柜	9个自由槽	台	1	□	□□□
2	HiPath3800 V7.0副机柜	13个自由槽	台	1	□	□□□
3	24路模拟来电显示用户板 SLMAE200	可接24个模拟分机	块	12	□	□□□
4	24路数字用户板 SLMO2	可接24个数字分机	块	1	□	□□□
5	60B+D数字中继板 DIUN2	可接两条30B+D	块	2	□	□□□
6	1B软件包 DIUN2 LICENSE	1个语音通道的费用	个	88	□	□□□
7	4路语音信箱	所有分机都可以留言	台	1	□	□□□
		合计				□□□

5 有线电视系统清单见表 3-29。

有线电视系统清单 表 3-29

序号	设备名称	技术性能要求	单位	数量	单价	合价
1	卫星接收天线	接收亚太 6 号/3.2m	套	1	□	□□□
2	卫星天线避雷器	—	个	1	□	□□□
3	高频头	—	个	1	□	□□□
4	二路功分器	锌合金压铸成型,表面镀镍处理,75Ω,英制 F 型接头,插入损耗低,隔离度高,最大通过电流 0.5A,电压 DC 24V	个	1	□	□□□
5	八路功分器	锌合金压铸成型,表面镀镍处理,75Ω,英制 F 型接头,插入损耗低,隔离度高,最大通过电流 0.5A,电压 DC 24V	个	2	□	□□□
6	卫星接收机	接收亚太 6 号	台	10	□	□□□
7	调制解调器	48～860MHz 范围的全电视频道解调器,可接收标准频道 56 个(CH1-56)和增补频道 43 个(Z1-Z43)	台	11	□	□□□
8	DVD	可播放 DVD/SVCD/VCD/CD/CD-R/-RW/DVD-R/-RDL/-RW(VIDEO MODE、VR MODE W/CPRM)/DVD+R/+RDL/+RW(VIDEO MODE)。视频制式 NTSC/PAL	台	1	□	□□□
9	16 路混合器	采用全无源结构,对信号非线性指标无任何劣化影响,插入损耗低,端口隔离度高	台	1	□	□□□
10	19 寸液晶电视	物理分辨率 1366×768,LED 背光屏,支持多模式电脑分辨率,PAL/NTSC 双制式自动识别技术,声音制式自动识别技术,3D 画质处理,3D 梳状滤波器,动态色彩处理引擎,运动补偿,10Bit 视频处理,图像倍速处理引擎等多效画质提升电路,LED 背光,超清晰靓丽画质,画面清晰流畅	台	1	□	□□□
11	室内光接收机	220V 独立供电(用于有线信号接入)	台	1	□	□□□
12	双向干线放大器	220V 独立供电、双模块	只	1	□	□□□
13	双向分配放大器	220V 独立供电、双模块	只	6	□	□□□
14	四分支器	5～1000MHz	只	66	□	□□□
15	二分配器	5～1000MHz	只	1	□	□□□
16	四分配器	5～1000MHz	只	3	□	□□□
17	有线电视 F 插座	5～1000MHz	只	124	□	□□□
18	75Ω 终端电阻	—	只	30	□	□□□
19	四屏蔽电视线缆	SYWV75-9	m	3800	□	□□□
20	四屏蔽电视线缆	SYWV75-5	m	8500	□	□□□
21	19 寸机柜	42HU	套	2	□	□□□
22	电视放大器箱	600mm×400mm×200mm	台	6	□	□□□
23	电视分支器箱	300mm×200mm×150mm	台	40	□	□□□
合计						□□□

6 信息发布系统清单见表 3-30。

信息发布系统清单 表 3-30

序号	设备名称	技术性能要求	单位	数量	单价	合价
1	中央控制系统端软件-分屏版	一个中央控制系统端可以同时发布和管理若干个媒体显示端,安装在中央控制系统端硬件上。增强版软件,灵活的编排和发布节目,预览播放画面,监控节目及播放状态,定时远程开关机管理维护,定时或紧急插入发布节目或内容等,基于 TCP/IP 网络的控制管理和发布,含远程指令模块,实时网页接入模块等,支持各类多媒体节目及格式,不需要转换格式	个	1	□	□□□
2	中央控制系统端硬件	推荐配置不低于:CPU:Q9400/内存 2G/硬盘 250G/DVDRW /256 显卡/19″ LCD, Microsoft Windows 10, Microsoft Internet Explorer 6.0, Microsoft Media Player 10 series, Microsoft Office2003,安装繁体和简体语言、字体和字库或其他有需要的语言。备注:正版操作系统及正版 Office 等软件由工程商自行另外配置	个	1	□	□□□
3	媒体播放机及媒体显示端软硬件-分屏版	嵌入式 XPE 操作系统,CPU:Intel 嵌入式低功耗处理器/内存:1G/硬盘:160G,标准 VGA,音频输出,RS232 串口,USB 接口,含电源线,含增强版软件,支持 1 个媒体显示端授权许可软件价格,支持 720P 高清显示效果,支持横屏显示效果,任意分割画面播放,自定义模版功能	个	23	□	□□□
4	LED 工控媒体播放机及媒体显示端软硬件-分屏版	嵌入式 Microsoft Windows 10 操作系统,CPU:AMD 硬件加速芯片结合,有风扇嵌入式低功耗处理器/内存:1G/硬盘:160G,HDMI 输出,HDMI 转 DVI 输出,标准 VGA 输出,音频输出,RS232 串口,USB 接口,含电源线,含增强版软件,支持 1 个媒体显示端授权许可软件价格,支持 LED 真彩显示效果,支持高清片源播放及显示效果,任意分割画面播放,自定义模版功能	个	1	□	□□□
5	触摸交互多媒体发布系统客户端	将慧峰触摸交互多媒体发布系统客户端软件安装在触摸屏查询一体机的主机上,并实现触摸查询与信息发布的交互应用,包括与触摸查询系统的接口软件与播放端软件,实现在无人查询的情况下自动播放多媒体节目,在有人触摸查询条件下进入查询系统中的交互应用,不含触摸查询一体机及触摸业务查询软件	个	2	□	□□□
6	有线电视音视频接入切换设备及软件(实现有线电视画面接入信息发布显示功能)	将前端的有线电视节目接入到信息发布的显示画面中,并作为一路节目源在指定时间播放相应的电视频道节目内容,实现一个 LCD 中画中画的播放显示效果,并通过软件系统和网络,由中央管理员统一灵活地切换、选择频道,不需要人为的遥控器的介入选台(含视频接入切换设备及接口软件系统)	个	24	□	□□□
7	19 寸 LCD	亮度 300cd/m	台	4	□	□□□
8	32 寸 LCD	外形尺寸 780mm × 482mm × 109mm,亮度 450cd/m,最佳分别率 1366×768,显示色彩 16.7M,接口类型 D-Sub,DVI-D,HDMI,CVBS	台	12	□	□□□

序号	设备名称	技术性能要求	单位	数量	单价	合价
9	40 寸 LCD	外形尺寸 914mm×526.5mm×121.5mm,亮度 700cd/m,最佳分别率 1920×1080,显示色彩 16.7M,接口类型 D-Sub,DVI-D,HDMI,CVBS,Audio Stereo,Sound Stereo,DVI OUT	台	7	□	□□□
10	触摸查询一体机	32 寸	台	2	□	□□□
11	8 口交换机	—	台	1	□	□□□
12	超五类网线	—	箱	8	□	□□□
	合计					□□□

7 会议厅系统清单见表 3-31。

会议厅系统清单　　　　　　　　　　表 3-31

序号	设备名称	技术性能要求	单位	数量	单价	合价
	大会议室					
	一、扩声系统					□□□
1	左右声道扬声器	峰值声压级不小于 129dB;频响范围下限不高于 55Hz,上限不低于 20kHz,声场水平扩散角度 90°×60°	只	4	□	□□□
2	中声道扬声器	峰值声压级不小于 129dB;频响范围下限不高于 55Hz,上限不低于 20kHz,声场水平扩散角度 90°×60°	只	4	□	□□□
3	低音扬声器	峰值声压级不小于 126dB;频响范围下限不高于 31Hz,上限不低于 145Hz	只	2	□	□□□
4	返送扬声器	峰值声压级不小于 125dB;频响范围下限不高于 73Hz,上限不低于 20kHz,声场水平扩散角度 90°×90°	只	4	□	□□□
5	补声扬声器	峰值声压级不小于 130dB;频响范围下限不高于 70Hz,上限不低于 20kHz,声场水平扩散角度 90°×60°	只	4	□	□□□
6	左右声道扬声器功放	频率响应:25Hz～25kHz(+0,−1dB);失真:<0.03% 8Ω;信噪比:>100dB;阻尼因数:>300dB,1kHz 以下;输入阻抗:平衡 20kΩ 非平衡 10kΩ;输入灵敏度:1.15V;增益:34dB;最大输入电平:9.75Vrms(+22dBu)	台	2	□	□□□
7	中声道扬声器功放	频率响应:25Hz～25kHz(+0,−1dB);失真:<0.03% 8Ω;信噪比:>100dB;阻尼因数:>300dB,1kHz 以下;输入阻抗:平衡 20kΩ 非平衡 10kΩ;输入灵敏度:1.15V;增益:34dB;最大输入电平:9.75Vrms(+22dBu)	台	2	□	□□□
8	低音扬声器功放	频率响应:25Hz～25kHz(+0,−1dB),失真:<0.03% 8Ω;信噪比:>100dB;阻尼因数:>300dB,1kHz 以下;输入阻抗:平衡 20kΩ 非平衡 10kΩ;输入灵敏度:1.15V;增益:34dB;最大输入电平:9.75Vrms(+22dBu)	台	1	□	□□□

序号	设备名称	技术性能要求	单位	数量	单价	合价
9	返送扬声器功放	频率响应:25Hz~25kHz(+0,−1dB);失真:<0.03% 8Ω;信噪比:>100dB;通道分离度:>90dB,1kHz;阻尼因数:>300dB,1kHz 以下;输入阻抗:平衡 20kΩ 非平衡 10kΩ;输入灵敏度:1.15V;增益:32dB;最大输入电平:9.75Vrms(+22dBu)	台	2	□	□□□
10	补声扬声器功放	频率响应:25Hz~25kHz(+0,−1dB);失真:<0.03% 8Ω;信噪比:>100dB,通道分离度:>90dB,1kHz;阻尼因数:>300dB,1kHz 以下;输入阻抗:平衡 20kΩ 非平衡 10kΩ;输入灵敏度:1.15V;增益:32dB;最大输入电平:9.75Vrms(+22dBu)	台	2	□	□□□
11	调音台	24 麦克风或线路输入,2 路双立体声输入,并带均衡器,绝对超值的 4 段 MusiQ 均衡器,4 辅助编组,6 路辅助输送和 7×2 矩阵功能。4 段 MusiQ 均衡器,2 段扫频,单声道直接输入,独立 L,R&M 总线;100mm 推子;3 个矩阵输出;对讲至辅助输送或 LRM	台	1	□	□□□
12	音频处理器	高达 96kHz 采样频率,3.5″,320×240LCD 触摸屏控制,使用电源:100-240VAC,50/60Hz,消耗功率:0.25A/220VAC	台	1	□	□□□
13	均衡器	双 31 段 1/3 倍频程图示均衡器,信噪比高达 100dB,40Hz 的低频切除滤波器,互补增益控制电路使频点精确、音色平滑、圆润,20dB 可调的降噪处理、实现真正的无噪声输出,45mm 长控制推杆,使调试更为精确,前面板保护屏可覆盖调控旋钮及电位器,防止意外误操作,具有平衡 XLR 及 1/4″TRS 及接线端子输入/输出	台	2	□	□□□
14	效果器	在 24bit/96kHz 状态下优越的声音品质、通过 SPn3000 编辑器软件来实现在电脑上编辑和控制,重新优化的预置程序包括新开发的"REV—X"混响算法	台	1	□	□□□
15	反馈抑制器	传声增益 10db;背景降噪 14db;啸叫抑制 10db;增益控制−12db~+36db;频率响应 50~20kHz	台	1	□	□□□
16	无线手持话筒	在 600MHz 频段运行,拥有 10 个可选的频率,运用了真正分集的超高频无线技术	套	2	□	□□□
17	无线领夹话筒	在 600MHz 的频率波段(656.125~678.500MHz,电视的 45~48 频道)上运行	套	2	□	□□□
18	鹅颈话筒(含底座)	频率响应 80~20000Hz,讯噪比 65dB,1kHz 于 1Pa	套	16	□	□□□
19	自动混音台	8 路话筒/线路输入,采用裸线接口端子每路输入都具有电平微调、预衰减、电平调整、信号/过载指示灯;8 通道可设定为远程输入信号或者背景音乐输入;可选择最后说话通道保持打开、高通滤波器、自动混音以及 24V 幻象供电等功能;主输出、辅助输出和通道直接输出的信号可在自动混音前后自由选择;所有选项功能都通过外部接线完成,无须开机箱作内部跳线;每通道都有逻辑输出,用于触发外部设备	台	2	□	□□□
20	DVD 机	5.1 声道输出,USB 接口,输入端口,HDMI 接口	台	1	□	□□□
21	MD 机	—	台	1	□	□□□
22	录音卡座	—	台	1	□	□□□

序号	设备名称	技术性能要求	单位	数量	单价	合价
		二、视频显示系统				□□□
1	投影机	三片 DLP 技术,10000 流明,分辨率 1400×1050,对比度 5000:1,4 只 250W UHP 灯泡,液体冷却技术,标准 4:3 比例,内置画中画和融合功能	台	2	□	□□□
2	电动升降架	定制	套	2	□	□□□
3	投影幕	200″电动幕布	副	2	□	□□□
4	广播级枪机摄像机	—	台	1	□	□□□
5	一体化摄像机	速率:30 帧/s;视像分辨率:752×582/输出接口:RS-232 或 RS-422 串行控制(VISCATM 命令);图像传感器:1/4″CCD;镜头:18X 变焦,f=4.1mm(宽)到 73.8mm(电视),F1.4 到 F3.0;水平视角:2.7 度(电视端)到 48 度(宽端);平移或倾斜:平移,±170 度(最大速度 100 度/s),倾斜:−30 度到 +90 度(最大速度 90 度/s);视频输出:VBS,Y/C;预设定位:6 个位置,功耗:12W	台	4	□	□□□
6	AV 矩阵	16×16	台	1	□	□□□
7	RGB 矩阵	16×16	台	1	□	□□□
		三、中控系统				□□□
1	中央控制主机	4 个通用串行接口,1 个通用 SmartNet 口,8 路 IR,8 路 I/O,8 路继电器,内置网口;32 位 MOTOROLA ColdFire 处理器,工业高速总线结构;16M 内存,4M 闪存(可扩展);1 个 RS-232 通用编程接口;内置网口和 TCP/IP 协议簇	台	1	□	□□□
2	真彩无线双向触摸屏	分辨率 800×640	台	1	□	□□□
3	双向无线 RF 收发器	—	个	1	□	□□□
4	桌面式真彩触摸屏	—	台	1	□	□□□
5	红外发射棒	—	个	4	□	□□□
6	电源控制器	—	台	1	□	□□□
7	编程软件	—	套	1	□	□□□
		四、辅料线材				□□□
1	设备机柜	—	台	2	□	□□□
2	时序电源器	8 路	台	2	□	□□□
3	多媒体接口盒	VGA、AV、音频、电源	个	8	□	□□□
4	话筒盒	4 路	个	4	□	□□□
5	专业音箱线	—	m	800	□	□□□
6	专业话筒线(含音频线)	—	m	300	□	□□□
7	专业视频线	—	m	800	□	□□□
8	RGB 线	—	m	800	□	□□□
9	控制线	—	m	800	□	□□□
10	网线	—	m	800	□	□□□
11	辅料	—	批	1	□	□□□
		小计				□□□

序号	设备名称	技术性能要求	单位	数量	单价	合价
		小会议室				
		一、视频显示系统				□□□
1	液晶显示器	—	台	2	□	□□□
2	安装壁架	—	套	2	□	□□□
		二、辅料线材				□□□
1	多媒体接口盒	—	个	2	□	□□□
2	专业视频线	—	m	100	□	□□□
3	RGB线	—	m	100	□	□□□
4	辅料	—	批	2	□	□□□
		小计				□□□
		带同传会议室				
		一、扩声系统				□□□
1	左右声道扬声器	峰值声压级不小于129dB;频响范围下限不高于55HZ,上限不低于20kHz,声场水平扩散角度90°×60°	只	2	□	□□□
2	补声扬声器	频率范围75~18kHz;承受功率200W,8Ω;高音覆盖角90°×60° 有黑白两色可选;配置1/4寸吊装点及U形安装架;可选输出变压器70V/100V	只	2	□	□□□
3	左右声道扬声器功放	频率响应:25~25kHz(+0,−1dB);失真:<0.03%,8Ω;信噪比:>100dB;阻尼因数:>300dB 1kHz以下;输入阻抗:平衡20kΩ 非平衡10kΩ;输入灵敏度:1.15V;增益:34dB;最大输入电平:9.75Vrms(+22dBu)	台	1	□	□□□
4	补声扬声器功放	频率响应:25Hz~25kHz(+0,−1dB);失真:<0.03%,8Ω;信噪比:>100dB;通道分离度:>90dB,1kHz;阻尼因数:>300dB,1kHz以下;输入阻抗:平衡20kΩ 非平衡10kΩ;输入灵敏度:1.15V;增益:32dB;最大输入电平:9.75Vrms(+22dBu)	台	1	□	□□□
5	音频处理器	高达96kHz采样频率,3.5″,320×240LCD触摸屏控制,使用电源:100V~240VAC,50/60Hz,消耗功率:0.25A/220VAC	台	1	□	□□□
6	反馈抑制器	—	台	1	□	□□□
7	无线手持话筒	在600MHz频段运行,拥有10个可选的频率,运用了真正分集的超高频无线技术	套	2	□	□□□
8	无线领夹话筒	在600MHz的频率波段(656.125~678.500MHz,电视的45~48频道)上运行	套	2	□	□□□
9	鹅颈话筒(含底座)	频率响应80~20000Hz,讯噪比65dB,1kHz于1Pa	套	8	□	□□□
10	自动混音台	8路话筒/线路输入,采用裸线接口端子 每路输入都具有电平微调、预衰减、电平调整、信号/过载指示灯;8通道可设定为远程输入信号或者背景音乐输入;可选择最后说话通道保持打开、高通滤波器、自动混音以及24V幻像供电等功能;主输出、辅助输出和通道直接输出的信号可在自动混音前后自由选择;所有选项功能都通过外部接线完成,无须开机箱作内部跳线;每通道都有逻辑输出,用于触发外部设备	台	1	□	□□□

序号	设备名称	技术性能要求	单位	数量	单价	合价
11	DVD机	—	台	1	☐	☐☐☐
12	MD机	—	台	1	☐	☐☐☐
13	录音卡座	—	台	1	☐	☐☐☐
		二、同声传译系统				☐☐☐
1	同声传译主机(3+1)	四路无线发射主机,每通道可以独立usb音乐播放能力	台	1	☐	☐☐☐
2	译员机(含话筒)	议员话筒,可以进行多通道灵活切换	台	3	☐	☐☐☐
3	译员耳机	—	台	3	☐	☐☐☐
4	信号混合放大器	四路信号混合、功率放大进行信号传载	台	1	☐	☐☐☐
5	无线会议系统天线		台	1	☐	☐☐☐
6	14通道语音分配旁听单元(含立体声耳机)	含立体声耳塞	台	50	☐	☐☐☐
7	旁听接收器充电箱	50套装	台	1	☐	☐☐☐
8	高频专用通信线缆	—	m	50	☐	☐☐☐
		三、视频显示系统				☐☐☐
1	投影机	单片DLP技术,5000流明,分辨率1024×768,对比度1000∶1,2只300W UHP灯泡,液体冷却技术,标准4∶3比例	台	1	☐	☐☐☐
2	电动升降架	定制	套	1	☐	☐☐☐
3	投影幕	150″电动幕布	副	1	☐	☐☐☐
4	一体化摄像机	速率:30帧/s;视像分辨率:752×582;输出接口:RS-232或RS-422串行控制(VISCATM命令);图像传感器:1/4″CCD/镜头:18x变焦,f=4.1mm(宽)到73.8mm(电视),F1.4到F3.0;水平视角:2.7°(电视端)到48°(宽端);平移或倾斜:平移,±170°(最大速度100°/s),倾斜:−30°到+90°(最大速度90°/s);视频输出:VBS,Y/C,预设定位:6个位置,功耗:12W	台	3	☐	☐☐☐
5	AV矩阵	8×8	台	1	☐	☐☐☐
6	RGB矩阵	8×8	台	1	☐	☐☐☐
7	视频会议终端	图像传感器1/4″CCD;视像分辨率704×576/352×288/176×144/128×96;摄像头速率30帧/s;高质量的视频和音频(H.264和MPEG AAC),MCU下的混速连接,支持6点,级联至10点的内置多点会议,支持带内置高质量回声抑制器的麦克风阵列、H.239双流传输,连接的会场名可以在点对点和多点模式下显示于全屏或分屏显示;带宽要求4Mbps(LAN);2Mbps(ISDN);输出接口H.320/H.323	套	1	☐	☐☐☐

序号	设备名称	技术性能要求	单位	数量	单价	合价
		四、中控系统				☐☐☐
1	中央控制主机	4 个通用串行接口,1 个通用 SmartNet 口,8 路 IR,8 路 I/O,8 路继电器,内置网口;32 位 MOTOROLA ColdFire 处理器,工业高速总线结构;16M 内存,4M 闪存(可扩展);1 个 RS-232 通用编程接口;内置网口和 TCP/IP 协议簇	台	1	☐	☐☐☐
2	真彩无线双向触摸屏	分辨率 800×640	台	1	☐	☐☐☐
3	双向无线 RF 收发器	—	个	1	☐	☐☐☐
4	红外发射棒	—	个	4	☐	☐☐☐
5	电源控制器	—	台	1	☐	☐☐☐
6	编程软件	—	套	1	☐	☐☐☐
		五、辅料线材				☐☐☐
1	设备机柜	—	台	1	☐	☐☐☐
2	时序电源器	—	台	1	☐	☐☐☐
3	多媒体接口盒	—	个	3	☐	☐☐☐
4	话筒盒	—	个	2	☐	☐☐☐
5	专业音箱线	—	m	300	☐	☐☐☐
6	专业话筒线	—	m	100	☐	☐☐☐
7	专业视频线	—	m	200	☐	☐☐☐
8	RGB 线	—	m	200	☐	☐☐☐
9	控制线	—	m	200	☐	☐☐☐
10	网线	—	m	200	☐	☐☐☐
11	辅料	—	批	1	☐	☐☐☐
		小计				☐☐☐
		贵宾会议室				
		一、扩声系统				☐☐☐
1	吸顶扬声器	带波导钕磁高音单元,102mm 低音单元,备有安装配件,内置高通滤波器	只	12	☐	☐☐☐
2	吸顶扬声器功放	频率响应:25Hz～25kHz(＋0,－1dB);失真:＜0.03%,8Ω;信噪比:＞100dB;通道分离度:＞90dB,1kHz;阻尼因数:＞300dB,1kHz 以下;输入阻抗:平衡 20kΩ 非平衡 10kΩ;输入灵敏度:1.15V;增益:32dB;最大输入电平:9.75Vrms(＋22dBu)	台	2	☐	☐☐☐
3	DVD 机		台	2	☐	☐☐☐
		二、会议发言系统				☐☐☐
1	会议系统主机	4 种会议模式供选择,2U 设计,具有断电自动记忆功能,摄像自动跟踪功能;三路单元端口,可连接会议单元,也可连接扩展主机。可计算机连接结合软件同步操作,4 路视频输入,1 路混合视频输出。内置各类快球摄像头的通信协议。平衡音频输入输出接口。面板 LCD 菜单显示屏,通过巡航按键和确认/返回按键完成系统设置,声控话筒技术	台	2	☐	☐☐☐

序号	设备名称	技术性能要求	单位	数量	单价	合价
2	会议主席机	主席优先控制;带有表决按键;拾音器灵敏度4段调整;内置鹅颈拾音器;拾音器手动打开/声控关闭或手动关闭;数字OLED彩色屏幕;视像跟踪装置;内置麦克输入/笔记本线路输入/耳机输出/线路输出录音功能(含2m线缆)	台	2	□	□□□
3	会议代表机	带有表决按键;拾音器灵敏度4段调整;内置鹅颈拾音器;拾音器手动打开/声控关闭或手动关闭;数字OLED彩色屏幕;视像跟踪装置;内置麦克输入/笔记本线路输入/耳机输出/线路输出录音功能(含2m线缆)	台	18	□	□□□
4	会议延长线缆	—	套	2	□	□□□
5	会议系统扩展电源	—	台	2	□	□□□
三、视频显示系统						□□□
1	液晶显示器	—	台	2	□	□□□
2	安装壁架	—	套	2	□	□□□
四、中控系统						□□□
1	中央控制主机	4个通用串行接口,1个通用SmartNet口,8路IR,8路I/O,8路继电器,内置网口;32位MOTOROLA ColdFire处理器,工业高速总线结构;16M内存,4M闪存(可扩展);1个RS-232通用编程接口;内置网口和TCP/IP协议簇	台	2	□	□□□
2	真彩无线双向触摸屏	分辨率800×640	台	2	□	□□□
3	双向无线RF收发器	—	个	2	□	□□□
4	12键墙上控制面板	12个可编程按键;1个4-Pin SmartNet专用网络接口;120mm(高)×74mm(宽)×38mm(深);24VDC网络供电	台	2	□	□□□
5	红外发射棒	—	个	8	□	□□□
6	电源控制器	—	台	2	□	□□□
7	编程软件	—	套	2	□	□□□
五、辅料线材						□□□
1	设备机柜	—	台	2	□	□□□
2	多媒体接口盒	—	个	2	□	□□□
3	专业音箱线	—	m	200	□	□□□
4	专业话筒线	—	m	100	□	□□□
5	专业视频线	—	m	200	□	□□□
6	RGB线	—	m	200	□	□□□
7	控制线	—	m	200	□	□□□
8	网线	—	m	200	□	□□□
9	辅料	—	批	2	□	□□□
小计						□□□

8 背景音乐及紧急广播系统清单见表3-32。

背景音乐及紧急广播系统清单　　　　　　　　　　　　表3-32

序号	设备材料名称	技术性能要求	单位	数量	单价	总价
1	系统管理主机	4音频母线的输入矩阵,主控制器,可控制音频信号路径、优先级和外围设备。可记录最多2000个系统活动与故障。电源:直流24V(工作范围:直流20V~40V),频率响应:20~20000Hz,信噪比:高于60db,失真:低于0.5%	台	1	□	□□□
2	遥控话筒输入模块	电源由主机提供,RJ45接头	块	1	□	□□□
3	音频输入模块	频响:20~20000Hz,信噪比:90dB	块	2	□	□□□
4	语音广播模块	频响:20~20000Hz(44.1kHz取样),快闪记忆卡128M	块	2	□	□□□
5	遥控话筒	单一指向性电容式话筒,功能键15,可扩展至105个	台	1	□	□□□
6	扩展单元	10区扩展键盘 功能键10　最大20mA(RM-200M直流电源输入条件下),最大75mA	个	4	□	□□□
7	监察机框	将4条音频母线分配至各区的输出矩阵部分。电源:24VDC,消耗电流:低于2A(直流40V),输入/输出音频连接音频母线数:4 0dB×,电子平衡式,RJ45母型接头,双绞电缆(TIA/EIA-586A标准),失真:低于0.5%,频率响应:20~20000Hz(使用VX-200SZ时:120~20000Hz),信噪比:高于60dB	台	5	□	□□□
8	导频音检测模块	通过检测导频信号的存在与否检测喇叭回路的短路和开路,并可检测接地故障	块	45	□	□□□
9	控制输入模块	用于增加系统控制输入数量的模块	块	2	□	□□□
10	功率放大器	4通道。额定功率60W;频率响应:40~16000Hz,±3dB(1/3额定输出),失真:低于1%(额定输出,1kHz),信噪比:高于80dB	台	13	□	□□□
11	功率放大器	2通道。额定功率120W;频率响应:40~16000Hz,±3dB(1/3额定输出),失真:低于1%(额定输出,1kHz),信噪比:高于80dB	台	1	□	□□□
12	功率放大器	额定功率240W;频率响应:40~16000Hz,±3dB(1/3额定输出),失真:低于1%(额定输出,1kHz),信噪比:高于80dB	台	2	□	□□□
13	功放输入模块	额定功率420W;频率响应:4°~16000Hz,±3dB(1/3额定输出),失真:低于1%(额定输出,1kHz),信噪比:高于80dB	块	50	□	□□□
14	电源机架	—	个	3	□	□□□
15	电源供应单元	将4条音频母线分配至各区的输出矩阵部分。电源:24VDC,消耗电流:低于2A(直流40V),输入/输出音频连接音频母线数:40dB×,电子平衡式,RJ45母型接头,双绞电缆(TIA/EIA-586A标准),失真:低于0.5%,频率响应:20~20000Hz(使用VX-200SZ时:120~20000Hz),信噪比:高于60dB	台	8	□	□□□
16	紧急电源供应器	电源:直流230V,50/60Hz,电源消耗:最大580W;额定输出:210W(29V,7.25A)×2	台	3	□	□□□
17	监听器	用于监听喇叭线路等级的被动式监听面板;最多可对10频道音响讯号作监听;5″全音域喇叭及功率计作监听用	台	5	□	□□□

序号	设备材料名称	技术性能要求	单位	数量	单价	总价
18	嵌顶式喇叭	输入功率:6W;3W;1W可调。灵敏度:90dB(1W,1M于33Hz0-3,300Hz粉红噪声)。频响:100～16000Hz。驱动单元:12cm锥形扬声器	只	222	□	□□□
19	6W壁挂式喇叭	额定输入:30W。阻抗:8Ω 频率响应:80～20000Hz	只	45	□	□□□
20	数字音乐播放器	采用ARM920T内核架构,主频200MHz;具有16KB的指令Cache,16KB的数据Cache,64MB SRAM,音频输出:I2S接口音质好 LCD接口:蓝色122×32点阵,工业级STN LCD,2行汉字显示 上行信道:标准GSM/GPRS短信	台	1	□	□□□
21	DVD/CD/MP3/AM/FM	宽电源110～240V,192kHz/24bit音频数码/模拟转换器,频率响应40～20000Hz,谐波失真<0.3%,信噪比>70dB。自动和手动调谐,记忆功能,带外置天线,阻抗75Ω非平衡,灵敏度2.5μS/98MHZ(FM),20μS/999kHz(AM),静噪30dB(FM),20dB(AM),信噪比≥70dB(FM),≥45dB(AM),失真<1%	台	1	□	□□□
22	免维护蓄电池	额定电压:12V。额定电容:100AH。长:333mm。宽:172mm。高:216mm。重量:31.3kg	个	16	□	□□□
23	6W音量控制器	四线制音量控制器,容量可扩展至60W、120W或200W,强插告警功能	个	1	□	□□□
24	30W音量控制器	四线制音量控制器,容量可扩展至60W、120W或200W,强插告警功能	个	1	□	□□□
25	60W音量控制器	四线制音量控制器,容量可扩展至60W、120W或200W,强插告警功能	个	1	□	□□□
26	19″2.0m标准广播机柜	42U标准广播机柜	个	3	□	□□□
27	系统管理计算机	—	台	1	□	□□□
28	阻燃耐火控制电缆	NHRVS-2×2.5	m	9600	□	□□□
29	阻燃耐火控制电缆	NHRVS-2×1.5	m	16000	□	□□□
合计						□□□

9 无线对讲系统清单见表3-33。

无线对讲系统清单

表3-33

序号	设备名称	技术性能要求	单位	数量	单价	合价
1	基地台	频率范围:VHF 136～174MHz,300～370MHz UHF 403～470MHz,内部装有比工器和预选器,支持VHF/UHF/其他不同频段,电话互连接口,兼容所有GR系列控制器,UL/CSA/TUA安全认证,连续的25W低功率,间歇的40W/45W高功率	台	2	□	□□□
2	耦合器	400～470MHz	个	33	□	□□□
3	接收有源分路器	二分路	台	1	□	□□□
4	发射合路器	二合路	台	1	□	□□□
5	双工器	—	个	1	□	□□□
6	天线(室内吸顶式)	400～420MHz或450～470MHz	付	34	□	□□□

序号	设备名称	技术性能要求	单位	数量	单价	合价
7	同轴电缆	50Ω-9	m	3,000	□	□□□
8	馈线接头	SMA 头	个	114	□	□□□
9	电缆跳线	50Ω-9	根	16	□	□□□
10	标准机柜	42HU	个	1	□	□□□
11	器件箱	500mm×400mm×200mm	个	27	□	□□□
12	电源插板	最大使用电压：AC250V；最大使用电流：10AMP；最大使用功率：2500W；交流电工作频率：50Hz；高阻燃、抗冲击，具有优良的耐压、耐热、耐潮特性	个	1	□	□□□
13	包塑金属软管及构件	φ25	m	300	□	□□□
14	蓄电池	—	块	2	□	□□□
15	对讲机	频率范围：UHF：403～440MHz，438～470MHz；功率输出：1～4W（UHF） 信道容量：16；美国军用标准：美国军用标准 810C、D 和 E；信令 - Quick Call II、DTMF、部分的 MDC1200；电池寿命：10h（高功率）、13h（低功率）—使用标准镍氢电池（可选配锂电池）	部	30	□	□□□
合计						□□□

10 建筑设备监控系统清单见表 3-34。

建筑设备监控系统清单　　　　　　　　　　　　表 3-34

序号	设备名称	技术性能要求	单位	数量	单价	合价
一、中控部分						□□□
1	系统工作站	2G 内存 320G 硬盘 512M 独显 20 寸 LCD DVD WIN7	个	2	□	□□□
2	打印机	24 针击式宽行点阵打印 A3，440cps，360dpi	个	1	□	□□□
3	网络交换机	8 口 10/100M 自适应电口，2 个 100M/1G SFP 光口，2 个复用的 10/100/1000M 自适应电口	个	1	□	□□□
4	NAE 网络控制引擎	BACnet 总线，200 个控制器	个	1	□	□□□
5	数据管理服务器软件	Web 服务，5 用户	个	1	□	□□□
6	冷机接口	第三方设备接口	个	1	□	□□□
7	变配电接口	第三方设备接口	个	1	□	□□□
8	电梯接口	第三方设备接口	个	1	□	□□□
9	照明接口	第三方设备接口	个	1	□	□□□
二、现场控制器部分						□□□
1	BACnet 通用数字控制器	UI：6，BI：2，AO：2，BO：3，CO：4	个	59	□	□□□
2	BACnet I/O 扩展模块	BI：4	个	12	□	□□□
3	BACnet I/O 扩展模块	UI：6，BI：2，AO：2，BO：3，CO：4	个	103	□	□□□
4	DDC 盘箱	600mm×500mm×200mm，含变压器等	个	44	□	□□□

序号	设备名称	技术性能要求	单位	数量	单价	合价
5	DDC 盘箱	700mm×500mm×200mm,含变压器等	个	13	□	□□□
6	DDC 盘箱	800mm×600mm×200mm,含变压器等	个	12	□	□□□
7	继电器	—	个	263	□	□□□
三、传感器执行器部分						□□□
1	水管温度传感器	镍元件,−46～104℃,6 inch	个	4	□	□□□
2	水管温度传感器配件	铜套管,152mm	个	4	□	□□□
3	液位开关	SPDT,12m 电缆	个	50	□	□□□
4	水管压力传感器	0～30bar,1/4 Male,0～10V,2m Cable	个	2	□	□□□
5	室外温湿度传感器	4～20mA/1K0hm/5%	个	1	□	□□□
6	室内二氧化碳传感器	0～2000PPM	个	17	□	□□□
7	风道式温度传感器	镍元件,−46～104℃,8 inch	个	88	□	□□□
8	风道式湿度传感器	0～10V,4%精度	个	88	□	□□□
9	压差开关	0.5～4mbar	个	88	□	□□□
10	低温断路器	自动复位,SPDT,2～7℃,6m	个	76	□	□□□
11	开关型风阀执行器	AC24V,16Nm,浮点控制	个	88	□	□□□
12	调节型风阀执行器	AC24V,16Nm,比例控制	个	24	□	□□□
13	DN40 二通球阀	KV40,黄铜阀体,不锈钢阀芯,120℃,PN40	个	4	□	□□□
14	水阀驱动器	AC24V,6Nm,比例控制	个	4	□	□□□
15	DN50 二通球阀	KV63,黄铜阀体,不锈钢阀芯,120℃,PN40	个	3	□	□□□
16	水阀驱动器	AC24V,9Nm,比例控制	个	3	□	□□□
17	球阀连接件	DN40,50 阀门连接件	个	7	□	□□□
18	DN65 二通球阀	KV63,黄铜阀体,不锈钢阀芯,120℃,PN16	个	11	□	□□□
19	DN80 二通球阀	KV100,黄铜阀体,不锈钢阀芯,120℃,PN16	个	61	□	□□□
20	D100 二通球阀	KV150,黄铜阀体,不锈钢阀芯,120℃,PN16	个	11	□	□□□
21	水阀驱动器	AC24V,24Nm,比例控制	个	83	□	□□□
22	球阀连接件	DN65,80,100 阀门连接件	个	83	□	□□□
23	DN200 电动两通调节蝶阀	AC220V,比例控制	个	1	□	□□□
四线缆辅材部分						
1	通信线	18AWG paired 屏蔽 8760	m	5000	□	□□□
2	控制线	ZRRVVP-3×1.0	m	12500	□	□□□
3	控制线	ZRRVVP-2×1.0	m	47000	□	□□□
4	控制器电源线	ZRRVV-3×1.5	m	1500	□	□□□
合计						□□□

11　闭路电视监控系统清单见表3-35。

闭路电视监控系统清单　　　　　　　　　　　表3-35

序号	设备名称	技术性能要求	单位	数量	单价	合价
1	系统工作站	2G 内存 320G 硬盘 512M 独显 20 寸 LCD DVD WIN7	台	1	□	□□□
2	交换机	24 口 100/1000M 自适应电口，4 个 100M/1G SFP 光口	台	1	□	□□□
3	多媒体操作软件	电脑控制矩阵用	套	1	□	□□□
4	视频矩阵切换/控制主机	256 入，24 出，双 CPU	台	1	□	□□□
5	三维遥控键盘	—	台	1	□	□□□
6	码转换器	曼码转 RS485	台	1	□	□□□
7	视频分配器	16 入 32 出	台	15	□	□□□
8	硬盘录像机	16 路，嵌入式 LINUX 系统，达芬奇处理器，H.264 压缩算法，回放 FULL D1 分辨率（4CIF/2CIF/CIF/QCIF），压缩输出码率：32Kbps-2Mbps，可自定义	台	15	□	□□□
9	硬盘	监控专用硬盘，1T，7200 转	台	120	□	□□□
10	22 寸液晶监视器	监控专用，窄边框设计，22″ Panel（对角线：547.6mm），1366(H)×768(V)，屏幕比例 16：9，响应时间 6.5ms，亮度 500cd/m²，对比度 1500：1，可视角度 178°(H)/178°(V)，显示色彩 16.7M，品质标准 ISO 9001，中国电器产品强制认证(3C)，金属外壳	台	20	□	□□□
11	40 寸液晶显示器	监控专用，超窄边设计，40″ Full HD Panel（10mm 超窄边框）（对角线：1015.5mm），1920(H)×1080(V)，屏幕比例 16：9，响应时间 8ms，亮度 600cd/m²，对比度 3000：1，可视角度 178°(H)/178°(V)，显示色彩 16.7M，品质标准 ISO 9001，中国电器产品强制认证(3C)，金属外壳	台	2	□	□□□
12	室外彩/黑一体化快球摄像机（含墙装支架）	1/4″ SONY EXVIEW CCD，480TVL，最低照度：1.0Lux/F1.4（彩色）0.01Lux/F1.4（黑白），滤光片彩转黑，26 倍光学及 10 倍电子变焦，焦距：3.5～91mm	台	11	□	□□□
13	室内彩/黑一体化快球摄像机（含墙装支架）	1/4″ SONY Super HAD Interline transfer CCD，500TVL(彩色)/570TVL(黑白)，最低照度：0.7Lux，F1.8,0.005Lux（Sens-up）（彩色）/0.02Lux，F1.8（黑白），滤光片彩转黑，10 倍光学及 10 倍电子变焦，焦距：3.8～38mm	台	4	□	□□□
14	彩色高解析半球摄像机	1/3″ SONY Super HAD CCD，550 TVL，最低照度 0.3Lux，彩色转黑白功能，内置固定镜头（2.45mm、3.8、6.0mm 可选）	台	173	□	□□□
15	高解析电梯专用摄像机	1/3″ SONY Super HAD CCD，550 TVL，最低照度，0.3Lux，内置 2.45mm 广角镜头	台	20	□	□□□
16	高清彩转黑枪式摄像机	1/3″ SONY Super HAD CCD II，彩色 600TVL/黑白 650TVL，最低照度：0.1lux（彩色）0.03lux(B/W)，内置红外滤光片	台	30	□	□□□
17	镜头	2.8～8mm 手动变焦自动光圈	个	30	□	□□□

序号	设备名称	技术性能要求	单位	数量	单价	合价
18	护罩	10″室内/外微型防护罩	个	30	☐	☐☐☐
19	支架	可手动调节角度、水平方向360°可调、垂直方向可适当调节、承重15kg	个	30	☐	☐☐☐
20	快球电源	24VAC/3.5A	个	15	☐	☐☐☐
21	摄像机电源	12VDC/10A	个	33	☐	☐☐☐
22	电源箱	—	个	34	☐	☐☐☐
23	电视墙	壁挂LCD监视器(不含LCD)	套	1	☐	☐☐☐
24	控制台	6联	套	1	☐	☐☐☐
25	UPS电源	30kVA,含电池柜,电源箱及联接电缆	套	1	☐	☐☐☐
26	蓄电池	12V,38AH,1h后备	块	64	☐	☐☐☐
27	摄像机视频线 SYV75-5	SYV75-5	m	50000	☐	☐☐☐
28	摄像机电源线	ZRRVV-2×1.0	m	10000	☐	☐☐☐
29	云台控制线	ZRRVVP-2×1.0	m	3500	☐	☐☐☐
30	安防电源干线	ZRRVV-3×4	m	6000	☐	☐☐☐
	合计					☐☐☐

12 门禁系统清单见表3-36。

门禁系统清单　　　　　　　　　　　　　　　　　　表3-36

序号	设备名称	技术性能要求	单位	数量	单价	合价
1	门禁控制软件	WIN-PAK SE五用户版软件中文版本	套	1	☐	☐☐☐
2	主控模块	PRO-2200系列智能主控模块,支持8个输入/输出/读卡器扩展模块	块	6	☐	☐☐☐
3	门禁管理计算机	—	台	1	☐	☐☐☐
4	发卡器	—	套	1	☐	☐☐☐
5	双门控制器	PRO-2200系列双读卡器模块,8路输入/6路输出	个	45	☐	☐☐☐
6	读卡器	智能卡读卡器,读Mifare卡(ISO14443 TYPE A),32位Wiegand输出,八六盒外形尺寸	个	88	☐	☐☐☐
7	通信器	RS-232/RS485单端口信号转换器,通信速率为300至115.2K BPS	个	1	☐	☐☐☐
8	设备外箱	双模块外箱 含电源、蓄电池	个	70	☐	☐☐☐
9	电锁	280kg单门磁力锁	个	8	☐	☐☐☐
10	电锁	双门磁力锁	个	59	☐	☐☐☐
11	电磁抑制器	门锁电磁抑制功能	个	67	☐	☐☐☐
12	出门按钮	—	个	64	☐	☐☐☐
13	IC卡	非接触IC卡	批	1	☐	☐☐☐
14	读卡器线缆	ZRRVV-6×0.5	m	7000	☐	☐☐☐
15	电锁线缆	ZRRVV-2×1.0	m	7000	☐	☐☐☐
16	出门按钮线缆	ZRRVV-2×1.0	m	7000	☐	☐☐☐
17	电源	ZRRVV-3×2.5	m	500	☐	☐☐☐
18	控制线缆	ZRRVV-2×1.0	m	1500	☐	☐☐☐
	合计					☐☐☐

13 报警系统清单见表 3-37。

报警系统清单　　　　　　　　　　　　　　　　　　　　表 3-37

序号	设备名称	参数	单位	数量	单价	总价
1	报警控制主机	多功能型主机,带 8 个子系统,可扩充至 128 个防区,带防拆开关及变压器	台	1	☐	☐☐☐
2	控制键盘	英文编程控制键盘	个	1	☐	☐☐☐
3	报警管理软件	报警监控软件,支持 4 台以下报警主机(含 4 台)	套	1	☐	☐☐☐
4	管理计算机	—	台	1	☐	☐☐☐
5	网络接口模块	主机网络接口模块,适用于 Vista-120/250BP 系列主机,每台主机一块	块	1	☐	☐☐☐
6	防区扩充模块	1 防区扩充模块	个	1	☐	☐☐☐
7	防区扩充模块	2 防区扩充模块	个	61	☐	☐☐☐
8	继电器输出模块	32 路继电器输出	个	3	☐	☐☐☐
9	智能双鉴探测器	壁挂安装,直径 10m,CCC 认证	个	117	☐	☐☐☐
10	紧急按钮	白色 塑料盒	个	11	☐	☐☐☐
11	蜂鸣器	—	个	3	☐	☐☐☐
12	后备电池	报警主机供电	个	1	☐	☐☐☐
13	电源线	ZRRVV-2×1.0	m	9510	☐	☐☐☐
14	控制线	ZRRVV-2×1.0	m	9760	☐	☐☐☐
合计						☐☐☐

14 巡更系统清单见表 3-38。

巡更系统清单　　　　　　　　　　　　　　　　　　　　表 3-38

序号	设备名称	技术性能要求	单位	数量	单价	合价
1	巡更管理计算机	双核处理器、CPU 主频≥2600、内存大小≥1G、256M 显卡、250G 硬盘、DVD-ROM、19″液晶、100M 网卡,正版操作系统:Microsoft(R)Windows(R)10 专业版 简体中文	台	1	☐	☐☐☐
2	巡更智能管理软件	全中文软件界面,支持 Microsoft Windows 10 平台,可提供详细的巡检分析报表(巡检记录,漏点记录,异常记录,统计报表等),巡更人员到达各巡更点的日期、时间、班次,漏检巡更点和异常信息,时间查询,路线查询,地点查询,班次查询,人员查询等多种查询方式方便快捷,巡检路线,班次,人员,次序可随时进行方便的设置、修改	套	1	☐	☐☐☐
3	激光打印机	A4 篇幅,黑白打印机,打印速度不低于 10 张/分钟,分辨率≥600×600dpi,支持操作系统:Microsoft Windows 10	台	1	☐	☐☐☐
4	通信座	与巡更棒匹配,与巡更管理计算机连接,用于传输巡更信息	个	1	☐	☐☐☐
5	巡更棒	非接触式巡检器,巡检地点、人员及事件全中文显示,巡检反应速度应小于 0.1s,存储记录数可达 10000 条以上,掉电后数据可保存 20 年以上,充电一次可记录不少于 10000 条数据	根	6	☐	☐☐☐

序号	设备名称	技术性能要求	单位	数量	单价	合价
6	巡更钮	无源巡更点,识读次数不少于 30 万次,寿命不少于 20 年,集成电路芯片密封在外壳内,具备防水、防震、防腐蚀功能,可在各种恶劣环境中使用	个	110	□	□□□
		合计				□□□

15 停车场管理系统清单见表 3-39。

停车场管理系统清单   表 3-39

序号	设备名称	技术性能要求	单位	数量	单价	合价
		停车场部分		□□□		
1	数字道闸	电源电压:AC220+5％/−15％V;直流伺服电机功率:200W/DC36V。闸杆起落时间:1～5s	台	1	□	□□□
2	数字式车辆检测器	—	台	1	□	□□□
3	入口控制机	含控制系统、显示屏、语音提示、读卡器、机箱及其他附件	套	1	□	□□□
4	临时卡出卡机	预出卡功能、出卡即读	台	1	□	□□□
5	远距离卡读卡器	读卡距离 5～10m	台	1	□	□□□
6	剩余车位显示屏	满位不读卡	台	1	□	□□□
7	数字道闸	电源电压:AC220+5％/−15％V;直流伺服电机功率:200W/DC36V。闸杆起落时间:1～5s	台	1	□	□□□
8	数字式车辆检测器	—	台	1	□	□□□
9	出口控制机	含控制系统、显示屏、语音提示、读卡器、机箱及其他附件	套	1	□	□□□
10	远距离卡读卡器	读卡距离 5～10m	台	1	□	□□□
11	彩色摄像机	1/3″ CCD	台	2	□	□□□
12	自动光圈镜头	9mm 自动光圈	个	2	□	□□□
13	摄像机支架及护罩	中型铝合金室外型	套	2	□	□□□
14	聚光灯	220V/500W	个	2	□	□□□
15	视频捕捉卡	两路视频输入	块	2	□	□□□
16	摄像机固定立柱	高度 1.0m	根	2	□	□□□
17	图像对比软件	—	套	1	□	□□□
18	管理电脑	联接并管理终端设备,1G-160G-DVD	台	2	□	□□□
19	临时卡计费器	临时卡计费	台	1	□	□□□
20	远距离卡发行器	远距离卡发行	台	1	□	□□□
21	卡发行器	管理中心或财务使用	台	1	□	□□□
22	RS485 通信卡	通信信号转换作用	块	2	□	□□□
23	管理软件	—	套	1	□	□□□

序号	设备名称	技术性能要求	单位	数量	单价	合价
		进出口控制部分				☐☐☐
1	单机芯翼闸	通道宽 700mm	台	8	☐	☐☐☐
2	双机芯翼闸	通道宽 700mm	台	3	☐	☐☐☐
3	残障门	—	台	2	☐	☐☐☐
		合计				☐☐☐

16 机房系统清单见表 3-40。

机房系统清单　　　　　　　　　　　　表 3-40

序号	设备名称	技术性能要求	单位	数量	单价	合价
		消防控制室				
		一、装修装饰工程				☐☐☐
		（1）吊顶				☐☐☐
1	吊顶轻钢龙骨架	按图纸规格	m²	71	☐	☐☐☐
2	吊顶防尘漆处理	吊顶防尘漆处理	m²	71	☐	☐☐☐
3	针孔烤漆铝板天棚	600mm×600mm×0.6mm	m²	71	☐	☐☐☐
4	吊顶不锈钢角线收边	高 5cm，厚 1mm	m	39	☐	☐☐☐
		（2）地面				☐☐☐
1	抗静电地板	600mm×600mm×35mm	m²	71	☐	☐☐☐
2	水泥砂浆面层	20mm 厚	m²	71	☐	☐☐☐
3	地面防尘漆	果绿色底漆	m²	71	☐	☐☐☐
4	不锈钢井口收边	配套	个	16	☐	☐☐☐
5	不锈钢踢脚线	1mm	m	39	☐	☐☐☐
		（3）门窗				☐☐☐
1	甲级钢质防火门	1200mm×2000mm	扇	3	☐	☐☐☐
2	闭门器	适用门重：≥50 kg；定门功能可选，任意角度可以定门 双速可调（关门、锁门）	个	3	☐	☐☐☐
		（4）墙面				☐☐☐
1	墙面水泥漆	—	m²	180	☐	☐☐☐
		二、电气工程				☐☐☐
1	机房专用动力配电箱	电压、电流、频率显示	台	1	☐	☐☐☐
2	机房专用 UPS 分电箱	电压、电流、频率显示	台	1	☐	☐☐☐
3	电子镇流器格栅灯	2×36W	套	7	☐	☐☐☐
4	出口指示灯	国标，应符合消防标准	个	2	☐	☐☐☐
5	双头应急照明灯	国标，应符合消防标准	套	3	☐	☐☐☐
6	市电插座	尺寸规格：86mm×86mm 符合标准电气底盒尺寸	套	4	☐	☐☐☐
7	UPS 插座	尺寸规格：86mm×86mm 符合标准电气底盒尺寸	套	10	☐	☐☐☐

序号	设备名称	技术性能要求	单位	数量	单价	合价
8	翘板开关	尺寸规格：86mm×86mm 符合标准电气底盒尺寸	个	2	☐	☐☐☐
9	照明用线	ZRBYJ-3×2.5	m	140	☐	☐☐☐
10	插座、应急照明用线	ZRBV-3×2.5	m	330	☐	☐☐☐
11	UPS插座用线	ZRBV-3×2.5	m	400	☐	☐☐☐
12	空调插座用线	ZRBV(4×4＋1×2.5)	m	45	☐	☐☐☐
13	UPS主机进线	3×(ZR-BVR10)	m	60	☐	☐☐☐
三、机房空调工程						☐☐☐
1	分体空调	—	台	2	☐	☐☐☐
四、防雷接地工程						☐☐☐
1	三相电源二级防雷器	低压配电系统电涌保护器每位的最大放电电流20~80kA,符合CE认证,标准模块化安装,ns级反应速度,内置瞬间过流断路装置,可插拔更换防雷模块	个	1	☐	☐☐☐
2	单相电源三级防雷器	低压配电系统电涌保护器每位的最大放电电流20~80kA,符合CE认证,标准模块化安装,ns级反应速度,内置瞬间过流断路装置,可插拔更换防雷模块	个	1	☐	☐☐☐
3	机房专用防雷排插	符合CE认证,重要设备的三级防雷,端口数不低于2个双插,4个三插配置	只	4	☐	☐☐☐
4	接地铜线	ZRBV-1×6	m	30	☐	☐☐☐
5	接地铜线	ZRBV-1×25	m	40	☐	☐☐☐
6	铜排	40mm×4mm	m	35	☐	☐☐☐
7	接地网格	20mm×1.0mm	m²	71	☐	☐☐☐
8	绝缘子	配套	个	180	☐	☐☐☐
五、管道工程						☐☐☐
1	强电线槽	100mm×100mm	m	35	☐	☐☐☐
2	智能化线槽	200mm×100mm	m	35	☐	☐☐☐
3	双面镀锌钢管	SC20	m	440	☐	☐☐☐
智能化机房						☐☐☐
一、装修装饰工程						☐☐☐
(1)吊顶						☐☐☐
1	吊顶轻钢龙骨架	按图纸规格	m²	28	☐	☐☐☐
2	吊顶防尘漆处理	吊顶防尘漆处理	m²	28	☐	☐☐☐
3	针孔烤漆铝板天棚	600mm×600mm×0.6mm	m²	28	☐	☐☐☐
4	吊顶不锈钢角线收边	高5cm,厚1mm	m	15	☐	☐☐☐
(2)地面						☐☐☐
1	抗静电地板	600mm×600mm×35mm	m²	28	☐	☐☐☐
2	水泥砂浆面层	20mm厚	m²	28	☐	☐☐☐
3	地面防尘漆	果绿色底漆	m²	28	☐	☐☐☐
4	不锈钢开口收边	配套	个	7	☐	☐☐☐
5	不锈钢踢脚线	1mm	m	15	☐	☐☐☐

序号	设备名称	技术性能要求	单位	数量	单价	合价
		（3）门窗				☐☐☐
1	甲级钢质防火门	1200mm×2000mm	扇	2	☐	☐☐☐
2	闭门器	适用门重：≥50kg；定门功能可选，任意角度可以定门双速可调（关门、锁门）	个	2	☐	☐☐☐
		（4）墙面				☐☐☐
1	墙面水泥漆	—	m²	88	☐	☐☐☐
		二、电气工程				☐☐☐
1	机房专用动力配电箱	电压、电流、频率显示	台	1	☐	☐☐☐
2	电子镇流器格栅灯	2×36W	套	3	☐	☐☐☐
3	出口指示灯	国标，应符合消防标准	个	1	☐	☐☐☐
4	双头应急照明灯	国标，应符合消防标准	套	2	☐	☐☐☐
5	电源插座	尺寸规格：86mm×86mm，符合标准电气底盒尺寸	套	2	☐	☐☐☐
6	UPS插座	尺寸规格：86mm×86mm，符合标准电气底盒尺寸	套	5	☐	☐☐☐
7	翘板开关	尺寸规格：86mm×86mm，符合标准电气底盒尺寸	个	2	☐	☐☐☐
8	照明用线	ZRBYJ-3×2.5	m	60	☐	☐☐☐
9	插座、应急照明用线	ZRBV-3×2.5	m	140	☐	☐☐☐
10	UPS插座用线	ZRBV-3×2.5	m	170	☐	☐☐☐
11	空调插座用线	ZRBV(4×4+1×2.5)	m	15	☐	☐☐☐
12	UPS主机进线	3×(ZR-BVR10)	m	20	☐	☐☐☐
		三、机房空调工程				☐☐☐
1	分体空调	—	台	1	☐	☐☐☐
		四、防雷接地工程				☐☐☐
1	三相电源二级防雷器	低压配电系统电涌保护器每位的最大放电电流20~80kA，符合CE认证，标准模块化安装，ns级反应速度，内置瞬间过流断路装置，可插拔更换防雷模块	个	1	☐	☐☐☐
2	单相电源三级防雷器	低压配电系统电涌保护器每位的最大放电电流20~80kA，符合CE认证，标准模块化安装，ns级反应速度，内置瞬间过流断路装置，可插拔更换防雷模块	个	1	☐	☐☐☐
3	机房专用防雷排插	符合CE认证，重要设备的三级防雷，端口数不低于2个双插，4个三插配置	只	4	☐	☐☐☐
4	接地铜线	ZRBV-1×6	m	12	☐	☐☐☐
5	接地铜线	ZRBV-1×25	m	15	☐	☐☐☐
6	铜排	40mm×4mm	m	13	☐	☐☐☐
7	接地网格	20mm×1.0mm	m²	28	☐	☐☐☐
8	绝缘子	配套	个	75	☐	☐☐☐
		五、管道工程				☐☐☐
1	强电线槽	100mm×100mm	m	15	☐	☐☐☐
2	智能化线槽	200mm×100mm	m	15	☐	☐☐☐
3	双面镀锌钢管	SC20	m	145	☐	☐☐☐

序号	设备名称	技术性能要求	单位	数量	单价	合价
六、UPS工程						
1	UPS电源	30kVA,含电池柜,电源箱及联接电缆	套	1	□	□□□
2	蓄电池	12V,38AH,1h后备	块	64	□	□□□
合计						□□□

17 管槽系统清单见表3-41。

管槽系统清单　　　　　　　　　　　　　　　　表3-41

序号	设备名称	技术性能要求	单位	数量	单价	合价
一、桥架部分						
1	金属线槽400×200	规格400mm的钢板厚度≥2mm;表面必须进行酸洗、磷化及热镀锌处理;镀锌层厚度≥50μm	m	680	□	□□□
2	金属线槽200×100	规格300mm和200mm的钢板厚度≥1.5mm,表面必须进行酸洗、磷化及热镀锌处理;镀锌层厚度≥50μm	m	6800	□	□□□
3	金属线槽100×100	规格100mm的钢板厚度≥1.2mm,表面必须进行酸洗、磷化及热镀锌处理;镀锌层厚度≥50μm	m	1020	□	□□□
二、室内管道部分						
1	金属钢管JDG20	厚度≥1.5mm	m	35000	□	□□□
2	金属钢管JDG25	厚度≥1.5mm	m	20000	□	□□□
三、接地部分						
1	垂直接地铜母排	40mm×4mm	m	290	□	□□□
2	智能化总等电位接地母排	40mm×4mm×300mm	个	1	□	□□□
3	楼层接地端子母排	30mm×3mm×200mm 智能化间内距楼板0.3m安装	个	72	□	□□□
4	智能化间机柜保护接地线	ZRBVR-1×6	m	1600	□	□□□
合计						□□□

三、建筑智能化技术需求书编制实例

1 建筑系统集成管理系统

1.1 设计原则

1.1.1 可靠性。系统应在规定的条件和时间内完成规定功能的建设,系统建成后应长期稳定可靠的运行。

1.1.2 实用性。智能化系统的设计与实施必须符合业主实际应用需要以及投资的合理性,系统应符合本工程实际需要的国内外有关规范的要求,并且实现容易,操作方便。

1.1.3 先进性。系统应是满足可靠性和实用性前提下的最先进系统,系统以达到甲级智能建筑为首要条件,同时也是为了保证系统在相当长的一段时间能适应科技进步的发展与变更,特别是符合计算机和网络通信技术最新发展潮流并且应用成熟的系统。

1.1.4 开放性。系统应遵循开放性原则。系统应提供符合国际标准的软件、硬件、通信、网络、操作平台和数据库管理系统等诸方面的接口与工具,使系统具备良好的灵活性、兼容性、扩展性和可移植性。

1.1.5 经济性。系统应满足性能价格比在国内相同的系统和条件下达到最优。在保证先进性和适用性的前提下，尽可能地节约人力、物力。力争在最小经济代价的约束条件下，以最低的运行维护费用获得最大的经济效益和社会效益。

1.1.6 智能化各系统应以设计院的设计图纸和招标文件为依据，进行方案设计和系统的构成与设备配置。

1.1.7 各系统运用软件的操作及显示界面应完全中文界面，以便于管理人员的操作使用。

1.2 技术要求

1.2.1 集成系统总体技术应用要求

（1）以系统集成、功能集成、网络集成和软件应用集成等多种集成技术为基础；

（2）要求集成平台具备前、后台分技术，该系统为普通工作人员提供应用平台，此平台应可实现对所有子系统的监控。同时系统为工程管理人员提供系统配置平台，工程管理人员通过该平台进行系统的具体配置。系统两个平台均为独立运行，互不干扰，避免了使用者误操作，最大程度上保证了系统可靠性；

（3）接口开发兼容性强，界面标准化、规范化，对于各种标准接口（OPC、BACnet、ODBC、LonWorks、RS485/422/232 等）和非标准化接口，都能够实现各应用系统信息（运行数据和命令）的转换和实时传递；

（4）系统集成平台采用 C/S 架构，C/S 架构是具有实时性、可靠性和功能的丰富性的监控平台，供专职管理人员使用。系统同时可扩展 B/S 架构，B/S 架构供其他人员通过浏览器浏览各种信息，并对系统进行管理；

（5）集成系统应建立和运行在相对独立的以太网网络环境中，以保证系统的安全和流量的稳定；

（6）建立智能化集成系统，支持安全授权、身份认证、分级管理；

（7）集成模式可以使信息和仨务共享，控制相对分散独立，硬件配置灵活。

1.2.2 集成系统软件技术应用要求

（1）要求采用分层面向用户的开放式、标准化、模块化结构的软件，便于系统功能的扩充和更新，具有较强的容错能力及较短的响应时间；

（2）智能化集成系统可根据系统运行和管理要求来配置，可方便、灵活、简单的实现应用软件功能的增减，而且这些改变无须调整和增添管理工作站的硬件配置；

（3）智能化集成系统应用软件不得受监控点数的限制，即系统扩充时，可进行升级；

（4）系统必须具有对各应用系统集成的能力。智能化集成系统可以通过各种接口连接各应用系统之间交换实时数据，采用"规约适配器"的方式，进行数据的传输，实现最大的设备无关性；

（5）实现建筑物内的各种网络管理，必须具有很强的信息处理及数据通信的能力。实现建筑内各应用系统的集中监视和管理，建立智能化系统数据库；

（6）配置集中数据库系统，存放实时数据和历史数据；

（7）控制中心应能够通过图形方式反映智能化系统工程每个层次、区域、房间的概貌以及分设备检测和控制点的工作状态，图形界面必须直观形象生动。以电子地图的方式，对设备进行点击查询，对集成信息进行检索和统计；

（8）对全局事件进行综合处理，实现全面自动化与智能化的管理。实现各应用系统设备之间的跨系统联动，增强对突发事件的相应能力，更有效地进行去全局信息和控制联动管理。对应用系统之间发生的信息与控制联动，智能化集成系统应能确认联动是否已实际

发生;

（9）智能化集成系统和各应用系统应具有安全措施，必须加强登录控制和操作员身份认证。为防止非授权人员非法入侵，须设定操作人员的姓名、级别和口令。通过权限级别可以控制各类操作人员的操作权限和区域;

（10）智能化集成系统与计算机网络系统、综合布线系统、建筑设备管理系统、安全防范系统、会议系统、公共广播系统、信息发布系统，以及其他独立设置的智能化应用系统间进行相关检测信息和控制信息的传递，并由这些信息和事件引发相关的可预先设置的联动控制;

（11）智能化集成系统必须是一个可靠性和容错性较高的系统，能够不间断正常运行和有足够的延时来处理磁头的故障，以确保在发生意外故障和突发事件时，系统都应该保持正常运行;

（12）智能化集成系统应运行于主流操作系统平台上，使用的数据库系统为成熟的和经过事先检验的产品;

（13）在智能化总控机房内设置智能化集成系统服务器，并可配备多个客户端，分别授予不同的管理权限。

1.2.3 集成系统通信接口要求

（1）接口开发兼容性强，界面标准化、规范化，对于各种标准接口（OPC、BACnet、LonWorks、ODBC、RS485/422/232、ModBus 等）和非标准接口都能够实现各应用系统的信息（运行数据和命令）的转换和实时传送;

（2）服务器必须支持使用 TCP/IP 通信协议来通信，并有能力在同一网络上通过通信接口与 OPC、BACnet、LonWorks、ModBus 和 RS485、RS422、RS232 等不同通信协议通信，可以读取各种符合 ODBC 标准的开放数据库;

（3）智能化集成系统可以与物业及 OA 等系统交换数据（包含实时数据、指令和历史数据），接口方式须支持 ODBC、API、COM/DCOM 等方式。

1.2.4 集成系统结构要求

（1）系统须采用 C/S 的系统架构，或使用 C/S 与 B/S 相结合的系统架构。使用 C/S 架构可以保证系统的安全性，使用浏览器可以方便于多客户浏览;

（2）支持现场控制总线网络（如 BACnet、LonWorks、ModBus 等）;

（3）支持各智能化应用系统的专业以太网络。

1.2.5 集成系统网络要求

（1）第一层网络：管理平台。第一层网络主要由集成管理平台及中央数据库组成。集成平台提供工程网络基础服务，集成管理平台采用局域网（Intranet）主干网络结构。利用规约适配器连接下面每个采用专业以太网构架的智能化应用系统。通过数据的连接，实现对信息和数据的浏览和交互功能。一体化信息集成，提高了全局事件的监控和处理的能力，达到科学合理、全面管理的功能;

（2）第二层网络：规约适配器通信层。第二层网络主要由各类型规约适配器系统组成。规约适配器系统均采用基于 TCP/IP 协议的智能化专业以太网架构，每个智能化规约适配器都可独立运行，并与数据库连接，将实时的系统集成数据信息在管理平台上发布。同时每个智能化应用系统采用相应的 OPC 等通信技术协议或工业协议接口集成相应智能化子系统;

（3）第三层网络：现场控制总线网络层。现场控制总线网络层由各智能化应用子系统组成。每个智能化子系统完成相对独立的功能，采用标准的开放式工业控制总线网络（如：Lonworks、RS-485、BACnet 等）。为与第二层网络进行集成，必须有相应的 OPC 协议或由

RS-485 等工业协议接口，子系统将实时信息，如温度、液位、电功率、门禁、人员身份、报警，以及控制状态和相关变量参数等，通过网关上的协议程序，转化为符合 TCP/IP 协议的网络数据。

1.2.6 集成系统主要指标要求

（1）实时信息（如分机运行状况、开关状态变化、电梯运行数据、监控画面等）的显示时间应小于等于 1s；

（2）实时信息（如风机运行状况、开关状态变化、电梯运行数据、监控画面等）的显示延迟多数情况下不应超过 0.5s，少数情况下不应超过 1s；

（3）监控系统控制命令的执行响应时间应小于 0.5s，其他现场设备开始执行动作的响应时间应小于 5s；

（4）管理工作站画面切换的响应时间平均不大于 3s，可不采用键盘操作；

（5）发生故障时，故障画面的报警响应时间不大于 3s；

（6）智能化集成系统用户皆应有授权；

（7）智能化集成系统发生故障时的恢复正常运行所需时间应小于 0.5h。

1.2.7 智能化系统集成内容

（1）建筑物设备监控系统；

（2）消防报警系统；

（3）闭路电视监控系统；

（4）防盗报警系统；

（5）门禁系统；

（6）停车场管理系统；

（7）智能照明系统；

（8）信息发布系统。

1.2.8 智能化子系统集成要求

集成系统包括但不限于实现以下智能化集成功能：

（1）建筑物设备监控系统。集成系统与建筑设备监控系统间通过上层网络连接，完成冷热源、空调及排风、给水排水、照明、电梯、高低压配电等系统的监控和管理。建筑设备监控系统提供接口与综合信息集成系统进行集成；

（2）消防报警系统。采集火灾自动报警系统有关设备所有运行数据和火灾报警信息，并具有报警功能。发生火灾报警时，综合信息集成系统监视相应的系统联动是否已实际发生，并在必要时发出有关联动命令（与安全防范系统、建筑设备监控系统、停车场管理等相关系统联动）；

（3）安全防范系统。安全防范系统包括闭路电视监控系统、防盗报警系统、巡更系统、门禁系统、停车场管理系统等。集成系统与防盗报警、门禁系统间通过接口读取数据库连接，实现控制和报警的双向通信：

1）闭路电视监控系统。通过软件集成电视监视画面，可实时实现对摄像机的监视与控制。控制视频画面的切换、缩放、摄像头聚焦、转动、切换预置位等功能。通过大厦模型图、楼层平面图和园区电子地图可选择待操作的监控点设备，对闭路电视监控系统进行快捷操作。集成系统可以接收其他子系统的报警实现联动。

2）防盗报警系统。实时显示并记录系统状态和报警信息，可以通过安防系统进行有关区域的设防和撤防。当发生非法入侵时集成系统工作站应立即显示警报发生点信息，弹出报警区域地图界面，指示报警位置，启动警号。集成系统还可以根据预先设定发出其他联动命令（如打开报警分区灯光、把报警区域画面切换到主监视器并显示报警位置，相关区域和通道的监控画面同时切换到其他监视器，打开现场声音通道对报警情况进行复核、向指定人员发出报警通知等）。

3）门禁系统。实时监测出入口状态并记录电锁或门磁的开关状态、出入口的开关控制、异常的进出记录。当有人非法开启安装门禁的房门时，联动打开邻近区域的照明和视频监控系统进行录像并报警。要求集成平台通过柔性设施预定系统定时开启或关闭门磁锁，例如：宴会厅、会议室的定时开放。

4）停车场管理系统。集成系统通过网络与停车场管理系统计算机相连。集成系统采集车辆进出及存放时间的记录。

（4）智能照明系统。当收到防盗报警系统的报警信号、非法侵入门禁系统的报警信号等联动信号时，联动打开相应区域照明灯光；

（5）信息发布系统。当收到消防报警系统报警信号、防盗报警系统的报警信号、非法侵入门禁系统的报警信号等联动信号时，根据相应管理规定将报警信息发送至相应信息发布系统显示终端，以通知管理人员或公众巡查或疏散。

1.2.9 要求集成平台具有"联动控制台"功能。系统集成平台要具有"联动控制台"功能，"联动控制台"为使用者进行联动设置的平台，为使用者提供了便利的操作方式。联动控制台对系统联动设置无条件限制、无数量限制，是管理者根据不同的需求设置各种联动。以简单、便捷的方式解决了跨系统之间联动。其特点如下：

（1）使用者可以根据需要进行"联动因"的选择，联动条件的设置，联动果的配置即处理预案；

（2）使用者根据大厦的运行状态或时间，启动不同的联动预案；

（3）集成系统对使用者设定的联动预案无条件限制，即使是逻辑的只要是该系统中的联动因，系统可以监控的子系统均可以配合实现联动处理；

（4）联动级别，系统给出不同的联动预案，客户根据自己的需要设定不同的优先级别，以避免发生不必要的冲突。

1.2.10 要求集成平台具备柔性设施预定功能。系统集成平台对建筑智能化系统信息进行了采集，并且实现了有效的控制，但系统集成是整个大厦的核心管理系统，其管理功能的挖掘才是集成系统最主要的目的。柔性设施预定功能，根据大厦需要建立跨多个子系统的联动，根据集成管理系统给出的触发指令，实现一系列的动作。其触发指令可以是集成主服务器管理人员发出，也可以是局域网内的终端操作人员发出，集成系统为管理人员发送指令提供了最简洁的方式，集成平台控制各子系统根据客户的要求定时开启或关闭，其过程中省却了通知各子系统相关人员的过程，同时系统自动执行保证了指令的适时性以及准确性。

（1）日常管理事项的设定。根据需要，上班时智能照明系统开启、冷机系统提前启动，并可以根据历史数据给出适当的温度、湿度值，保安系统立刻对工作区撤防，门禁系统根据OA系统给出的数据给予对应人员的授权、考勤系统能够记录上下班人员和时间，同时CCTV系统启动对应重要位置的录像。按规定上班时间员工刷卡完毕后，系统根据考勤机记录，向相关的管理人员发送迟到以及缺席人员的信息，信息报送第一管理人员，若第一管理人员在1h内未确认，系统将上报第二管理人员，以此类推直至信息得到相关的管理人员确认，系统得到确认信息。同样，下班时间系统执行相应的对应程序，同时将其统计的数据报相应的管理人员，得到确认系统执行完毕。集成系统与办公系统形成一个闭环控制系统，在这个过程中，系统对每个环节人员的动作都会作相应的记录，管理者根据集成系统给出的信息可以准确地把握，相应的人员处理相关事件的流程以及速度，为管理者对员工的管理及后期考评提供有效的依据。跨系统的联动，实现全局事件的管理和工作流程自动化是系统集成的重要特点，也是最直接服务于用户的功能。IBMS通过对各子系统的集成，更有效对大厦内的各类事件进行全局联动管理，这样节省了人力，也提高了大厦对突发事件的响应能力，使主管人员迅速做出决策，以减少某些事故带来的危害和损失；

（2）柔性设施预定。同时可以通过编制时间响应程序和事件响应程序的方式，来实现大厦内机电设备流程的自动化控制，节省能源消耗和人员成本。采用集成智能建筑物管理系统，系统间的联动方式几乎是任意的，联动方式可以编程，能够根据用户的需求设定。以柔性预定一套会议流程为例：OA系统经确认发出会议通知到物业，物业管理系统启动，确认后可以通过通信网络系统的大屏幕发布会议通知，而后信息流动到建筑设备管理系统的智能照明系统，开启照明；会议召开前门禁系统进行授权，同时开启空调，启动会议录像或可视会议系统等。同样，会议结束后同样可以按此程序反运作。此次流程的相关信息，存储于集成系统数据库，将最终各系统信息汇总后发送给相应的管理人员，得到确认后整个流程结束。柔性设施预定要可以根据客户需要为客户进行预定，会议流程或加班流程等业主常用流程，通过柔性设施预定，在一台电脑上就可以实现，其管理的简单性、事物处理的简洁性可见一斑。

1.2.11　短信应急报警模块。集成系统提供短信应急报警模块进行24h运行，防止意外的发生。当有报警发生时，可通过集成平台以短信、E-Mail、传真等多种形式通知相关人员。

2　数字程控交换机系统

2.1　系统总体要求

2.1.1　数字式程控交换机（以下简称PABX）是联接本工程内部通信调度和计算机网络两大系统的关键设备。

2.1.2　电话交换机系统包括：IP电话、传真、可视电话、可视图文，以及多媒体通信。

2.1.3　语音交换系统将采用数字程控交换机技术实现。数字程控交换机设置在通信机房，系统建议采用总/分机模式，实现总分机间的互转和分机间的互拨。

2.1.4　程控语音交换系统暂按照语音布点容量（20%）冗余进行配置。

2.1.5　所有电话实现对外直拨为长号，对内互拨为短号（无须付费）。

2.1.6　对各楼层的长号及短号分别控制管理，考虑部分楼层的其他用途的需求，能分区域使用短号，各区域之间相互独立。

2.1.7　设计应实现低功率、双向数字通信、动态信息分配和无缝越区切换等功能。

2.1.8　具有接入以太网功能，具有丰富的IP，支持IP资源板卡，可通过LAN/WAN接入IP电话；系统应有内置的IP中继功能；同时系统应具有通过IP网络接入远端模块的功能，控制、管理和计费应在主机实现。

2.2　基本要求

2.2.1　交换机系统（PBX）必须具有当代世界先进水平、并同时满足先进性和成熟性的设备，从交换技术到软硬件保障措施来保障设备运行的高度安全可靠。

2.2.2　交换机系统（PBX）必须为世界范围内广泛应用的、成熟的产品，全球范围内位居前列的产品。

2.2.3　随着企业的业务发展，系统能方便快捷地构建基于IP的企业内部融合通信网络。

2.2.4　交换机系统（PBX）必须是全数字、时分、标准编码的交换系统，支持话音交换、数字传输、语音压缩、综合数据业务网（ISDN）、IP接入、CTI接口、内置自动呼叫分配及路由（ACD）等功能。

2.2.5　提供全面标准的信令、协议接口，支持中国 1 号信令、中国 7 号信令、ISDN-PRI、IP（SIP）；支持多种中继线接入和接出（模拟/数字中继线），数字中继接口符合CCITT 标准 G.703，阻抗 75Ω；内部用户接口应支持模拟接口、数字接口（如 2B＋D 等）及 IP 接口（SIP）等方式。

2.2.6　具有较强的组网能力，支持集中式和分布式等多种组网方式。交换机必须支持集中控制、分散接入的结构。单系统的中心点和远程点之间必须支持 IP 连接方式，实现集中控制和管理与分布式处理的有机结合。

2.2.7　交换机系统（PBX）采用机架安装，符合 19″机柜标准，结构紧凑、合理、外形美观，散热性好。

2.2.8　交换机系统（PBX）设计应采用开放式体系结构，使交换机成为一体化综合通信平台，在统一的硬件平台上，可以不断扩充新功能，提供新业务，为跟踪新技术发展，平滑扩容，满足不断增长的需求提供保障。

2.2.9　交换机系统（PBX）必须具有内置语音信箱功能，通过语音信箱功能可实现自动话务员功能。

2.2.10　系统设备可以提供电话会议桥功能，方便企业召开电话会议，支持多种会议方式，如拨入式会议、即时会议等。

2.2.11　系统支持手机与座机捆绑功能，当有来电时，座机与手机会同时振铃，员工可以选择用手机或座机应答来电。

2.2.12　系统设备支持来电显示、呼叫转移、语音留言、呼叫录音、智能呼叫路由功能，并能提供自动呼叫分配（ACD）功能。

2.2.13　系统提供相关的电话管理软件，利用该软件，使所有员工都可以访问（过去只能由呼叫中心内部员工、或者在每一桌面上都配备了价格昂贵的专有功能电话的企业员工才能访问到的功能与设备）。利用一个模拟电话或数字终端，以及一个桌面连网 PC 机，电话管理软件就可使员工从 PC 机上控制自己所有的电话呼叫。

2.2.14　既能满足目前传统语音通信需求又能兼顾到未来发展 IP 通信、IP 组网以及其他增值业务和技术的需求，在此基础上建立基于成熟有效技术的话音通信网和多媒体通信系统，保证该设备在未来技术不落后，以尽可能小的投资获得较大的回报。

2.3　数字程控交换机系统性能指标见表 3-42。

数字程控交换机系统性能指标　　　　表 3-42

序号	项目	详细规格参数
1	信令、协议	支持中国 1 号信令、中国 7 号信令、ISDNPRI 信令、IP（H.323 和 SIP）
2	接口及容量	模拟、数字中继线：可接入数字中继数量不少于□□□条 E1；可支持接入 SIP 中继，SIP 中继并发通话数不少于□□□
3	组网方式	集中式、分布式
4	安装方式	19″机架安装
5	基本功能	来电显示、呼叫转移、智能呼叫路由、电话桥会议、缩位拨号、音乐等待、呼叫保持、三方通话、遇忙回叫、无应答回叫、遇忙预占、缺席用户服务、强插、强拆、通话保密、号簿查询、免打扰、寻线组、内部分机具备来电显示功能（模拟分机、数字分机、IP 分机）、自动声讯话务员、同组代答、直接代答及组内广播等功能
6	移动性	手机与座机捆绑、同振
7	寻线组	寻线组数量不少于□□□；单个寻线组成员数不少于□□□；总寻线组成员数□□□

序号	项目	详细规格参数
8	分机类型	模拟分机、数字分机、IP 分机
9	分机端口容量	□□□个(模拟、数字、IP、SIP 任意组合)
10	IP 录音	最大 100 个分机的并发录音通道和检索
11	网络连接	基于标准的多点组网,以便与其他的支持 PABX 系统进行互操作
12	BHCC	忙时完成最大通话次数,不小于□□□
13	系统呼损率	系统呼损率≤0.001 呼损率:交换设备未能完成的电话呼叫数量和用户发出的电话呼叫数量的比值
14	平均无故障时间 MTBF	大于 10 年
15	出局呼叫	提供多种路由方式
16	广播组成员	256
17	语音留言	用户数不少于□□□;存储时间不少于 1000h;多国语言选择,可通过电话、电脑、Email 或 Web 读取留言,留言可转发 Email
18	系统目录容量	□□□用户
19	个人目录容量	□□□条/用户
20	网络接口支持	支持国际标准的网络接口。通过提供的全功能软件开发工具包,可以快速开发和部署各类复杂的定制应用程序
21	排队机制功能	提供多种排队机制分配方式,如最闲、最忙、轮循、强接等方式
22	技能组	技能组数量可随意设定,每个技能组的座席数量无限制,每个座席可以分布在多个技能组中,以实现精确的最佳路由选择,技能组提供溢出功能
23	可靠性	程控电话交换机关键部件需具备高可靠设计,消除单点故障,如电源、媒体资源板等
24	IP 话机	数量:□□□部,2.8 寸彩屏、支持 POE 供电、本地六方会议、千兆双网口、支持蓝牙、全带高清语音、CD 般纯真高质,支持 Opus 编解码,语音抗 20%丢包
25	维保服务	5 年 7×10 现场技术支持服务,第二天硬件更换服务

3 计算机网络系统

3.1 设计原则

3.1.1 高性能。主干网为万兆以太网,采用星型的双核心拓扑结构,核心之间 40G/10G 虚拟化互联,核心交换机能够提供强大的三层线速交换能力。

3.1.2 安全性。通过网络安全服务器和网络管理服务器,网络系统可以完成对 FTP,TELNET,ARP 等数据包进行的过滤。系统可对 LAN 进行 MAC 地址的过滤。系统可针对 LAN 上的各种应用进行基于 NETBIOS 名字的访问限制。系统可同时满足对多个端口进行过滤,内网通过采用虚拟局域网(VLAN)、访问控制列表等技术按需实现部门之间、应用系统之间的逻辑隔离,从而实现网络内部数据访问的安全性;通过采用防火墙、认证等技术,有效控制外部用户对内网的访问。

3.1.3 可靠性。全网采用容错设计,即网络设计充分考虑了系统的冗余,对于核心骨干设备做到设备间冗余、引擎冗余,电源冗余,链路冗余;对于接入层做到上连端口的备份。

3.1.4 维护性。网络系统让网络维护人员可以方便地对网络硬件设备和办公自动化软件系统进行维护工作和远程控制。网络中心主服务器和 WEB 服务器采用磁盘阵列技术,使数据和网站信息等重要数据达到冗余,以方便系统管理员的维护工作。

3.1.5 适应性。网络系统应满足并兼容所有的以太网协议,包括:10Mbps 以太网、

100Mbps 快速以太网、1000Mbps 高速以太网、10G Mbps 以太网和 40G Mbps 以太网。

3.1.6　延展性。网络系统应可以随着信息系统的用户规模的扩大和网络应用的不断增加而升级，具备很强的扩展功能，保证网络设备的性能随着网络规模的扩大而增加。

3.1.7　先进性。所设计的网络信息系统要具有超前性，技术选型应采用当今国际上成熟、先进的技术，同时还要考虑到今后的应用提升、广域连接、网络扩容和向新技术迁移的能力，具有万兆以上连接能力，从而更好地保护用户的投资利益。

3.1.8　经济和实用性。局域网建设需以应用为驱动来选择合适的网络体系结构和网络设备，满足一段时间的先进性，并达到最优性价比，与此同时应注重保护现有投资。

3.1.9　开放性与标准化。本项目的网络信息系统采用开放性体系结构和标准化的协议，所有网络产品支持标准的网络与接口协议，以保证不同厂家产品的互联性和互操作性，同时保障网络的开放性。

3.1.10　网络管理。对于系统管理和网络管理，应可自动进行性能数据的分析、历史数据的登录与趋势分析以及事件管理；具有安全管理、配置管理；并提供多种高级功能：

（1）应能监控整个网络的流量分布；

（2）可以采集和分析网络的性能数据，并形成友好的用户界面，允许用户检测和纠正错误，在桌面改变不适应实际需要的网络结构；

（3）基于分布式的结构，按层次对全局进行监测和控制，可以自动发现、显示、支持高精度的网络拓扑图。

3.2　网络结构

3.2.1　基本要求：

（1）本系统包括办公楼、裙楼两部分，网络系统架构分为内网与外网，内网为办公专用网，内网与外网物理隔离。项目根据使用要求又分为自用办公和出租办公两部分，本次只考虑自用办公部分的网络设备，出租部分暂不考虑。

（2）为保证多媒体数据的传输，内网网络接入选用千兆以太网络技术，兼顾可平滑升级到万兆以上网络的能力，所有的帧格式全部选用以太网格式，主干为万兆光纤。根据上述总体设计中的思路，主要设计如下：

1）网络主干选用万兆以太网；

2）网络按二层结构进行设计，包括核心层、接入层；

3）采用网络管理软件管理各网所有网络设备；

4）考虑到办公楼网络的稳定性和重要性，核心交换机在硬件和物理传输链路配置上均考虑双备份，楼层交换机光链路考虑双备份；

5）自用楼层设置无线 AP，核心交换机设置无线控制器或单独部署无线控制器；

6）核心交换机设置防火墙模块。

3.2.2　核心交换机要求：

（1）智能多层模块化交换机，能够提供安全的端到端融合网络服务，其使用范围从布线室到核心，再到数据中心和广域网边缘。能够通过多种机箱配置和 LAN/WAN/MAN 接口提供可扩展的性能和端口密度，因而能帮助企业降低总体拥有成本。

（2）插槽式机箱，以及多种集成式服务模块，包括网络安全性、内容交换和网络分析管理模块。提供 10/100/1000M 端口，支持 10Gbps、40Gbps 骨干端口，能够借助冗余路由与转发引擎之间的故障切换功能提高网络正常运行时间。

（3）能够适应未来发展并保护投资的体系结构，在同一种机箱中支持三代可互换、可热插拔的模块，以提高 IT 基础设施利用率，增大投资回报，并降低总体拥有成本。硬件支持

IPv6，并提供高性能的 IPv6 服务。

（4）核心交换机系统配置：

1）千兆以太口 24 个（RJ45 物理接口）；

2）千兆以太网光接口 24 个（多模）；

3）万兆以太网光口 10 个；

4）40G 以太网光口 2 个；

5）冗余主控模块；

6）冗余电源模块；

7）主机及软件；

8）防火墙业务板模块；

9）无线控制器业务板；

10）多模模块。

（5）核心交换机系统技术参数及性能要求：

1）单台设备硬件基本配置：

① 主机机箱（含系统软件、热拔插风扇盘）×1；

② 管理主控模块×2；

③ 交流电源×2；

④ 24 千兆光口×1；

⑤ 24 千兆电口×1；

⑥ 万兆以太网光口 10 个；

⑦ 40G 以太网光口 2 个；

⑧ 防火墙业务板模块×1；

⑨ 无线控制器业务板×1；

⑩ 光模块×13；

⑪ 配套支持 IPv6、MPLS 技术完整版软件×1。

2）技术参数：

① 机箱插槽式交换机，分布式体系结构，模块化设计；

② 整机总插槽≥12，配置冗余引擎后，业务接口的插槽≥10；

③ 千兆电口和百兆电口支持 PoE 特性，便于扩展多媒体业务；

④ 采用 CLOS 多级多平面交换架构，实现转发与控制平面完全分离，能够配置独立的交换网板与独立的主控板；

⑤ 交换容量≥290Tbps，包转发率≥70TMpps；

⑥ 三层 1000M 线速交换设备，支持 10G、40G 接口；

⑦ 支持双主控引擎冗余备份；

⑧ 提供电源冗余；

⑨ 交换网板与主控引擎硬件槽位分离，独立主控引擎插槽≥2 个，独立业务插槽≥10 个，独立交换网板插槽≥4 个，主控引擎故障情况下，不能影响整机转发能力；

⑩ 配置的单业务板 1000M 同时可用端口数不少于 48 个，整机最大支持 1000M 端口数≥480 个；

⑪ 通过 IPv6 Ready 认证；

⑫ IPv4 路由表容量≥380K，IPv6 路由表容量≥120K；

⑬ ARP 表项≥170K；

⑭ 必须支持 DHCP Server；

⑮ 支持 IP＋MAC＋VLAN＋PORT 的任意组合绑定；

⑯ 硬件支持分布式 IPv6 线速处理，并提供中文版 IPv6 路由协议和隧道协议的操作手册和命令行手册，其中路由协议必须支持 RIPng、OSPF V3、IPv6 IS-IS 和 IPv6 BGP，隧道协议必须支持 IPv6 手动隧道、6to4 隧道和 ISATAP 隧道；支持 MLD Snooping 和 IPv6 PIM；

⑰ 支持路由协议的多实例特性，VRF 数量不小于 1000 个；

⑱ 内置 DHCP Server，可对用户分配 IP 地址；

⑲ 支持 DHCP Snooping，防止欺骗的 DHCP 服务器；

⑳ 支持动态 ARP 检测，防止中间人攻击和 ARP 拒绝服务；

㉑ 支持 BPDU guard，Root guard；支持 uRPF（单播反向路径检测），杜绝 IP 源地址欺骗，防范病毒和攻击；

㉒ 所有模块、风扇、电源支持冗余和热插拔；

㉓ 支持 802.1x，radius 认证；

㉔ 支持中文图形化网管，网管提供用户和设备一体化管理功能；

㉕ 支持提供防火墙模块。三层吞吐量≥35G，并发连接数≥800 万，会话建立速率≥30 万。支持 SSL VPN 业务板模块。

3.2.3 接入交换机要求

（1）智能以太网交换机，提供桌面快速以太网、千兆以太网和万兆以太网的连接，可提供增强 LAN 服务。具有集成安全特性，包括网络准入控制（NAC）、高级服务质量（QoS）和永续性，可为网络边缘提供智能服务。

提供智能特性，如先进的访问控制列表（ACL）和增强安全特性。

上行链路端口提供了千兆以上以太网上行链路灵活性，可以光纤上行 1G/10G 以太网端口链路端口。

（2）通过高级 QoS、精确速率限制、ACL 和组播服务，实现网络控制和带宽优化，通过多种验证方法、数据加密技术和基于用户、端口和 MAC 地址的网络准入控制，实现了网络安全性。

（3）48 口接入交换机系统配置：

1）千兆以太口 48 个（RJ45 物理接口）；

2）千兆、万兆以太网光接口 4 个；

3）多模模块 1 个。

（4）48 口接入交换机技术参数及性能要求：

1）单台配置：

① 千兆电口≥48 个 10/100/1000M 以太口；

② 千兆光口≥4；

③ 提供多模模块≥2。

2）技术参数：

① 交换容量≥175Gbps；

② 包转发率≥130Mpps；

③ VLAN 支持数量≥4K；

④ MAC 地址表≥16K；

⑤ 1G/10G SFP＋万兆光接口≥4 个；

⑥ 支持防雷等级≥6KV，提供第三方测试报告；

⑦ 支持 1 对 1、1 对多、多对 1 和基于流的本地、远程镜像；且支持 RSPAN 和 ERSPAN；

⑧ 支持 DHCP Snooping，防止非法用户接入；

⑨ 支持带宽控制，控制粒度≤64Kbps；

⑩ 支 持 IEEE 802.1d（STP），支 持 IEEE802.1w（RSTP），支 持 IEEE802.1s（MSTP）；

⑪ SNMP V1/V2/V3；支持 SSH V2；支持中文图形化管理。

（5）24 口接入交换机系统配置：

1）百兆以太口 24 个（RJ45 物理接口）；

2）千兆以太网光接口 2 个＋千兆以太网电口 2 个；

3）多模模块 1 个。

（6）24 口接入交换机技术参数及性能要求：

1）千兆以太口 24 个（RJ45 物理接口）；

2）1G/10G SFP＋万兆光接口≥4 个；

3）多模模块 2 个。

（7）24 口接入交换机技术参数及性能要求：

1）单台配置：

① 千兆电口≥24 个 10/100/1000M 以太口；

② 1G/10G SFP＋万兆光接口≥4；

③ 提供多模模块≥2。

2）技术参数：

① 交换容量≥175Gbps；

② 包转发率≥05Mpps；

③ VLAN 支持数量≥4K；

④ MAC 地址表≥16K；

⑤ 1G/10G SFP＋万兆光接口≥4 个；

⑥ 支持防雷等级≥6KV，提供第三方测试报告；

⑦ 支持 1 对 1、1 对多、多对 1 和基于流的本地、远程镜像；且支持 RSPAN 和 ERSPAN；

⑧ 支持 DHCP Snooping，防止非法用户接入；

⑨ 支持带宽控制，控制粒度≤64Kbps；

⑩ 支持 IEEE 802.1X Sever；

⑪ 支 持 IEEE 802.1d（STP），支 持 IEEE802.1w（RSTP），支 持 IEEE802.1s（MSTP）；

⑫ SNMP V1/V2/V3；支持 SSH V2；支持中文图形化管理。

3.2.4 无线局域网络（AP 点接入）系统

（1）公共区域、走廊、功能区、办公室及服务区，甚至是大楼外的 POS 终端，均应安装 802.11 标准的无线局域网。

（2）无线局域网作为有线局域网的延伸，在办公室、会议室、会议中心设置无线接入点 AP（Access Point），无线接入点通过 10/100/1000M 以太网端口与有线网络互相连接，用户使用内置无线网卡的终端设备（笔记本电脑、PDA 掌上电脑等）可在这些位置无线办公或者以宽带方式接入 Internet。

（3）无线局域网以接入点 AP 为中心，采用星形拓扑结构，支持 TCP/IP 网络协议，符合 IEEE 802.11ac wave2 规范，速率可达 2966Mbps。所有的无线网络通信通过 AP 转接并经六类线缆最终接入到有线网络。

（4）系统配置：

1）802.11ac 无线局域网增强型 2.4&5GHz 双频接入；

2）提供千兆以太网电口二个。

（5）技术参数及性能要求：

1）工作模式：支持胖、瘦 AP 工作模式；

2）协议支持：支持 802.11a/b/g/n/ac 模式；

3）工作温度：温度：-10～55℃范围；

4）工作湿度：湿度：10%～95%；

5）接口：≥2 个 10/100/1000Mbps（RJ45）；

6）支持 802.11ac wave 2，支持 MU-MIMO，4 条空间流，并提供 Wi-Fi 联盟证书证明；

7）电源：支持 802.3af 协议且可支持交流电源方式供电，即 POE，支持 802.3at（draft）协议，即 POE+；

8）IPv6 支持：支持 IPv6 的二层透传；

9）数据转发：支持数据包二层转发模式，即在 AP 本地转发，而不通过控制器；

10）加密：支持 64、128 位 WEP 加密，WPA，802.11i 和 WAPI。支持 WPA 和 802.11i 的多种密钥更新触发条件；

11）用户隔离：支持 AP 上二层转发抑制支持虚拟 AP（多 SSID）之间的隔离；

12）报文过滤：支持；

13）广播抑制：支持；

14）SSID 隐藏：支持；

15）认证：支持 802.1X 认证、MAC 地址认证、PPPoE 认证，支持预认证、重认证；

16）MAC 地址过滤：支持。

3.2.5 防火墙设计

（1）防火墙作为不同网络或网络安全域之间信息的出入口，能根据安全策略控制出入网络的信息流，且本身具有较强的抗攻击能力。它是提供信息安全服务，实现网络和信息安全的基础设施。在逻辑上，防火墙是一个分离器、限制器和分析器，可以有效监控不同安全网络之间的任何活动。防火墙在网络间实现访问控制，比如一个是用户的安全网络，称之为"被信任应受保护的网络"，另外一个是其他的非安全网络称为"某个不被信任并且不需要保护的网络"。

（2）防火墙就位于一个受信任的网络和一个不受信任的网络之间，通过一系列的安全手段来保护受信任网络上的信息，对连接状态过程和异常命令进行检测；提供多种智能分析和管理手段，支持邮件告警，支持多种日志，提供网络管理监控，协助网络管理员完成网络的安全管理；支持 AAA、NAT 等技术，可以确保在开放的 Internet 上实现安全的、满足可靠质量要求的网络；支持多种 VPN 业务，如 L2TP VPN、IPSec VPN、GRE VPN、动态 VPN 等，可以构建 Internet、Intranet、Remote Access 等多种形式的 VPN；提供基本的路由能力，支持 RIP/OSPF/路由策略及策略路由；支持丰富的 QoS 特性，提供流量监管、流量整形及多种队列调度策略。

（3）为保证防火墙运行的稳定性和处理能力，要求设备采用非 X86 架构对各项安全功能进行加速优化处理。

（4）防火墙应该具有如下功能：

1）防火墙安全过滤能力：支持状态检测包过滤技术，还可以按照时间段进行过滤；支持 ASPF 应用层报文过滤（Application Specific Packet Filter）协议；

2）提供多种攻击防范技术：包括多种 DoS/DDoS 攻击防范、ARP 欺骗攻击的防范、提供 ARP 主动反向查询、TCP 报文标志位不合法攻击防范、超大 ICMP 报文攻击防范、地址/端口扫描的防范、ICMP 重定向或不可达报文控制功能、Tracert 报文控制功能、带路由记录选项 IP 报文控制功能、静态和动态黑名单功能、MAC 和 IP 绑定功能，支持智能防范蠕虫病毒技术；

3）支持细粒度内容过滤能力：支持邮件过滤，提供 SMTP 邮件地址过滤、SMTP 邮件标题过滤、SMTP 邮件内容过滤，HTTP URL 过滤、HTTP 内容过滤；

4）支持多种安全认证：提供基于 PKI /X.509 的证书认证功能；支持 RSA SecurID 动态口令认证；在 PPP 线路上支持 CHAP 和 PAP 验证协议；支持 USB Key 方式存储数字证书、配置信息以及用户名密码；支持用户身份管理，不同身份的用户拥有不同的命令执行权限；支持用户视图分级，不同级别的用户赋予不同的管理配置权限；支持与 Radius 服务器配合，实现对接入用户的验证、授权和计费；另外，OSPF、RIP2 具有 MD5 认证功能，确保所交换路由信息的可靠性；

5）强大灵活的管理功能：提供各种日志功能、流量统计和分析功能、各种事件监控和统计功能、邮件告警功能；

6）全面的 NAT 应用支持：提供多对一、地址池、ACL 控制等地址转换方式，在一个接口上支持多个不同的地址转换服务，通过内部服务器可以向外提供 FTP、Telnet 和 WWW 等服务，实现公网和私网混合地址解决方案。支持多种应用协议，如 FTP、H323、RAS、HWCC、SIP、ICMP、DNS、ILS、PPTP、NBT 的 NAT ALG 功能；

7）支持 L2TP VPN、GRE VPN、IPSec VPN、动态 VPN 等多种 VPN 业务模式；穿越 NAT 网关、动态 IP 地址灵活构建 VPN 网络；

8）支持机箱内部环境温度自动检测，并可通过网管自动采集告警信息；支持双机热备，支持 Active/Active 方式实现负载分担和业务备份；

9）全面细粒度的 QoS 保证；

10）支持流分类、流量监管、流量整形及接口限速；支持拥塞管理（FIFO、PQ、CQ、WFQ、CBWFQ、RTPQ）；支持拥塞避免（WRED）；

11）至少支持三个内网分区，一个 DMZ 分区，一个外网分区，连接速度均为千兆；

12）500 万以上的并发连接数，IPSEC VPN 吞吐量≥14Gbps。

3.2.6　路由器

（1）系统配置：

1）每台提供 3 口 GE WAN 接口；

2）主机框，主控模块；

3）完整功能，支持 IPv6 软件。

（2）技术参数及性能要求：

1）业务模块插槽数≥8 个；

2）交换容量≥70Tbps；

3）包转发率≥12Gpps；

4）NAT 最大并发连接数 1600 万，NAT 转发性能 15Gbps；

5）内存≥2GB；

6）整机支持 CPOS 接口≥4；

7）整机支持 GE 接口≥32；

8）支持 USB 接口 2 个；

9）支持接口模块热插拔；

10）基于开放式系统，全分布式处理架构；

11）支持 RIP/RIPng、OSPF/OSPF v3、IS-IS/IS-IS v6、BGP/BGP4＋；

12）配置 IPSec VPN，支持 GRE、L2TP。

3.2.7 统一智能管理中心

（1）系统配置：

1）提供基础网管拓扑（100 设备）；

2）提供专业无线管理组件；

3）提供无线 license-管理 50 台 AP 设备。

（2）技术参数及性能要求：

1）支持对标准 MIB 的各厂商设备进行基础监控管理，包括：全网交换机、路由器、安全网关、无线交换机、AP 等设备实现统一网管；

2）要求资源拓扑、告警、性能等功能组件支持多服务器负载分担部署，保证各网管组件性能；

3）自动发现网络中的所有网络设备，并在拓扑中显示出来，可以自动将网络中的逻辑连接关系显示出来；

4）管理员可对拓扑图进行灵活定制网络拓扑，包括对设备、链路等自定义修改；

5）IP 拓扑：展示了网络中的三层设备与三层设备，三层设备与子网的连接关系，反映出网络中的路由和子网划分情况，可在拓扑上察看在线用户信息，包括用户名、IP 地址、MAC 地址、上联设备及其端口、安全状态等信息，并能够实现对终端的管理操作，如踢下线、发送消息等；

6）支持环路自愈技术，对环路问题快速定位，自动对接口进行关闭、告警等操作；

7）支持 IP 地址的生命周期管理，图形化实现 IP 地址全生命周期的记录、增加、回收；

8）支持终端首次接入网络时，自动实现智能终端、哑终端的 IP、MAC 信息的绑定；

9）配置快照，系统可以按照用户的需要定期采集设备配置文件，对设备配置信息进行备份，一旦设备配置被破坏，管理员可实现设备配置恢复；

10）配置比对，系统可自动比对每次备份后的系统配置，一旦发生变更后可告知管理员，并方便的查看变更；

11）设备软件统计，系统提供统计信息，详细描述网内应用的设备型号、软件版本信息，为用户统一规划设备版本提供帮助；

12）设备软件批量下发，提供设备软件批量下发功能，实现网内设备应用版本一致，并详细统计版本信息；

13）资产管理，可以对设备资产进行统计，并可以自定义添加相关管理字段，如设备负责人、厂家、质保期等信息，并能够生成资产报表。

4 综合布线系统

4.1 系统概述。综合布线系统是信息通信网络的基础传输通道，应满足本工程近期的实际使用和中远期发展的需求。综合布线系统应满足本工程信息通信网络的布线要求，应能支持语音、数据、图像等业务信息传输的要求。

4.2 系统要求。综合布线系统是连接建筑的内部及外部语音、数据、监控图像、显示信号及多媒体信号的传输通道，它不但必须满足当前的业务处理需求，更需要考虑今后通信及网络发展需求。综合布线系统必须符合国际标准 ISO/IEC 11801Edition2.0，EIA \ TIA-568B 对六类铜缆布线及各子系统的规定。

本工程分为自用办公和出租两部分，自用办公部分所有的信息点要求敷设到末端，出租部分只将光纤和大对数电缆端接到楼层智能化间或计算机房的光纤配线架和语音配线架上，水平和工作区部分不做考虑。

4.3 垂直主干子系统

4.3.1 数据传输主干系统

（1）数据传输主干系统，要求采用 6 芯多模室内光缆，从三层智能化间敷设至每层智能化间或计算机房 2 根 6 芯光纤。

（2）多模光缆要求采用符合 ISO 11801 国际综合布线标准中 OM1 型多模光纤系列，要求在 850nm 窗口处带宽为 200MHz@850nm 以上，在 850nm 处可以支持千兆以太网速率达 275m，并满足 IEEE802.3ae 关于下一代多模光纤技术标准。

（3）除必须符合以上技术标准外，所用材料还必须符合 IEC 对抗拉力、压力和拉力的承受标准。

（4）多模光缆光纤的具体要求如下：

1）光纤芯径：62.5μm 多模光缆，OM1 级别；

2）支持从 10/100/1000Mbps 以太网的应用；

3）光缆符合 UL 对 OFNR 级主干光缆的阻燃要求；

4）光纤应符合 Bellcore、TIA/EIA-492 及 ISO 11801 标准，并符合 TIA/EIA-455 商业楼宇布线标准；

5）在 850nm 处可以支持千兆以太网速率达 275m，并满足 IEEE802.3ae 关于下一代多模光纤技术标准；

6）所用材料还必须符合 IEC 对抗拉力、压力和拉力的承受标准。

4.3.2 语音传输主干子系统

（1）室内语音主干采用三类大对数（50/100 对）非屏蔽 UTP 双绞线铜缆。按语音点 1:1比例配置铜缆的线对数，并预留 20％数量。

（2）承包单位应按照图纸和规格说明所示提供 24AWG 的非屏蔽双绞铜电缆（UTP）作为大厦的垂直主干电缆。电缆须满足电话及电信系统的需要。

（3）垂直主干电缆应为 25/50/100 对型式。

（4）电缆符合 UL 对 CMR 级主干电缆的阻燃级别要求。

（5）电缆应符合 EIA/TIA－568B 标准及 ISO/IEC/TIA 标准第三类 UTP 的要求，提供话音级垂直主干配线。

4.4 水平子系统

4.4.1 根据 TIA/EIA-568B 的水平线独立应用原则，水平子系统采用符合 TIA/EIA568-B 和 ISO 11801 等国际标准拟定的六类 UTP 铜缆指标值；铜缆信息点为全六类配置，具有较高的性能价格比，既考虑经济性又兼顾到将来的网络发展需求。每个信息点能够灵活应用，可随时转换接插电话、微机或数据终端，并可随着用户的进一步应用需求，通过相应同一厂家适配器或转换设备，满足门禁系统、视频保安监控（CCTV），宽带视频信号的有线电视（CATV），以及多媒体会议电视等系统的传输应用。除必须符合对所有产品要求的标准外，必须符合 EMC 标准的电磁兼容性要求。

4.4.2　水平布线是整个布线系统的主要部分，它将干线子系统线路延伸到用户工作区。

（1）水平子系统由各信息插座、每层配线设备至信息插座的配线电缆、楼层配线设备和路线等组成。

（2）语音及数据水平布线采用带线对隔离器的 4 对六类 23AWG 非屏蔽双绞线（UTP），六类双绞线必须采用十字线对隔离结构设计，并符合 UL 认证的 CMR 防火级别。

（3）带宽：≥250MHz；为节约安装空间，单根六类 UTP 外径应在 6.4＋0.2mm。

（4）水平子系统电缆长度为 90m 以内。六类双绞线的最大直流电阻不超过 9.38Ω/100m。

（5）接线标准采用 TIA/EIA 568B 标准。

（6）六类 UTP 四对铜缆及六类链路需提供国家工业和信息化部两年内的性能认证，符合六类标准 TIA/EIA CAT6 性能要求的证书。

（7）传输介质必须适应 100BASE-TX；ATM（155MBPS）协议、1000BASE－T、1000BASE－TX 以及更高的需求。

（8）四次连接时的六类信道性能至少应符合如下要求，其中的参数为与最新的六类标准相比较的最差线对余量（1～250MHz）。

4.5　工作区子系统

采用六类信息插座（CAT6），能够满足高速数据及语音信号的传输，传输参数可测试到 250MHz。信息模块应具有在同一面板上任选 90°（垂直）或 45°（斜角）安装方式，而无需更换特别面板，信息模块应使用不同颜色以区分数据点或语音点，并应有明显的语音及数据的标识，信息面板要求采用系列 86 英式面板。

4.5.1　除特别注明外，为模组成式 8 针 RJ45 插座。电缆连接须按 TIA/EIA568B 标准执行。

4.5.2　面板颜色为白色。

4.5.3　各信息插座输出口需为模块式结构，以便更换及维护。

4.5.4　需按图纸所示，提供单位及双位或多位插座，并提供话音/数据识别符号。除特别注明外，4 对双绞电缆均需端接妥当。

4.5.5　电气性能达到六类标准 TIA/EIA CAT6 的要求，测试指标达到 250MHz，免工具安装。

4.5.6　其中安装的六类信息模块具体参数要求如下。

（1）规格：六类，RJ45 模块插座；

（2）标准：ISO /IEC 11801：2002 Ed2.0；

（3）绝缘阻抗：不低于 500MΩ；

（4）拔插寿命：＞750 次；

（5）接点阻抗：≤20mΩ；

（6）电流：1.5A；

（7）材料：所有塑料材料符合 UL 94 V-0。

4.6　管理子系统

4.6.1　在各楼层分配线间采用标准 19″机柜安装的配线架及相应的网络设备。所有机柜均采用 19″标准机柜，内备风扇、电源及门锁并应考虑以后网络设备的放置，数据总配线架采用光缆与数据主干光缆相连。

4.6.2　分配线间水平子系统方面配线架采用模块式配线架来管理所有水平铜缆信息点。语音垂直主干要求采用 110 机柜型安装 100 对配线架，并配有足够的 5 对连接块和标签条。

4.6.3 光纤采用 19″机柜式光纤配线架，可以端接多芯单/多模光纤。在各个子配线间全部采用标准 19″机柜式安装的所有的配线架及相应的网络设备。

4.6.4 光纤接头及相应的耦合器应采用双 SC 光纤连接头，要求多模单个光纤接头衰耗为 0.10dB，并能提供相应多长度的 LC-SC 头的原装原厂光纤跳线。

4.6.5 实现配线管理，使用颜色编码，易于追踪和跳线。配线架的具体要求如下。

（1）语音主干配线架。语音配线架用于端接语音主干：

1）规格：110 系列 100 对配线架；

2）标准：TIA/EIA-568-B；

3）安装：19″机架式安装，配线缆管理器；

4）端接寿命：超过 200 次。

（2）数据、语音水平铜缆模块配线架：

1）六类 RJ45 模块化结构，符合 TIA/EIA-568-B 对于六类标准的要求；

2）规格：24 口 RJ45 模块化配线架，双层结构，端口带防尘盖板；

3）安装：19″机柜式安装，自带后线缆管理支架，高度为 1U；

4）端接寿命：最少 200 次；

5）插拔寿命：不少于 750 次。

（3）光缆配线架：

1）由配线架箱体、耦合器面板及相关附件组成的模块化抽屉式配线架。箱体高度不超过 1U（1.75″），配熔接保护盘；

2）支持 LC、SC 及 ST 双工光纤耦合器；

3）配线架有足够的空间保证光纤的盘绕、固定和接续。应提供框架和有关的轨道、托架、设环以及现场组装接线屏所需的所有部件。它应由光缆接头和特制的水平跨接缆构组成；

1）安装：19″机柜式安装，带光跳线管理器、色标和固定附件。

4.7 设备间子系统

4.7.1 主设备间包括语音及数据主配线间，全部采用标准 19″机柜安装的配线架及相应的网络设备。所有机柜均采用 19″标准机柜，内备风扇、电源及门锁并应考虑以后网络设备的放置。

4.7.2 数据主配线间的总配线架采用光纤配线架及六类 RJ45 配线架与数据主干光缆/六类双绞线相连。其中六类 RJ45 配线架与管理子系统中的数据铜缆配线架要求相同。

4.7.3 语音主配线间总配线架采用 110 机柜型安装 100 对配线架，5 对连接块和标签条。

4.7.4 光纤接头及相应的耦合器应采用双工 SC 连接头，要求多模单个光纤接头衰耗为 0.10dB，并能提供相应多长度的 LC-SC 头的原装光纤跳线。

（1）数据跳线：

1）规格：厂家原装六类跳线两端有插头，适用于所提供的配线架。RJ45-RJ45 的快接式跳线，插头带防应力护套；

2）标准：数据级跳线的型式应符合 TIA/EIA-568B 标准；

3）类别：六类；

4）长度：备用多种长度以适合实际环境。

（2）语音跳线：

1）规格：1 对 110-RJ45 跳线；

2）标准：符合 TIA/EIA-568B 标准；

3）类别：超五类；

4）长度：备用多种长度以适合实际环境。

（3）光纤跳线规格：

1）多模 62.5/125μm，OM1 等级；

2）备用多种长度以适合实际环境。

（4）标签：所有标签必须采用电脑或打字机打印，色标必须符合 TIA/EIA 606 布线管理规范。

5 信息发布系统

5.1 系统功能概述

将视频、音频、图片信息和滚动字幕等各类组合的多媒体信息通过网络传输到分布在不同位置的媒体播放端，然后由播放端将组合的多媒体信息分组、分时段在相应的显示设备（液晶电视、LCD 屏、LED 屏）上播出。系统在 Windows 架构下运行并基于局域网、广域网、ADSL、3G 无线网络等网络环境。

5.2 技术要求

5.2.1 数字媒体信息发布系统的播放功能

（1）图片文档及视频播放：可播放各种格式的图片、文档、PPT、FLASH、网页及音视频。为了保证视频文件的清晰度，所播放的视频文件不允许经过格式转换，支持 MPG、RM、WMV、AVI、Wov 等视频文件，并能够支持后续新的多媒体格式，支持同时叠加多个元素同时播放（叠加字幕、边框、时钟等信息）。

（2）音频播放：立体声、双道，支持 MP3、AC3、PCM、WMA 等格式，系统音频文件播放可以隐藏任务方式编排和播放，不影响可见窗口的媒体播放，即可播放背景音乐。

（3）播放效果：图像明亮清晰，视频播放连续，无动画和马赛克，画面流畅。图像能够填充满整个显示屏，不留黑边，且不受显示屏尺寸大小限制。

（4）每个液晶屏幕上可以播放不同的节目，每个液晶屏幕上可以自由分割出多画面同时播放。

（5）支持双向接入，即：可根据需求既可以将第三方系统接入到信息发布里，也可以将信息发布集成到其他系统里。

5.2.2 网络架构及功能

具有联网和远程控制的功能，对终端可以远程管理和维护。支持局域网，分管理端和播放端，C/S 结构，同时也支持 B/S 结构应用。

在信息发布点位数量不多的情况下，采用 C/S 结构；而在信息发布点位数量较多或权限较为复杂的情况下，采用 C/S 和 B/S 结合的结构。信息发布操作在管理端进行，管理端可以是局域网上的任意多台计算机，播放端的媒体播放机控制连接显示设备。

5.2.3 发布和播放管理

（1）媒体显示端硬件具备硬盘存储功能，可以指定空闲时间发布。带宽占用率低，不会因为信息发布影响正常的网络办公。另外，在网络断开或服务器瘫痪的条件下，不影响显示端的正常播放。

（2）播放列表：可通过制定、编辑节目播放列表，网络管理播放顺序。

（3）播放时间控制：播放列表设定多个媒体内容的播放时间次序。可定时播放、指定时间播放、随时插播、指定年月日时分秒播放、空闲播放、手动触发播放、循环播放、优先播放、计次播放等，可以对发布时间（开始，持续，结束）、发布顺序等进行编制和定义管理。

（4）屏幕划分：显示屏幕划分成多个区域，每个区域可根据客户需求播放不同的多媒体节目，可设置不同大小。用户可以利用系统中提供的固定模板，也可以通过系统的模板制作模块，自己任意拖拉制作新的分割画面模版。可预定所有区域的播放日期和时间，也可对每个区域设定一个独立的播放时间表。

（5）显示模板：系统提供多种不同的屏幕划分显示模板供选择，同时用户还可以自己编辑新的布局模版，这些布局可以作为模板，在节目编排时使用。

（6）滚动字幕：可以随时随地的向各显示播放端发布"滚动字幕（跑马灯信息）"，而且"滚动字幕"的字体类型、大小、颜色、滚动速度与位置都允许调整。

（7）播放图片需有多种切换效果，如：百叶窗、插入等。

（8）支持多种中文字体和字形，同时还可输入英文、西班牙文、法文、德文、希腊文、俄文、日文等多种文字。

（9）播放文字信息时具有透明、半透明等显示效果，且播放位置可随意设置。

（10）具有紧急信息和临时信息的插入播放功能，紧急信息或临时播放完毕能够自动切换到原播放节目。

（11）可以在主控端控制和切换电视频道，并能灵活的将有线电视节目在分屏中播放。可实现各个显示端同时播放不同的电视频道。

（12）可以在主控端控制和调节各个显示终端的声音大小，可以进行分时段的音量设置。

5.2.4　系统监控

（1）管理端实时监测各个播放端的系统运行情况和任务播放情况，可以对各个播放端进行接管控制，查看播放端播放内容。

（2）远程指令和操作：管理端可通过网络控制播放端及显示设备进行定时和随时的远程开机、关机、重启、切换电视频道、切换电视输入源等操作。可以远程控制液晶、等离子电视的开关机（电视需提供串口及串口控制协议）。

5.3　性能要求

系统要求能够长期稳定连续工作，连续工作时间不少于 200 天。

5.4　环境要求

5.4.1　电源：220V（−10％～10％）、50Hz。

5.4.2　能够在内外自然环境温、湿度下正常工作。

5.5　二次开发

能够提供系统开发接口及开发服务，可按买方需求进行适应性的软件功能开发。

5.6　播放端的媒体播放机的操作系统

是基于嵌入式 windows 10 操作系统下的应用系统，方便后续的扩展性和外部应用的接入，可以灵活的与第三方应用，包括与触摸屏业务查询系统结合应用、排队叫号系统的结合、实时的有线电视节目 AV/TV 传输系统接入、实时的视频会议系统或监控系统接入、与实时的天气预报、股票等系统结合应用。系统的扩展性好，后续只需要对系统硬件升级和软件升级即可满足后续的新的应用。

5.7　灵活方便的兼容后续的新媒体格式的出现

后续的多媒体格式层出不穷，该系统能够很好地兼容后续的各类最新的多媒体格式，要求不是通过复杂的格式转换工作来实现，而是通过本系统即可灵活的直接播放各类多媒体节目。

5.8　支持显示屏幕的任意放置

包括横放，竖放，倒置等，既支持 4：3 和 16：9，同时也支持 3：4 和 9：16 的显示；

并支持屏幕切割功能，即不同区域显示不同内容。

5.9 能够灵活地将实时有线电视节目接入进来

实时接入进来有线电视节目，并实现在分割画面内的某个指定区域显示和播放，并能够在中控端统一切换频道和选择频道。有线电视的接入采用前端播放机端接入本系统，而不是采用从中控端接入的流媒体广播方式。可以实现每个播放端同时播放不同的电视节目和频道。不需要通过遥控器在前端挨个屏来选台和切换频道节目，所有的控制管理和操作都在中控端由管理员统一管理和切换。前端的液晶显示屏可以是 LCD 屏、液晶等离子电视、全彩 LED 等显示设备。

5.10 能够很好地与触摸查询应用系统等第三方应用接入进来

实现灵活的交互查询和信息发布应用的完美结合。在无人触摸查询的状态下，系统可以按照信息发布编排的节目和任务来自动播放，并为触摸查询专门留出查询点击的一个窗口。一旦有人员通过点击触摸查询窗口要求提供查询服务时，系统自动进入到后台的业务查询系统中提供相应服务，而当查询人员离开了窗口后一定时间后，系统又自动恢复到信息发布的节目中来。

5.11 对硬件部分的建议要求

5.11.1 中央控制系统端硬件要求：

（1）酷睿Ⅱ双核 2.0GHz 以上。

（2）内存 1024MB，DDR-2 以上。

（3）160GB SATA 硬盘以上。

（4）100/1000 Base LAN 网卡。

（5）DVD-RW 光驱。

（6）19″LCD。

（7）操作系统：

1）Microsoft Windows 2000/2003 Server 或 Windows 其他操作系统；

2）Microsoft Internet Explorer 6.0；

3）Microsoft Media Player 10 series；

4）Microsoft Office2003。

（8）安装繁体和简体语言、或其他有需要的语言。

5.11.2 中央控制系统端是一台普通的 PC 或服务器，如果需要将制作好的节目和节目单全部存储到中央控制系统端 PC 或服务器上，则需要较大的硬盘存储空间和内存。

5.11.3 中控端的硬件不需要高端服务器级别的设备，所有的节目编排、发布和管理、监控等工作均可以由管理员在该电脑上操作管理。基于 C/S 和 B/S 结合的应用，则管理员可以在网络内的任何一台电脑上进行发布管理等工作。

5.11.4 媒体播放机端硬件-媒体播放机

（1）支持 Windows 10 或 Windows 其他操作系统。

（2）支持 32 位真色彩/1280×1024 高分辨率模式。

（3）支持通用外挂设备，如并口打印机、USB 打印机、串口设备等。

（4）支持 DHCP、WINS、DNS。

（5）支持远程唤醒（Wake-On-LAN）集成百兆网卡。

（6）四个串行端口，一个并行端口，六个 USB 口，2 个 PS2 接口、一个 VGA 接口和音频输出，网络接口。

（7）支持完整的 16 位立体声播放功能。

（8）支持客户 Windows 应用程序的安装。

（9）支持系统保护功能，不受任何病毒的入侵。

（10）Windows 界面风格，完全符合使用习惯。

（11）流畅播放各种格式的音视频文件以及其他任何格式文件。

6　背景音乐及紧急广播系统技术要求

6.1　功能要求

本项目应急及业务广播系统具有背景音乐广播、业务广播、火灾应急事故广播等功能。

6.1.1　应急及业务广播系统控制设备设置于消防控制中心内。系统平时可在公共区域自动循环播放背景音乐，并且在发生火灾时，兼作消防紧急广播使用，指挥疏散。系统的设计必须考虑使用场所的特性、噪声水平、空间大小高度，并根据扬声器的扩散角度、声压等级和额定输入功率来确定扬声器的数量。

6.1.2　背景音乐系统的主要作用是掩盖噪声并创造一种轻松和谐的听觉气氛。要求扬声器分散均匀布置，无明显声源方向性，且音量适宜，不影响人群正常交谈。背景音乐的音量应高于现场噪声 3～5dB。下列场所应设背景音乐：走廊、电梯门厅、公共卫生间、入口大厅、会议室、办公室、餐厅、商场、地下层等公共区域。

（1）本系统将为各区域提供背景音乐和业务广播，可以起到宣传、通知、寻呼等广播作用，以营造一个轻松舒适的环境。

（2）在遇到火灾、安全威胁等紧急情况时，能够根据预先制定好的自动紧急疏散撤离系统迅速做出反应，对全区或分区域进行紧急广播，有秩序地安排人员撤离。

6.1.3　火灾事故广播功能作为火灾报警联动系统是在紧急状态下用以指挥、疏散人群的广播设施。要求扩声系统能达到需要的声场强度，以保证在紧急情况发生时，足够使建筑物内可能涉及的区域的人群能清晰地听到警报、疏散的语音。

火灾事故广播的自动控制程序一般为：当发生火警时，按相邻防火分区的顺序进行广播，如应在木层及相邻层进行广播，即 N⊥1 广播形式；当首层发生火灾时，应在本层、二层及地下各层进行广播；地下层发生火灾时，应在地下各层及首层进行广播。如有些区域面积比较大的，消防广播规范还没明确规定的，可按照实际情况（如消防有关部门和用户的规范要求）进行分区广播。

6.1.4　除执行以上功能外，系统的设计与施工符合国家规范、行业标准和地方性消防系统设计规范关于紧急广播与消防自动报警部分的具体要求。

6.2　系统技术要求

6.2.1　基本要求

系统将能够以不同级别的优先权处理业务广播和背景音乐广播。火灾事故广播与背景音乐广播共用一套扩声系统。公共广播系统的主要设备应是同一品牌的，音源设备除外。

6.2.2　设计指标要求

（1）背景音乐声压级＝60～70dB。

（2）紧急广播声压级＝88～94dB。

（3）频带在 100～12000Hz，重放特性比较平直。

6.2.3　信号管理系统

（1）系统为微电脑控制的 4 音频信号总线的矩阵系统（采用多套系统级联可扩展）。

（2）系统构成包括系统控制软件、系统管理器（输入信号矩阵）和监察机框（输出信号矩阵）、功率放大器、消防员专用话筒、供电单元、紧急供电单元以及用户定义的遥控话筒（紧急用或业务用）构成。系统通过超 5 类网线、光缆，可实现集中放置或远程分布放置。

（3）最大 18 路信号输入（8 个信号输入插槽）；8 支遥控话筒（含消防话筒）；2 路 EV（数码语音广播卡）声音，50 路音频矩阵输出（可扩展至 105 路音频输出）。

（4）配置 2 张 EV 卡时，可同时播报两种不同的紧急信息（警报和疏散）。

（5）从遥控话筒到末端每条喇叭线路（关键语音通道）的检测功能满足 IEC/EN 60849 标准。

（6）喇叭线路检测功能可选择导频音检测或阻抗检测方式。

（7）系统具备故障自动检测功能：如扬声器短路/开路/接地故障、功放故障、系统电源故障、遥控呼叫站故障及主机设备故障等。检测功能不会中断背景音乐和呼叫广播（具备消防演习功能）。

（8）消防员专用话筒或系统遥控话筒的 LED 指示器可被设置定义成不同故障指示灯。

（9）所有遥控话筒（消防话筒）按键都是可定义功能按键，且每个遥控话筒（消防话筒）可扩展至 105 个按键。

（10）可用电脑软件便于系统配置和参数设定。

（11）以星期为周期的主机内部时钟定时器功能便于活动预定计划（10 天程序，每次设定 32 个活动，40 个假日程序，夏令时设定和时间调整设定）。

（12）任何消防员话筒或遥控话筒均可设定为传统意义的监听扬声器。

（13）监察机框配备一路备用功放通道，当系统中的任何一台功放发生问题时，自动切换至备用功放，不间断地保证系统的正常运行。

（14）16 路控制输入/控制输出的标准配置可扩展至 128 路输入/输出。

（15）在 CPU 故障时可用消防话筒实现全区呼叫功能。软件可记录最近 2000 个活动数据并下载至电脑，可打印软件设置清单和项目结构图。系统安装期间可使用系统配置和连接检查功能。9 波段图示均衡卡可用于各输出区域。

（16）系统采用直流电源供电方式（不包括 BGM 音源），系统无音源输入时自动进入待机省电状态。可通过软件设置检查紧急广播演习功能。

6.2.4　功率放大器

（1）功率放大器的主要作用是将音频信号放大，保证有足够的功率输出，从而推动喇叭发声，满足广播系统的声压要求。

（2）根据楼层平面结构、建筑声学特性和使用功能，各类型喇叭在特定情况下以额定功率输出可满足背景音乐广播和消防广播的声压要求。并且根据每条扬声器线路的喇叭总功率，来配置不同型号的功率放大器。

（3）为保证整个系统能进行全区消防紧急广播或人工寻呼业务广播，功放的总功率输出容量应不小于全区喇叭的总额定功率容量，才能满足要求而不造成功率放大器的损坏。本系统可根据广播线缆损耗、消防事故广播及扬声器预留功率容量来满足要求。

（4）功率放大器应具备故障保护系统，对每一个功率放大器持续不断地进行故障监控。必须能在没有人为的干预下，在 1s 内同时发送故障的放大器输入和输出信号至备用功率放大器的信号线路。而且，该放大器的自动切换装置将发出提示声音来提醒维修人员来处理该情况。可以在系统的监控器面板上监控所有功率放大器的音频输出。

（5）选用多通道功率放大器，具备多种输入功率规格：4 通道×60W、2 通道×120W、1 通道×240W，面板具有对各通道工作状态和功放过热检测的指示灯。工作电源为 24Vdc，由系统电源专门供给。

6.2.5　扬声器

（1）根据整个建筑物的平面结构以及配合各区域的整体外观，按各区域对扬声器所要求达到的最大声压级、声场均匀度和清晰度、传输频率特性、建筑空间的大小及气候环境等因素，并结合扬声器的性能指标和安装方式合理地进行布置和选择，保证均匀、清晰、优美的播音效果。

（2）扬声器的位置要保证使声压水平在每一个区域都能够平均分布，报价方可以对设计图纸的位置进行优化调整，总声压级应在环境噪声的 10dB 以上，该声压级的变化不应大于 8dB。

（3）应根据设计要求，选择合适的扬声器，并对扬声器线路进行监测。

6.2.6 电源和系统机架要求

系统主电源应是采用 24V 直流电源供电方式（但不包括 BGM 音源）。

所有的设备需安装在符合电子工业联合会标准的 19 寸机架内，而麦克风控制台、音量控制器以及扬声器除外。所有的设备，开关等必须清楚地贴上标签，方便辨认。

6.3 系统功能要求

6.3.1 系统自动检测功能

系统主机具有自检功能，自动检测主机、功率放大器状态及扬声器线路的断路、短路、接地的实时检测，具有标准通信接口，能监听不同回路扬声器工作状态。广播中心遥控话筒按键用户可自己定义功能：

（1）广播系统故障报警指示灯，功放、主机和扬声器回路故障指示（包括短路、接地、开路等）。

（2）用定义的不同按键发出不同故障的声光报警指示。

（3）可设置系统功能按键如音源选择、分区音量加减、远程监听等。

6.3.2 软件编程和监测功能

（1）可打印软件设置清单和项目结构图。

（2）可对系统的硬件进行设定（诸如：对消防员话筒、遥控话筒、监察机框、系统监控器、数字语音播放卡和联动控制输入输出等）；软件可对系统广播的优先级、扬声器回路的 EQ 均衡状态以及背景音乐的播放初始音量进行设定。

（3）通过软件对紧急广播的播放做出事先设定防联动输入及联动输出设定菜单。

（4）通过软件对系统的运行状态进行实际检查（包括对系统设置的综合检查、系统实际连线的检查、设备运转状况的检查、功放状态的检查、喇叭线路、紧急电源状态的检查以及在不实际进行紧急广播的情况下对紧急广播系统状态的检查等）。

6.3.3 主机内部定时语音信息广播功能

广播系统具有强大的自动定时广播功能，能满足大厦背景音乐定时广播、重要节日的欢庆语音广播等，实现自动定时通知广播。广播系统通过编程能对 1 年 365 天的活动进行设置，有 10 个定时广播模式可选择，每个模式可设定 32 个活动程序，即 24h 内某个时刻或某段时间的定时启动设定，主机内置的语音记忆卡语音讯息内容启动播放，重要内容的中断插播，CD 机、录音卡座等音源的控制播放，广播音量定时控制，控制输出定时启动等。广播系统软件还可以对每年设定 40 个重要节日的定时广播模式，如国庆节、圣诞节期间等。

6.3.4 远程话筒优先级别控制功能

从遥控话筒到末端每条喇叭线路（关键语音通道）的检测功能满足 IEC/EN 60849 标准。消防员专用话筒或系统遥控话筒的 LED 指示器可被设置定义成不同故障指示灯。所有遥控话筒（消防话筒）按键都是可定义功能按键，且每个遥控话筒（消防话筒）可扩展至 105 个按键（使用 RM-210 遥控话筒扩展单元）。

6.3.5 功放多通道独立输出功能

系统选用多通道独立输出的功率放大器，分别为 60W×4 功放（4 独立通道），120W×2功放（2 独立通道），240W×1功放（1 独立通道）。当功率放大器发生故障（如保险丝熔断、过热故障）或每个喇叭线路有短路、开路或接地漏电现象时，系统都能实时监测到并通过广播主机、遥控话筒或外围设备发出故障警报，安全可靠。

6.3.6 备用功放切换功能

系统配备功放自动切换仪，能实时在线监测功率放大器的运行状态，当功率放大器出现故障时，功放自动切换仪能够使用备用功放切换在线的故障功放，保证广播的正常操作。工作功放与备用功放的比例为 10：1。功放自动切换仪还具有扬声器线路检测功能，能实时检测扬声器线路的短路、开路或接地等故障状态。具有声光指示器提供检测和切换状态，为维护广播系统的正常操作带来方便。

6.3.7 自行分析管理功能

矩阵系统具有高效的自行分析程序能力，监测和警告系统故障，使系统任何时间和场所都能够长期稳定可靠地运行和操作。可及时记录 2500 个按时序排列的系统工作事件，与矩阵管理系统连接的消防控制系统、集团内部电话语音系统任何时候的操作和联动控制，通过电脑下载系统工作事件，方便用户查阅，以免广播系统和其他系统为了范围的事情而产生纠纷。

6.3.8 应急消防联动广播功能

（1）具有自动/手动强切功能：一旦紧急广播被遥控话筒或其他外接设备（火灾报警系统）紧急启动，公共广播系统的其他功能（背景音乐、一般广播等）将被暂停。系统仅执行预录的消防自动语音广播（警告和疏散广播）或消防话筒的手动广播，直到紧急广播状态解除。

广播系统设备本身不配置任何电源开关关闭设备电源，确保系统于任何时间均可立即执行紧急广播。

（2）紧急广播系统在 2s 内实现紧急广播。

（3）紧急广播的信号音和语音信息（包括警告和疏散内容）均以数码方式记录在语音存储卡内，具有不老化、不丢失等特点，并能向所有区域播报。

（4）紧急广播系统应具备系统检测功能且该功能为标准配置，通过该检测设备能使系统操作人员确保系统在任何时间均能运转正常。紧急广播的检测应采取软件设置启动，无需进行实际的紧急广播，造成不必要的慌乱。

（5）紧急广播系统应能实现功放自动备份切换功能。一旦某台功放发生故障，系统备份功放将能自动接替故障功放，无需人工更换功放输入输出线路。

（6）通过数码语音播放卡，紧急广播系统应能实现 2 种预先录制的不同紧急广播信息。系统应能分别编辑、记录警告信息和紧急疏散信息，紧急广播的先后顺序可以编程控制。

（7）紧急广播预先录制的信息应作为主机系统的组件，主机系统应能对其进行恒定监听。一旦故障发生，应能在系统遥控话筒上或外部故障显示设备上予以指示。

（8）紧急广播的语言种类应能以满足用户的需求为标准，遥控话筒上应留有操作提示语等标牌位置，以便用户粘贴相应管理信息，利于操作管理。

（9）消防自动广播的联动信号采用无电压干触点方式，均来自消防中心，联动信号线缆的数量等同于各个消防中心的消防分区数。

6.3.9 主要设备技术要求

（1）广播矩阵控制主机：

1）4 音频母线的输入矩阵；

2) 最少 18 路输入、2 路 EV。50 个输出区域可用；

3) 两种不同的紧急讯息安装 2 张 EV 卡时可同时使用；

4) 喇叭线路检测方式可因各条喇叭线路独立选择；

5) 任何检测功能都不会中断背景音乐和呼叫广播；

6) 至少 128 个控制输入/128 个控制输出；

7) 具有 2000 个工作事件记录；

8) 诊断系统，定时检测监视系统正常工作状况；

9) 每个遥控话筒的功能键可扩展至每单元 105 个；

10) 工作电源：24VDC；

11) 每个机箱模块数量：10 个；

12) 机箱数量：1 个主机箱和 5 个扩展机箱；

13) 失真度：＜0.02％；

14) 频率响应：20～20kHz；

15) 信噪比：＞60dB。

(2) 远程控制话筒：

1) 输出电平：0dBv；

2) 输出阻抗：600Ω；

3) 频率响应：100～20kHz；

4) 失真度：＜1％；

5) 信噪比：＞60dB；

6) 独立区域选择播音功能；

7) 多达 120 分区播音选择；

8) 通信协议：RS485 方式。

(3) 多通道功率放大器：

1) 额定输出功率类型：60W×4，120W×2，240W×1；

2) 频宽：40～16kHz（±3dB）；

3) 失真度：小于 1％（1kHz）；

4) 信噪比：大于 80dB；

5) 内装功放输入模块；

6) 面板带功放通道和过热指示器；

7) 通道数量：4，2 或 1。

(4) 功放监听器：

1) 监听，监视 10 台功率放大器的输出；

2) 具有 VU 电平表指示功率信号的动态值；

3) 配备 75mm 宽频喇叭；

4) 配置音量电位器，调节监听音量；

5) 可连接 100V、70V 和 50V 三类定压输出。

(5) 天花吸顶喇叭。适合于安装位置较低带活动天花板的场合（如办公室、会议室、公共卫生间等），具有清晰的语音播放和优美音乐再现。

1) 白色 ABS 材料结构，使用于各种天花板的安装；

2) 宽频声音覆盖范围，可减少实际天花吸顶喇叭使用数量；

3) 额定输入：100V/6W，3W；

4）灵敏度（1W/1m）：90dB；

5）覆盖角度（1kHz，－6dB）：180度；

6）频宽：108～16kHz；

7）喇叭元件：120mm 低频锥体器。

（6）6W 壁挂式音箱：

1）适合于高噪音环境、无活动天花板的场所（如地下层公共走道等）；

2）使用固体防撞材料（ABS）；

3）12mm 双单元型全动态范围的锥体喇叭，提供保真的清晰音质；

4）额定输入：100V/6W；

5）灵敏度（1W/1m）：93dB；

6）覆盖角度（1kHz，－6dB）：106°；

7）频宽：120～20kHz：

（7）音量衰减器：

1）用于功能房内单独控制音量使用（如办公室、休息室、会议室、客房卫生间等）；

2）ABS 材料，墙面嵌入式安装；

3）最大功率电平损耗为－0.5dB；

4）内置紧急事件自动音量切换装置，承载功率为 24VDC/10mA；

5）最大功率：5W，30W，75W 或 120W；

6）衰减值：六段，每段值为－6dB（0，－6，－12，－18，－24，－∞dB）。

7　卫星电视信号接收及有线电视系统

7.1　用户需求

本工程包括自用办公和出租办公两部分，为满足自用和出租用户的需要，大楼内部设立有线电视系统，满足用户收看娱乐节目、新闻和企业内部节目的需求。

7.2　收视节目

本工程拟接收当地城市有线电视节目、卫星接收节目及自办节目。包括 10 套卫星电视节目、1 套自办节目、当地有线电视节目。

7.3　系统需求

7.3.1　有线电视系统自用部分需敷设至末端插座，保证系统使用，出租部分只在竖井内预留分支设备，租户根据自身需要申请开通。

7.3.2　本工程设一套抛物面卫星天线，接收亚太 6 号（3.2m 天线）10 套卫星电视节目，卫星电视接收设备主要包括卫星接收天线，以及根据收视节目的数量及其相关的技术参数，配置相应的功分器、高频头、卫星接收机、邻频调制器以及混合器等周边设备和装置。

7.3.3　根据当地具体情况，采用有线电视接收设备接收当地有线电视台的电视节目。因现在各有线电视台均已采用邻频调制系统，在本系统中接收的信号可不需经过任何处理，直接送入混合器。

7.3.4　另配置 DVD 一台用于播放自办节目，DVD 信号经调制器处理后直接送入混合器。

7.3.5　本工程的有线电视系统采用邻频传输方式，前端采用 860MHz 设备，干线及用户分配系统采用 860MHz 双向数据传输。用户分配系统可以方便地进行增减。

7.3.6　分配系统采用国内知名产品。

7.3.7　系统建成后留有扩展余地，可随时进一步扩展节目并具有发展新用途和功能的能力。

7.4 用户分配系统

7.4.1 考虑到今后有线电视的发展前景，本工程的用户分配系统采用 860MHz 双向传输设备，放大器选用双向器件，以满足将来开展交互式电视服务。这样，可以方便地实现将来在本楼或全市联网增加图文电视、数据等服务项目。

7.4.2 无源分配网络采用分配-分支网络结构，这种方式集中了分配器分支损失小和分支器不怕空载的优点，既能带动较多的用户，某些电视机不开时对系统的影响也小。

7.4.3 信号传输用电缆选用物理高发泡四屏蔽射频同轴电缆，它具有传输性能稳定，衰减小，接收频道宽，使用寿命长等特点。主干线路采用 SYWV-75-9 电缆；分支线路采用 SYWV-75-5 电缆。

7.5 主要设备参数

7.5.1 放大器

（1）下行通道：

1）频率范围：87～550/750/862MHz；

2）标称输入电平：72dBμv；

3）标称输出电平：104dBμv；

4）标称增益：33dB；

5）带内平坦度：±0.5/±0.75/±0.75dB；

6）噪声系数：≤8dB；

7）CTB：≥65/≥62/≥60dB，分别在 59/84/99 路 PAL-D 制电视信号，104dBμv 输出时测试；

8）CSO：≥61/≥59/≥57dB；

9）反射损耗：≥14dB。

10）供电电压：（50Hz）V "J"：AC38～65V，"F"：AC220V；

11）功耗：≤15W；

12）耐冲击电压：5（10/700μs）KV AC38～65V。

（2）上行通道：

1）频率范围：5～65MHz；

2）标称输入电平范围：80～90dBμv；

3）标称输出电平范围：98～108dBμv；

4）标称增益：18/20/24dB；

5）带内平坦度：±0.75dB；

6）噪声系数：≤8dB；

7）最大输出电平：≥110dB；

8）载波二阶互调比：≥52dB；

9）反射损耗：≥14dB。

7.5.2 混合器

（1）输出端口：1个。

（2）输入端口：16个。

（3）插入损耗：≤16dB。

（4）带内平坦度：≤±1dB。

（5）带外衰减：≥20dB。

（6）相互隔离：≥20dB。

（7）反射损耗：≥10dB。

（8）19″机柜安装。

7.5.3　调制器

（1）全频道捷变输出，可工作于 860MHz 内的任意频道。

（2）采用高性能声表面波滤波器，减少寄生产物，具有极好的音视频线性度。

（3）射频放大采用优质模块组件，非线性失真小，确保高输出电平，带外抑制大于 60dB。

8　多媒体会议系统

8.1　总体功能概述

（1）通过智能中央控制系统，在开会的过程中，根据会议的需要，发出控制信号，控制智能会议系统的其他各个子系统，使得整个会议流程顺畅，并使得会议室的室内环境随着会议的需要而改变，真正体现高科技、现代化会议的特点。

（2）在智能会议室中开会，与会者可通过自己面前的数字会议发言系统发言，发言系统具有多种轮流发言及所有人讨论两种模式。这两种模式之间可以互相切换。

（3）发言系统的音频信号输出到会议音响系统，音频信号经放大后通过会议室的音箱广播出去；另外会议音响系统还可以播放（通过视音频切换器）其他设备（如 DVD、MD、录像机、电视等）的音频信号。

（4）自动跟踪摄像系统由数字会议发言系统来激活，它会将摄像头自动对准话筒开启者的位置，并根据预先设置好的参数（调焦、聚焦等）将摄像头调整好。在有人发言的时候自动拍摄发言者，无人发言的时候拍摄整场画面。

（5）智能中央控制器将会议室内所有设备的控制操作集中到一台桌面式触摸屏进行操作，通过预先编制好的图文界面，来控制会议室内相关设备电源的开启、信号的切换、音响、灯光照度的调整等等，使得会议室的室内环境的同会议进程相匹配。

（6）计算机、实物展台、录像机、DVD 机、摄像机等各种图文并茂的信息可以通过大屏幕直观的显示给现场观众，使与会者更加生动地了解会议内容。

8.2　分项功能综述

8.2.1　大会议室专业扩声系统

（1）音响系统一般由音箱、功放、音频矩阵切换器、音频控制器组成。会议系统的所有音频信号全部输出到音频矩阵切换器，经音频矩阵切换器选择，音频矩阵切换器输出所需播放的音源信号到音频控制器，在此经过各波段调整及信号质量的处理之后输出到专业功放器上，最后经过放大的音频信号分别输出到会议室的音箱。音响系统还负责播放其他同会议有关的音频信号，如远程会议音频信号，DVD、录像机等输出的音频信号。

（2）音响扩声系统不仅可以实现大型会议、报告、讲演等扩声内容，还可以满足小型文艺表演、高清晰环绕影视欣赏的要求。

8.2.2　核心数字音频处理主机。
本系统采用一台调音台以及一台核心的数字音频处理主机，作为整个音频系统的处理中心，数字音频处理主机是多媒体会议系统的核心，用来对所有会议室进行集中式的音频控制与处理，同时需要能够控制所有会议室进行快速的联合与拆分，并且要能够监视到每个会议室内终端设备的状态是否正常，一旦出现故障，应能在数字音频处理主机的操作界面上有报警显示，操作界面应为图形化中文操作界面，并且根据操作人员的习惯进行定制化的操作界面，简单直观。

8.2.3　数字会议系统

（1）数字会议发言系统把革命性的数字技术应用在会议系统中，它使数字技术的优越性在会议系统中得以充分发挥。它用简单的网络系统处理来传送数字信号，不仅大幅度的改进了音质画质，同时也简化了系统的安装和操作。该系统主要配备中央控制器、主席机和代表机。主席机和代表机均具有发言、请求发言的功能。但主席机拥有话筒优先按钮，按下按钮时可以长期或暂时关闭所有正在使用中的代表机，以实现会议在主席主持下更加方便和秩序。

（2）主席机和代表机采用手拉手方式连接到中央控制器。这种连接方式体现出极大的灵活性。

（3）中央控制器是自动控制的讨论、会议系统的核心，自动控制代表话筒（根据代表申请发言排序）及负责向发言设备提供电源，此外还向发言设备的扬声器提供音频均衡，所有这些操作均由中央控制器自动完成，无需另外加设机务员。此外，通过中央控制器还可调节开会时的发言模式，如一人轮流发言、二人轮流发言、四人轮流发言、所有话筒开启。

8.2.4　摄像跟踪系统

（1）自动跟踪摄像系统可为会议提供高质量的现场视频图像信号资源，并能通过数字发言系统激活，在无人操作的情况下准确、快速地对发言人进行特写。其采集到的信号可输出给大屏幕背投影系统及远程视像会议系统。一般来说，自动跟踪摄像系统要求在会议桌的顶部纵向安装几台高速半球摄像机，主要作用是采集发言人的特写。在会议室大屏幕上方安装一台全景固定摄像机，用来在无人发言时拍摄全场画面。

（2）发言系统的中央控制器的一个控制端口连接到视频矩阵的控制端口，如发言系统的某话筒开启后，中央控制器将串口命令发送给视频矩阵，视频矩阵根据预先设置好的操作程序，对相应的摄像机发出操作命令，并同时将此摄像机拍摄的信号从输出口输出到会议视频系统或远程视频会议系统。

8.2.5　同声传译系统

（1）同声传译系统的设计是为了满足国际学术交流和大型新闻会议等功能的需要而设计的，基本的系统有　个会议发射单元处理原语种加上四种翻译语言，一个 5 通道或 1＋4 系统。系统在向会议参加者提供同声传译语种的分配方面有完备的功能，因此它可以满足大型多语种国际会议的全面要求。在设计传译功能时也贯彻了系统的整体设计思想。

（2）同声传译系统可以选择由原语种直接翻译的工作方式，或可选择二次转译方式，以利于不为大家熟悉的小语种的翻译。每个译员台都有一个发言原语种的输出，还有一个输出，可以选择别的语种。当独立使用时，用人工操作对内置的微处理机编程序以控制语种通道分配，通道的路线调度和联锁。在由机务员控制系统中，译员台与专用软件结合使用，形成综合传译网络。

8.2.6　智能中央控制系统。智能中央控制系统是利用计算机和通信技术对关键设备进行操作上的集成，既控制集成。它主要由计算机、通信接口、控制平台（一般是开放的）和输出控制信号模块构成，其技术比较成熟。对会议厅而言，常用的输出信号有红外控制码、连续模拟电压、继电器开关量和高阻抗线路信号等，从而可以操作所有具有红外遥控装置的设备，如各种信号源、投影电视、模拟和数字硅箱、普通照明开关、扩声系统音量及信号切换等。一般用鼠标或触摸屏操作。这样，根据会议厅的要求就能选择各种控制功能，集成度可以做到很高。除上述所示之外，集中控制系统还包括对升降装置和投影幕布、电动窗帘、大幕、升降舞台以及云台控制台、摄像机、空调装置等设备的控制。

9　LED 显示屏系统

9.1　系统概述

根据本项目规划在一楼大厅安装一块全彩 LED 大显示屏，办公楼门厅安装一块双色

LED 小显示屏，主要用于公司对外宣传，塑造企业形象。屏幕设置见表 3-43。

屏幕设置一览表　　　　　　　　　　　表 3-43

序号	设备名称	规格尺寸	数量	显示屏安装地点
1	室内全彩电子显示屏	6.528m(宽)×4.896m(高)=32m²	1块	裙房主入口正对面挂墙
2	室内双色电子显示屏	6.344m(宽)×0.488m(高)=3m²	1块	写字楼入口门厅消防楼道挂墙

9.2　总体要求

9.2.1　电子显示屏系统控制设备均集中于显示屏控制室，在控制室内可实现开关屏和播放。

9.2.2　系统应能实现全天候运行，系统必须符合相关国家标准。

9.2.3　显示单元各项技术指标应符合国家现行相关标准或国际标准。

9.2.4　系统应适合安装现场的环境条件，显示屏在现场的各种可能亮度条件下都应有较好的观看效果。

9.2.5　整屏要求采用模块化设计，可从内侧装拆，并便于维护。

9.2.6　显示屏造型美观且与周围建筑、装修相适应。

9.2.7　系统应有高度可靠性和安全性。

9.3　具体技术需求。

9.3.1　双色屏

(1) 播出系统配有多媒体软件，可灵活输入及播出多种信息；

(2) 支持各种格式图形图像文件的播放。如：BMP、TGA、TIF、JPG、GIF、DIB、SWF 等；

(3) 可显示中文（含繁体字）、英文、数字等多种文字和多种字体，并支持其他外文文字的显示，如日文、西班牙文、德文、法文、希腊文、拉丁文、俄文、韩文等外文；有多种字体和字形可供选择，除支持 Windows 提供的所有文字的字形、字体和图形外，还支持自造字、自造标志图案的显示；对文字可以进行无级放大、缩小、变形等操作；

(4) 具有丰富的播放方式，画面和文字播出方式有单行左移、多行上移、左右拉、上下推、旋转、缩小、放大、闪烁、飘雪、滚屏等多种方式，提供画面和文字的滚动、移动、中开、中合、闪烁、淡变、飞动显示、反白、百叶窗飘雪等多种的显示方式；

(5) 具有同时播放多窗口、不同比例不同内容的图案及文字的功能；

(6) 多种时钟的显示方式，可由文字表示，也可由软件实现表盘方式表示等；

(7) 可以与其他公交系统、银行系统、城市交通、高速公路系统、气象系统、公安系统进行软件接驳，实现各系统独有的信息提取发布功能。

(8) 用于国家政策、法规及服务承诺的宣传，同时能够实现各种公众信息如天气预报、交通信息的实时播报。

9.3.2　全彩显示屏

(1) 播放录像机、影碟机（VCD、DVD、LD）、VCR 输出的 s 端口和复合视频以及各种自制的基于 PC 的数字视频信号，支持 PAL、NTSC、VGA 等各种信号制式；

(2) 通过显示卡的 DVI（数字视频接口）输出，直接实现 VGA 与 Video 的信号转换；

(3) 支持播放 AVI、MOV、MPEG、DAT、VOB 等所有计算机之的各种格式的视频图像文件；

(4) 采用工业级控制系统，具有计算机显示终端功能，播放软件集图形、图片、文字、二/三维动画片播放等功能于一体；

（5）通过硬件映射技术实现系统同步控制：显示屏显示内容与计算机 VGA 显示输出的关系为像素——对应，同步显示；

（6）支持网络流媒体和视频点播（VOB）文件的播放；

（7）支持数字高清电视信号的直接输入；

（8）通过软件调节亮度、对比度、饱和度、色度；

（9）各项显示信息可由用户进行自由组合编辑，并支持节目表方式，将常规显示内容进行排列，每一显示内容可单独编辑，可自动定时播放或循环播放、自动切换等，也可由控制中心进行插播干预；

（10）显示屏可执行多窗口显示，可以实现多窗口信号叠加，且窗口位置和大小可任意设定；

（11）本系统所有 LED 显示屏的电源开关控制要求能够实现远程上电，集中控制开关。

（12）配有网络接口，可与计算机联网，同时播出网络信息，实现网络控制；

（13）通过标准网络接口（RJ-45）和 TCP/IP 通信协议等，提供支持以太网接入功能，既可以实现显示数据的网络采集，又为远程控制提供了条件；可与内部信息网相联，共享网络资源、播出网络信息、接受网络控制；

（14）通过网络连接，提供专门开发的数据库接口软件，能够从网络数据库中提取需要的字段进行编排和显示；

（15）通过网络连接，访问公司的网址，可以下载显示屏控制软件，方便实现软件升级，并可以在网上实时解答用户使用疑难。

9.4 技术参数要求

9.4.1 双基色屏技术参数见表 3-44。

双基色屏技术参数　　　　　　　　　　　　　　　表 3-44

一、显示屏体		
（1）像素		
1	像素规格	φ5,间距 7.62mm
2	像素组成	红＋绿
3	屏幕密度	17222 点/m²
（2）整屏		
1	安装方式	挂装
2	最大功耗	≤300w/m²
3	屏体重量	≤25kg/m²
二、控制系统		
1	控制系统及控制软件	由厂家配套实施
三、配电及运行		
1	系统配电箱	具有过压、过流、欠压、缺相、短路、漏电等保护功能
四、工程结构		
1	显示屏钢结构装饰	与周边装饰协调

9.4.2 室内全彩屏技术参数见表 3-45。

一、显示屏体		
(1)发光二极管		
1	封装	三合一表贴
(2)像素		
1	像素间距	6mm
2	像素组成	1红＋1纯绿＋1纯蓝
3	屏幕密度	27777 点/m²
(3)整屏		
1	安装方式	挂装
2	分辨率	1088 点(宽)×616 点(高)
3	净显尺寸	6.528m(宽)×4.896m(高)＝32m²
4	像素光强均匀性	≤5%(必须采用逐点均匀性校正技术)
5	白平衡亮度(校正后)	≥1500cd/m²
6	最高对比度	≥1000∶1
7	色温	3000～9300K
8	亮度调节	根据环境亮度,自动/手动亮度调节或连续可调
9	适视距离	7～50m
10	最大功耗	≤1200w/m²
11	屏体重量	≤30kg/m²
12	使用环境温度	−10℃～＋50℃
13	显示屏工作寿命	不小于十万小时
14	功率因数	使用带有 PFC 功能的开关电源,使功率因数≥0.90
15	水平视角	≥160°
16	垂直视角	≥160°
17	换帧频率	≥60HZ
18	刷新频率	≥480HZ
19	灰度处理	12Bit
20	输入信号	支持 HD-SDI、DVI、Video、S-Video、SVGA、VGA 等
21	软件环境	Windows2000、Windows XP、Windows2008、Windows vista、Windows 7
22	相关要求	《LED 显示屏通用规范》SJ/T 11141—2003 《发光二极管(LED)显示屏测试方法》SJ/T 11281—2017 等国家规范
23	平整度	≤1mm
24	驱动方式	≥四分之一扫描恒流驱动
二、控制系统		
1	控制系统及控制软件	由厂家配套实施
2	控制电脑1台	品牌电脑,正版 windows 系统/双核 CORE 处理器,主频2600MHz/512M 独立高性能显卡/320G 硬盘/双串口插槽/2G DDR2内存/千兆网卡,配 19 寸液晶显示器
三、配电及运行		
1	系统配电箱	40kW 配电箱,智能化安全配电系统,具有过压、过流、欠压、缺相、短路、剩余电流保护器等保护功能
四、工程结构		
1	显示屏钢结构装饰	显示屏框架采用钢结构材料

10 建筑设备监控系统

10.1 系统要求

10.1.1 要求本系统完成对楼宇机电设备、暖通系统、给水排水系统、变配电系统、电梯系统等自动化监测和控制，同时应要满足新兴产业技术创新服务平台项目总体的自动化控制管理的要求：可扩展性和统一管理。

10.1.2 系统要求对建筑设备监控系统进行监控和管理，实现最佳的节能和安全控制，确保大楼内的舒适、安全和便利的环境，同时加强大楼的维护与管理，减轻维护管理人员的工作强度，提高综合管理服务能力，取得大楼运行的最大经济效益和社会效益。

10.1.3 应考虑电力设备（水泵、空调箱由自控同时启动时带来的电力负荷波动，考虑由软件延迟启动能力）。应采用先进、成熟的建筑设备监控系统，将上述各系统由计算机系统进行全方面组合优化的管理、系统状态显示和运行控制，在此基础上采用适合本大楼的设计方案。应至少满足以下要求：先进性、经济性、成熟性、兼容性、适用性、可扩展性和易维护管理性。

10.2 系统的整体技术要求

10.2.1 建筑设备监控系统采用分布式集散控制方式的两层网络结构，管理层建立在以太网络上，控制层则采用开放的总线技术，两个层面均应易于扩展，为将来运营和维护中可能发生的变化提供便利。

10.2.2 管理层网络的主要设备包括 BAS 管理服务器、工作站以及网络控制设备等，设备间通过 BACnet/IP、Web Service、SNMP、SMTP、ODBC 相互传递信息。

10.2.3 控制层网络采用可点对点通信的 BACnet 网络。采用 BACnet 网络，则应使用 BACnet MS/TP 协议通信，遵守 BACnet 标准 SSPC-135，通信速率 38.4Kbps。投标人在设计时应根据网络的特性和本项目的实际条件配置相应的中继设备，保障网络的通信质量和稳定性。

10.2.4 连接与控制总线上的主控制器应可通过 I/O 模块扩展容量，且与模块间的通信协议应与控制总线上的协议相同，即 BACnet 网络中的 I/O 模块也应使用 BACnet MS/TP 通信，从而使 I/O 扩展模块既能用于扩展主控制器的监控容量，又可以直接接驳于控制总线上，增加系统的灵活性。

10.2.5 控制器和扩展模块应均能支持通用输入输出点，使 I/O 配置更灵活，为将来运营和维护中可能发生的变化提供便利。

10.2.6 使用的传感器、阀门和执行机构应按照实际工程各机电设备的监控工艺要求和使用环境，选配相应的、档次较高的、进口品牌产品，以确保安全、可靠并满足使用要求。

10.3 系统组态技术要求

10.3.1 采用分布式计算机监控与管理的集散型控制系统：

（1）功能分级、软件与硬件分散配制。

（2）监控管理功能集中于中央站和有相当操作级别的终端，实时性强的控制和调节功能由分站完成。

（3）中央站停止工作不影响分站功能和设备运转，局域网络控制也不应因此而中断。

10.3.2 采用局域网络技术。系统采用共享总线形的网络拓扑机构，其规划、设计应符合以下原则：

（1）满足集中监控的需要。

（2）与系统规模相适应。

（3）尽量减少故障波及面，实现"危险分散"。

（4）减少初期投资。

（5）系统的扩展易于实现。

10.3.3　系统应通过设立监控中心来监视、控制和管理整个系统。

10.4　系统硬件配置要求

10.4.1　监控中心硬件的配置。监控中心 BAS 的监视和管理中心是整个系统的核心。承包方应提供中心的整套设备、材料和相关附件。监控中心至少应由以下硬件构成：

（1）中央站（中央管理计算机）。

（2）历史数据转存储及读取设备。

（3）通用通信接口设备，包括所需的网卡、调制解调器等。

（4）报表和彩色图形打印机。

（5）不间断电源装置。

（6）其他相关硬件。

10.4.2　网络管理设备：

（1）现场总线要求有一定的接点容量，每条现场总线所组成的子网络应由网络管理设备分别进行管理，避免由中央软件集中管理造成的通信瓶颈和计算负担。网络管理设备应具有至少 192MHz 的 CPU 处理器，具有至少 256M 的内存用于运行内嵌式操作系统和系统应用程序。

（2）网络管理设备应支持动态 IP 寻址协议、动态主机配置协议（DHCP）、域命名服务（DNS）等，满足在以太网上即插即拔。并且应确保其在以太网意外中断的情况下，仍能够独立完成每个子网络的管理功能，当网络恢复正常后应在无人工干预的情况下自动恢复与管理软件的通信。

（3）网络管理设备的硬件接口应至少包括 Ethernet 接口，BACnet 总线接口，RS232 接口，USB 接口等。在管理层上应支持 BACnet/IP、SOAP、SNTP、SMTP、SNMP 等通信协议，在控制层上应能支持 BACnet MS/TP 协议。

（4）网络管理设备属于管理层设备，应能提供系统数据的监控、警告、事件管理、数据交换、趋势分析、能量管理、时间表以及历史储存等功能，同时通过以太网将子网络的管理信息传送给建筑设备监控管理软件，用于人机界面、数据备份、扩展应用和系统集成。

10.4.3　直接数字控制器（DDC）配置要求：

（1）DDC 是用于监视和控制系统中有关机电设备的控制器，它是一个完整的控制器，应具备应有的固件及硬件，能完全独立运行，不受网络或其他控制器故障的影响。

（2）系统承包方应根据不同类型的监控点之点数而提供符合控制要求和数量的控制器。要求系统预留 10%～15% 的监控点余量，以便满足系统扩展。

10.4.4　控制器的构成。控制器构成应至少符合以下要求：

（1）微处理器为基础的可编程 DDC。

（2）BACnet 总线通信接口。

（3）BACnet 扩展模块接口。

（4）模块化设计。

（5）具有可脱离中央控制主机独立运行或联网运行能力口。

（6）具备能配置不同的扩展输入/输出模块。

（7）当外电重新供应时，DDC 能自动恢复正常工作，而不需人工干预。

（8）程序的编写、修改，既可在中央站上进行，亦可通过操作站进行。

（9）电源：AC220V，+10% 或−15%，50Hz，内置至少 8h 备用电源装置，以保护

RAM 和实时时钟。

10.4.5　DDC 控制器的组合构成要求：

（1）需根据现场机电设备的具体分布、控制要求来优化配置每台控制箱内 DDC 的组合。

（2）DDC 控制箱应为出厂检测完好的整体控制箱。箱内含有接线图、检测文件、安装附件等资料。

10.5　系统软件配置要求

10.5.1　一般要求：

（1）应向 BAS 提供不同的软件功能，例如大厦的管理人员日常所需的设备维护、时间与联锁程序的编制、特定招标方程序编制、能源管理以及其他有需要的功能。

（2）BAS 的软件的发展应分阶段实现，首先送呈初步计划，详细说明每个点描述符、工程单位、运行范围、可使用的软件特点、图表方式显示等。在软件订货和生产以前，应先获得批准。

（3）本承包单位应负责保证所有数据库的生产是正确的和完整的，能符合测试的要求。

（4）有联机的数据与参数输入，包括时间程序编制与能源管理特征的输入。

（5）提供全中文图形化软件。

10.5.2　中央计算机系统软件：

（1）系统运行界面：

1）中文图形化界面；

2）对系统操作运行功能，有联机的上下文相关的动态和动画式的图解；

3）在荧光屏上应能提供彩色带，以显示和分辨正常与不正常状态，使操作人员能在瞬时内识别和反应大厦运行的关键事件；应提供辨认警报类别的措施，对不同的警报采用不同的彩色、打印和贮存要求；

4）为了指出运行事态的真正反映，应在荧光屏上有动态的图示活动的符号，还需有分割荧光屏图像的功能，使运行人员能同时观察多个图像，以帮助运行人员同时处理几个不同的运行任务，或同时分析有关系统的情况；

5）以"视窗"图形界面为操作系统基础，易学、直观。应用系统面向对象的图形界面，操作人员依靠鼠标即可在图像点取对象来做出选择；

6）所有图像通过工作站的图像程序产生，不需要将工作站脱离系统或干扰将点归档和报警的过程，图像的产生应通过鼠标和键盘选择贮存在图像文件库的符号和系统主题词来产生；

7）提供的图像数目与种类应足够解决被 BAS 监测与控制的所有大厦服务项目的日常运行工作；

8）图形界面可由物业人员调整，以适应变化。

（2）系统访问权限

1）操作人员需用密码和个人标识符才能对系统进行存取；

2）操作人员在 BAS 存取信息时应受到由个别操作人员指定的图像层次和权限的控制；

3）在一个独立图像内显示的数据无论是任何硬件地址，通信通道，或点型，都应是可定义和赋值的。图像应是在系统运作时可编程序的，并受标识符和密码控制。在有需要的地方，点应能被分配到多个图像以便操作人员能了解系统的运行情况；

4）在每个独立的外围设备上，应显示和打印警报信号。操作人员可对外围设备按需定义，这些定义可通过编程控制。

（3）警报的处理。应提供警报处理软件以进行警报处理。存储器至少应能存储 200 次警报。在同时有多个警报的情况下，应根据警报的先后进行处理，先入先出。警报处理器在操作人员工作和停止工作两种模式下都是积极待命的，以保证在操作人员未开始工作前也能处理报警，主控机房加声光显示。

（4）报告功能。标准报告可由操作人员选择在任何工作站及打印机上显示。

1）需要时应能在任何图像层次取得每点的摘要报告；

2）应允许操作人员随意选择点的排列顺序，将选择的时段记录下来；

3）趋势信息应能选择被打印、显示成数字、条形图或曲线图等；

4）警报与运行时间报告应自动地被送到指定的打印机，应包括点描述符、点的数值/状态（使用工程单位）、时间与日期以及采取何种行动的信息。

（5）历史档案。历史档案应允许操作人员有选择地将1年内关键性的实时系统数据送入一个大型存储装置，供日后检索与分析。

1）所有警报处理措施都应自动地输入历史档案；

2）操作人员应能通过工作站选择哪些需要存储的模拟/数字输入/输出以及采样的时段；

3）历史档案应是系统分析所需的报告资料来源。操作人员应能选择被测点的抽样时段以及应打印报告的时间；

4）光盘刻录。

（6）条形图与曲线图：

1）应提供绘制条形图的功能。操作人员应能从历史数据库中提取数据，并根据数据绘制直观的全彩色条形图；

2）应提供绘制曲线图的功能。允许同时显示1至6个变值。待显示的数据应从历史数据库抽出，每条曲线图应可指定颜色。图的X轴应用来表示时间或一个模拟量的变值。

（7）系统配置软件。软件应能使操作人员对系统修正和定制。应满足下列的最低要求：

1）操作人员赋值能力应包括指定操作人员密码、特权、图像的起动和自动结束等；

2）外围赋值能力应包括指定分站和打印机；

3）系统配置/诊断能力应包括指定通信与外围端口、指定分站连到通信网络、诊断/关闭分站、以及起动诊断等；

4）系统的文字编辑能力应包括标题、图像点、存取层次、报警信息、运行时间与故障情况等各种简单信息的中文编辑与修改；

5）时间/调度改变能力应包括时间表的制定，时间/占用的调度，假日调度以及特殊活动的调度。拥有合适特权的操作人员应能定义一个需要有关设备支援的活动表。这些有关设备将被指派给被指定的活动。随后，操作人员可对这个活动进行调度，由BAS自动执行；

6）操作人员能向系统增加个别点或一批点，以及将它们接至控制与能源管理程序。所有修正都应能通过操作人员的键盘编成程序，装入分站并输入它们的数据库。

10.5.3 分站软件。分站软件应包括一个完整的系统通信模块。最低要求如下：

（1）概述。

1）提供有优先级的工作调度功能、控制时间程序、分站至分站以及分站至中央CPU的通信功能、扫描输入与输出功能，并包括内装的诊断模块；

2）分站应有比例控制器（P）、比例加积分控制器（PI）、比例加积分加微分控制（PID）、两位置控制、时间比例控制器以及浮动控制算法等；

3）全部在存储器内，可供操作人员取用，即所有控制模式应在任何时候能被软件选择。PI控制PID控制的模拟输出应不断地被程序更新和输出。在循环之间，模拟输出应保留它的最后值。

（2）现场处理。输入/输出处理应包括：

1）不断地更新输入和输出的数值与情况。数值应在 1s 间隔之内更新；

2）数模转换，修正传感器的误差，检测没有响应或失效的传感器，以及数值的转换；

3）对所有的模拟、数字输入和输出赋予正确的工程单位和状态标识符；

4）除所指定的实点以外，在分站应可定义虚软件点，以便模拟调试和显示有意义的信息。虚点应和实点同样被处理、显示、指定标识符、警报范围等；

5）根据应该输入点的状态，应能累加并定义其运行时间。应有可能总计运行（ON）时间或停运（OFF）时间达 10000h，分辨率为 1s。运行时间的计数应经常在不易失的存储器内进行，运行时间极限经中央计算机设定，常驻于分站。

（3）调度、时间与互锁。调度、时间与互锁程序以及有关的数据文件应装在非易失的或 72h 干电池支持的 RAM 存储器内。单个的程序应能被从 CPU 或 POT 存取，以便启/停程序及修正程序参数。基本要求应包括：

1）应提供一个常驻分站的临时调度器以便操作人员修正设备的当前程序。所要求的特点至少应有：

① 能于 7 天以前改变时间的调度；

② 能每天改变起动时间、停止时间或两者都改变；

③ 在所有指定的日子内，临时调度器应有效。

2）应提供节假日调度以满足下列要求：

① 应提供一个节假日程序以适应假日及其他正常时间程序以外的日子。

② 这个程序应允许指定达 32 段例外时间。每段时间应由操作人员指定初始日与停止日。

③ 节假日程序还需适用于一切有时间调度的能源管理程序。

3）应提供下列的时间程序：

① 应为系统内每个数字输出提供一个在系统运行时独立的可分辨的和可改变的启动和停止程序；

② 应能每天向每个数字输出点指派 4 个独立的启动和停止时间程序；

③ 应提供互锁程序以便执行互锁顺序，使模拟/数字点在指定时间或在指定事件发生时能被启动。最低的要求如下：

◆ 互锁应能被模拟/数字触发；

◆ 应能通过操作人员的指令用人工启动互锁；

◆ 指令必须尊重指令预定优先次序结构，让高优先级指令超越低优先级指令；

◆ 能将互锁顺序连接起来；

◆ 能单独实现、停用、增加和修正互锁顺序。

11　闭路电视监控系统

11.1　系统功能

11.1.1　系统可完成对图像信号采集、传输、切换控制、显示、分配、记录和重放的基本功能。

11.1.2　系统可预置图像移动监测报警，可在图像上任意画出敏感方框，锁定目标区域，一旦监测到物体移动，即发出报警，开始录像，指定一台摄像机完成报警监视，但环境景物移动除外。

11.1.3　根据需要，对下列视频信号使用图像记录系统存储：发生事件的现场及其全过程的图像信号应存储在硬盘录像机上，存储时间不少于 30 天；预定地点发生报警时的图像信号备份在中心硬盘录像机内；用户可掌握的动态现场信息，并可在授权范围内实时调用矩阵监视。

11.1.4 能够完成对图像的来源、记录的时间、日期和其他的系统信息进行全部或有选择的记录。对于特别重要的固定区域的报警录像提供报警前的图像记录。

11.1.5 系统能够正确回放记录的图像，正确检索记录信息的时间地点。录像和回放可同时进行。

11.1.6 界面友好，全汉字化菜单显示引导操作。

11.1.7 系统支持手/自动切换或编程，可对所有的视频输入信号在指定的监视器上进行固定或时序显示。

11.1.8 操作员可通过三维摇杆手动控制云台和镜头进行扫描，也可自动控制。

11.1.9 支持汉字字符显示摄像机地址，并有时间日期字符同步显示。

11.1.10 图形分控允许用户在基于图形方式的情况下对视频进行切换、对云台与球机进行控制，对预制编程进行启动、对报警事件进行接收及处理。

11.1.11 支持与门禁系统、防盗报警等系统实现联动，当门禁系统发生报警时，门禁系统会联动闭路电视监控系统，自动切换至报警点图像，以进行报警视频核实而采取相应的措施。

11.1.12 支持与报警系统实现联动，报警发生时能切换出相应部位摄像机的图像，予以显示和记录。

11.2 摄像部分。本工程共设彩色高清固定半球摄像机 173 台，彩色高清彩转黑固定枪机 30 台，室内彩转黑快球 4 台，室外彩色转黑白快球 11 台，电梯专用摄像机 20 台。前端设备选择必须遵循以下原则：

11.2.1 固定摄像机水平分辨率≥550 线，云台摄像机水平分辨率≥480 线。

11.2.2 在夜间，防护目标平均光照度应在 10～40Lx 范围内，摄像机灵敏度应能适应防护目标照度的变化，要求光照度较低的重点区域选用摄像机时照度不应大于 0.3Lux。

11.2.3 对于照度较低的区域，应考虑照明装置，灯的开启应由安保中心监控室直接控制。在照度变化的区域，应选择自动光圈镜头。

11.2.4 在需要快速巡视的公共区域设置高速球机；在需要巡视的大范围公共区域设置一体化球型摄像机。

11.2.5 室外摄像机具备防雷、防浪涌、防突波功能。

11.2.6 系统的各路视频信号，在监视器输入端的电平值为 1VP-P3dBVBS。

11.2.7 综合评估：系统图像质量的随机信噪比大于等于 38dB，在摄像机正常工作条件下，评定图像质量的主观评价度按《民用闭路监视电视系统工程技术规范》GB 50198 进行，评分采用五级损伤制，图像质量应不低于 4 级要求。

11.3 传输部分

11.3.1 从前端摄像机到中控室的视频信号采用 SYV 75-5 视频传输线缆，通信控制线采用 RVVP2×1.0mm² 线缆。

11.3.2 各摄像机的电源取自于智能化井安防系统电源箱内，摄像机 DC12V 或 AC24V 电源从智能化井内电源箱内变压器和开关电源整流、变压输出引至各摄像机，采用 ZR-RVV-2×1.0mm² 电源线敷设；各智能化井的安防电源箱 AC 220V 输入自中控室 30KVA 后备 1h 的 UPS 集中供应。

11.4 监控中心部分

11.4.1 矩阵主机，硬盘录像机，视频分配器，UPS，操作台，电视墙等设备放在安防监控中心内。

11.4.2 本工程设计一套 256 路输入、24 路输出双 CPU 互为备份的大型矩阵切换系统，并配置主控键盘、管理电脑、管理软件等设备，将 238 路前端摄像机的视频信号和 15 台硬盘录像机（16 路全 D1 格式保存 30 天录像）的视频输出全部接入矩阵主机中，以实现画面切换显示、多画面分割显示，录像画面回放等功能，并预留了充分的输入、输出回路以备闭路电视监控系统今后的改造，升级使用。

11.4.3 配备 15 台 16 进 32 出的视频分配器，将前端的视频信号一分为二，一路进入视频矩阵主机，一路接入嵌入式硬盘录像机进行数字录像。

11.5 显示系统及操作台部分

11.5.1 本工程显示系统采用金属机架电视墙的形式，显示单元由 20 台 20 寸液晶监视器和 2 台 40 寸液晶监视器组成（必须选用监控专用监视器，不允许采用显示器、电视机代替）。

11.5.2 操作台选用金属机架式，桌面采用木质贴面，共 18 位，液晶显示器摆在桌面上。

11.6 电源系统。本工程安全防范系统设备采用集中供电的形式，电源来自于设置在中控室内的 30kVA，后备 1h 的 UPS。UPS 进线电源由强电专业提供，出线引至各层智能化井内的安防综合电源箱，再由电源箱内的变压器、开关电源供至末端设备。

11.7 设备参数要求

11.7.1 矩阵切换系统

（1）选用矩阵应至少可提供 3200 路视频输入和 256 路输出。

（2）单一的 CPU 带有 16 个 RS-232 端口，通过端口扩展槽可以支持多达 64 个键盘。

（3）通过电缆连接两个单元，提供 32 个 RS-232 端口，通过端口扩展槽可以支持多达 128 个键盘。

（4）双 CPU 模式提供冗余热切换的 CPU 操作，在 CPU 工作失败时提供支持。

（5）增强型的管理系统（EASy）配置和监控软件工具可以恢复、保存和装载 CPU 数据。

（6）IP 10/100M 以太网连接，基于 PC 配置，固件升级，事件记录，截图以及电子邮件文本消息。

（7）事件记录，用户控制报告，报警，配置参数保存在网络 PC 中。

（8）单一 CPU 系统有 128 路视频输出，双 CPU 系统有多达 256 路视频输出。

（9）自动激活报警，由四个时间控制表格定义，每个表格有 4096 个端口为输入或光纤内部视频损耗检测服务。

（10）报警文本消息由 25 个报警显示/清除模式定义，以及 16 个电子邮件消息。

（11）LCD 液晶显示 CPU 的工作状态，LED 指示灯显示端口活动状态。

（12）不用断开系统电缆就可以方便的换出 CPU 模块。

（13）根据要求存储重要的场景截图到网络 PC 中。

（14）多语种软件支持英语、法语、意大利语、德语、西班牙语、葡萄牙语。

11.7.2 矩阵键盘

（1）简约、高端设计、可调倾斜度。

（2）智能卡提供三种用户访问方式：普通用户，超级用户，管理员。

（3）64 个用户自定义的宏指令键，每宏组 8 个键。

（4）智能卡存储 1000 个用户自定义的宏指令。

（5）大背光 LCD 显示，有亮度控制。

（6）通过智能卡进行摄像机监视，摄像机控制和监视器划分。

（7）通过智能卡选择用户 ID。

（8）集成智能卡编程器/阅读器。

（9）软键驱动菜单选项。

（10）可控制水平旋转/俯仰/变焦的变速、矢量、拧动变焦的操纵杆。

（11）摄像机选择/监视器选择/录像机选择/卫星地点选择。

（12）预置位、花样及辅助控制。

（13）镜头控制键。

（14）报警管理。

（15）通过录像控制装置对 VCR、DVR 进行录像控制。

（16）拥有变焦、聚焦键、可单手控制摄像机。

（17）巡视控制/成组切换控制。

11.7.3　硬盘录像机（16 路）技术参数见表 3-46。

硬盘录像机（16 路）技术参数　　　　　　表 3-46

视音频输入	模拟视频输入	16 路，BNC 接口（电平：1.0Vp-p，阻抗：75Ω）PAL/NTSC 自适应
	音频输入	16 路，BNC 接口（电平：2.0Vp-p，阻抗：1kΩ）
视音频输出	CVBS 输出	2 路，BNC 接口（电平：1.0Vp-p，阻抗：75Ω）分辨率：PAL 制式 704×576；NTSC 制式 704×480
	VGA 输出	1 路，分辨率：1024×768/60Hz
	音频输出	1 路，BNC 接口（线性电平，阻抗：600Ω）
视音频编码参数	视频压缩标准	H.264
	视频编码分辨率	16 路设备：4CIF/2CIF/CIF/QCIF
	视频帧率	PAL：1/16～25 帧/s，NTSC：1/16～30 帧/s
	视频码率	32～2048kbps，可自定义，最大 3072kbps
	码流类型	复合流/视频流
	音频压缩标准	OggVorbis
	音频码率	16kbps
	双码流	支持
硬盘驱动器	类型	8 个 SATA 接口
	最大容量	每个接口支持容量最大 2TB 的硬盘
外部接口	语音对讲输入	1 个，BNC 接口（电平：2.0Vp-p，阻抗：1kΩ）
	网络接口	16 路设备为 RJ45 10M/100M/1000M 自适应以太网口
	串行接口	1 个，标准 RS-485 串行接口
		1 个，标准 RS-232 串行接口
		1 个，键盘 485 串口
	USB 接口	3 个，USB 2.0
	报警输入	4/16 路
	报警输出	2/4 路
其他	电源	AC220V，47～63Hz
	功耗	≤50W

其他	工作温度	$-10℃\sim+55℃$
	工作湿度	$10\%\sim90\%$
	机箱	19″标准 2U 机箱
	尺寸	441mm(宽)×470mm(深)×90mm(高)
	重量(不含硬盘)	≤8kg

11.7.4 液晶监视器（40 寸）技术参数见表 3-47。

液晶监视器（40 寸）技术参数　　　　　　表 3-47

面板类型	40″ Full HD Panel(10mm 超窄边框)(对角线:1015.5mm)
物理分辨率	1920(H)×1080(V)
像素点距	0.46mm×0.46mm
屏幕比例	16∶9
物理拼缝	20mm(水平),20mm(垂直)
响应时间	8ms
亮度	$600cd/m^2$
对比度	3000∶1
可视角度	178°(H)/178°(V)
显示色彩	16.7M
视频输入	CVBS(BNC)×2,S-Video(Y/C)×1
电脑信号输入	VGA×1
数字输入	DVI×1,HDMI×1,1080P(1920×1080)向下兼容
高清输入	YPbPr×1,1080P(1920×1080)向下兼容
视频输出	CVBS(BNC)×2
音频输入	RCA×1
音频输出	RCA×1
音频系统	5W 扬声器×1
大屏拼接模块	内置,D-Sub15 In×1,D-Sub15 Out×1
智能散热系统	智能温控风扇、风扇自检功能、节约能耗、减小噪声、降低整机温度,提高整机可靠性
系统控制方式	中英文语言切换、对比度、亮度、清晰度、色饱和度、色调、信号切换、信源浏览、色温调节、重显率切换、运行状态显示
操作方式	线控、红外遥控
总线控制	I2C
视频制式	PAL、NTSC3.58、NTSC4.43
宽电压设计	100~240V AC
功耗	210W
外形尺寸	911.7mm×524.2mm×130mm(宽×高×深)
显示区域尺寸	891.7mm×504.2mm(宽×高)
安装孔位	400mm×480mm(宽×高)
重量(含包装)	约 23kg
安装方式	底座(无)、挂架(选配)、机柜(支持)
存储温度	$-20\sim60℃$

工作温度	0～50℃
工作湿度	10%～90%
外壳材质	金属外壳,防静电、防磁场、防强电场干扰
品质标准	ISO 9001. 中国电器产品强制认证(3C)
环保标准	所有元器件及包装辅料符合国际环保标准

11.7.5 液晶监视器（22寸）技术参数见表3-48。

液晶监视器（22寸）技术参数 表3-48

面板类型	22″ Panel(对角线:547.6mm)
物理分辨率	1366(H)×768(V)
像素点距	0.3495mm×0.3495mm
屏幕比例	16:9
响应时间	6.5ms
亮度	500cd/m²
对比度	1500:1
可视角度	178°(H)/178°(V)
显示色彩	16.7M
视频输入	CVBS(BNC)×2,S-Video(Y/C)×1
电脑信号输入	VGA×1
视频输出	CVBS(BNC)×2
音频输入	RCA×2
音频系统	2W 扬声器×2
智能散热系统	智能温控风扇、风扇自检功能、节约能耗、减小噪声、降低整机温度,提高整机可靠性
自动背光系统	随环境亮度自适应调节背光,节约能耗、减少液晶屏发热、提高整机可靠性;有效解决眼疲劳,便于长期监控
系统控制方式	中英文语言切换、对比度、亮度、清晰度、色饱和度、色调、信号切换、信源浏览、色温调节、重现率切换、运行状态显示
操作方式	面板按键、红外遥控
总线控制	I2C
视频制式	PAL,NTSC3.58,NTSC4.43
宽电压设计	100～240V AC
功耗	≤50W
外形尺寸	宽 509mm×高 327mm(含底脚 8mm)×深 70.3mm
显示区域尺寸	宽 479.5mm×高 269.5mm
安装孔位	100mm×100mm(宽×高)
重量(含包装)	约 8.2kg
安装方式	标配底座(支撑式)、挂架(选配)
存储温度	−20～60℃
工作温度	0～50℃
工作湿度	10%～90%
外壳材质	金属外壳
品质标准	ISO 9001. 中国电器产品强制认证(3C)
环保标准	所有元器件及包装辅料符合国际环保标准

11.7.6 摄像机

(1) 电梯专用摄像机：

1）内置 2.45 广角镜头；

2）高分辨率≥550 TVL；

3）最低照度≥0.3 Lux；

4）AWB，AGC，BLC；

5）性噪比：50dB；

6）镜头三轴可自由旋转；

7）制式：PAL；

8）扫描系统 2：1 隔行扫描；

9）扫描频率（H）15.625kHz；

10）图像传感器：1/3″ SONY Super HAD CCD；

11）像素总数：795（H）×596（V）；

12）有效像素：752（H）×582（V）；

13）电源电压：12VDC；

14）尺寸≤90mm。

(2) 室内彩色半球摄像机：

1）内置固定镜头（2.45mm、3.8mm、6.0mm 可选）；

2）高分辨率≥550 TVL；

3）最低照度≥0.3 Lux；

4）彩色转黑白功能；

5）AWB，AGC，BLC；

6）性噪比：50dB；

7）镜头三轴可自由旋转；

8）制式：PAL；

9）扫描系统 2：1 隔行扫描；

10）扫描频率（H）15.625kHz；

11）图像传感器：1/3″ SONY Super HAD CCD；

12）像素总数：795（H）×596（V）；

13）有效像素：752（H）×582（V）；

14）电源电压：12VDC。

(3) 彩转黑枪式摄像机：

1）水平分辨率≥600TVL；（黑白：650TVL）；

2）最低照度：0.1lux（彩色），0.03lux（B/W）；

3）内置红外滤光片；

4）信噪比大于 50db；

5）DNR 降噪技术；

6）自动追踪/手动的白平衡控制；

7）移动侦测，隐私遮蔽，镜像功能；

8）RS-485（Pelco-D）接口；

9）图像传感器：1/3″ SONYSuper HAD CCD Ⅱ；

10）总像素：795（H）×596（V）470K；

11）有效像素数：752（H）×582（V）440K；

12）电压输入：AC24V/DC12V。

（4）室内一体化快球（彩转黑摄像机）：

1）成像传感器：1/4″SONY Super HAD Interline transfer CCD；

2）同步系统：内同步/线锁定；

3）像素总数：795（H）×596（V）470K；

4）有效像素数：752（H）×582（V）440K；

5）水平分辨率：500TVL（彩色）；570TVL（黑白）；

6）最低照度：0.7Lx，F1.8，0.005Lux（Sens-up）（彩色）/0.02Lux@F1.8（黑白）；

7）信噪比大于48db；

8）真实日夜转换（ICR）；

9）128个预置位（带标签）；

10）水平/垂直范围：水平：360°自由旋转；垂直：90°；

11）水平/垂直速度：手动：（1°～360°）/sec；预置点360°/sec；扫描：（1°～180°）/sec；

12）电子灵敏度增强（DSS）；

13）10倍光学及10倍电子变焦；

14）焦距：3.8～38mm；

15）方位角度显示；

16）自动翻转功能；

17）自动聚焦、自动巡更功能；

18）防暴力破坏；

19）通信：RS-485协议兼容，支持AD422及PELCO D控制协议；

20）电源：AC24V；

（5）室外一体化快球（彩色/黑白摄像机）：

1）1/4″SONY EXVIEW CCD；

2）水平分辨率：彩色480线；

3）最低照度：1.0Lux/F1.4（彩色）0.01Lux/F1.4（黑白）；

4）滤光片彩转黑；

5）信噪比大于50db；

6）水平范围：360°连续旋转；

7）水平速度：键控速度：0.3°/s～300°/s；预置点速度：400°/s；

8）垂直范围：0°～90°（自动翻转）；

9）垂直速度：键控速度：（0.5°～90°）/s；预置点速度：150°/s；

10）预置位精确度：±0.1°；

11）26倍光学及10倍电子变焦；

12）焦距：3.5～91mm；

13）200个预置点；

14）巡航扫描：8条，每条可添加32个预置点；

15）具有指南针功能，断电记忆，自动翻转，守望位，方位信息显示等功能；

16）RS-485线路故障诊断；

17）曼码支持及故障诊断；

18）7路报警输入；

19）2 路报警输出；

20）防护等级：符合 IP66 标准及 TVS 3000V 防雷、防浪涌、防突波；

21）电源输入：AC24V。

12 防盗报警系统

12.1 系统概述。防盗报警系统是大厦建立安全防范系统的重要手段之一。防盗报警系统采用总线制结构形式，系统选用双鉴入侵探测器，在布防中，一旦有人穿越闯入，入侵探测器即可发出警报信号，通知中心控制室，并显示报警区域的防区号、时间等信息，同时该报警系统与电视监控系统联动，在指定显示器上自动弹出报警区域图像，并且进行电视监控录像。并在电子地图上显示报警地点。

12.2 系统组成。防盗报警系统由前端的双鉴探测器、紧急报警按钮、蜂鸣器、现场的报警信号接入模块、中心的控制主机键盘、声光报警及多媒体工作站等设备构成。

12.3 报警点设置

12.3.1 根据需求视实际情况在重要的机房、楼梯间等重要区域设置红外和微波双技术报警探测器；

12.3.2 在警卫室、残疾人卫生间、前台设置报警按钮。

12.4 系统功能要求

12.4.1 可手动或预先编程设置防区撤/布防时间，系统布防时间内一旦发生非法侵入，则主机发出报警声，电脑会自动弹出该层平面图；同时指示出报警地点；同时，启动相应外部设备，如电视监控系统做出相应动作。

12.4.2 采用总线制，防区扩展板至前端采用二线制。

12.4.3 可划分任意多个分区，对整个系统进行分区管理。

12.4.4 系统功能：

（1）布防与撤防。在正常工作时，工作及各类人员频繁出入探测器区域，整个系统处于撤防状态，报警控制器即使接到探测器发来的报警信号也不会发出报警。下班后，处于布防状态，如果有探测器的报警信号进来，就立即报警。系统可由保安人员手动布撤防，也可以通过定义时间窗，定时对系统进行自动布、撤防。同时由于在本技术方案中采取了 TCP/IP 双向数据传输技术，因此，保安人员既可以在现场采用键盘的方式布撤防，也可以在控制中心通过管理软件进行远程的布撤防工作。

（2）布防后的延时。如果布防时，操作人员尚未退出探测区域，报警控制器能够自动延时一段时间，等操作人员离开后布防才生效，这是报警控制器的外出布防延时功能。

（3）防破坏。如果有人对线路和设备进行破坏，线路发生短路或断路、非法撬开情况时，报警控制器会发出报警，并能显示线路故障信息；任何一种情况发生，都会引起控制器报警。

（4）报警联网功能。系统具有通信联网功能，区域的报警信息送到控制中心，由控制中心的计算机来进行资料分析处理，并通过网络实现资源的共享及异地远程控制等多方面的功能，大大提高系统的自动化程度。

12.5 主要设备技术规格

12.5.1 管理软件

（1）多级电子地图的多媒体接警。详尽的电子地图功能，用户可以设置多级电子地图，在地图上设置用户、防区、关联点等，报警时以详尽的声光显示提示操作员。

（2）多种接警模式可供选择：

1）地图模式：防区结构及防区位置通过地图显示，用户通过地图可以形象直观地观察各防区状态并且对防区进行直接地控制；

2）用户模式：以列表的方式将用户的详细信息及其防区的基本信息显示出来，通过颜色的变化标示用户及其防区的状态，用户可以实时地掌握报警防区的详细信息；

3）面板模式：以显示板的方式表示用户及其相关防区，用户可以直观地监视和处理用户、防区点的状态。

（3）实际的主机控制。可以直接在软件上控制前端主机，如布撤防等。和前端键盘有机结合，实现主控、分控的统一。

（4）详尽的信息统计和查询。提供对主机信息、处警单、维修单、系统日志和用户资料的查询，用户可以定义自己的查询方式，得到自己需要的统计数据并打印出报表。

（5）丰富全面的管理功能。除具有用户管理、主机事件记录、处警记录、维护记录、系统日志、备份等传统功能外，还提供了系统构建向导、项目管理和设备管理等功能。利用这些功能构建不同的模板、系统，对项目以及各种设备的详细资料进行管理，使用户大幅度地提高工作效率和工作质量。

（6）模块化的程序设计使系统具有良好的稳定性。软件全部采用模块化结构，并且把初始化设置软件和监控软件彻底分开，保证不会由于操作员的日常操作改动系统设置，造成不必要的麻烦。

（7）主机报告的双处理功能。可以同时处理键盘信息和串口信息，实现报告的智能交互，做到主机报告更全面，真正做到警情信息无遗漏。

（8）支持硬件及软件的联动。可以通过继电器输出和第三方软件实现视频、消防等系统的联动，扩展系统的应用。

12.5.2　报警主机

（1）控制性能：

1）可以划分成 8 个子系统以及 3 个公共子系统，相当于有了 8 台相对独立的主机；

2）可选择使用 4146 布撤防开关锁或无线按钮进行布撤防控制；

3）4286 电话接口模块（VIP）：可以通过电话进行系统遥控；

4）224 条事件记录，可通过遥控编程下载或直接从键盘上查看；

5）150 个 7 级用户密码；

6）可设置出入及周边防区响铃警示；

7）留守及快速布防时自动旁路内部失效防区；

8）防区特性；

9）9 个可编程基础四线制防区，3 个键盘紧急按钮，挟持防区；

10）防区 9 可设置响应时间 10ms 或 350ms；

11）防区扩展：可扩展到最多 256 防区，可以使用无线或总线扩展。

（2）通信性能：

1）内置拨号器，报警时自动拨号报告；

2）可存储 2～4 个电话号码，报警时自动向 110 报警中心及或指定的电话、手机、Call机拨号；

3）具有 RS232 串口、TCP/IP 网络接口等多种与报警管理主机的通信能力。

（3）通信格式：

1）Radionics/SESCOA 3＋1/4＋1，4＋2；

2）ADEMCO CONTACT ID。

（4）电气性能：

1）辅助电流：750mA，12VDC，过流保护；

2）变压器：16.5VAC，25W；

3）12VDC 7AH 蓄电池备份；

4）报警输出 12VDC/2A；

5）支持最多 96 个继电器输出；

6）时间表控制功能；

7）可以实现时间表自动控制功能。

（5）键盘：

1）两行 32 个可变字符显示键盘，可为每一个防区编制描述符；

2）内置用户手册；

3）用于具有下载功能的主机时，可显示下载信息；

4）软按键、具有背光显示及声音提示；

5）内置发声器和状态指示灯；

6）供电：12VDC，90mA；

7）尺寸：156mm×117mm×27mm。

（6）双鉴探测器：

1）红外/微波双技术；

2）特制赋形天线提高灵敏度，降低误报；

3）内置微处理器；

4）微波探测范围可调；

5）双元 PIR 元件；

6）INFORMER（比例监控电路）；

7）全功能自检；

8）外壳及天花防拆开关；

9）自动温度补偿；

10）抗辐射干扰；

11）电源要求：40mA/12VDC（10～12.9VDC）；

12）灵敏度：探测范围内正常步速 2～4 步；

13）微波频率：10.525GHz；

14）防拆：（NC）25mA，30VDC；

15）报警继电器：C 型继电器，125mA，25VDC；

16）工作温度：0～49℃；

17）相对湿度：5%～95%（无冷凝）；

18）抗辐射干扰：30V/m，10～1000MHz；

19）抗白光干扰：6500Lux。

（7）紧急按钮：

1）白色塑料壳；

2）UL 认证。5A，24 VDC；

3）塑料外壳；

4）输出：常闭，常开。

13　门禁系统

13.1　系统概述

13.1.1 为确保整个大厦的监管力度，本系统需要在出入口、主要道路、主要机房、屋顶层等相关部位安置门禁系统，控制人员进出，以确保整个大楼的安全。

13.1.2 门禁系统建成后控制中心可以完成出入口信息的采集，管理和控制，还可以实现与消防等其他子系统联动报警的功能，并提供系统集成接口。

13.2 门禁控制系统。门禁系统基于485通信的综合管理平台。采用可视化图形界面，便于操作。平台分为上、下两层系统架构，上层的主控服务器与门禁控制主机通过485通信到达监控室。下层门禁控制主机与读卡器、电控门锁、出门按钮通过控制电缆控制。在管理终端进行简单的参数设置就可以方便、快捷、准确地实现门禁管理与控制。

13.3 系统组成

13.3.1 门禁控制系统由软硬件两部分组成，包括识别卡、前端设备（读卡器、电动门锁、出门按钮、控制设备等）、传输设备、通信服务器及相关软件。

13.3.2 硬件部分中最主要的是控制设备，所有的读卡器、开门按钮等其他前端设备均接入相应的控制设备中，以完成各种系统功能的目的。

13.3.3 软件安装在管理中心中专门用于监控管理的电脑上，管理人员借助门禁软件，对系统进行设置及发卡授权管理，查看各通道口通行对象及通行时间等，并进行相关的实时控制或设定程序控制目标。

13.4 门禁点设置

13.4.1 本项目主要在智能化机房、计算机机房、出入口等重要区域处设置门禁管理系统，实现对出入该场所人员身份识别、门禁及出入控制等的管理。

13.4.2 智能门禁管理系统将智能卡与电子锁有机结合，进而由智能卡代替钥匙，配合电脑，实行智能化管理，有效地解决了传统门锁的多种不足，其强大的扩展功能更是会给人们带来意想不到的方便。该子系统由感应智能卡、前端设备（感应读卡器、电控门锁、开门按钮等）、门禁控制器、门禁管理软件等组成。

13.5 门禁软件功能要求

13.5.1 集出入控制、报警点监控于一体，提供对报警点、巡更点及出入通道控制点的实时监控功能，所有的事件记录及系统信息都可形成报表。

13.5.2 门禁控制软件运行在电脑上，具有亲切易用的用户界面，软件在视窗上操作并能在本地局域网上工作，提供多用户/工作站的功能。

（1）采用客户/服务器结构设计，服务器平台的系统软件符合开放系统互联标准和协议，支持主流网络协议TCP/IP。

（2）提供完善的操作系统监控、报警和故障处理。操作系统为通用的多用户、多任务的网络操作系统 Microsoft® Window NT 5.0/2000。

（3）数据库为 Microsoft MSDE 或 SQL Server 标准的关系型数据库管理系统，支持大数据量的加载，支持中文编码。

（4）采用用户密码登录方式保护系统，防止未授权人员进入，用户数量无限制。不同的用户设置不同的操作权限以保护系统的安全运行，避免非法用户对系统配置的更改或越权操作。

（5）具有通行卡的发行和管理功能，卡管理操作具有批处理功能，可避免大量输入操作。

（6）设备管理：在电脑中对系统设备进行配置，并可通过控制图或电子地图实时查看设备的运行状况。

（7）级别设定：在已注册的卡中，哪些人可以通过那些门，哪些人不可以通过。某门控制器可以让哪些卡通过，不允许哪些卡通过。

（8）时间管理：可以设定某些控制器在什么时间，允许或不允许持卡人通过；哪些卡在什么时间可以或不可以通过哪些门等。

（9）数据库的管理：对系统所记录的资料进行转存，备份，存盘和读取等处理。

（10）事件记录：对系统运行中的各种出入事件、异常事件及其处理方式进行记录，所有操作过程与"交易"数据均能存储在数据服务器中，通过用户可配置的报表生成器，查阅各类事件清单，并可输出打印。

（11）由设备或控制器产生的事件能够启动由用户设置的控制动作序列，从而实现对相关系统的联动，设置控制动作序列由宏编程完成。

（12）管理工作站上可以用图控方式操作，地图以 .wmf 图形文件转换而成，提供多种图标使用，如门、报警点、电锁、报警查看、事件查看、地图之间的链接等。

（13）各受控门、报警按钮等操作对象均以图标的形式表示在地图的相应位置，用颜色标示各对象的状态，图标的颜色根据实时状况改变和闪烁。

（14）报警监视窗中，报警信息按照优先级顺序列表，未处理报警与已处理报警分列两个列表，任何一个报警项目都能显示详细报警类型、地点、时间，添加操作员的处理记录，以及打开关联的电子地图，并对报警执行在线控制和恢复操作。

（15）电子巡更功能：在软件上可指定巡更线路，巡更地点，巡更时间，巡更员等。巡更开始后，系统实时记录、存储每个巡更开关被触发及巡更员在读卡器上的刷卡时间，以检查巡更员的工作情况。当有异常反应时，报警信号能立即显示在管理中心的门禁系统电脑上，可生成巡更报告，输出打印，并存储在数据库中备查。

（16）支持网络工作站，总控中心负责发卡管理及所有分区的查看监视，数据库维护；各分区监控室只管理本区域的通道及门警巡视。

（17）可以与下列系统互联：

1）消防系统；

2）报警系统；

3）视频监控系统；

4）灯光控制。

13.6　主要硬件设备技术规格要求

13.6.1　主控制器

（1）核心为 32 位 CPU，支持 TCP/IP 协议，采用闪存技术，以及大型的分布式数据库，非常适合于大型商业门禁系统控制。

（2）系统配置完成后，主控制模块可以脱离计算机独立运行。当需要做配置更改、报警监视或其他控制时，才需要与电脑连接在线工作；连接方式有：直接串口连接（RS232 或 RS485）、电话拨号，TCP/IP 网络连接。

（3）主控制模块可以连接 8 个扩展模块，包括输入模块、输出模块、读卡器模块。用户可以根据不同的需要选择合理的配置，达到最佳性价比。

（4）它的卡数据标准容量为 20000 张，扩充内存后，可以支持 50000 张卡；事件记录存贮 5000 条，扩展后达到 15000 条。

（5）模块可以采用插板或平装两种安装方式，插板方式适合控制点较多并集中的场所，平装方式适合控制点分散或距离较远的场所。

1）32 位微处理器，运行速度更快，适应网络应用的需要；

2）模块化设计，系统配置灵活，扩充方便；

3）使用闪存技术，控制器可在线升级；

4）采用大容量的分布式数据库，控制器可以脱离计算机独立运行；

5）支持 TCP/IP 协议，可以通过 LAN/WAN 与管理中心电脑连接；

6）支持多种读卡技术及卡格式在一个系统中使用；

7）可扩展内存，使小系统轻松地升级为大系统；

8）多种通信连接方式，保障系统的可靠运行；

9）通信实时监控和锂电池数据保护，使系统具有高度安全性和稳定性。

（6）时间区和节假日性能。每个时间区可包括 12 个时间窗：

1）日历表上显示星期及节假日；

2）最多支持 255 个节假日；

3）自动计算闰年和夏时制；

4）卡数据库记录；

5）支持标准 9 位用户卡号，最多 15 位卡号；

6）控制器中存贮的卡数据项可根据内存容量进行增删；

7）可指定卡的生效及截止日期；

8）每张卡可以有 32 个门禁级别，或每个读卡器可以使用不同的时间区；

9）支持 8 位密码；

10）门禁控制；

11）操作模式包括：开门、锁门、区域代码、单独刷卡、刷卡加密码、刷卡或密码，单独使用密码；

12）报警时可以设置为自动开门或锁门；

13）每个读卡器支持 8 种卡格式，区域代码也作为一种卡格式；

14）读卡报告完整，增加了区域代码不符合无效卡格式事件；

15）支持防反传功能：记录每个持卡人最后一次出入的区域位置、方向及时间；

16）报警输入；

17）可以设置为标准、进入延时，进入不延时，退出延时；

18）输出控制；

19）标准输出为正向触发（上电触发），也可以设置为反向触发（断电触发）；

20）可编程脉冲控制：单脉冲（0～24h），或连续脉冲（以 0.1s 为时间间隔单位，最多 255 次）。

（7）通信方式。每个主控制模块可以连接 8 个扩展模块，通信方式采用 RS485，最远距离可达 1200m，标准通信速率为 38400bps。

（8）电气规格：

1）电源：12VDC＋15％，350mA，正常范围 10～16VDC；

2）通信端口：端口 1：RS-232 或 RS-485；

3）端口 2～3：RS-485 方式；

4）输入点：2 个专用的防拆和电源监控输入点；

5）数据存储：标准 1M 内存；

6）实时时钟：支持夏时制和闰年；

7）程序存储：支持硬件在线升级；

8）锂电池：用于时钟和数据保护。

（9）物理规格：

1）尺寸：228.6mm（长）×139.7mm（宽）×25.4mm（高）；

2）温度：工作温度 0～70℃；存储温度−55～85℃；

3）湿度：0%～95%，无凝结。

13.6.2　门禁控制器

（1）用于门禁点扩充。每个模块提供 2 个读卡器接口，8 个输入点和 6 个继电器输出；通过 RS-485 与主控制模块相连，通信速率为 38400bps。

（2）它的硬件接口和读卡格式通过主控制模块下载设置，若出现与主控制模块通信中断的情况，可以用读取卡的区域代码（Site Code）作为开门的条件。

（3）读卡器模块可以采用插板或平装两种安装方式，插板方式适合门禁点集中的场所，平装方式适合门禁点分散、距离较远的场所。

（4）功能特点：

1）模块化设计，配置灵活，适合各种场所应用；

2）板上提供 8 个监视输入和 6 个继电器输出，便于系统灵活配置；

3）支持通用的读卡技术，包括感应卡，磁卡，可带密码键盘；

4）监控门的开/关状态；

5）平装和插板两种安装方式可选。

（5）性能：

1）门禁控制：

① 读卡器支持韦根（Data1/Data0）或时钟和数据（Data/Clock）接口；

② 键盘输入要符合韦根协议，与读卡器一起使用；

③ 支持 8 个区域代码。

2）报警输入：

① 可作为门磁输入或其他报警输入；

② 灵敏度和触发时间可设定；

③ 输入类型：常开，常闭，非监控，或监控型输入（末端电阻 1K，或自定义 200～10K）。

3）输出控制：

① 控制开门电锁或其他联动设备；

② 5A 继电器输出用于控制电锁；

③ 2A 继电器输出用于干结点电路；

④ 标准输出为正向触发（上电触发），也可以设置为反向触发（断电触发）；

⑤ 可编程脉冲控制：单脉冲（0～24h），或连续脉冲（以 0.1s 为时间间隔单位，最多 255 次）。

（6）通信方式：

1）RS-485 端口，最远距离 1200m；

2）通信速率为 38400bps。

（7）电气规格：

1）电源：12VDC＋15%，350mA，正常范围 10～16VDC；

2）端口：1 个 RS-485 端口；

3）读卡器端口：2 个，5 或 12VDC，70mA，时钟/数据或数据 0/数据 1 格式。

读卡器可带键盘。

读卡器指示灯及蜂鸣器控制信号接口；

4）输入点：2 个专用的防拆及电源监测输入点；

6 个通用输入点，类型可设定。或 8 个通用输入点，类型可设定；

5）继电器输出：

① 2 个 5A，30VDC 的 C 型继电器；

② 2 个 2A，30VDC 的 C 型继电器。

（8）物理规格：

1）尺寸：228.6mm×139.7mm×25.4mm（长×宽×高）；

2）安装：平面安装，或插板式安装；

3）温度：工作温度 0～70℃；存储温度－55～85℃；

4）湿度：0%～95%，无凝结。

（9）读卡器：

1）主要特性：

① 13.56MHz 的非接触式智能卡读卡器；

② 支持 ISO 14443A（Mifare）标准；

③ 读卡范围：最大 6.4cm；

④ 内置蜂鸣器，读卡时有声音提示；

⑤ 读卡器指示灯；

⑥ 可以使用控制卡管理读卡器的安全密钥以及更改其工作特性；

⑦ 隐蔽的安装螺丝可阻止人为的破坏；

⑧ Wiegand 输出。

2）技术参数：

① 外形尺寸：8.9cm×8.9cm×2.0cm；

② 最大读取范围：5～6.4cm；

③ 工作频率：13.56MHz；

④ ISO 标准的支持：ISO 14443A；

⑤ 工作温度：－30～60℃；

⑥ 工作湿度：0～95%；

⑦ 供电电源：8～16VDC；

⑧ 供电电流：空闲 30mA，最大 85mA；

⑨ 输出接口：Wiegand。

（10）电磁锁：

1）断电开门；

2）双电压，可接 12/24 VDC；

3）电线孔，方便置入电源线；

4）独特安装设计，加强锁体牢固力；

5）具有突波保护功能；

6）铝材采用阳极氧化防锈处理；

7）锁体与铁板表面镀锌防锈处理；

8）内置 DSS，带指示灯号、锁状态及门状态功能。

14 巡更管理系统

14.1 巡更管理系统采用离线式电子巡更系统，在大厦内外需要巡逻的区域预先安装接触式巡更地址纽扣。保安巡逻人员需手持巡更棒，按照管理人员设置好的路线和时间，利用巡更棒采集巡逻经过路线上所有地址纽扣内的地址完成巡逻任务，巡逻结束后系统通过下载器读取其采集回来的数据自动与预制好的巡逻路线时间表对照。

14.2 系统要求

14.2.1 从系统的使用以及将来扩展需要的角度出发，要求选用离线式电子巡更产品。

14.2.2 在室外及各个楼层的消防通道、技术防范盲区等区域设置巡更点，构成巡更路线，实施保安人员的巡查工作。

14.2.3 巡更路线不受地址按钮位置的限制，管理人员只需简单的设置或调用就可改变巡更路线。

14.2.4 应可通过系统软件，实现对保安巡逻工作的有序管理，合理分配人力。

14.2.5 能对保安人员巡逻的运动状态（是否准时、遵守顺序等）进行采集，做出记录。

14.2.6 能查阅、打印各巡更人员的到位时间，并可对巡更时间、地点、人员和顺序等数据的显示、归档、查询和打印等功能。

14.2.7 具备实现巡更路线、时间的设定和修改功能。

14.2.8 巡更管理处设置在一层消控中心。

14.3 系统配置

14.3.1 巡更点 110 个（估算）。

14.3.2 巡更棒 6 个。

14.4 设备参数要求

14.4.1 巡更智能管理软件：全中文软件界面，支持 Microsoft Windows 10 平台，可提供详细的巡检分析报表（巡检记录，漏点记录，异常记录，统计报表等），巡更人员到达各巡更点的日期、时间、班次，漏检巡更点和异常信息，时间查询，路线查询，地点查询，班次查询，人员查询等多种查询方式方便快捷，巡检路线，班次，人员，次序可随时进行方便的设置、修改。

14.4.2 通信座：与巡更棒匹配，与巡更管理计算机连接，用于传输巡更信息。

14.4.3 巡更棒：非接触式巡检器，巡检地点、人员及事件全中文显示，巡检反应速度应小于 0.1s，存储记录数可达 10000 条以上，掉电后数据可保存 20 年以上，充电一次可记录不少于 10000 条数据。

14.4.4 巡更点：无源巡更点，识读次数不少于 30 万次，寿命不少于 20 年，集成电路芯片密封在外壳内，具备防水、防震、防腐蚀功能，可在各种恶劣环境中使用。

15 停车场与出入口控制系统

15.1 总体要求

15.1.1 办公楼停车场设在地下室，本停车场管理系统要求一进一出，从首层经坡道直接进入地下停车场。停车场既提供内部车辆使用，又考虑临时车辆停泊。采用由自动发卡机一次性发感应卡方式进行计时收费管理。严密控制持卡者进、出车场的行为，符合"一卡一车"的要求，防止"一卡多用"现象的发生。整个停车场系统采用网络化结构，管理计算机可通过网络可与入口控制设备、出口收费计算机相联，收费计算机和管理计算机之间可实现数据资源共享。

15.1.2 办公楼一层大堂和办公楼三层与裙楼三层连接处设置通道闸，主要对进出电梯的人员实行刷卡进出，临时访客登记后可发临时卡进出。

15.2 停车场系统组成要求

15.2.1 车辆管理要求

(1) 在停车场入口，设置自动发卡机，与挡车器、车辆探测器构成入口自动发卡系统，司机按钮取卡后，系统同时记录下该卡入库时间，挡车器自动抬杆，车辆通过之后，挡杆自动归位。系统要实现完全自动化，无人值守功能。并提供内部对讲机及按钮，方便入口和出口的通信。在出入口还提供语音操作提示系统，方便临时车辆司机的操作。

(2) 在停车场出口，设置收费岗亭，内置的收款机具有消费金额显示、票据打印、自动计费和报表统计等功能，与挡车器、车辆感应器构成出口收费系统。司机在出口将临时车卡交还给收款员，收款员在岗亭刷卡后，收费系统自动计算停车费用，并把停车费显示在收费显示屏上，司机付费后，抬起挡杆放行。出库后挡杆自动落下，以防止后面车辆跟车。

(3) 拥有固定车位的用户可直接刷卡进入地下停车场。

15.2.2 图像对比系统要求。在出入口设置摄像机，构成图像对比系统，系统将自动抓拍出入车辆的照片并存储，在车辆出库时，系统自动调出车辆进出场照片，通过人工比对来防止盗车和调车。

15.2.3 管理中心要求：

(1) 在中控室设管理服务器和管理计算机，负责卡管理以及对整个停车场进行监控和管理，管理计算机与停车场出口收费计算机要实现数据资源共享和数据备份。

(2) 管理中心站具备实现内部/长期卡的发行、授权、修改、回收、挂失等管理功能；越权车辆视同无效并记录在案，过期卡自动作废失效，但提前三天提醒。

(3) 统一设置系统设备的参数。

(4) 可收集出口管理工作站的收费信息，实现统计、信息存储、生成报表等工作。

(5) 管理中心站应保存至少六个月的车辆出入数据与图像记录。

(6) 具有断电保护功能，当断电时，所有资料要保持 30 天不会丢失。

(7) 对于手动开门、人员交接班、权限、故意误操作等漏洞均有防止措施与记录。

(8) 要求系统能够统计与查询历史数据等工作，并打印出各种报表。管理中心、出入口处使用的软件都是基于最新的 Microsoft Windows 软件开发，具有兼容性强、界面友好、易于操作等特点。

15.2.4 全系统联网。本系统要求其 2 进 2 出实行联网，达到数据共享。系统可以与其他安防系统如监控、消防等系统联动，并提供软硬件接口。

15.3 设备技术要求

15.3.1 挡车器：

(1) 具有防撞、防跟车、防溜车三重防砸车功能。

(2) 当挡杆受外力冲撞时，会横向弹开。

(3) 自动落闸。

(4) 防砸车功能（可配压力电波实现防砸人功能）。

(5) 闸杆起落时间从 1.4～6s 可选。

(6) 停电可手动抬杆。

15.3.2 控制器：

(1) 工业级，RS485 通信方式，2 路输入输出控制，对出入口设备可进行集中控制管理，可脱机独立运行，带开门状态指示灯。

(2) 具有"防重入"功能。

(3) 存储记录＞5000 条，存储卡号＞10000 张。

(4) 可接各种 Wiegand 读卡设备。

15.3.3 发卡机：

（1）具有 LED 指示屏。

（2）发卡机应保证出卡功能正常，对车辆入场日期、时间、车主信息等进行正确记录。

（3）发卡量＞200 张并能发变形卡，感应卡脱离发卡机后，挡车器应自动抬起；具备防盗卡功能。

15.3.4 读卡器：

（1）读卡距离：5m。

（2）电源：＋12～＋28VDC（300mA）。

（3）温度范围：－40～65℃。

（4）LED 状态指示：三色（红绿橙）。

（5）声音报警提示：标准。

15.3.5 车满显示屏。双行汉字 LED 显示屏。

15.3.6 收费岗亭：

（1）设置收费电脑、顾客显示屏、钱箱与收费读卡器。

（2）对于收费应有灵活的设置模式，考虑车型、分时段计费、月租卡、时租卡、过期卡、特种车辆（军警车）、特殊车辆（输入车牌号免费）、购物停车优惠券等。

（3）同时对于手动开门、人员交接班、权限、故意误操作等漏洞均有防止措施与记录。

15.3.7 软件：

（1）系统采用开放式开发及接口，可以与上层物业管理，自控，监视报警等方式方便地集成。

（2）通过网络通信可实现实时查询各子系统功能，向各子系统设备发送命令等。

（3）即时监控、了解各子系统的运行状态，并提供相关的查询，统计，实时现金核算，报表等功能。

（4）软件具有完善的权限管理及分级管理，各级操作者只有相关的操作权限。

（5）具有完善的卡管理及维护功能。

（6）可实时监察每辆车的出入情况，并自动记录内部车辆和临时车辆的进出时间、出入口、停车费等信息。

（7）具有完善的财务统计功能，自动完成各类的统计报表。

（8）过期卡、非法打开收款机钱箱、发卡机内车卡不足或误操作时，系统会发出警告信号。

（9）计算出停车费并在操作界面清楚显示。

（10）保持收费现金数据存储和流通登记。

（11）系统软件为中文 Windows 界面，操作简单，性能稳定，使用方便，便于升级和扩展，功能可根据物业要求可作修改。

15.4 通道闸

15.4.1 通行提示功能：具有人性化通行提示，即当通道闸接收到有效开闸信号时，刷卡器背光变化指引通行。

15.4.2 计数功能：系统对通过的行人有计数功能。当用户需要重新计数时可以通过菜单对计数器进行清零。

15.4.3 防夹功能：系统为防止在闸机关门时对行人人身安全造成伤害，系统在闸门两侧及闸门顶部装有保护电眼，系统在关门时保护电眼检测到行人则系统立即执行开闸，并开到位。保护电眼检测无人后，立即关闸。

15.4.4 声音报警功能：系统对行人通行具有检测功能，当系统检测到行人异常通行时，声音报警提示功能。

15.4.5 掉电开门功能：系统正常运行后，若突然断电，3～5s 后自动启动备电，系统自动将闸门收回，符合消防要求。

15.4.6 常开常闭功能：常开状态。正常工作时闸门打开，通道为透明通道，行人连续读卡且卡有效可以连续性无障碍通行，只有当出现非法通行（没有刷卡或用非法卡通行）时，闸门关闭，禁止通行；常闭状态。正常工作时闸门关闭，行人读有效卡，开闸通过，行人通过后，闸门关闭，等待下一次刷卡通行。两种模式可设置。

15.4.7 自动复位功能：设置好通行时间后，刷卡后在设置时间内未通行时，系统自动复位，将闸门关闭，并取消此次通行；并且此时间可在 1～60s 内调节。

15.4.8 开关闸速度调节功能：系统对闸门的运行速度调节有两种方式，一种为手动调节，一种为自动调节，手动调节通过操作控制板上的旋钮调节，自动调节可通过菜单设定。

15.4.9 有读卡带记忆和不带记忆设置功能：记忆功能主要对多次读卡而言，设置带记忆功能时，一张卡可多次刷卡多人通行，在通行时间内，刷卡次数和通行人数相等；不带记忆功能时，1 次刷卡只能通行一人。

15.4.10 预留标准 RS485 通信接口。

16 无线对讲系统

16.1 一般要求

16.1.1 系统概述。无线对讲系统应覆盖建筑物楼内、外全部区域，覆盖率为 100%；同时要满足有关部门要求离开建筑物 100m 的地方信号强度应小于−85dBm 的规定。

16.1.2 基本要求：

（1）信号系统：400MHz 内部无线对讲中继系统，符合有关部门规定，取得合法电台使用执照。

（2）通话信道：2 组同时通话。

（3）信号源：全双工差转台。

（4）覆盖区域：

1）所有楼层及机电设备室；

2）以及所有楼梯、地库、电梯及大厦周边 100m 范围内。

（5）移动台：数量 30 部。设立分布天线的要求：室内分布系统设计时，应先进行细致的勘测，对楼内的现有信号强度、楼内结构、施工条件等情况详细了解。系统走线、天线分布合理，既要达到一定的场强分布要求，信号又不能太强，以免造成系统成本上升；同时为了满足环保要求，天线头的发射功率控制在 17dBm 以内。

（6）对信号质量的要求：室内分布系统解决的是室内信号质量问题，故室内分布系统设立后，应在相应的覆盖区内满足一定的信号要求。具体指标如下：

1）大楼覆盖区内达到 100% 以上区域，信号强度大于−104dBm；

2）大楼覆盖区内及广场周围 100m 范围内移动台呼出和接听正常；

3）保持无线系统接收灵敏度为≤−104dBm；

4）根据国家环境电磁波卫生标准，室内天线的输出功率应小于 17dBm/载波；

5）覆盖区内接通率：覆盖区内接通率为 100% 的位置、99% 的时间移动台可呼通。

16.2 主要设备技术指标要求

16.2.1 天线技术参数见表 3-49。

天线技术参数		表 3-49
天线类型	室内吸顶天线	
用途	用于室内吸顶安装、全向收发、美观大方	
阻抗	50Ω	
频率范围	400~420MHz 或 450~470MHz	
增益	3dBi	
驻波比	<1.5	
极化方式	垂直极化	
接口方式	N-K	
功率容量	50W	

16.2.2 馈线技术参数见表 3-50。

馈线技术参数		表 3-50
尺寸(mm)	内导体外径	3.5±0.1
	外导体外径	11.00±0.1
	绝缘套外径	13.30±0.1
特性阻抗(Ω)		50±1
工作频率上限(GHz)		>4
一次最小弯曲半径(cm)		<8
损耗(dB/100m)400MHz		<4.5
是否具有防火功能		是

16.2.3 馈线连接头技术参数见表 3-51。

馈线连接头技术参数	表 3-51
性能项目	N 型
特性阻抗(Ω)	50
额定工作电压(V)	>1400
使用频率范围	0~3GHz 以上
屏蔽效力	≥114dB
接触电阻	≤2mΩ
绝缘电阻	≥5GΩ
抗电强度	1.8kV
驻波比(2GHz)	<1.1
机械寿命	>1000 次

16.2.4 耦合器技术参数见表 3-52。

耦合器技术参数						表 3-52
频率(MHz)	400~470					
耦合度(dB)	5	7	10	15	20	30
插损(dB)(包括分配比)	2.5	1.7	0.8	0.7	0.6	0.5
方向性(dB)	>25					

耦合平坦度	±0.3	±0.4	±0.5	±0.5	±0.5	±0.5
驻波比 VSWR	<1.2					
功率容量(W)	30					
接口	N-K/N-J					

16.2.5 全双工中继台技术参数见表 3-53。

全双工中继台技术参数　　　　　　　　　　　　表 3-53

特性	UHF 频段
频率	403~470MHz
信道数	16
电源	+13.8V
军标	达到军标 MIL-STD810C. D&E
密封性	通过符合军标 810C. D&E
振动和撞击	达到 EIARS-316B 标准和军标 810C. D&E
防尘防湿性能	达到 EIARS-316B 标准和军标 810C. D&E
发射	
射频输出(RF)功率	25W
频率稳定度(-30℃~+60℃)	±2.5ppm
调频(FM)噪声	-45dB
接收	
频率间隔	20/25kHz
频率分隔	30/32MHz
灵敏度	0.22μV(12dB 信噪比)0.30μV(30dB 信噪比)
静噪	10dB 信噪比
选择性	-70dB(EIA)　　-70dB(CPT84)
互调	-70dB(EIA)　　-70dB(CPT84)
频率稳定度	±2.5ppm
杂散抑制	-75dB(EIA)　　-70dB(CPT84)
镜像抑制	-75dB(EIA)　　-70dB(CPT84)

16.2.6　移动台：

(1) 频率范围：UHF：403~440MHz，438~470MHz。

(2) 功率输出：1~4W（UHF）。

(3) 信道容量：16。

(4) 美国军用标准：美国军用标准 810C、D 和 E。

(5) 电池寿命：10h（高功率）、13h（低功率）；使用标准镍氢电池（可选配锂电池）。

17　机房工程

17.1　总体要求

17.1.1　智能化机房的设计必须确保智能化系统设备稳定可靠运行，保障机房工作人员有良好的工作环境，应充分体现信息系统核心的特点，采用先进的技术和材料，将智能化机房建设成为一个现代化的智能信息处理和控制中心。

17.1.2　整体设计要做到布局合理、色彩明快、视野宽阔、有良好的视觉效果，符合现代 IT 行业的要求。选用的材料符合国家环保要求。

17.1.3 工程应充分考虑各项功能在今后使用维护中的可靠性、稳定性、实用性，要采用先进的、成熟的现代技术，满足机房目前及未来发展的需要。

17.2 设计原则

17.2.1 先进性。机房设计应充分体现信息系统核心的特点，采用目前比较先进的技术和材料，将机房建设成为一个先进的智能化信息数据处理中心。

17.2.2 成熟及实用性。所选用的技术和材料均在以往的工程实践中得到检验，都能最大限度的满足本机房目前及未来发展的需要。

17.2.3 安全可靠性。机房在整体上具有高度的安全性、可靠性。

17.2.4 可视性。整体建设要布局合理、色调柔和，有良好的视觉效果，符合现代IT行业建设的审美标准。

17.2.5 经济合理性。机房设计在风格上应简单明了，以既满足功能要求、又降低成本为原则，方案设计应具有较好的性能价格比。

17.2.6 可管理性。在机房的设计中，所选用的设备应具有智能化、可管理的功能，支持先进的管理监控系统设备及软件，可以在将来实现先进的集中管理监控，实时监控、监测整个机房的运行状况，语音报警，实时事件记录，迅速确定故障，提高运行性能、可靠性，简化机房管理人员的维护工作，为其机房安全、可靠的运行提供最有力的保障。

17.3 机房工程建设功能要求见表3-54。

机房工程建设功能要求　　　　　　　　　　　　　　　　表 3-54

性能	机 房 指 标
材料防火特性	机房装修材料、强智能化路由及线缆应采用难燃、阻燃材质
内部装修	应达到布局合理、功能区完备、装饰明快、可视化效果优良
供配电系统	设计先进的配电系统，提供稳定持续可靠的动力供应及冗余切换
空调系统	满足C类机房的性能要求，提供连续的温湿度运行环境
火灾报警及消防设施	使用大楼的消防报警设施
防静电特性	提供有效的接地系统及施工配合，满足机房静电荷有效泄放的要求
防雷击特性	实现三级防雷设计，能够满足抗击直击雷、侧击雷及对地反击的要求
电磁波的防护	应实现接地系统、管路现场实施的协调机制，有效抑制电磁干扰
安全防范系统	对大门、机房所有进出门都设置进出刷卡门禁系统和电视监控
其他	完成与A类机房相对应的各项指标

17.4 设计与施工范围

17.4.1 装修部分

（1）装饰材料：顶、墙、地材料应选用非燃烧材料或难燃烧材料，应能防潮、吸音、不起尘、抗静电，采用进口产品或同等级高品质的国内产品。

（2）机房地板：机房应采用四周支承式抗静电无边活动地板，活动地板规格600mm×600mm×35mm，具体技术指标应满足承载能力应达到均匀载荷大于11kN/m²，做多点接地，接地导线≥4mm²，地面应作防尘处理。地板板面标高300mm，需具有足够空间供配电系统的设计及施工。

（3）机房墙面：墙面采用乳胶漆，满足环保要求。

（4）吊顶：分中心机房区内吊顶均采用铝合金微孔板吊顶。板面层厚度不小于0.8mm。吊顶应防火性能好、材质轻，强度高，不燃烧，无色差，平整度好，清洁美观，便于拆装，利于顶内维修，机房顶部空间应做防尘处理。

（5）门：机房主出入口通道门应选用高等级防火防盗门。

17.4.2 电气部分

（1）主要设备有：UPS电源、配电柜。

（2）相位：采用三相输入，三相输出UPS，输入/输出隔离。

（3）电源设备及配电柜、插座等强电部分。

（4）配电柜要求：配置总配电柜、UPS输出配电柜。柜内开关选用自动空气开关，开关级间采用热浸镀锌铜母排连接，三相电压/电流指示。

（5）强、智能化通道及出口：强、智能化通道应相互隔离无交叉，设备区的强、智能化便于引用，UPS电源与市电有严格的隔离，通道及出口处应防水、防鼠、密封性较好等。

（6）接地要求：机房接地电阻小于1Ω，各接地点设计应防止动态悬浮电压及环流。

（7）UPS设备：根据设备用电量保证后备时间不小于60min。

（8）电池：UPS电池采用符合主机要求的免维护电池，寿命为3年以上，电池选用原厂品牌。

（9）电源防雷与接地：根据计算机系统要求，考虑交流工作接地、防雷保护接地，直流工作接地、安全防护接地四项共用接地，形成机房区域安全的等电位环境，安装等电位连接网络，电气和电子设备的金属外壳、机柜、机架、金属管、槽、屏蔽线缆外层、设备防静电接地、安全保护接地、浪涌保护器（SPD）接地端等均应以最短距离并采用截面积不小于$25mm^2$的绝缘铜芯导线穿管与等电位连接网络的接地端子连接。采用M型等电位连接网络，使用截面积不小于$4mm \times 40mm$的铜带在防静电活动地板下构成铜带接地网络。电位连接网络的连接宜采用焊接、熔接或压接。连接导体与等电位接地端子板之间应采用螺栓连接，连接处应进行热搪锡处理。针对电源系统预留三级防雷装置接口。

（10）照明配电系统：机房照明按连续运行机房规定照度标准设计，建议主机房区域平均照度不低于500Lx，照明选用无眩光灯具。

（11）应急照明系统：满足机房场地消防要求，并设置疏散照明和安全出口标志灯，其照度不应低于5Lx，应急时间不小于1h。

17.4.3 空调部分

（1）机房采用机恒温恒湿空调来控制机房内温度和湿度，冷量计算按照$250 \sim 300$kcal/m^2计量；在24℃，45％工况下显热比≥0.95；具有高效节能性，采用高效涡旋式压缩机，压缩机具有较高的能效比，具有高可靠性，平均无故障时间MTBF≥10万h；机房空调机组要求采用模块化设计，组合方便，可现场拆装。

（2）机房环境的温湿度及含尘量要求见表3-55。

机房环境的温湿度及含尘量要求　　　　　表3-55

计算机开机时机房室内温湿度			
项目	夏季	冬季	全年
温度	23±2℃	20±2℃	18～28℃
相对湿度	40％～60％		
温度变化率	<5℃/h 不得结露		
计算机停机时机房的室内温湿度			
温度	5～35℃		
相对湿度	40％～70％		
温度变化率	<5℃/h 不得结露		
机房内的空气含尘量：灰尘粒度大于或等于0.5μm≤180000 颗			

17.4.4 机房环境监控

(1) 机房内设置温湿度传感器，接入楼控系统集中监视。

(2) 机房门口设置门禁，工作人员通过刷卡进入机房，门禁使用大楼门禁系统，不单独设置。

17.4.5 机房消防部分。机房消防报警系统使用大楼消防系统，机房内仅设置烟感、温感探测器，不设置水喷淋，仅设置手持干粉灭火器。

四、建筑智能化施工图设计图纸编制实例

建筑智能化施工图设计图纸实例见表3-56。

图纸目录

表 3-56

序号	图 号	图 纸 名 称	图纸规格	备注
1	T-01	智能化图例	B5	
2	T-02	智能化总平面图	B5	
3	T-03	智能化集成平台总体架构图	B5	
4	T-04	集成系统控制域数据流向图	B5	
5	T-05	集成系统信息域数据流向图	B5	
6	T-06	综合布线系统图	B5	
7	T-07	公共网络拓扑结构图	B5	
8	T-08	物业及设施管理系统结构图	B5	
9	T-09	有线电视系统图	B5	
10	T-10	背景音乐系统图	B5	
11	T-11	建筑设备监控系统图	B5	
12	T-12	计算机网络总拓扑结构图	B5	
13	T-13	冷水机组监控原理图	B5	
14	T-14	冷水泵系统监控原理图	B5	
15	T-15	冷却泵系统监控原理图	B5	
16	T-16	四管制空调机组监控原理图	B5	
17	T-17	四管制新风处理机组监控原理图	B5	
18	T-18	送排风系统监控原理图	B5	
19	T-19	电力系统监控原理图	B5	
20	T-20	智能灯光控制系统图	B5	
21	T-21	安全防范系统图	B5	
22	T-22	标准层智能化平面图	B5	
23	T-23	报告厅智能化平面图	B5	
24	T-24	竖井及智能化机房设备布置图	B5	
25	T-25	智能化机房安装大样图	B5	
26	T-26	安防系统前端设备安装大样图（一）	B5	
27	T-27	安防系统前端设备安装大样图（二）	B5	
28	T-28	安防系统前端设备安装大样图（三）	B5	

智能化图例

序号	符号	说明	备注
1		室外自动彩转黑一体化球型摄像机	
2		室外彩色枪型摄像机	
3		室内彩色枪型摄像机	
4		室内彩色半球型摄像机	
5		室内一体化球型摄像机	
6		高灵敏度拾音器	
7		电梯专用彩色摄像机	
8		非接触卡读卡器	
9		磁力锁	
10		门磁开关	
11		吸顶式被动红外/微波双鉴探测器	
12		室外微波探测器	
13		红外幕帘探测器	
14		紧急报警按钮	
15		玻璃破碎探测器	
16		震动探测器	
17		有线对讲分机	
18	AF	安全防范系统楼层供电箱	
19	AS	出入口管理系统协议转换器	
20	AC-2	出入口管理系统双门控制模块	
21	AC-4	出入口管理系统四门控制模块	
22		24口语音信息交换机	
23		单口语音信息插座	
24		单口语音信息地面插座	
25		语音、内部计算机网络数据双口信息插座	
26		语音 内部计算机网络数据双口地面插座	
27		外部计算机网络数据单口信息插座	
28		外部计算机网络数据单口地面插座	
29		信息发布与查询计算机单口信息插座	
30		无线计算机网络数据端面信息插座	
31		双口多模光缆端面信息插座	
32		区域语音、数据配线箱	
33		单口有线电视双向放大器	
34		有线电视双向放大器	
35		有线电视二分配器	
36		有线电视三分配器	
37		有线电视四分配器	
38		有线电视四分支器	
39		有线电视六分支器	
40		有线电视75欧终端电阻	
41		通讯转换模块	
42		采控模块	
43		温湿度传感器	
44		电量仪	
45		水阀	
46		机房监控主机	
47	X	数据信息插座(X)	系统图
48	Y	语音信息插座(Y)	系统图
49		直通对讲电话	系统图
50		计算机	系统图
51		紧急广播机	系统图
52		联动台	系统图
53		打印机	系统图
54		卫星天线	系统图
55		保安巡更打卡器	

设计单位　审定　审核　校对　设计　图名　智能化图例　图号 T-01　比例 无

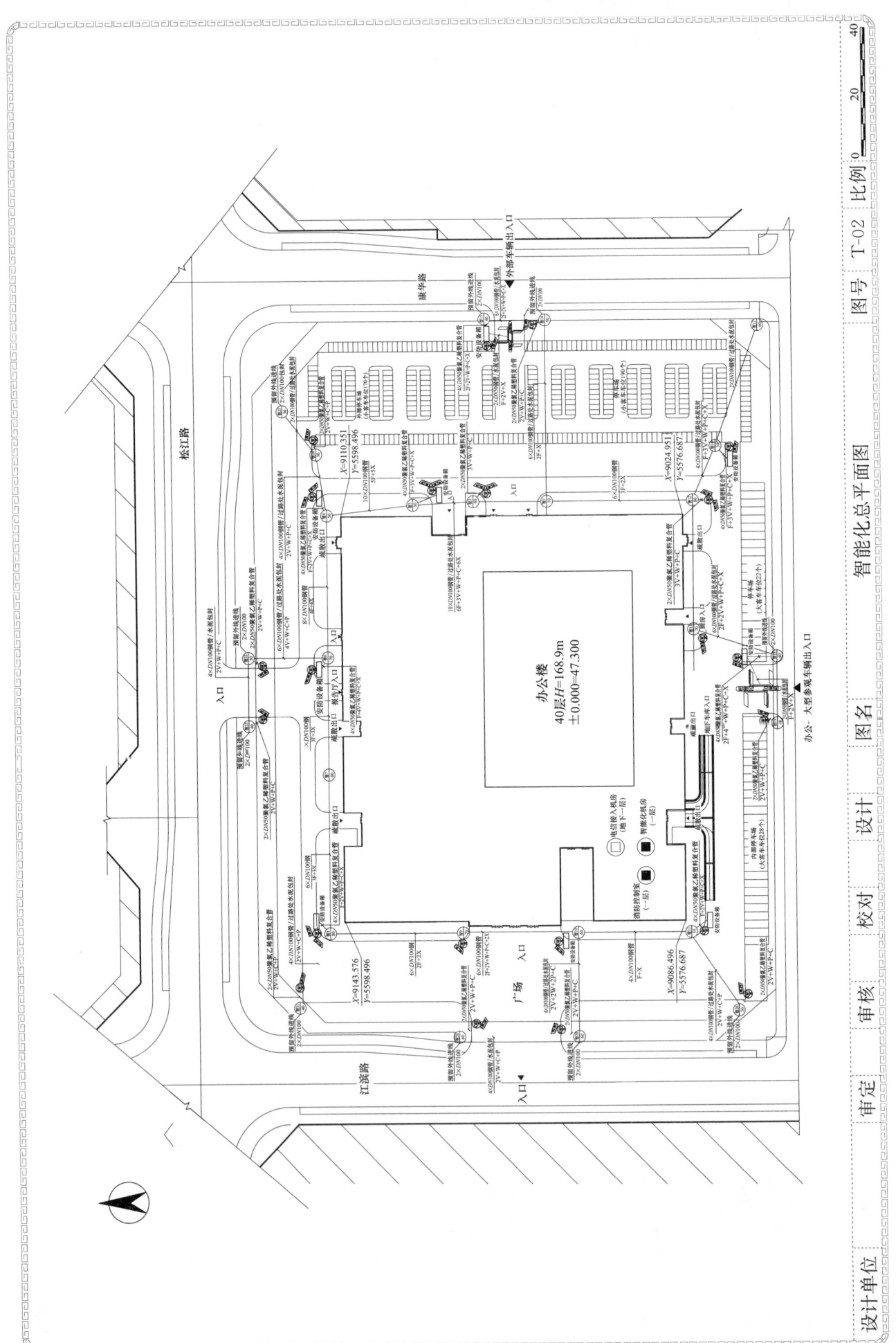

328

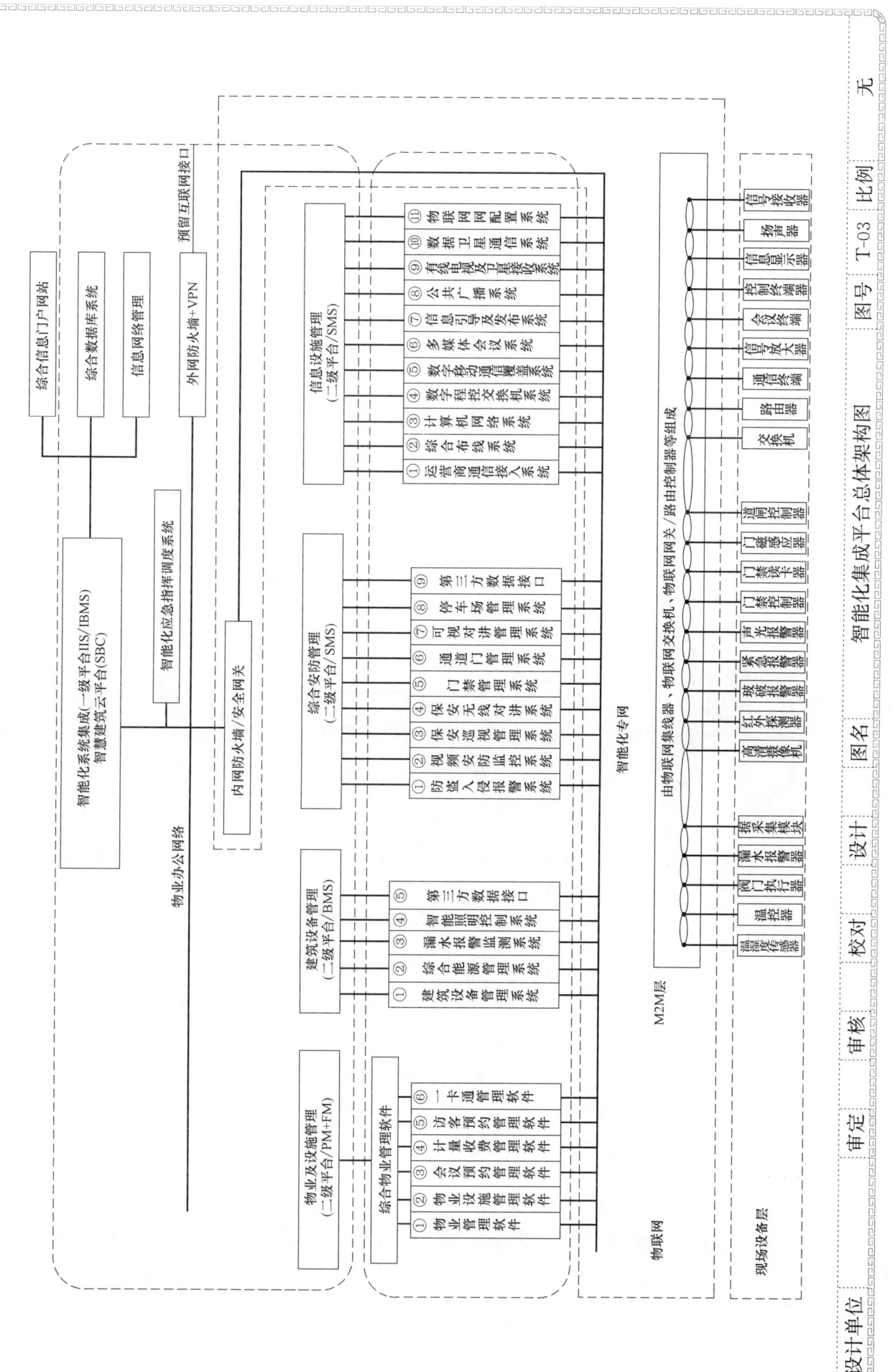

智能化集成平台总体架构图

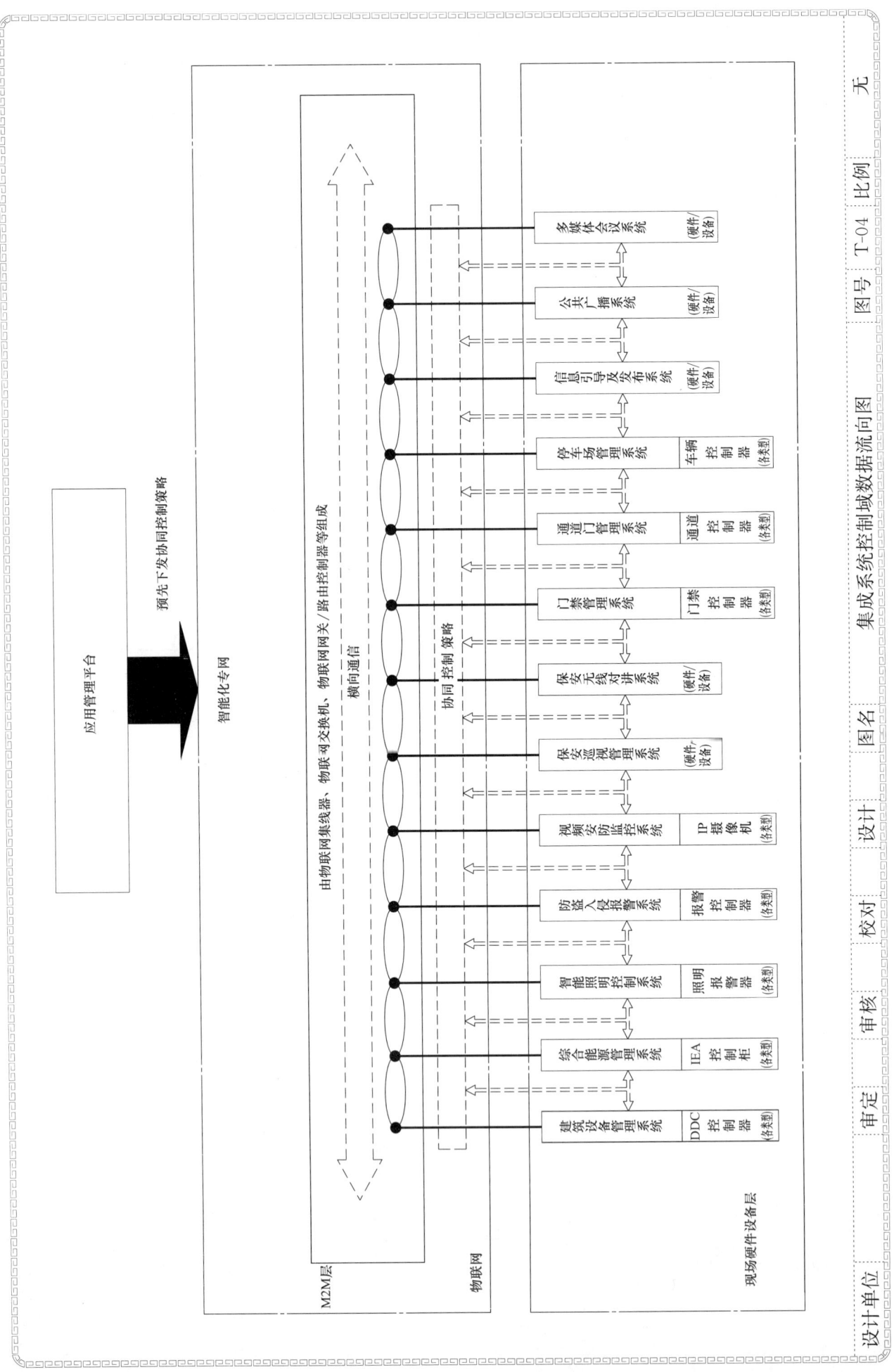

330

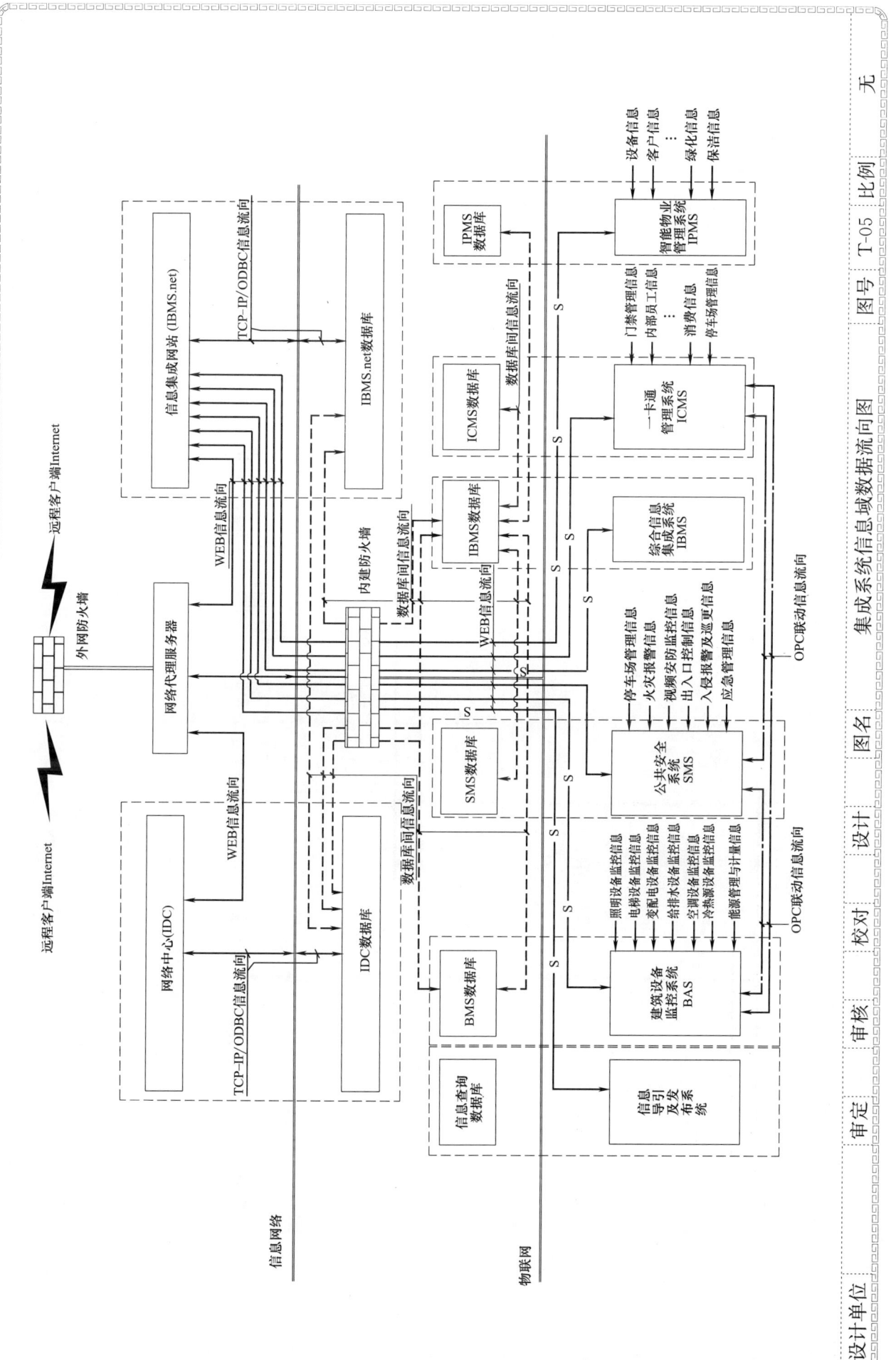

远程客户端Internet

远程客户端Internet

外网防火墙

TCP-IP/ODBC信息流向

信息网络

物联网

WEB信息流向

网络中心(IDC)

IDC数据库

网络代理服务器

内建防火墙

数据库间信息流向

WEB信息流向

信息集成网站 (IBMS.net)

IBMS.net数据库

TCP-IP/ODBC信息流向

数据库间信息流向

IPMS数据库

ICMS数据库

IBMS数据库

SMS数据库

BMS数据库

信息查询数据库

智能物业管理系统 IPMS

设备信息
客户信息
绿化信息
保洁信息

一卡通管理系统 ICMS

门禁管理信息
内部员工信息
消费信息
停车场管理信息

综合信息集成系统 IBMS

公共安全系统 SMS

停车场管理信息
火灾报警监控信息
视频安防监控信息
出入口控制信息
入侵报警及巡更信息
应急管理信息

建筑设备监控系统 BAS

照明设备监控信息
电梯设备监控信息
变配电设备监控信息
给排水设备监控信息
空调设备监控信息
冷热源设备监控信息
能源管理与计量信息

信息引导发布系统

OPC联动信息流向

数据库间信息流向

OPC联动信息流向

集成系统信息域数据流向图

设计单位　审定　审核　校对　设计　图名　图号　T-05　比例　无

331

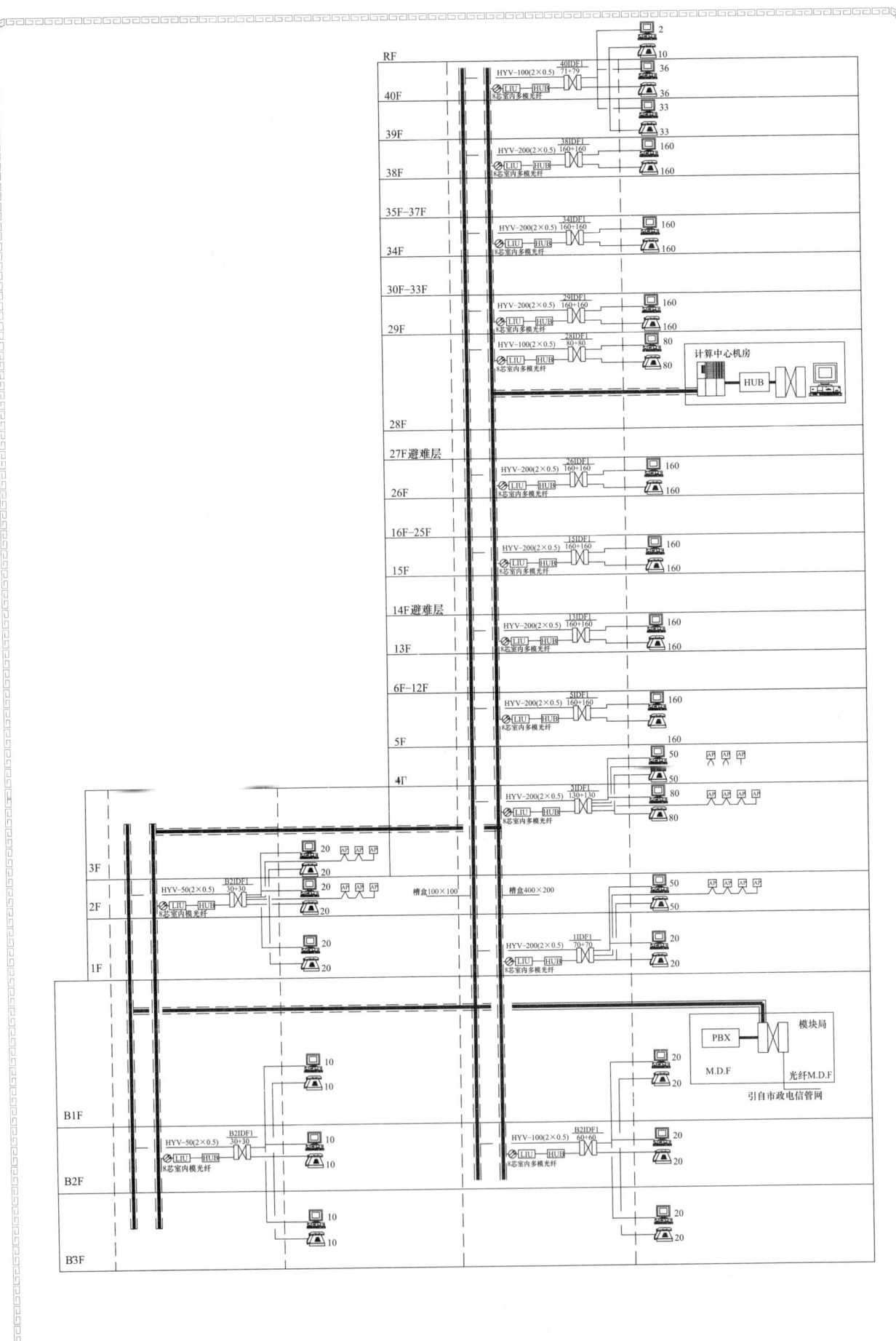

RF

HYV-100(2×0.5)
40IDF1
71+79
LIU HUB

2
10
36
36
33
33

40F

39F

HYV-200(2×0.5)
38IDF1
160+160
LIU HUB
8芯室内多模光纤

160
160

38F

35F～37F

HYV-200(2×0.5)
34IDF1
160+160
LIU HUB
8芯室内多模光纤

160
160

34F

30F～33F

HYV-200(2×0.5)
29IDF1
160+160
LIU HUB
8芯室内多模光纤

160
160

29F

HYV-100(2×0.5)
28IDF1
80+80
LIU HUB
8芯室内多模光纤

80
80

计算中心机房
HUB

28F

27F避难层

HYV-200(2×0.5)
26IDF1
160+160
LIU HUB
8芯室内多模光纤

160
160

26F

16F～25F

HYV-200(2×0.5)
15IDF1
160+160
LIU HUB
8芯室内多模光纤

160
160

15F

14F避难层

HYV-200(2×0.5)
13IDF1
160+160
LIU HUB
8芯室内多模光纤

160
160

13F

6F～12F

HYV-200(2×0.5)
5IDF1
160+160
LIU HUB
8芯室内多模光纤

160
160

5F

160

4F

HYV-200(2×0.5)
3IDF1
130+130
LIU HUB
8芯室内多模光纤

50
50
80
80

3F

20
20

HYV-50(2×0.5)
B2IDF1
30+30
LIU HUB
8芯室内模光纤

20
20

槽盒100×100

槽盒400×200

50
50

2F

1F

20
20

HYV-200(2×0.5)
1IDF1
70+70
LIU HUB
8芯室内多模光纤

20
20

10
10

PBX
M.D.F
光纤M.D.F
模块局

20
20

引自市政电信管网

B1F

HYV-50(2×0.5)
B2IDF1
30+30
LIU HUB
8芯室内模光纤

10
10

HYV-100(2×0.5)
B2IDF1
60+60
LIU HUB
8芯室内多模光纤

20
20

B2F

10
10

20
20

B3F

设计单位　审定　审核　校对　设计　图名　综合布线系统图　图号 T-06 比例 无

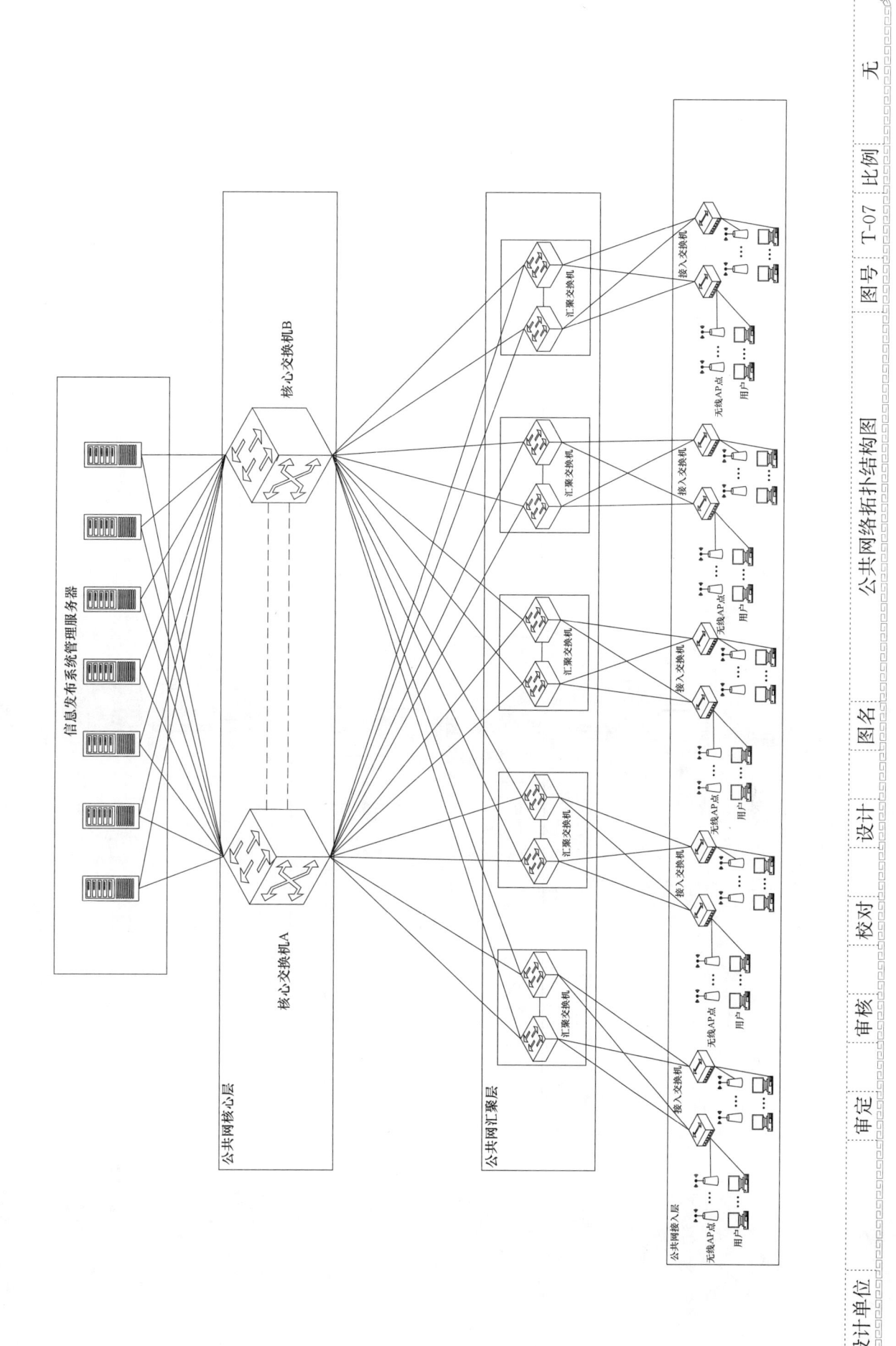

公共网络拓扑结构图

| 设计单位 | | 审定 | 审核 | 校对 | 设计 | 图名 | 公共网络拓扑结构图 | 图号 | T-07 | 比例 | 无 |

333

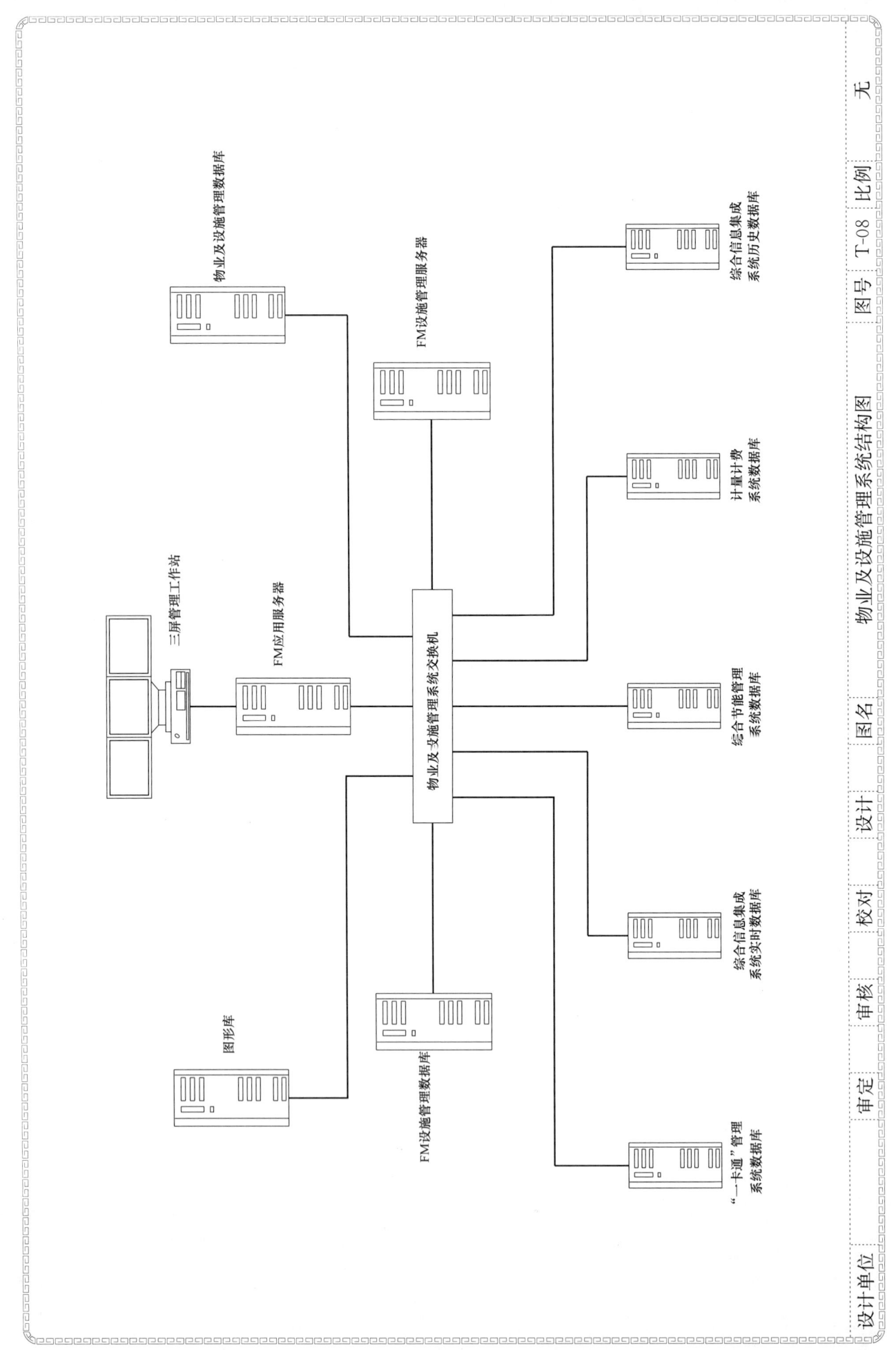

物业及设施管理数据库

FM设施管理服务器

三屏管理工作站

FM应用服务器

物业及设施管理系统交换机

图形库

FM设施管理数据库

综合信息集成系统历史数据库

计量计费系统数据库

综合节能管理系统数据库

综合信息集成系统实时数据库

"一卡通"管理系统数据库

| 设计单位 | | 审定 | 审核 | 审核 | 校对 | 设计 | 图名 | 物业及设施管理系统结构图 | 图号 | T-08 | 比例 | 无 |

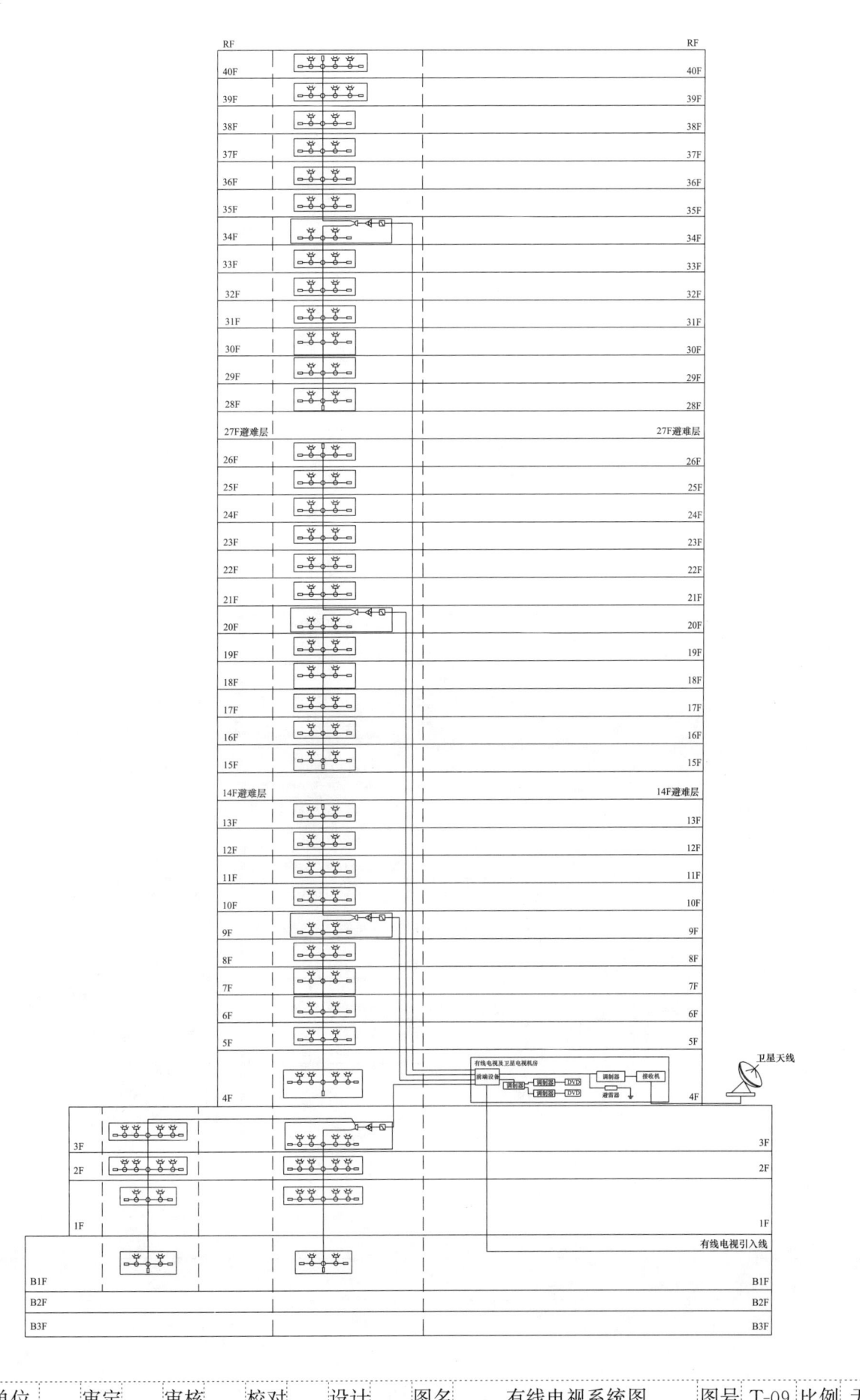

| 设计单位 | 审定 | 审核 | 校对 | 设计 | 图名 | 有线电视系统图 | 图号 | T-09 | 比例 | 无 |

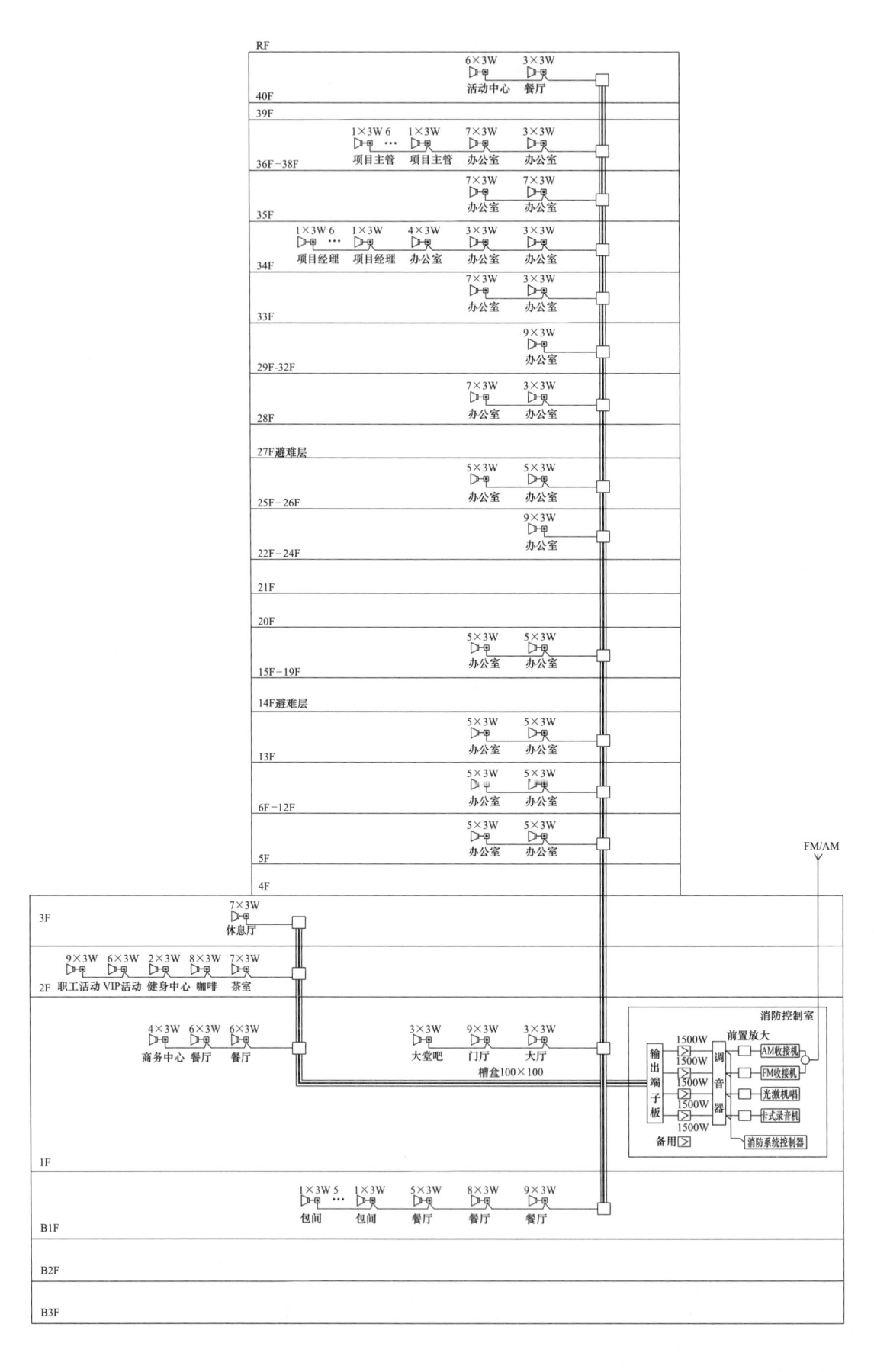

背景音乐系统图

设计单位　审定　审核　校对　设计　图名　背景音乐系统图　图号 T-10　比例 无

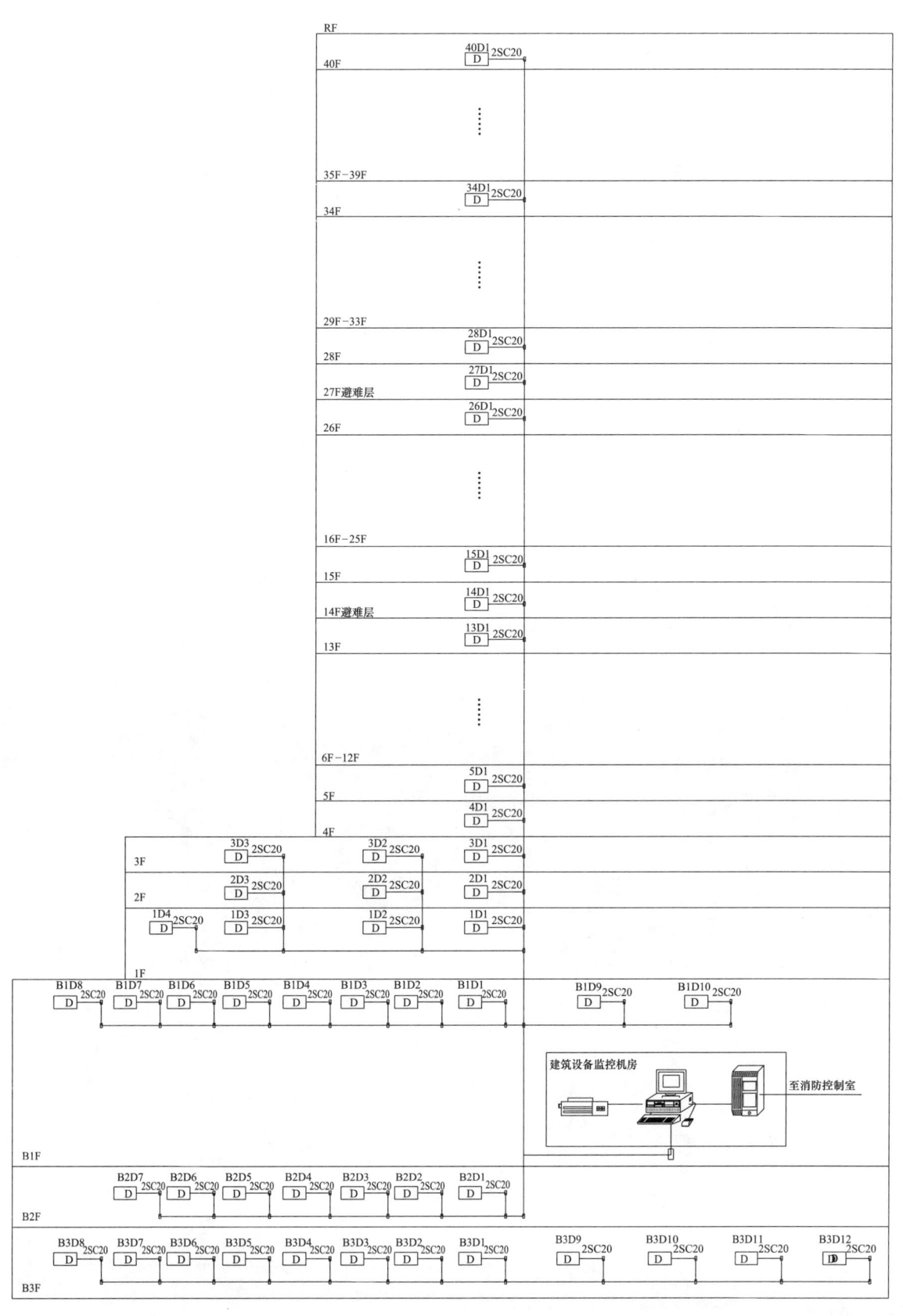

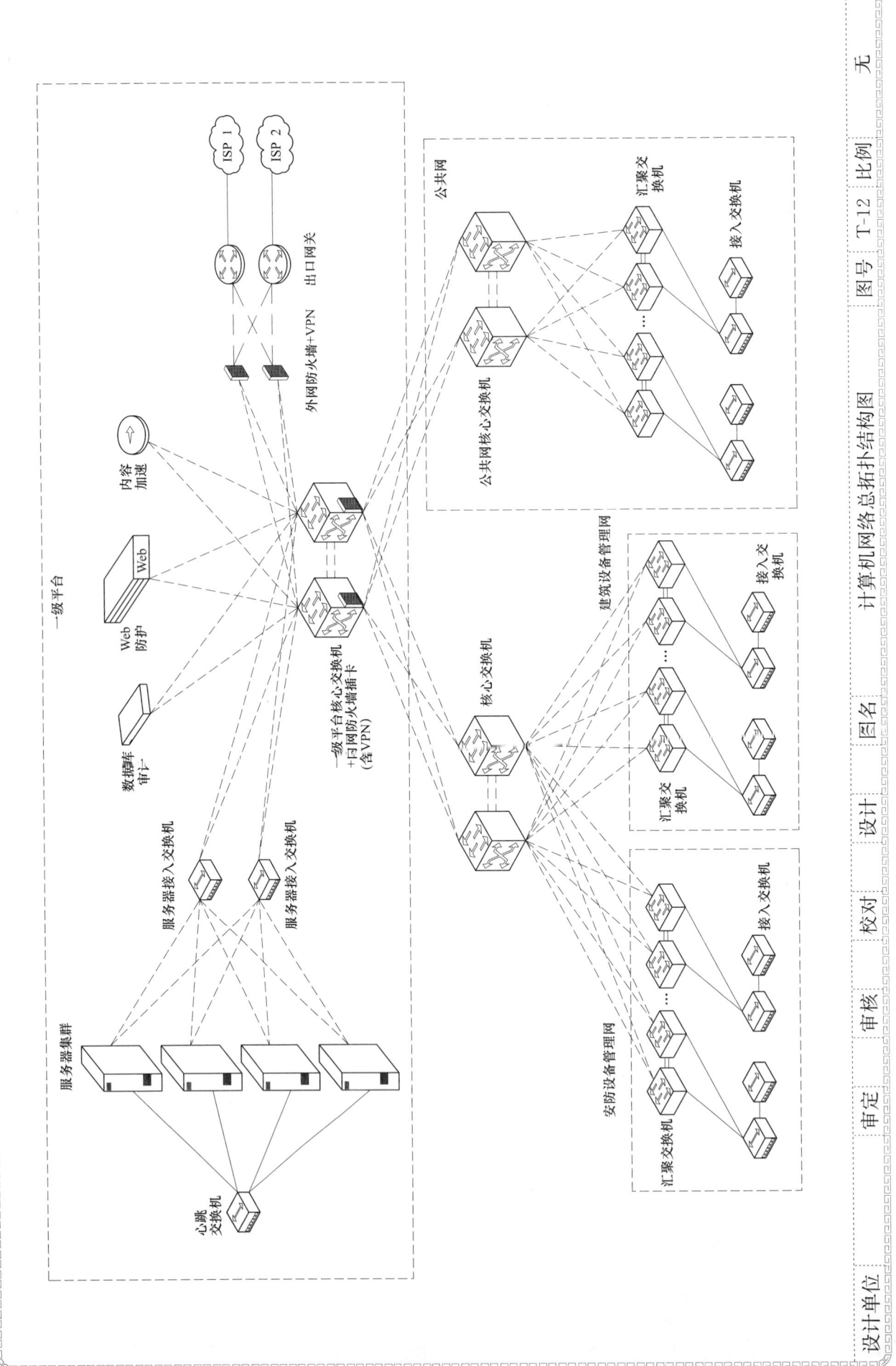

計算機網絡總拓撲結構図

冷水机组监控原理图

DCP 编号	DI	数字输入	水流开关			阀门执行器		水温度传感器		阀门执行器	阀门执行器	水流开关
	DO	数字输出										
	AI	模拟输入										
	AO	模拟输出										
		电源										
		元件名称										

冷却水出水

回水

冷冻水供水

回水

冷水泵系统监控原理图

膨胀水箱

回水
热水
供水

集水器

回水

分水器

供水

冷冻水
供水
回水

AP-□

M

ΔP

DCP编号	DI 数字输入	DO 数字输出	AI 模拟输入	AO 模拟输出	电源
元件名称					

水温度传感器　水流开关

阀门执行器　水静压差传感器　水流量测量元件　水温度传感器　液位传感器（开关）　阀门执行器

设计单位　审定　审核　校对　设计　制图　冷水泵系统监控原理图　图号 T-14　比例 无

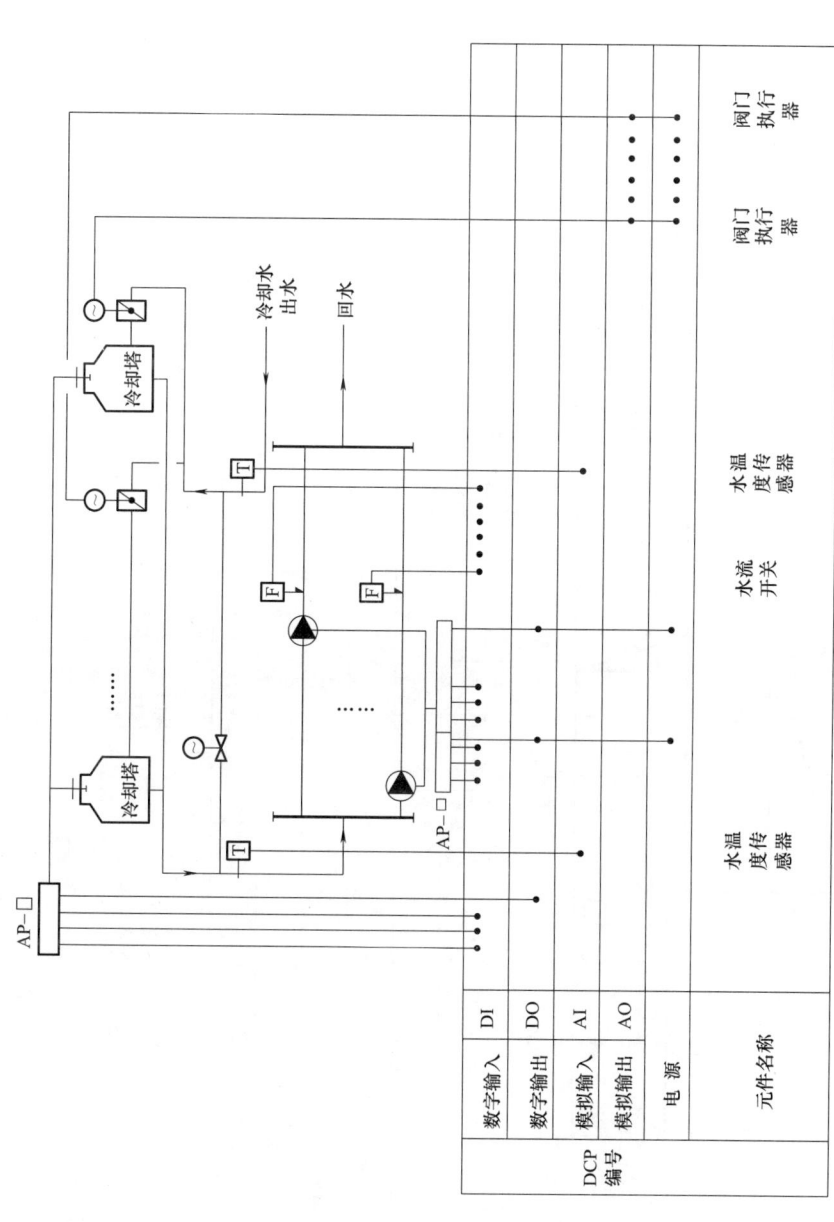

冷却泵系统监控原理图

		DI
	数字输入	DO
DCP 编号	数字输出	AI
	模拟输入	AO
	模拟输出	
	电源	
元件名称		

水温 度传 感器	水流 开关	水温 度传 感器	阀门 执行 器	阀门 执行 器

四管制空调机组监控原理图

DCP编号	元件名称	数字输入 DI	数字输出 DO	模拟输入 AI	模拟输出 AO	电源

| 元件名称 | 风门执行器 | 空气温度湿度传感器 | 空气压差传感器 | 风门执行器 | 阀门执行器 | 低温断路控制器 | 阀门执行器 | 阀门执行器 | 空气压差传感器 | CO₂浓度传感器 | 空气湿度传感器 | 空气温度传感器 | 空气湿度传感器 | 空气温度传感器 |

OA 新风

RA 回风

SA 送风

CO₂

防冻

AP-□

设计单位   审定   审核   校对   设计   图名   四管制空调机组监控原理图   图号 T-16   比例 无

342

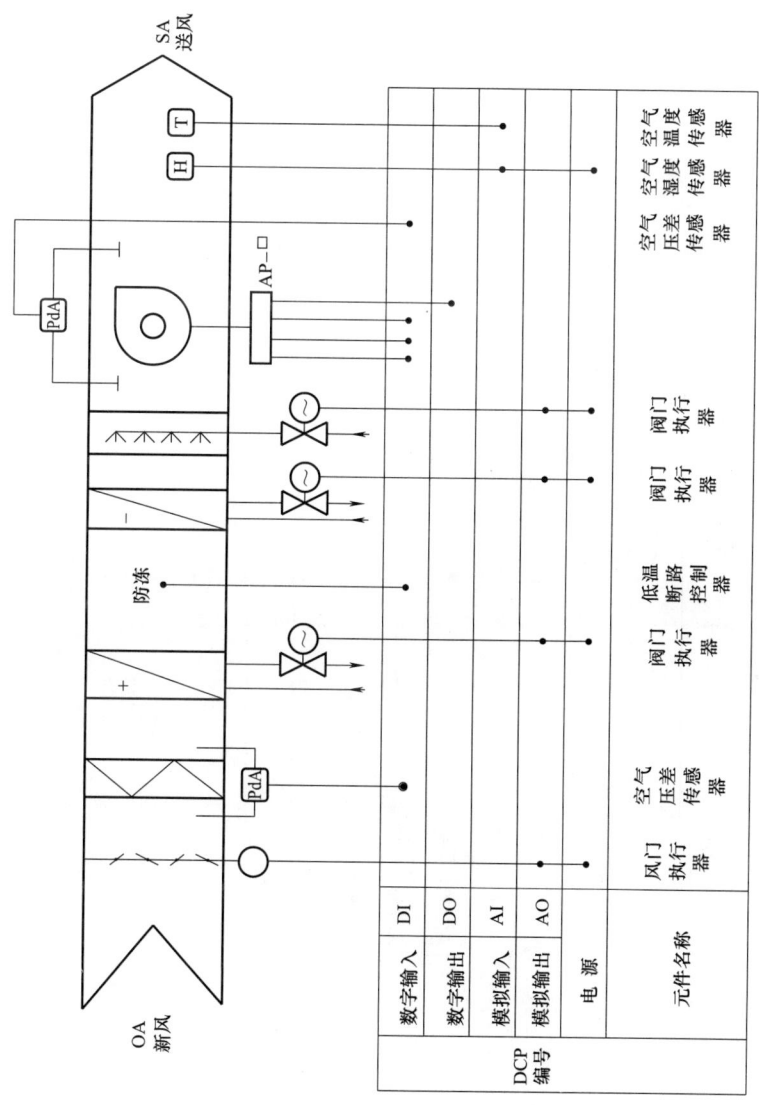

DCP编号	元件名称	数字输入 DI	数字输出 DO	模拟输入 AI	模拟输出 AO	电源
	风门执行器					
	空气压差传感器					
	阀门执行器					
	低温断路控制器					
	阀门执行器					
	阀门执行器					
	空气压差传感器					
	空气湿度传感器					
	空气温度传感器					

OA 新风

SA 送风

PdA

防冻

AP-□

PdA

H   T

设计单位		审定	审核	校对	设计	图名	四管制新风处理机组监控原理图	图号	T-17	比例	无

343

排风(送风)

新风(回风)

AP-□

PdA

空气
压差
传感器

DCP 编号	数字输入	DI			
	数字输出	DO			
	模拟输入	AI			
	模拟输出	AO			
	电源				
	元件名称				

设计单位		审定	审核	校对	设计	图名	送排风系统监控原理图	图号	T-18	比例	无

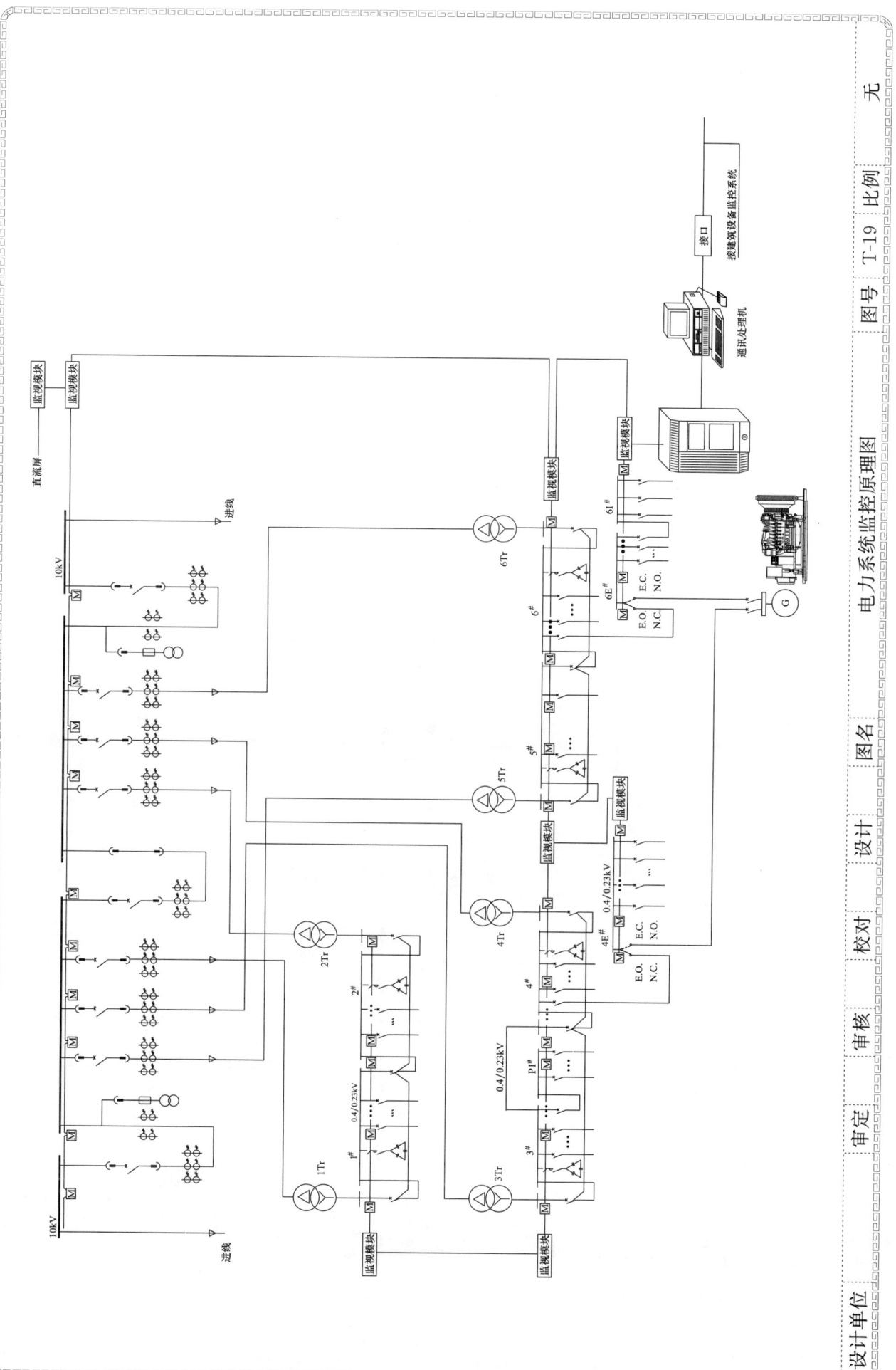

电力系统监控原理图

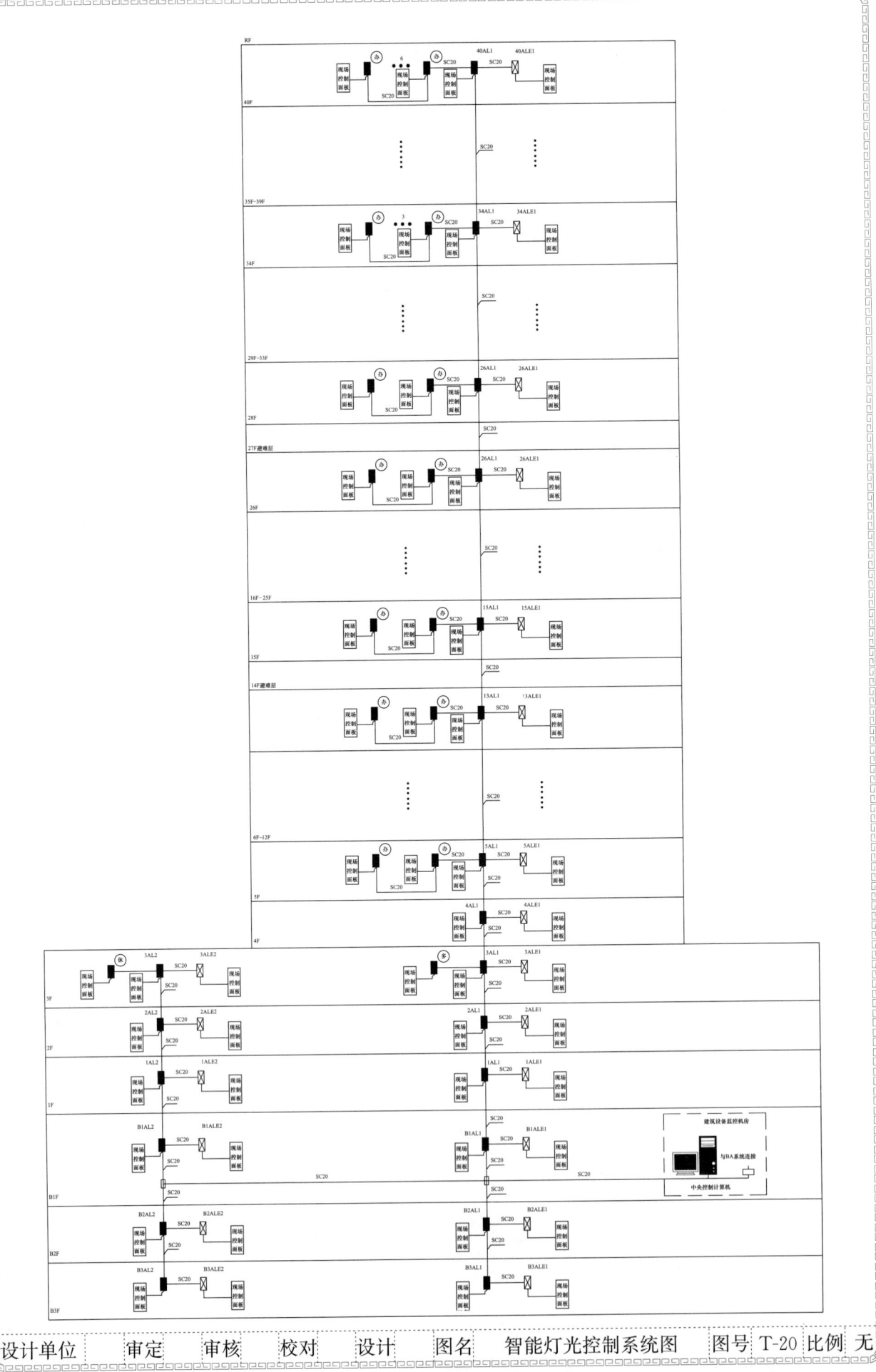

| 设计单位 | 审定 | 审核 | 校对 | 设计 | 图名 | 智能灯光控制系统图 | 图号 | T-20 | 比例 | 无 |

346

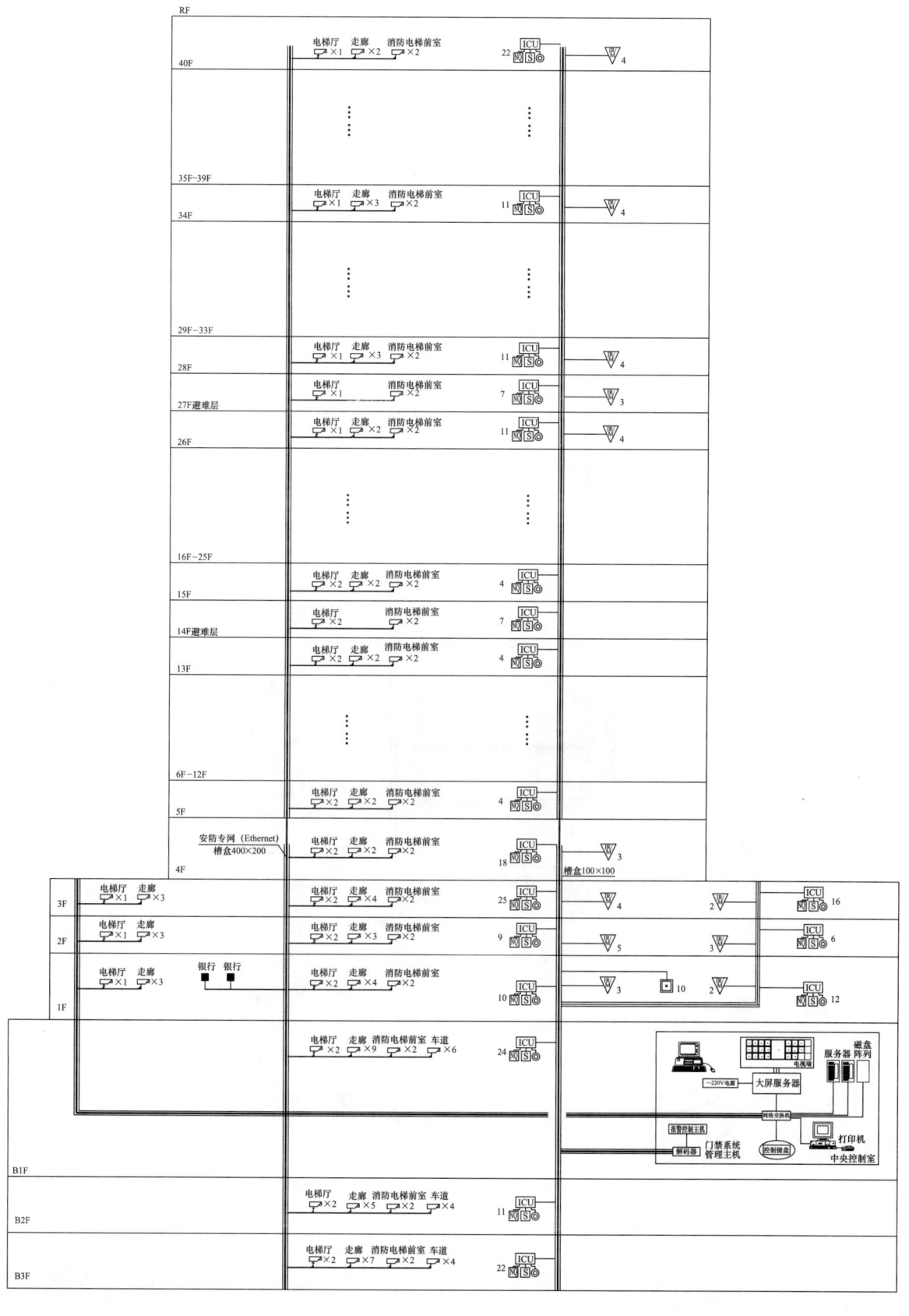

| 设计单位 | | 审定 | 审核 | 校对 | 设计 | 图名 | 安全防范系统图 | 图号 | T-21 | 比例 | 无 |

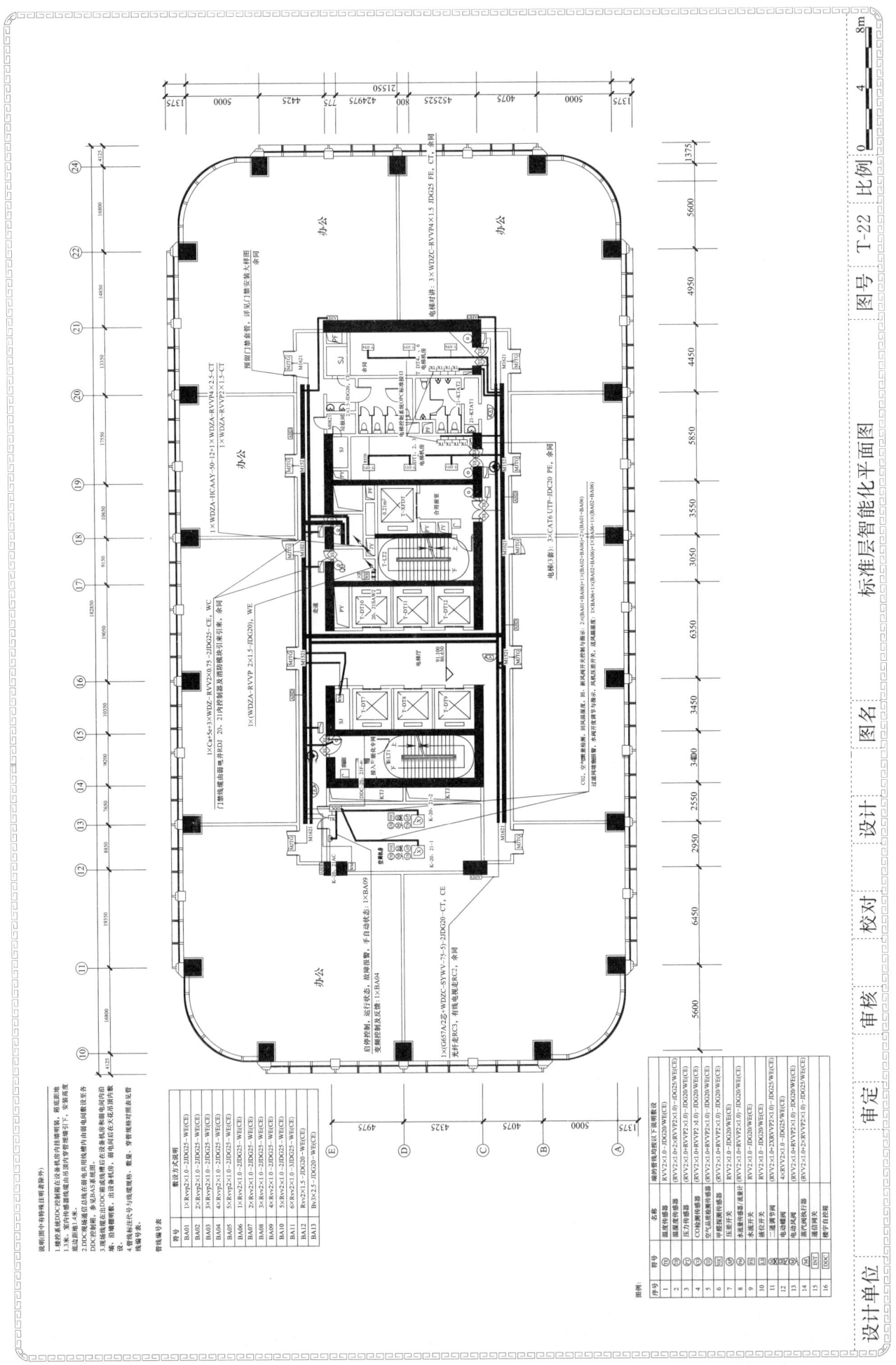

348

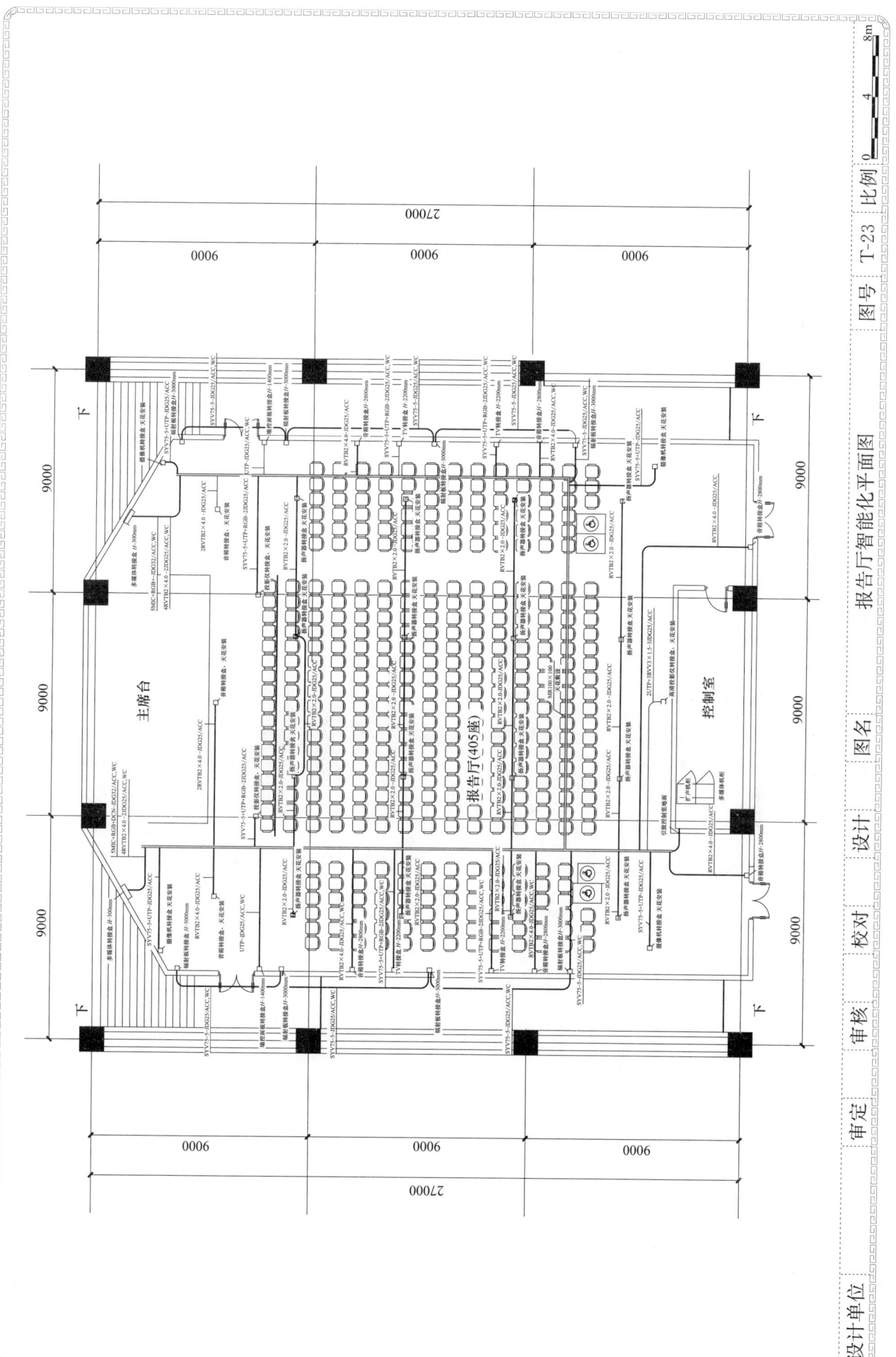

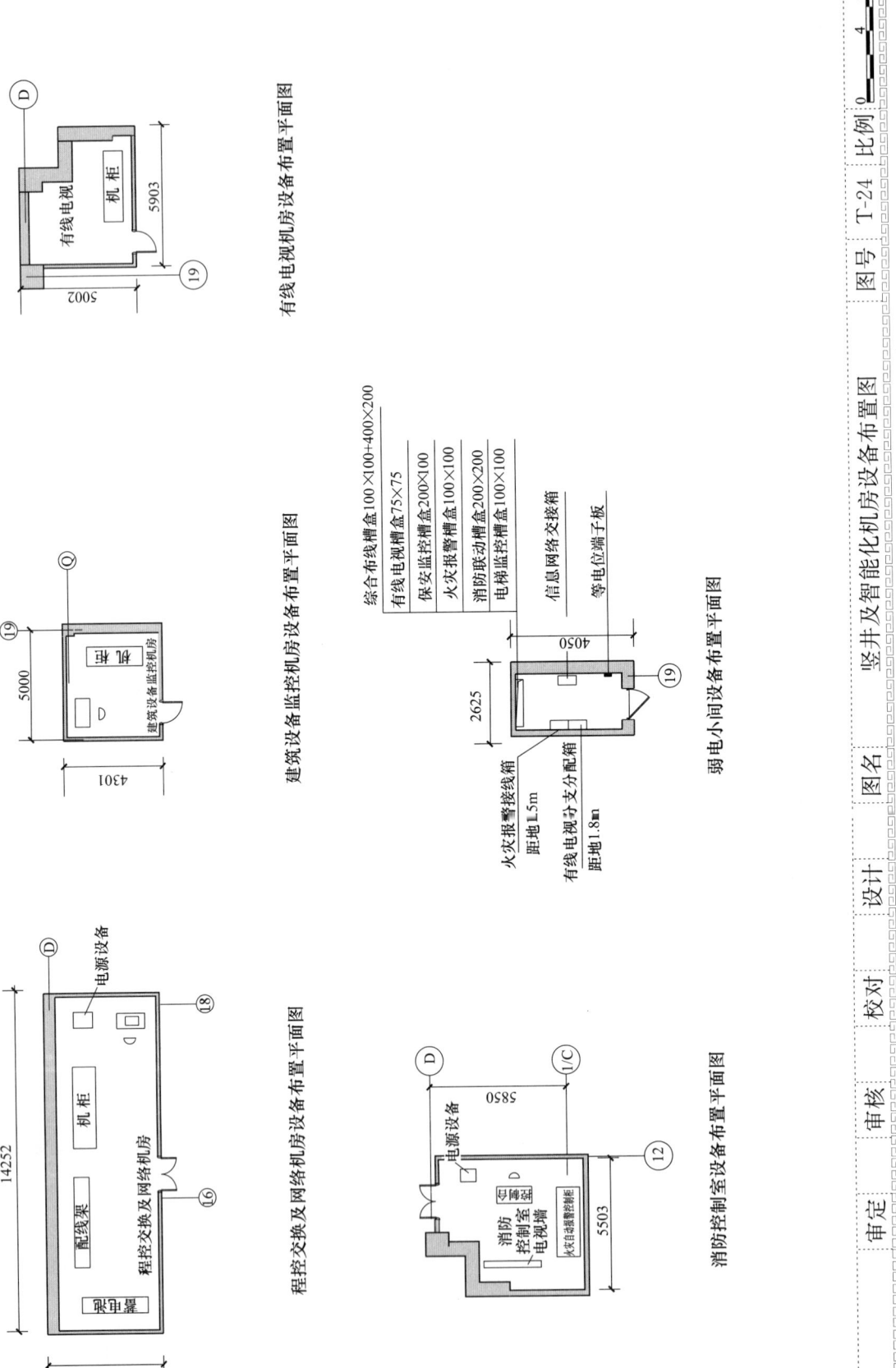

有线电视机房设备布置平面图

机柜

5903

5002

建筑设备监控机房设备布置平面图

主机

建筑设备监控机房

5000

4301

综合布线槽盒100×100+400×200
有线电视槽盒75×75
保安监控槽盒200×100
火灾报警槽盒100×100
消防联动槽盒200×200
电梯监控槽盒100×100

信息网络交接箱
等电位端子板

弱电小间设备布置平面图

4050

2625

火灾报警接线箱
距地1.5m

有线电视设计支分配箱
距地1.8m

程控交换及网络机房设备布置平面图

电源设备

机柜

配线架

程控交换及网络机房

主配线架

14252

5002

消防控制室设备布置平面图

电源设备

消防
控制室
电视墙

火灾自动报警控制柜

5850

5503

竖井及智能化机房设备布置图

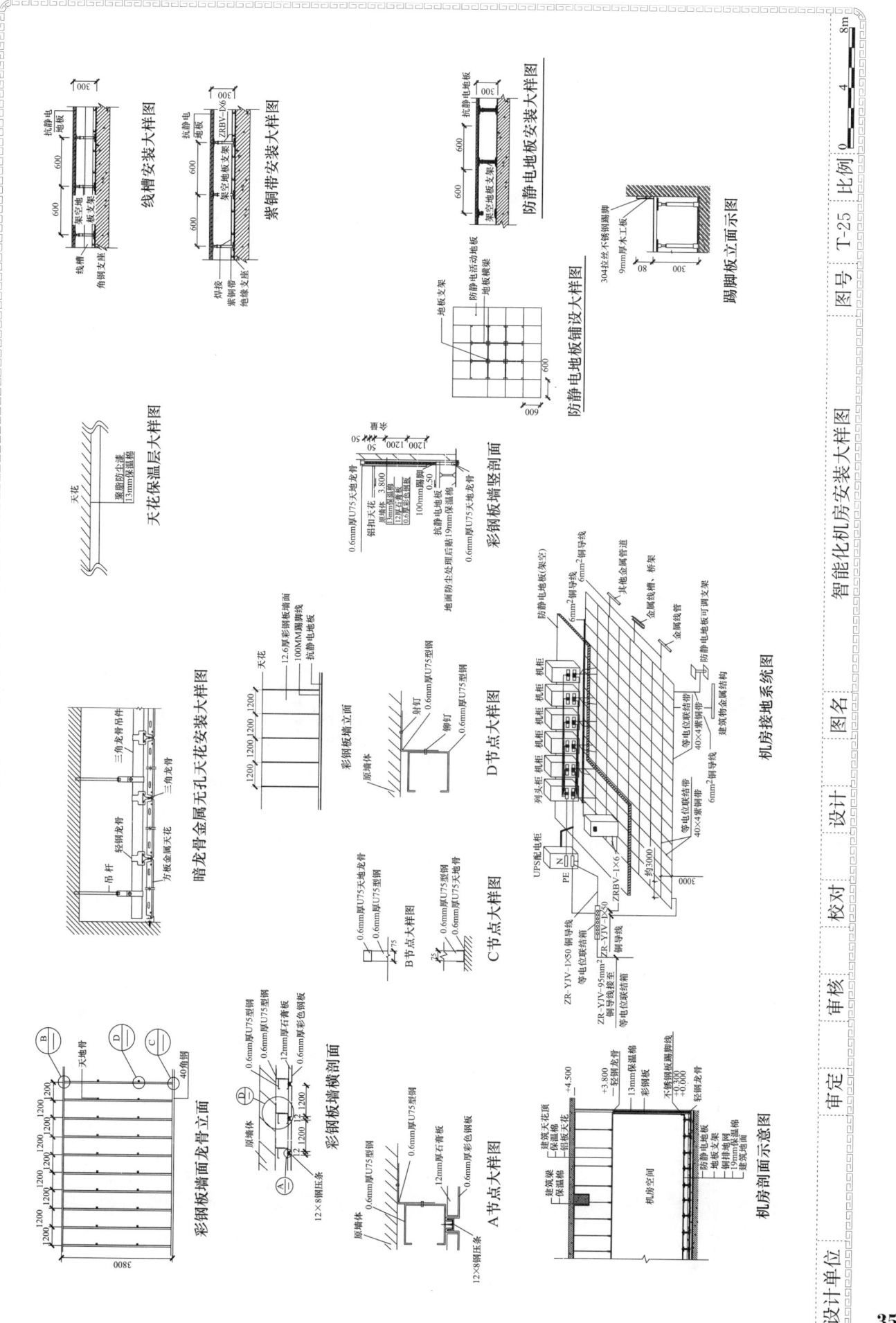

线槽安装大样图

紫铜带安装大样图

防静电地板安装大样图

踢脚板立面示意图

天花保温层大样图

彩钢板墙竖剖面

防静电地板铺设大样图

暗龙骨金属无孔天花安装大样图

彩钢板墙立面

D节点大样图

机房接地系统图

C节点大样图

B节点大样图

彩钢板墙面龙骨立面

彩钢板墙横剖面

A节点大样图

机房剖面示意图

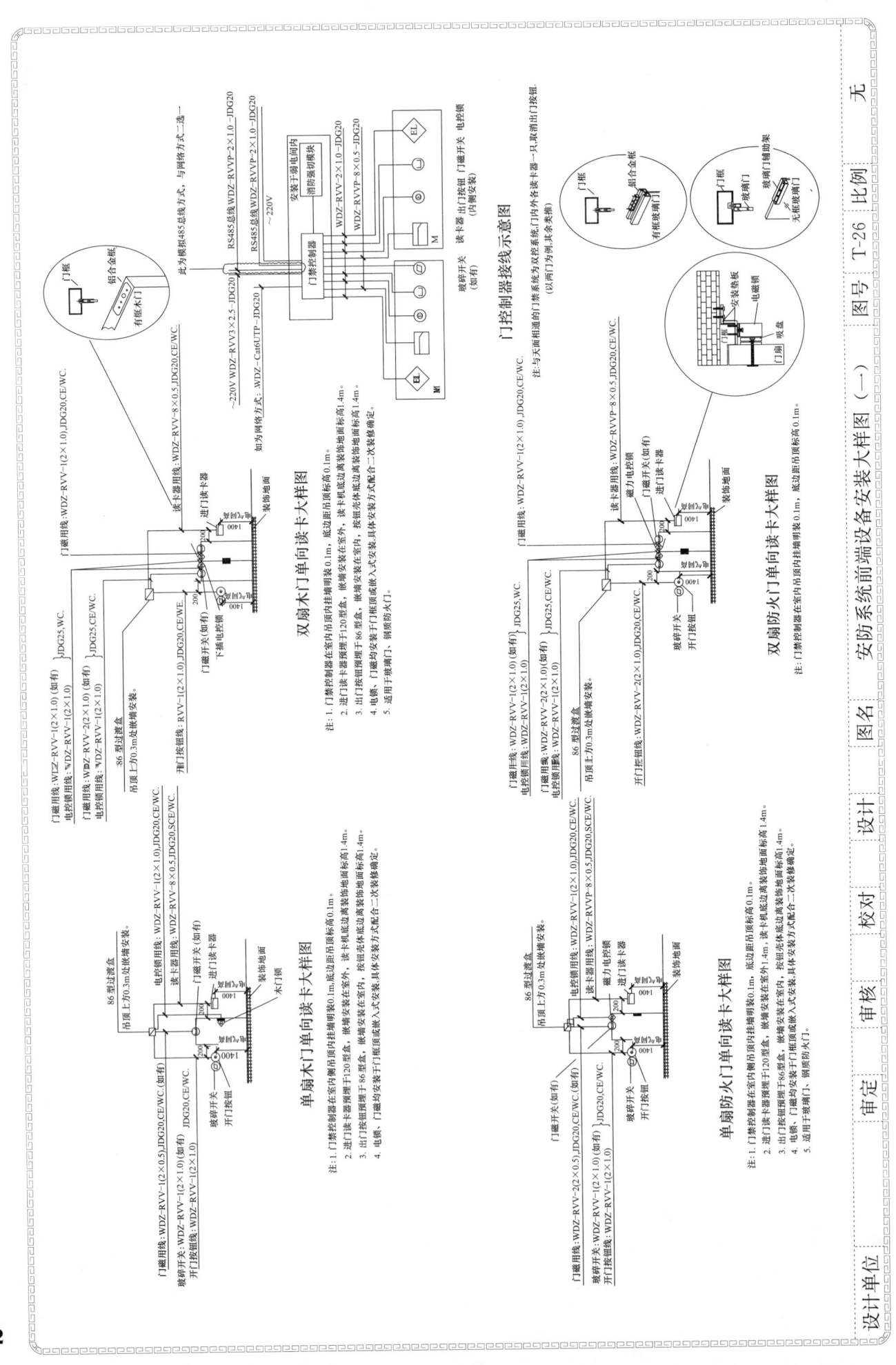

双扇木门单向读卡大样图

注：1. 门禁控制器在室内吊顶内侧挂墙明装0.1m，底边距吊顶面高0.1m。
2. 进门读卡器预埋于120型盒，读卡机底边距离装饰地面高1.4m。
3. 出门按钮预埋于86型盒，嵌墙安装在室内，按钮底边距离装饰地面高1.4m。
4. 电锁、门磁均安装于门框顶或嵌入式安装，具体安装方式配合二次装修确定。
5. 适用于钢质门、钢质防火门。

单扇木门单向读卡大样图

注：1. 门禁控制器在室内吊顶内侧挂墙明装0.1m，底边距吊顶面高0.1m。
2. 进门读卡器预埋于120型盒，嵌墙安装，读卡机底边距离装饰地面高1.4m。
3. 出门按钮预埋于86型盒，嵌墙安装在室内，按钮底边距离装饰地面高1.4m。
4. 电锁、门磁均安装于门框顶或嵌入式安装，具体安装方式配合二次装修确定。

门控制器接线示意图

双扇防火门单向读卡大样图

注：门禁控制器在室内吊顶内侧挂墙明装0.1m，底边距吊顶面高0.1m。

单扇防火门单向读卡大样图

注：1. 门禁控制器在室内吊顶内侧挂墙明装0.1m，底边距吊顶面高0.1m。
2. 进门读卡器预埋于120型盒，嵌墙安装在室外，读卡机底边距离装饰地面高1.4m。
3. 出门按钮预埋于86型盒，嵌墙安装在室内，按钮底边距离装饰地面高1.4m。
4. 电锁、门磁均安装于门框顶或嵌入式安装，具体安装方式配合二次装修确定。
5. 适用于钢质门、钢质防火门。

| 设计单位 | | 审定 | | 审核 | | 审核 | | 校对 | | 设计 | | 图名 | 安防系统前端设备安装大样图（一） | 图号 | T-26 | 比例 | 无 |

352

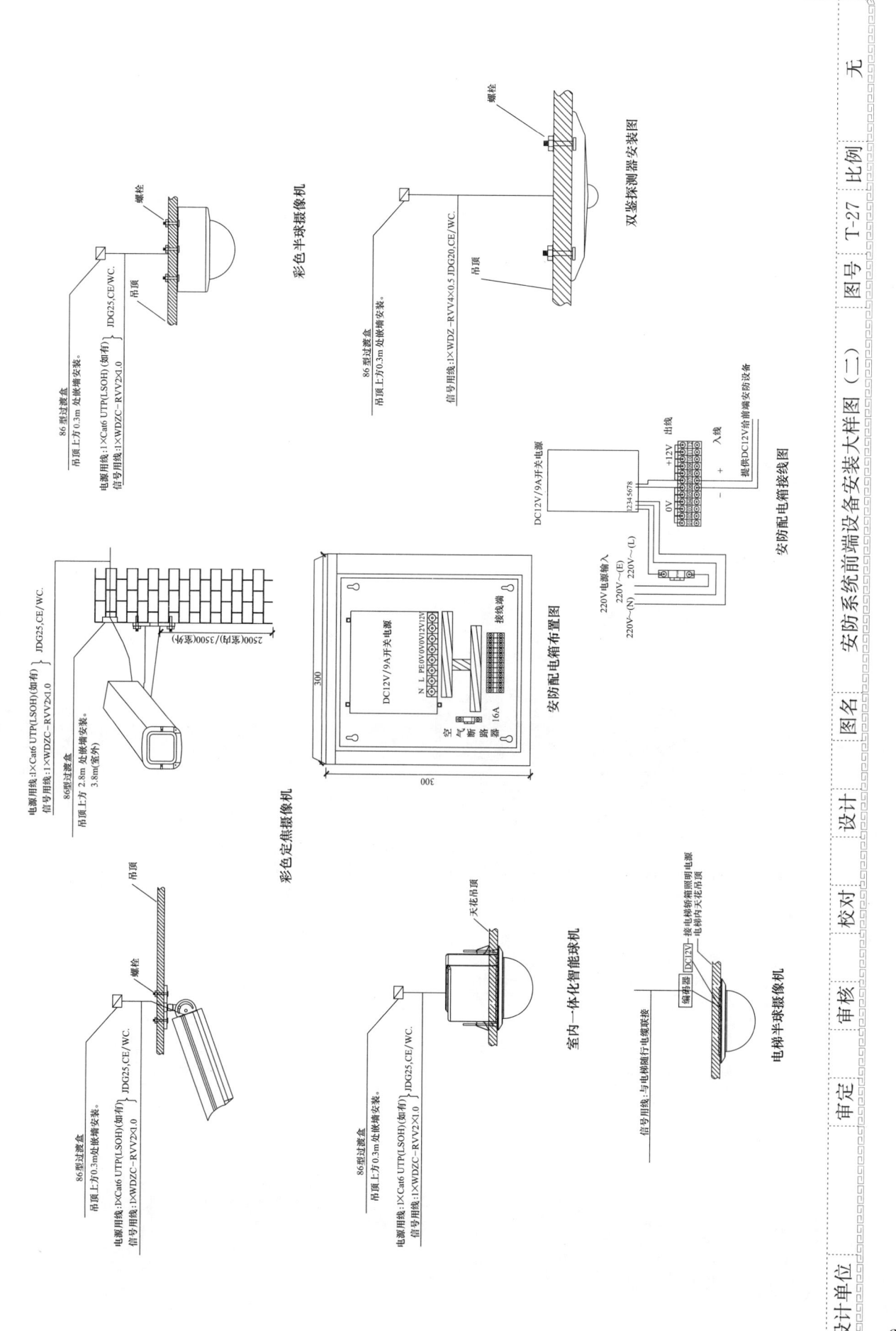

彩色半球摄像机

双鉴探测器安装图

彩色定焦摄像机

安防配电箱布置图

安防配电箱接线图

室内一体化智能球机

电梯半球摄像机

| 设计单位 | | 审定 | 审核 | 校对 | 设计 | 图名 | 安防系统前端设备安装大样图（二） | 图号 | T-27 | 比例 | 无 |

控制原理示意图

刷卡按键
电梯轿内控制器
公共呼按键
IC卡电梯控制器
SK-A SK-B
电梯轿内呼按键
电梯轿内呼按键
COM端N
电梯控制主机，由电梯公司提供

原理说明：

① IC卡电梯层控主控板提供了控制40个楼层的开关量输出信号；

② 而控制每层的输出有2路开关量输出信号：SK-A、SK-B；

③ IC卡电梯层控主控板不上电时：SK-A断开·SK-B闭合，则直接按AJ键启动电梯；

④ IC卡电梯层控主控板上电后·SK-A闭合·SK-B断开，则不刷卡按AJ键无效。

⑤ 刷单层卡时，只控制SK-A复位，则无需刷卡登记；2~4s之后 SK-A 复位，需再刷卡登记，直接按AJ 键启动电梯；

⑥ 刷多层卡时，只控制SK-B闭合，则再按AJ键启动电梯；2~4s之后SK-B复位，再按AJ键无效。

⑦ 另外：每增加1块扩展板，额可增加控制8个楼层。共可增加4块扩展板，共控制40个楼层；若楼层在16层以内，就不需要加扩展板。

说明：

1. 系统装IC卡电梯控制设备分别安装于各轿内及轿顶，访客管理主机安装于一层大堂；

2. IC卡电梯控制器与电梯本身系统采用无源干触点连接，点对点连接两者完全隔离，不会对电梯原有性能产生任何影响；

3. 具有消防信号接口，当消防信号启动后，IC卡电梯本身的消防功能不受影响，电梯离控制，电梯公司提供的消防信号是独立的无源开关量信号并且应由电梯公司负责引至主轿顶；

4. 访客管理主机安放在一层大堂，访客拨访业主的房间号，访客拨放该间号绑定的手机号或座机号，业主开放访客身份确认后，双方确认身份后，访客进入电梯，再至一次该楼层的按钮前往所要到达被访住户的楼层；

5. 本系统可采用脱机通信方式，使用手持数据网到数据采集网到管理中心，方便实时下载各种数据和信息；访客管理主机需联网到管理中心，方便实时下载各种数据和信息。

6. 如果电梯公司控制系统采用总线制，本系统应作相应调整。

IC卡电梯控制器至轿厢内接线大样图

群控器至电梯控制器通讯线WDZ-RVVP2X1.0（由电梯随行电缆引来公用）

智能卡控制箱内置群控集采集器

轿顶

楼层按键控制线WDZ-RVV nX0.2(数量按楼层数应，最确定·每一楼层按键线为2芯)

电梯定动开关控制线WDZ-RVV2X0.5

数据采集器通讯线WDZ-RVV6X0.5

IC卡电梯读卡器数据线WDZ-RVVP6X0.5 余同

IC卡电梯控制器

接入智能化专网

纳入安卡通系统

电梯控制系统开放第三接口...实现联动控制

访客管理系统工作站内接Win7，访客管理系统需二次开发控制编等软件

消防信号引入

智能专网

IC卡电梯控制器（顶层轿厢顶）

电梯

刷卡器

访客自助登记管理编码机

工作站装于消防控制室

参 考 文 献

1. 中华人民共和国住房和城乡建设部《建筑工程设计文件编制深度规定》(2016 年版).
2. 北京市建筑设计研究院有限公司. 建筑电气专业技术措施（第二版）. 北京：中国建筑工业出版社. 2017.
3. 孙成群. 建筑工程设计编制深度实例范本·建筑电气（第三版）. 北京：中国建筑工业出版社. 2017.
4. 北京市建筑设计研究院有限公司. BIAD 电气设计深度图示. 北京：中国建筑工业出版社. 2013.
5. 孙成群. 建筑电气设计与施工资料集-技术数据. 北京：中国电力出版社. 2013.
6. 孙成群. 建筑电气设计与施工资料集-设备选型. 北京：中国电力出版社. 2013.
7. 孙成群. 建筑电气设计与施工资料集-设备安装. 北京：中国电力出版社. 2013.
8. 孙成群. 建筑电气设计与施工资料集-常见问题解析. 北京：中国电力出版社. 2014.